Stephen van Dulken
Ideen, die Geschichte machten

Stephen van Dulken

Ideen, die Geschichte machten

Das große Buch der Erfindungen

Aus dem Englischen
von Andreas Venzke

Artemis & Winkler

Titel der englischen Originalausgaben:
Inventing the 19th Century. The Great Age of Victorian Inventions
London: The British Library 2001
© The British Library Board 2001
Inventing the 20th Century. 100 Inventions that Shaped the World
London: The British Library 2000
© The British Library Board 2000, 2002
Negotiated through Literary Agency Diana Voigt, A – 1010 Vienna, Austria

Die Deutsche Bibliothek verzeichnet diese Publikation
in der Deutschen Nationalbibliographie; detaillierte bibliographische Daten
sind im Internet unter http://dnb.ddb.de abrufbar.

INHALTSVERZEICHNIS

VORWORT

Dieses Buch beschreibt in durchgehend chronologischer Folge 133 bedeutende oder zumindest interessante Erfindungen des 19. und 20. Jahrhunderts. Entscheidend bei der Auswahl war stets die Geschichte, die sie erzählen: Wie kam es zu diesen Erfindungen? Wie wurden die Probleme gelöst, die bei der Herstellung des Produkts auftraten? Wie wurden die Produkte vermarktet? Zu jeder Beschreibung gehört eine Zeichnung oder ein relevanter Textauszug aus dem Originaldokument. Einige Patente beziehen sich auf völlig neue Produkte, viele sind lediglich Verbesserungen. Die meisten spielten entweder in der Industrie eine wichtige Rolle, sparten Zeit oder machten auf andere Weise das Leben angenehmer. Manche retteten Leben, andere bereiteten einfach nur Freude. In der Regel haben sie zahlreiche Arbeitsplätze geschaffen. Für die deutsche Ausgabe wurde aus zwei Büchern eins. Vertreten sind hauptsächlich britische und amerikanische, aber auch viele Patente aus anderen Ländern und unterschiedlichsten Bereichen.

Das Erfinden selbst ist ein rätselhafter Prozess, der auf keine einfache Formel gebracht werden kann. Genialität bedeutet zumindest teilweise die Fähigkeit, abweichend zu denken, anders als die meisten Leute. Doch es gehört auch harte Arbeit dazu. Thomas Edison, einer der berühmtesten amerikanischen Erfinder, hatte Recht, als er sagte, dass Genialität »zu einem Prozent auf Inspiration und zu neunundneunzig Prozent auf Perspiration« beruht. Kaum eine Erfindung fällt ihrem Schöpfer ausgereift in den Schoß. In den meisten Fällen ist der Weg von der ersten Idee bis zum verwertbaren Produkt sehr lang. Denn manchmal verkauft sich auch das beste Produkt nicht, wenn es nicht gleichzeitig billig herzustellen und leicht zu handhaben ist. Außerdem muss es ständig weiterentwickelt

werden, um das Preis-Leistungsverhältnis zu verbessern oder um neue Anwendungsbereiche zu schaffen, denn die Konkurrenz ist groß.

Einen entscheidenden Faktor ließ Edison allerdings unerwähnt: das Glück. Viele Ideen kommen den Erfindern zufällig, vielleicht als Ergebnis einer wissenschaftlichen Beobachtung, vielleicht weil sie zufällig die richtige Person am richtigen Ort waren, wenn ein Problem – etwa in einem Forschungslabor – nach einer Lösung verlangte. Viele sind solchen Problemen begegnet, aber nur wenige haben etwas daraus gemacht. Oft war dann jahrelange, harte Arbeit vonnöten, um die Idee in die Praxis umzusetzen. In anderen Fällen bestand das Glück des Erfinders darin, jemanden zu kennen, der in der Lage war, das betreffende Produkt auch herzustellen oder dessen Verkauf zu fördern. Pech hatte, wem es an guten Kontakten oder an Geld mangelte. Denn ein Produkt zu erfinden oder gar zu patentieren, hat wenig Sinn, wenn niemand davon erfährt und niemand es unter die Leute bringt. Der amerikanische Philosoph und Dichter Ralph Waldo Emerson hatte Unrecht, als er erklärte, dass demjenigen, der eine bessere Mausefalle erfindet, die Welt automatisch zu Füßen liegt.

Es ist erstaunlich, wie viele Erfindungen, von denen in diesem Buch die Rede sein wird, von namhaften Firmen zunächst als nicht marktfähig abgelehnt wurden oder wie häufig die ursprüngliche Anwendung einer Erfindung zugunsten der »naheliegenden« fallengelassen werden musste. Auf viele Ideen, die uns heute selbstverständlich erscheinen, musste man erst einmal kommen. Und bis eine »naheliegende Idee« zu einer Erfindung oder gar einem Produkt führte, gingen manchmal Jahrzehnte ins Land. Hinterher ist man immer schlauer: Diesem Phänomen begegnet man in der Welt der

Erfindungen oft. Manche Produkte sind natürlich nur möglich oder lohnen erst dann, wenn eine bestimmte wissenschaftliche Entdeckung vorausging oder ein neues Material zur Verfügung steht. Bei einigen Erfindungen, deren Geschichte dieses Buch erzählt, spielt die Vermarktung des Produkts eine Rolle. Auch für diesen Bereich ist häufig ein hohes Maß an Kreativität erforderlich.

Das Patentsystem hat sich über einen langen Zeitraum entwickelt und ist keineswegs in allen Ländern dasselbe. Vor allem das US-System unterscheidet sich erheblich von den meisten anderen der Welt. Im Folgenden einige Hinweise, die für das Buch von Belang sind.

Patente schützen Erfindungen und werden beim Patentbüro jeweils des Landes beantragt, für das der Schutz erforderlich ist. In vielen Ländern ist es üblich, aber nicht notwendig, dass sich der Antragsteller zuerst an das Patentbüro seines Heimatlandes wendet. Ein internationales Abkommen (die Pariser Konvention von 1883) gewährleistet, dass die Erfindung auch im Ausland geschützt werden kann, sofern ein entsprechender Antrag dort innerhalb von zwölf Monaten ab dem ursprünglichen Anmeldedatum gestellt wird und man auf dieses Datum Anspruch erhebt. Falls erforderlich werden die Anträge im Ausland in der jeweiligen Landessprache gestellt (und in dieser veröffentlicht). Grund für die Zwölfmonatsfrist ist, dass eine Erfindung neu sein muss, um auch von anderen Ländern akzeptiert zu werden, wobei jedes Land gesondert und ohne Bezug aufeinander über die Gültigkeit dieses Anspruchs entscheidet. Als neu gilt eine Erfindung erst dann, wenn sichergestellt ist, dass keine ähnlichen Patentanträge, wissenschaftlichen Aufsätze oder Bücher schon vor dem ursprünglichen Anmeldedatum des Neuantrags angemeldet bzw. veröffentlicht wurden. Andernfalls wird der Neuantrag ausgeschlossen. Alle früheren, ähnlichen Erfindungen laufen unter der Bezeichnung »Stand der Technik« (engl. »prior art«). Von dieser Regel weichen nur die USA und die Philippinen ab, wo das entscheidende

Datum nicht der Anmeldetag ist, sondern der Tag der Erfindung, was allerdings wesentlich schwieriger nachzuweisen ist. Um diesen Nachweis zu erbringen, werden detaillierte, beglaubigte Labortagebücher (und ähnliches) geführt.

Jeder veröffentlichte Patentantrag enthält erstens eine Beschreibung der Funktionsweise der Erfindung, wobei US-Patente oft zusätzlich den Stand der Technik kommentieren, zweitens Zeichnungen, sofern sie zur genaueren Erläuterung der Funktionsweise nötig sind, und formuliert drittens die Monopolansprüche auf die neue Idee, um die entweder ersucht wird (wenn es sich um einen Erstantrag handelt) oder die schon gewährt wurden. Gelegentlich enthalten die Patentanträge im Anhang (bei US-Patenten vorweg) einen Forschungsbericht zum Stand der Technik.

Zu einer weltweiten Patentübereinkunft kam es allerdings erst 1883. Alle Länder, die die »Pariser Konvention zum Schutz des gewerblichen Eigentums« unterzeichnet hatten, willigten ein, für einen begrenzten Zeitraum von sieben Monaten auch die Rechte derjenigen anzuerkennen, deren Erfindungen in einem anderen Land der Konvention patentiert worden waren. 1902 wurde diese Zeitspanne auf zwölf Monate ausgedehnt. Bis dahin hatte es regelrechte Wettläufe um die Beantragung von Patenten in ausländischen Patentbüros gegeben, sobald in irgendeinem Land ein möglicherweise gewinnbringendes Patent angemeldet und dies von anderen Erfindern beobachtet worden war. Während jedes Land weiterhin seiner eigenen Gesetzgebung folgte, sollte bei der Bearbeitung von Patentanträgen von nun an kein ausländischer Antragsteller mehr benachteiligt werden – was in der Praxis aber nicht immer befolgt wurde (besonders in den USA).

In Deutschland wurde erst 1877 ein einheitliches Patentsystem etabliert, das von Anfang an nur Patente mit neuartigen Ideen zuließ. Die deutschen Antragsteller nahmen dieses System mit großer Begeisterung auf. Auch die meisten anderen europäischen Länder hatten inzwischen Patentgesetze eingeführt, wobei sich die Schweiz bis 1888 zurückhielt. Dagegen waren die Niederlande zwischen 1869 und 1910 bemüht, überhaupt keine Patente zu gewähren, was zur Konsequenz hatte, dass es Ausländern in Holland freistand, hier die Ideen holländischer Erfinder zu nutzen, während die Holländer selbst im eigenen Land keinerlei Monopolansprüche geltend machen konnten.

1978 wurden zwei neue, internationale Programme zur Patentierung von Erfindungen gestartet. Dem Internationalen Patentabkommen (»Patent Cooperation Treaty«) zufolge kann ein Patentantrag auch bei der »Weltorganisation für Geistiges Eigentum« (»World Intellectual Property Organization«) eingereicht werden, die das Patent dann 18 Monate nach dem Anmeldetag veröffentlicht. Die Anträge selbst werden nach dieser Anmeldung jeweils unabhängig voneinander in den Ländern weiterverfolgt, die für den Antragsteller von Interesse sind. Seit einiger Zeit wird dieses Verfahren sehr häufig von großen Unternehmen genutzt. Die einzelnen Veröffentlichungen werden Jahr für Jahr neu durchnummeriert, sodass ein Patent aus dem Jahr 1990 z.B. die Nummer WO 90/10935 trägt. Das zweite internationale Programm ist das so genannte Europäische Patentübereinkommen (»European Patent Convention«). Hier führt der Weg über das Europäische Patentamt, das einen Antrag ebenfalls 18 Monate nach dem Anmeldetag veröffentlicht, allerdings schließt die Veröffentlichung zugleich die Bewilligung ein. Patente dieses Amts werden seit 1978 von 1 an durchnummeriert. Das britische Patentamt hat vor 1978 Patentanträge zunächst als »angenommen« und erst später als »bewilligt« veröffentlicht. Seit 1978 greift ein Zweistufensystem, das Anträge, die 18 Monate nach dem Anmeldetag veröffentlicht werden, mit A und die Patentbewilligung mit B kodiert. Die Veröffentlichungen wurden bis 1915 auch hier Jahr für Jahr neu durchnummeriert, also z. B. GB 17433/1901. Seit 1916 zählt man fortlaufend ab 100001, seit Einführung des Zweistufensystems fortlaufend ab 200001. Das US-System kannte lange Zeit nur eine einzige Stufe der Veröffentlichung, die Bewilligung selbst. Die Patente wurden seit 1836, beginnend mit 1, fortlaufend durchnummeriert. Vor einigen Jahren wurde die Sechs-Millionen-Grenze überschritten. Seit ein Gesetz von 1999 auch für die USA ein partielles Zweistufensystem vorsieht, ist die Lage wesentlich unübersichtlicher geworden.

Im folgenden werden für jede Erfindung sowohl die in den Patentschriften genannten Herkunftsorte der Erfinder als auch die entsprechenden Patentnummern für die USA, Großbritannien und diejenigen Länder aufgeführt, aus denen die Erfinder kamen oder wo die Patente zuerst vergeben wurden, sofern das zumal für die älteren Patente festzustellen war. Die Zeichnungen stammen normalerweise aus dem jeweils zuerst erwähnten Patent. Die Länderkürzel für jedes der angeführten Patente aus dem 19. Jahrhundert sind nicht original, sondern wurden entsprechend den modernen Standards hinzugefügt. Nach internationaler Übereinkunft verfügt heute jedes Land bzw. jedes Patentamt über ein Kürzel aus zwei Buchstaben, das auch dieses Buch nutzt, um auf die Herkunft der veröffentlichten Patente hinzuweisen. Folgende Kürzel kommen vor: CA für Kanada, CH für die Schweiz, DE für Deutschland, DK für Dänemark, EP für das Europäische Patentamt (European Patent Convention), FR für Frankreich, GB für Großbritannien, HU für Ungarn, JP für Japan, US für die USA, WO für »Patent Cooperation Treaty«.

Ich hoffe, dass dieses Buch seinen Lesern viel Vergnügen bereiten und zu ein wenig mehr Bildung verhelfen wird. Wer Näheres zu den angeführten Erfindungen oder auch eigenen Ideen erfahren will, sei auf den Abschnitt »Weiterführende Literatur« am Ende des Buches verwiesen. Es ist allen gewidmet, die den Drang verspüren, etwas Besseres zu schaffen und zu entwickeln, auch wenn noch nicht sicher ist, was das sein könnte. Robert Browning hat einmal gesagt: »Wonach der Mensch auch immer greift, es sollte die Reichweite seines Arms übertreffen.« Man greife nach seinem Stern.

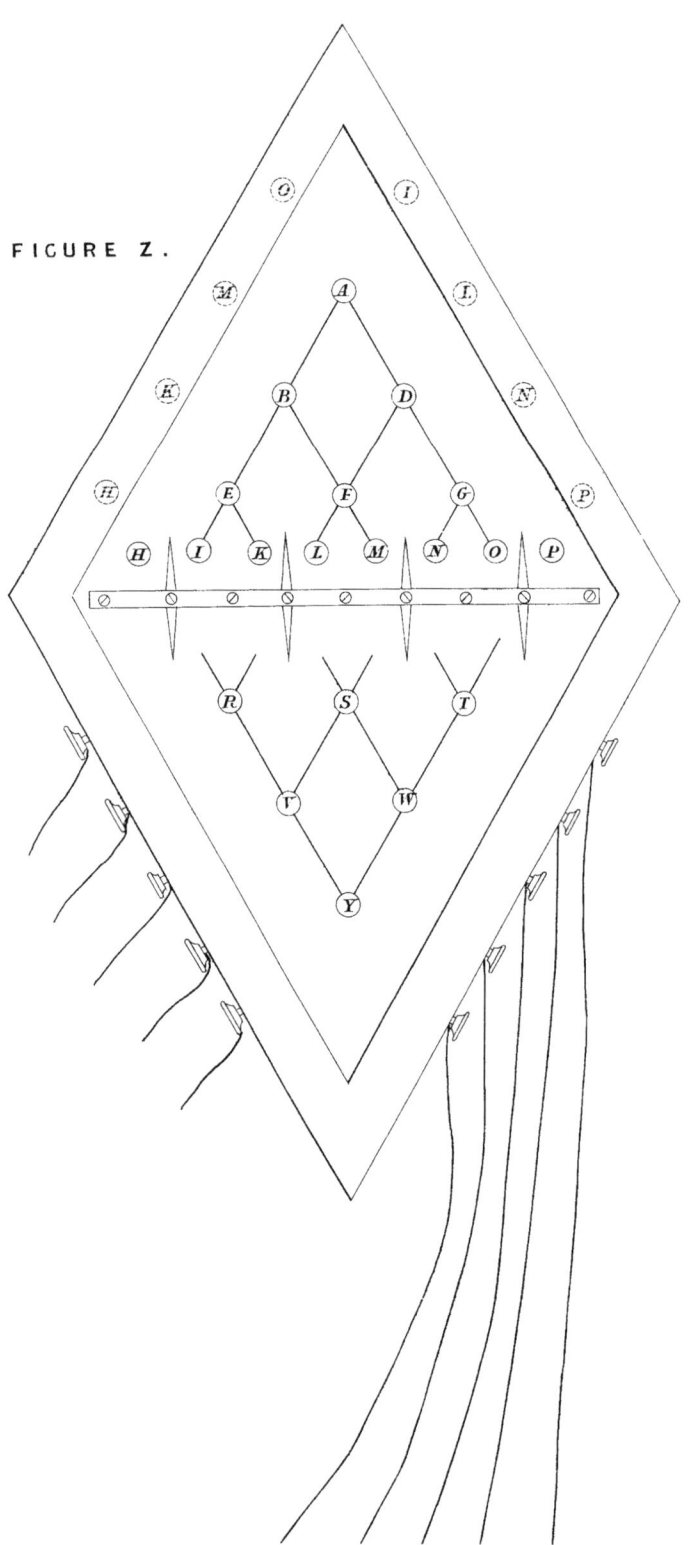

FIGURE Z.

Der Telegraf

William Fothergill Cooke, Hastings, Sussex, und Charles Wheatstone, London, England
Angemeldet am 12. Juni 1837 und als GB 7390/1837 veröffentlicht

William Fothergill Cooke wurde 1806 in Ealing, Middlesex, geboren. Er war Offizier in der Armee der »East India Company«. Charles Wheatstone wurde 1802 in der Nähe von Gloucester geboren. Die Idee, einen Schaltkreis zur Übermittlung von Geräuschen zu nutzen, war bereits bekannt, als Cooke eine Vorlesung dazu in Heidelberg hörte, sich dafür zu interessieren begann und, zurück in London, zur Unterstützung an Wheatstone verwiesen wurde, Professor für Elektrizität am King's College. Von den vielen Zeichnungen ihrer Erfindung ist hier nur eine wiedergegeben.

1841 wurde eine Eisenbahnlinie von Paddington Station in London zu dem 20 km entfernten Dorf West Drayton gebaut, die später nach Slough verlängert wurde. Im Januar 1845 bewies ein sensationeller Vorfall den Nutzen wie auch die Mängel der Telegrafie. Eines Morgens wurde eine Frau namens Sarah Hart in ihrem Haus tot aufgefunden. Kurz zuvor war beobachtet worden, wie ein Mann ihr Haus verlassen hatte. Die Polizei wusste, dass sie hin und wieder von John Tawer besucht wurde, einem australischen Chemiker. Als die Polizei im nahen Slough Erkundigungen einzog, fand sie heraus, dass zuvor eine Person, auf die Tawers Beschreibung passte, in den Zug nach London gestiegen war. Um ihn festnehmen zu lassen, telegrafierte die Polizei nach Paddington. »Er ist wie ein Quaker gekleidet«, lautete die Meldung, »mit einem braunen Mantel, der ihm fast bis zu den Füßen reicht.« Es gab kein »Q« im telegrafischen Alphabet. Deshalb wollte der Schreiber in Slough »Quaker« mit »kw« schreiben, wurde jedoch von seinem Kollegen in Paddington unterbrochen, der zur Korrektur aufforderte. Alle Wiederholungen wurden abgewiesen, bis ein Junge vorschlug, das Wort zu Ende schreiben zu lassen. Die Schreibweise »Kwaker« wurde schließlich verstanden, Tawer

bei seiner Ankunft von einem Detektiv beschattet und später in einem Kaffeehaus festgenommen. Für den Mord an seiner Geliebten wurde Tawer gehängt.

Unabhängig davon entwickelte Samuel Morse ein besseres System, das 1840 (Patent US 1647) als Standard übernommen wurde, einschließlich seines berühmten Morsecodes. Morse wurde 1791 in Charlestown, Massachusetts, geboren. Auf einer sechswöchigen Atlantik-Reise im Jahr 1832 tüftelte er das Konzept aus. Im September 1837 führte er es zum ersten Mal vor und bat dringend um Geld für eine Probeleitung von Washington in das 65 km entfernte Baltimore. Der Kongress bewilligte ihm $ 30000 und die Leitung wurde gebaut. Auf Vorschlag der Tochter des Patent-Beauftragten lautete die erste Nachricht: »Was Gott erwirkt hat«. Anders als beim englischen Patent mussten die Telegrafisten sehr genau wissen, wie man die Punkte und Striche des Codes verschlüsselt, der am anderen Ende der Leitung abgehört wurde. Auf diese Weise war das vollständige Alphabet verfügbar. 1861 reichte eine Leitung bereits bis Kalifornien und machte damit den kurzlebigen »Pony Express« überflüssig. 1866 wurde mit Erfolg das erste Tiefseekabel über den Atlantik verlegt, eine gewaltige Aufgabe, die der Dampfer »Great Eastern« bewältigte. Thomas Edison entwickelte dann das »Duplex«, mit dem zwei Nachrichten gleichzeitig in entgegengesetzte Richtung verschickt werden konnten. Die ungeheure Wirkung des Telegrafen ist heute kaum nachzuvollziehen, vergleichbar nur mit dem Internet. Morse wurde reich und gewann zahlreiche Patentklagen. Er starb 1872 in New York. Wheatstone starb 1875 in Paris. Mit seinem Patent GB 5803/1829 hatte er angeblich auch die Konzertina erfunden. Cooke starb 1879 in Farnham, Surrey.

A.D. 1839 . . . . N° 8194.

Obtaining Daguerreotype Portraits, &c.

BERRY'S SPECIFICATION.

TO ALL TO WHOM THESE PRESENTS SHALL COME, I, MILES BERRY, of the Office for Patents, 66, Chancery Lane, in the County of Middlesex, Patent Agent, send greeting.

WHEREAS Her present most Excellent Majesty Queen Victoria, by Her
5 Royal Letters Patent, under the Great Seal of Great Britain, bearing date at Westminster, the Fourteenth day of August, in the third year of Her reign, and in the year of our Lord One thousand eight hundred and thirty-nine, did, for Herself, Her heirs and successors, give and grant unto me, the Miles Berry, Her especial license, full power, sole privilege and autho-
10 rity, that I, the said Miles Berry, my executors, administrators, and assigns, and such others as I, the said Miles Berry, my executors, administrators, or assigns, should at any time agree with, and no others, from time to time and at all times during the term of years therein mentioned, should and lawfully might make, use, exercise, and vend, within England, Wales, and the Town
15 of Berwick-upon-Tweed, and in all Her Majesty's Colonies and Plantations abroad, an Invention of "A NEW OR IMPROVED METHOD OF OBTAINING THE SPONTANEOUS REPRODUCTION OF ALL THE IMAGES RECEIVED IN THE FOCUS OF THE CAMERA OBSCURA," being a communication from a foreigner residing abroad ; in which said Letters Patent is contained a proviso, obliging me, the said
20 Miles Berry, by an instrument in writing under my hand and seal, particularly to describe and ascertain the nature of the said Invention, and in what manner the same is to be performed, and to cause the same to be inrolled in Her

A

DIE FOTOGRAFIE

Louis Jacques Maude Daguerre und Joseph Nicéphore Niépce jun., Frankreich
Angemeldet am 14. August 1839 und als GB 8194/1839 veröffentlicht

Der Franzose Joseph Nicéphore Niépce hatte daran geforscht, die Bilder einer *Camera obscura* zu fixieren. 1827 baute er einen »Fotoapparat«, der mit einer Zinnplatte und achtstündiger Belichtungszeit funktionierte. 1829 tat sich Louis Jacques Maude Daguerre, ein Bühnenbildner, für zehn Jahre mit ihm zusammen. Als Niépce 1833 starb, führte Daguerre die Arbeit mit dessen Sohn fort. 1835 stellte Daguerre eines Tages eine belichtete Platte in sein Chemieregal, und als er sie Tage später wieder hervornahm, sah er darauf ein Bild. Ihm wurde klar, dass dies nur der Dampf einer der Chemikalien bewirkt haben konnte. Nachdem er sie alle getestet hatte, kam nur ein zerbrochenes Quecksilber-Thermometer als Ursache in Frage. Doch erst 1837 schaffte er es, ein Bild dauerhaft zu fixieren. Er sprach deswegen mit französischen Parlamentsangestellten, die begeistert waren, und kaufte die Rechte (ohne sie geltend zu machen) für alle Länder außer England. Die Details wurden am 19. August 1839 veröffentlicht. Die erste Seite erwähnt nur Berry, die nächste aber erklärt, dass er am 15. Juli von den genannten Erfindern angewiesen worden sei, das Patent zu beantragen.

Die Technik war kompliziert und verlangte Geschick. Eine Kupferplatte wurde mit einem dünnen Silberfilm beschichtet, gesäubert und poliert. Dann wurde sie mit Jod lichtempfindlich gemacht und nahm einen rosa-gelblichen Ton an. Diese Platte stellte man in eine lichtundurchlässige Halterung und schob sie in eine Kamera. Licht fiel durch die Linse auf die Platte, die dann über heißem Quecksilber so lange entwickelt wurde, bis sich ein Bild zeigte. Um das Bild zu fixieren, wurde die Platte in eine Lösung aus Natrium-Thiosulfat getaucht; ab 1840 wurde die Tönung durch die Zugabe von Goldchlorid verbessert. Die Erfindung war ein großer Erfolg, und nach ein paar Jahren gab es in jeder Stadt Fotostudios. Daguerre verkaufte die englischen Rechte an Richard Beard, einen Unternehmer, der die Verwertungsrechte für die Stadt Nottingham 1841 an Alfred Barber für die gigantische Summe von £1200 vergab. Barber verlangte dann für ein Bild eine Guinee (£1,05), den daraufhin üblichen Preis. Ein bissiger Kommentar wurde laut über die Berge von Gold, auf die Barber spekulierte und deren Widerschein sich in den von ihm fotografierten Gesichtern der Einwohner spiegelte.

Das Konzept der Daguerreotypie war jedoch eigentlich eine Sackgasse. Obwohl auch Details sehr gut herauskamen, konnte man davon nicht mehr als einen Abzug machen. Die Belichtungszeit betrug am Anfang drei bis fünfzehn Minuten (daher die starren Blicke bei Glasbildern, wobei zur Aufnahme unsichtbare Metallstützen verwendet wurden, damit die Kunden still hielten), später nur noch eine Minute. Ihre Verwendung war vor allem auf Stillleben und Studio-Arbeiten beschränkt. Unabhängig davon verwendete William Fox Talbot aus Lacock Abbey, Wiltshire, für sein Patent GB 8842/1841 und andere lichtempfindliches Papier und patentierte die Idee des Entwickelns, Fixierens und Abziehens von Bildern. Manche sagen, Daguerre und Talbot hätten damit die Verbreitung der Fotografie in England um ein Jahrzehnt zurückgeworfen. 1852 wurde Talbot dazu bewegt, seine Patentansprüche nicht gegenüber Amateuren und Künstlern geltend zu machen, dennoch verklagte er weiterhin diejenigen, die Geld damit verdienten. Frederick Scott Archer entwickelte 1851 das Nass-Emulsionsverfahren, das mehr als einen Abzug ermöglichte und so das Ende der Daguerreotypie einleitete. Er patentierte seine Idee aber nicht (die ab 1880 ohnehin wieder verdrängt wurde) und starb verarmt 1857.

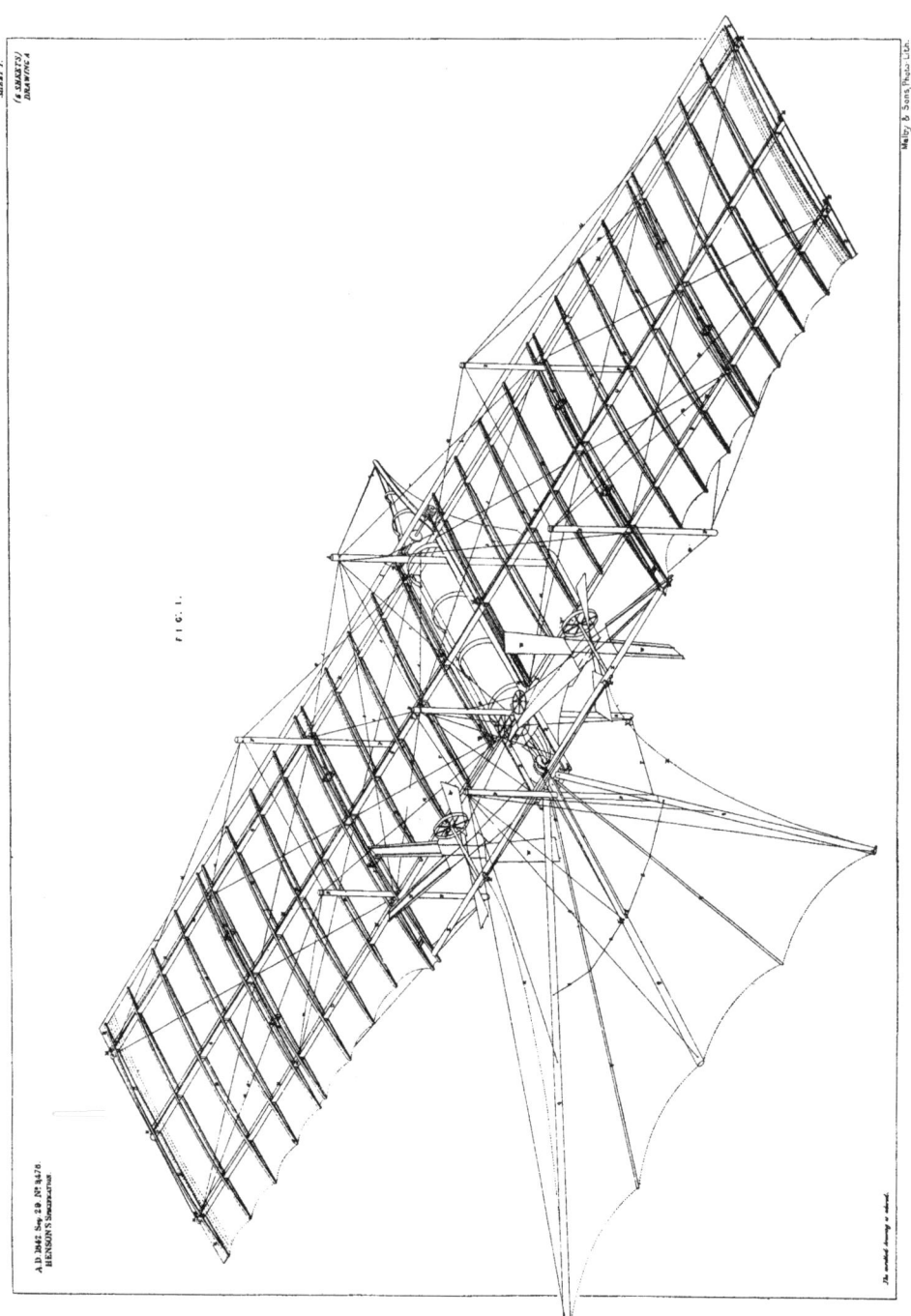

A.D. 1842. Sep. 28. Nº 9478.
HENSON'S SPECIFICATION

FIG. 1.

Malby & Sons, Photo-Litho.

The reduced drawing is coloured.

16

DER FORTBEWEGUNGSAPPARAT FÜR DIE LUFT

William Samuel Henson, London, England
Angemeldet am 28. März 1843 und als GB 9478/1842 veröffentlicht

In viktorianischer Zeit gab es zahlreiche Versuche, den Flug nach dem »Schwerer-als-Luft«-Prinzip zu verwirklichen. Die drei Hauptprobleme waren: das günstigste Gewicht im Verhältnis zur Leistung (d. h. leichte, aber starke Motoren), die zweckmäßige Tragflächenstruktur und das Prinzip der Steuerbarkeit. Diese Probleme wurden mit der Zeit immer besser verstanden und von den Brüdern Wright mit ihrem Patent US 821393 gelöst, das sie etwa acht Monate vor ihrem ersten Flug 1903 angemeldet hatten. William Samuel Hensons Patent ist ein gutes Beispiel für Hunderte von undurchführbaren Patenten. Über Henson selbst ist nur wenig bekannt, man nimmt an, dass er 1805 in Leicester geboren wurde und als Erfinder vor allem in Chard, Somerset, lebte. Er veröffentlichte Patente über Textil- und Dampfmaschinen, bevor er sich ganz der Idee eines Flugzeugs verschrieb. Seine Prinzipien beruhen vermutlich auf der Arbeit von Sir George Cayley, der einige bedeutende Grundlagen ausgearbeitet hatte, etwa die starre Tragflächenstruktur (anstelle beweglicher Flügel) und ein Ruder, das wie ein Vogelschwanz funktionierte.

Hensons Patent heißt »Fortbewegungsapparat für Luft, Land und Wasser«. Er nannte sein Flugzeug den »Luftdampfer«, es wurde auch »Fledermaus« genannt wegen des fächerartigen Leitwerks, das durch Auf- und Abwärtsbewegungen den Flug steuerbar machen sollte. Der Pilot saß auf dem vorderen Teil der Röhre, in der sich die 22,5 kW starke Dampfmaschine befand (die viel zu schwach war). Die beiden Propeller hinter der Röhre »schoben« das Flugzeug anstatt es zu »ziehen«. Tatsächlich flogen dann einige frühe Flugzeuge nach diesem Prinzip. Henson kannte das Problem des Luftwiderstands, die gewölbten Tragflächen waren dafür gut konstruiert. Unverstanden blieb, dass die Kontrolle der Tragflächen und damit des Flugs etwa mit Hilfe von Querrudern unbedingt notwendig ist. Die Presse reagierte sehr stark, als das Patent veröffentlicht wurde, teils ernsthaft, teils sarkastisch. Es wurde um Gelder geworben, im Unterhaus aber auch »viel gelacht«, als man eine Vorlage zur Eintragung einer Gesellschaft verlas. Wie die meisten der früh patentierten Flugzeuge wurde es nie gebaut.

Im Dezember 1843 tat sich Henson mit John Stringfellow zusammen. Ausgaben und Gewinne wollten sie teilen. Stringfellow, geboren 1799 in Sheffield, kam aus der Textilindustrie und konstruierte leistungsstarke Dampfmaschinen. Sie brauchten zwei Jahre für den Bau eines Flugzeugs mit einer Spannweite von sieben Metern, Stringfellow lieferte den Motor. Henson aber verlor dann den Mut und wanderte 1849 nach Philadelphia aus. Er starb 1888 in Newark, New Jersey.

Stringfellow baute sein Flugzeug zu Ende und ließ es zum Testen von seinen Mitarbeitern auf einen Hügel ziehen. Da er den Hohn der Einwohner satt hatte, testete er es zuerst in der Nacht, doch der Tau auf dem Seidenstoff ließ die Tragflächen durchhängen. Auch tagsüber brachte er das Flugzeug nicht zum Fliegen. Er baute ein zweites (unbemanntes), das aber kein Leitwerk hatte, sodass jeder Windstoß es umriss. Also testete er es zuerst in einer Textilmühle. Es rutschte zehn Meter an einem Führungsdraht entlang und kam dann ins Trudeln. Ein zweiter Flug war erfolgreicher: Das Flugzeug flog zehn Meter weit, bis es ein Loch in die Stoffwand am Ende des Gebäudes riss. Stringfellow arbeitete an immer ausgefeilteren Modellen, bis er 1883, kurz vor seinem Tod in Chard, aufgab. Er ließ seine Arbeit nicht patentieren.

Sewing Machine.

No. 4,750.

Patented Sept. 10, 1846.

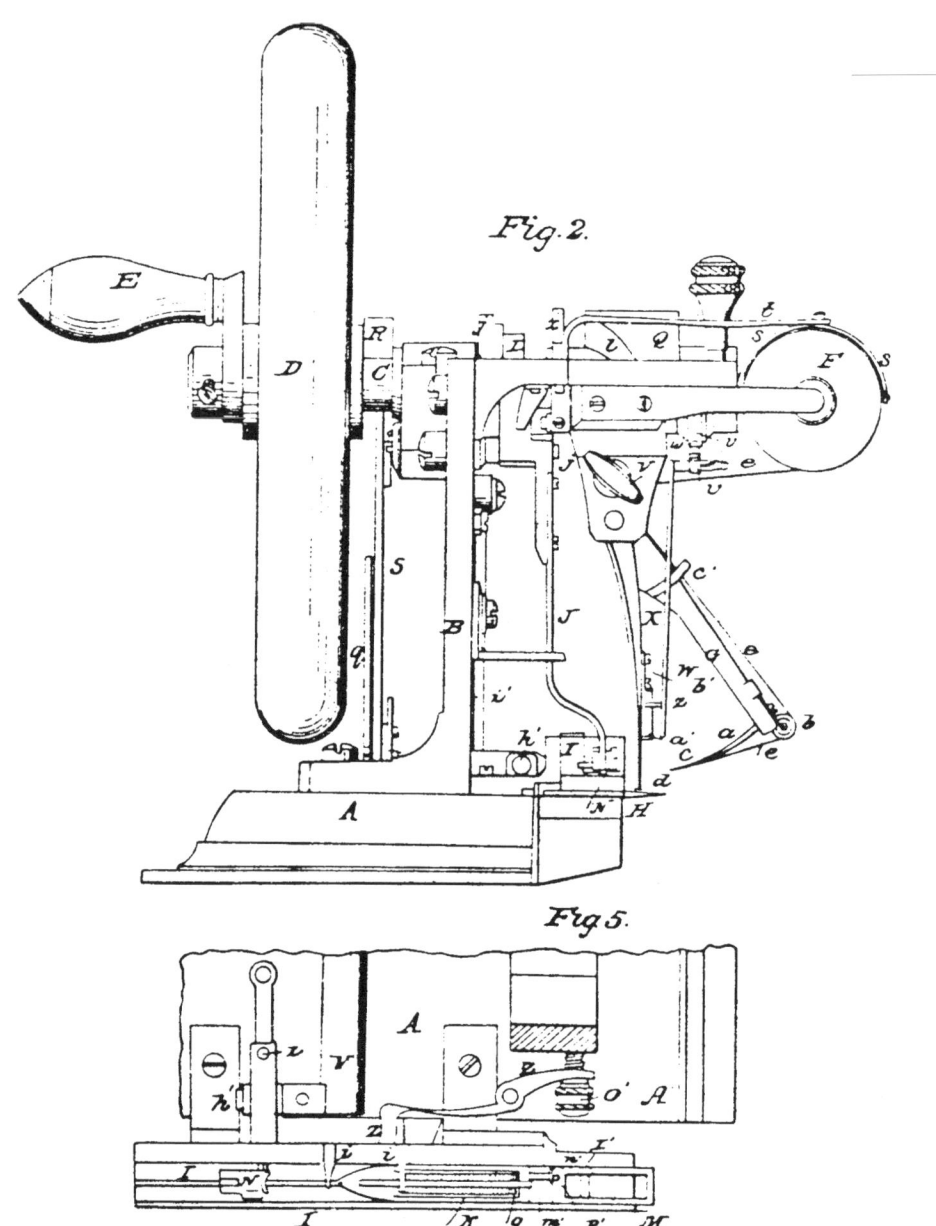

Fig.2.

Fig 5.

Die Nähmaschine

Elias Howe jun., Cambridge, Massachusetts
Angemeldet am 10. September 1846 und als US 4750 und GB 11464/1846 veröffentlicht

Weniger um die Vorläufer der Nähmaschine als um die »Nähmaschinenkriege« soll es hier gehen. Elias Howe wurde 1819 in Spencer, Massachusetts, geboren. Von Geburt an lahm arbeitete er als Maschinist in einer Baumwollfabrik. Jemand erzählte ihm, dass der Erste, der eine brauchbare Nähmaschine entwickele, ein Vermögen machen würde. Stundenlang sah er seiner Frau beim Nähen zu, beobachtete jede ihrer Bewegungen und verbrachte fünf Jahre mit der Ausarbeitung seiner Erfindung. Der Antrieb erfolgte über die Winde »E«, um das Schwungrad »D« in Gang zu setzen. Die Spule »F« hielt den Faden für die gebogene Nadel »a«, der Stoff war darunter aufgespannt. Fast wie bei einem Webstuhl machte die Maschine jedes Mal einen Stich, wenn das Schiffchen vor- und zurückfuhr. Die Handhabung war umständlich, immer wieder musste der Stoff neu aufgespannt werden. Trotzdem siegte Howe jedes Mal, wenn er damit persönlich gegen die schnellste Näherin antrat. Aber keiner wollte die Maschine kaufen. Sein Bruder Amasa nahm sie mit nach England. Doch nur William Thomas, ein Korsettmacher in London, zeigte Interesse. Thomas bezahlte £ 250 für die britischen Rechte und meldete das englische Patent an. Howe reiste seinem Bruder mit Frau und drei Kindern nach in der Hoffnung, diesen Erfolg in Geld zu verwandeln, wurde aber lediglich angestellt, um die Maschine so umzubauen, dass man damit Korsetts nähen konnte. Als er fertig war, weigerte sich Thomas zu zahlen. Howe schickte seine Familie zurück nach Amerika und kehrte später selbst völlig verarmt dorthin zurück.

Seine Maschine war inzwischen vielfach nachgebaut und verkauft worden, am erfolgreichsten von Isaac Singer aus New York, auch er Maschinist und Erfinder. Singer war um die Reparatur einer nachgebauten Nähmaschine gebeten worden und fand, dass er sie

verbessern könnte. Nach elf Tagen Arbeit kam ihm die Idee, die Nadelleiste von einem langen Arm über einer einheitlichen Fläche halten zu lassen, auf der dann an jedem Teil des Stoffes mit ununterbrochenen Stichen gearbeitet werden konnte – die gängige Methode bis heute, die Howes Nadelöse und Steppstich einschloss und 1851 als US 8294 patentiert wurde. Verzweifelt bot Howe Singer alle Rechte für $ 2000, doch Singer war selbst arm und verwies ihn verärgert aus seinem Büro.

Es folgte ein komplizierter Prozess, der erst 1854 zugunsten Howes endete. Bis zum Auslaufen des Patents flossen die Tantiemen reichlich, Howe starb 1867 als reicher Mann in Brooklyn, New York. Auch Singer verdiente gut, als die Verkäufe seines Modells allmählich stiegen. Am Anfang versuchte er, seine Maschinen an Kleiderfabriken zu verkaufen, wandte sich dann aber an Hausfrauen, denen er günstige Kredite und Hauslieferung anbot. Beide Methoden waren neu. Nachdem er bis 1867 noch 19 Verbesserungen hatte patentieren lassen, setzte er sich in England zur Ruhe und starb 1875 in Torquay, Devon. Es heißt, er habe mit vier Frauen mindestens 24 Kinder gehabt. Währenddessen hatte 1857 William Thomas zwei Verfahren wegen Patentverletzungen gewonnen. Aufgrund eines Widerrufs hatte er sein Patent 1855 abändern müssen, um dadurch Ansprüche aus dem Patent GB 10424/1844 auf Nähgarn von John Fisher und James Gibbons abzuwehren. Bis zu seinem Ablauf 1860 lähmte sein Patent den britischen Markt. In den USA wurden bis in die frühen 1870er Jahre noch über 1000 Verbesserungen patentiert. Eine davon (US 118537-8) stammte von Solomon Jones aus New Orleans und bezog sich auf das erste elektrische Modell. Bis 1871 wurden jährlich 700000 Nähmaschinen produziert, hauptsächlich von Singers Gesellschaft.

19

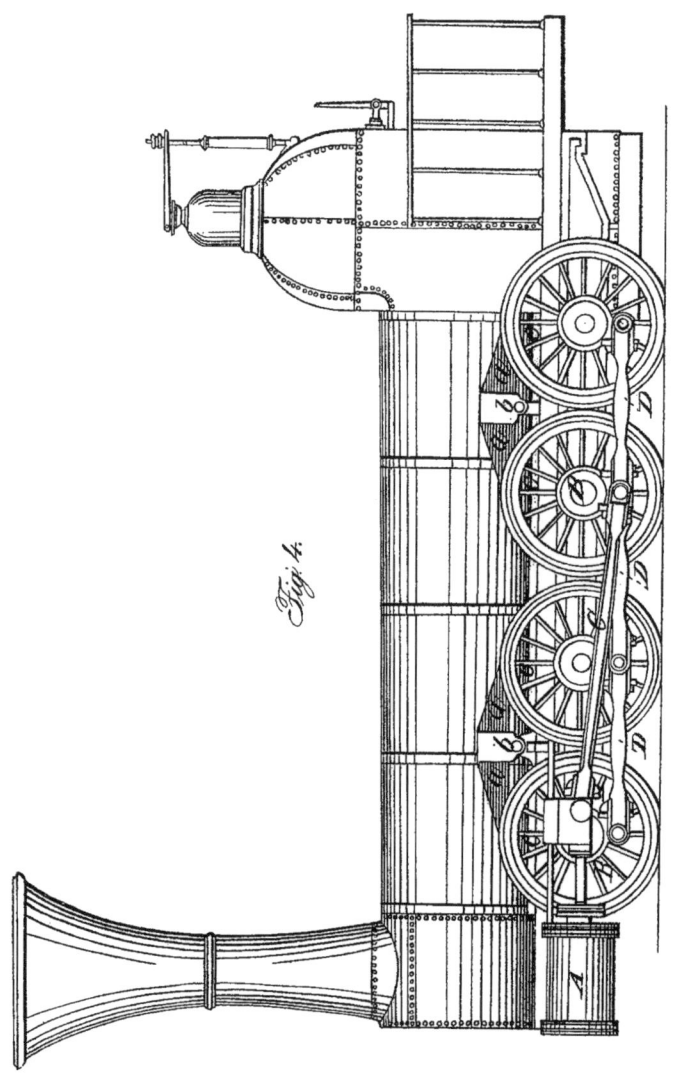

DIE DAMPFLOKOMOTIVE

Ross Winans, Baltimore, Maryland
Am 11. Oktober 1846 als US 4812 veröffentlicht

Ross Winans erfand zwar gewiss nicht die prä-viktorianische Lokomotive, war aber trotzdem ein wichtiger und interessanter Pionier. Er wurde 1793 in Sussex County, New Jersey, geboren. 1821 erhielt er Patente zum Raffen von Stoff, 1824 ein weiteres für einen Eisenpflug. Es gibt verschiedene Darstellungen, wie er zur Eisenbahn kam. Die eine ist, dass er versuchte, Pferde an die erste amerikanische Eisenbahn, die »Baltimore & Ohio Railroad«, zu verkaufen, die 1828 mit dem Bau ihrer Strecke begonnen hatte. Die andere, dass er ihrem Leiter Zug- und Gleismodelle präsentierte. Baltimore neidete der Stadt New York ihren Erfolg von 1825, den Ausbau ihres Hinterlands durch den Erie-Kanal vom Hudson zum Eriesee. Man hoffte auf einen ähnlichen Erfolg durch den Anschluss der wachsenden Einwohnerschaft am Ohio. Dabei setzten die einen auf den »Chesapeake and Ohio Canal«, andere auf die neue Eisenbahn.

Winans erfand ein »Schienenwagen«-Modell, das als erstes über drehbare Räder verfügte und Kurven fahren konnte. Zur Vorführung ließ man den neunzigjährigen Charles Caroll, den letzten noch lebenden Unterzeichner der Unabhängigkeitserklärung, darin Platz nehmen und zog den Wagen mit Hilfe eines Flaschenzugs über die Schienen. Anwesend war eine Gruppe von Baltimores einflussreichsten Bürgern. 1829 reiste Winans nach England, um sich dort über die neuesten Entwicklungen seit der Eröffnung der ersten Eisenbahnstrecke zwischen Stockton und Darlington 1825 zu informieren. Nach seiner Rückkehr arbeitete er mit Peter Cooper und dessen »Tom Thumb«-Lokomotive, bis 1860 verbesserte er die Loks der »Baltimore & Ohio Company«.

Seine Patente enthalten häufig interessante Kommentare über die Arbeit der anderen; in US 308 von 1837 äußert er sich zum horizon-talen »englischen« Dampfkessel und vergleicht ihn mit dem vertikalen »Baltimore«-Kessel. In der vorliegenden Zeichnung scheint er zur Idee des horizontalen Kessels zurückgekehrt zu sein: Es sei eine Verbesserung der Arbeit von Hopkins Thomas an der »Beaver Meadow Railroad« in Pennsylvania. Thomas verwendete insgesamt sechs Räder für seine Lok, die aber »wegen ihrer starken Neigung, von den Gleisen zu springen« unter Kritik geriet. Acht Räder, meinte er, würden mehr Kontakt zu den Gleisen bedeuten und die Neigung zum Entgleisen vermindern. Die Kuppelstangen »C« übertrugen die Kraft des Dampfzylinders auf die Antriebsräder »B«. Die Kuppelstangen »D« machten die anderen vier ebenfalls zu Antriebsrädern in diesem frühen Modell einer rhythmisch arbeitenden Lokomotive.

Mit Ausbruch des Bürgerkriegs wurde Winans, der als Sympathisant der Südstaatler in einem Sklavenstaat lebte, den die Union halten musste, um in Verbindung mit Washington zu bleiben, vom Staat Maryland gebeten, eine dampfbetriebene Kanone zu bauen. Schießpulver gehörte zu den Dingen, an denen es den Südstaaten mangelte, sodass eine solche sehr nützlich gewesen wäre. Die Kanone wurde jedoch auf dem Weg nach Virginia abgefangen und Winans kam ins Gefängnis. Seine Freilassung hatte möglicherweise damit zu tun, dass die Kanone nicht funktionierte. Später baute er auf dem Grundstück seines Sohnes ein kleines Fort mit sechs Kanonenimitationen, um es vor umherziehenden Unionstruppen zu »schützen«. Winans Söhne waren 1837 vom russischen Zaren zum Bau der ersten russischen Eisenbahnen angestellt worden, hatten ihren Vertrag aber erst 1851 erfüllt. Bis auf einen waren sie in Europa geblieben. Ross Winans starb 1877 als Multimillionär in Baltimore.

UNITED STATES PATENT OFFICE.

C. T. JACKSON AND WM. T. G. MORTON, OF BOSTON, MASSACHUSETTS; SAID
C. T. JACKSON ASSIGNOR TO WM. T. G. MORTON.

IMPROVEMENT IN SURGICAL OPERATIONS.

Specification forming part of Letters Patent No. **4,818,** dated November 12, 1846.

To all whom it may concern:

Be it known that we, CHARLES T. JACKSON and WILLIAM T. G. MORTON, of Boston, in the county of Suffolk and State of Massachusetts, have invented or discovered a new and useful Improvement in Surgical Operations on Animals, whereby we are enabled to accomplish many, if not all, operations, such as are usually attended with more or less pain and suffering, without any or with very little pain to or muscular action of persons who undergo the same; and we do hereby declare that the following is a full and exact description of our said invention or discovery.

It is well known to chemists that when alcohol is submitted to distillation with certain acids peculiar compounds, termed "ethers," are formed, each of which is usually distinguished by the name of the acid employed in its preparation. It has also been known that the vapors of some, if not all, of these chemical distillations, particularly those of sulphuric ether, when breathed or introduced into the lungs of an animal have produced a peculiar effect on its nervous system, one which has been supposed to be analogous to what is usually termed "intoxication." It has never to our knowledge been known until our discovery that the inhalation of such vapors (particularly those of sulphuric ether) would produce insensibility to pain, or such a state of quiet of nervous action as to render a person or animal incapable to a great extent, if not entirely, of experiencing pain while under the action of the knife or other instrument of operation of a surgeon calculated to produce pain. This is our discovery, and the combining it with or applying it to any operation of surgery for the purpose of alleviating animal suffering, as well as of enabling a surgeon to conduct his operation with little or no struggling or muscular action of the patient and with more certainty of success, constitutes our invention. The nervous quiet and insensibility to pain produced on a person is generally of short duration. The degree or extent of it or time which it lasts depends on the amount of ethereal vapor received into the system and the constitutional character of the person to whom it is administered. Practice will soon acquaint an experienced surgeon with the amount of ethereal vapor to be administered to persons for the accomplishment of the surgical operation or operations required in their respective cases. For the extraction of a tooth the individual may be thrown into the insensible state, generally speaking, only a few minutes. For the removal of a tumor or the performance of the amputation of a limb it is necessary to regulate the amount of vapor inhaled to the time required to complete the operation.

Various modes may be adopted for conveying the ethereal vapor into the lungs. A very simple one is to saturate a piece of cloth or sponge with sulphuric ether, and place it to the nostrils or mouth, so that the person may inhale the vapors. A more effective one is to take a glass or other proper vessel, like a common bottle or flask, and place in it a sponge saturated with sulphuric ether. Let there be a hole made through the side of the vessel for the admission of atmospheric air, which hole may or may not be provided with a valve opening downward, or so as to allow air to pass into the vessel, a valve on the outside of the neck opening upward, and another valve in the neck and between that last mentioned and the body of the vessel or flask, which latter valve in the neck should open toward the mouth of the neck or bottle. The extremity of the neck is to be placed in the mouth of the patient, and his nostrils stopped or closed in such manner as to cause him to inhale air through the bottle, and to exhale it through the neck and out of the valve on the outside of the neck. The air thus breathed, by passing in contact with the sponge, will be charged with the ethereal vapors, which will be conveyed by it into the lungs of the patient. This will soon produce the state of insensibility or nervous quiet required.

In order to render the ether agreeable to various persons, we often combine it with one or more essential oils having pleasant perfumes. This may be effected by mixing the ether and essential oil and washing the mixture in water. The impurities will subside, and the ether, impregnated with the perfume, will rise to the top of the water. We sometimes combine a narcotic preparation—such as opium or mor-

Der Äther

Charles Jackson und William Morton, beide aus Boston, Massachusetts
Am 12. November 1846 als US 4848 veröffentlicht

William Morton hat den Äther zwar nicht entdeckt, aber er begründete die Anwendung von Anästhetika in der Medizin, und das obwohl Horace Wells aus Hartford, Connecticut, bereits seit 1844 N$_2$O (Lachgas) benutzte. Einer seiner Zahnmedizin-Studenten war Morton selbst, 1819 in Charlton, Massachusetts, als Sohn eines Farmers geboren. Wie andere Zahnärzte auch hielt Morton das Zähneziehen für Quälerei und wenige fanden sich damit ab. Zur Linderung der Schmerzen versuchte er Patienten Alkohol oder Opium zu verabreichen oder sie zu hypnotisieren, doch nichts funktionierte.

Der Chemie-Professor Charles Jackson schlug Morton vor, Äthertropfen als lokales Betäubungsmittel zu verwenden. Er hatte vor Studenten bewiesen, dass die Inhalation zur Bewusstlosigkeit führt, daraus aber keinen medizinischen Nutzen abgeleitet. Im Sommer 1846 versuchte es Morton mit einem Goldfisch, einem Huhn und seinem Hund, dann probierte er es an sich selbst. Am 30. September 1846 kam ein Mann namens Eben Frost mit Zahnschmerzen zu ihm. Ohne dass Morton ihm etwas erklärt hätte, ließ er ihn Äther einatmen, und der Zahn wurde schnell und schmerzlos gezogen. Frost unterzeichnete eine Erklärung, dass er keine Schmerzen verspürt habe. Am nächsten Tag stand im *Boston Daily Journal* ein vager Bericht. Die Nachricht verbreitete sich, und zwei Wochen später verabreichte Morton auf Einladung des »Massachusetts General Hospital« Äther erfolgreich an OP-Patienten. Doch es gab Zweifel, weil Morton kein Arzt war und das Mittel nicht preisgab.

Es folgten bewegte Wochen. Morton ging an die Öffentlichkeit und beantragte ein Patent, obwohl Äther längst bekannt war. Rechtsberater drängten ihn, Jackson als Erfinder zu nennen. Er versuchte seinen Wirkstoff hinter dem Ausdruck »letheon«, Griechisch für Vergessen, zu verbergen, das Patent aber sagt deutlich, dass es sich um Äther handelt. Am 18. November erschien im *Boston Medical and Surgical Journal* ein berühmter Artikel von Henry Bigelow, fünf Tage später ein Gegenschlag von Josiah Flagg mit Sätzen wie: »Doch wird uns immer noch erzählt, es sei patentiert. Was ist patentiert? Eine Kraft? Ein Prinzip? Eine natürliche Wirkung? Die Wirksamkeit eines weithin bekannten medizinischen Wirkstoffs? Ich zweifle an der Gültigkeit solcher Urkunden. Es kommt mir vor wie die Patentierung des Sonnenlichts oder des Mondscheins.«

Morton zeigte sich bereit, Lizenzen auf sein Patent zu vergeben, und erklärte, dass er alle Einnahmen daraus gegen eine staatliche Entschädigung zurückzahlen würde. Bis 1864 bemühten sich wohlwollende Kongressabgeordnete, ihm bis zu $ 100000 zuzusprechen, doch die Verfügungen wurden vom Senat nie verabschiedet. Morton ging schließlich bankrott. Wells war durch Experimente mit Chloroform mittlerweile von diesem Stoff abhängig geworden und beging 1848 Selbstmord. Jackson und Crawford Long, ein Arzt aus Georgia, der angab, Äther bereits 1842 verwendet zu haben, stritten weiter um ihr Recht. Morton starb 1868 in einer Kutsche im Central Park an einem Schlaganfall. Er musste gerade einen erneuten Angriff auf seine Person lesen, einen im Auftrag von Jackson geschriebenen Artikel, der ein Empfehlungsschreiben für Morton ungünstig beeinflussen sollte. Jackson selbst wurde verrückt, als Morton für die Erfindung der Anästhesie auf seinem Grabstein geehrt wurde, und musste in eine Anstalt eingewiesen werden.

No. 6,469

Patented May 22, 1849

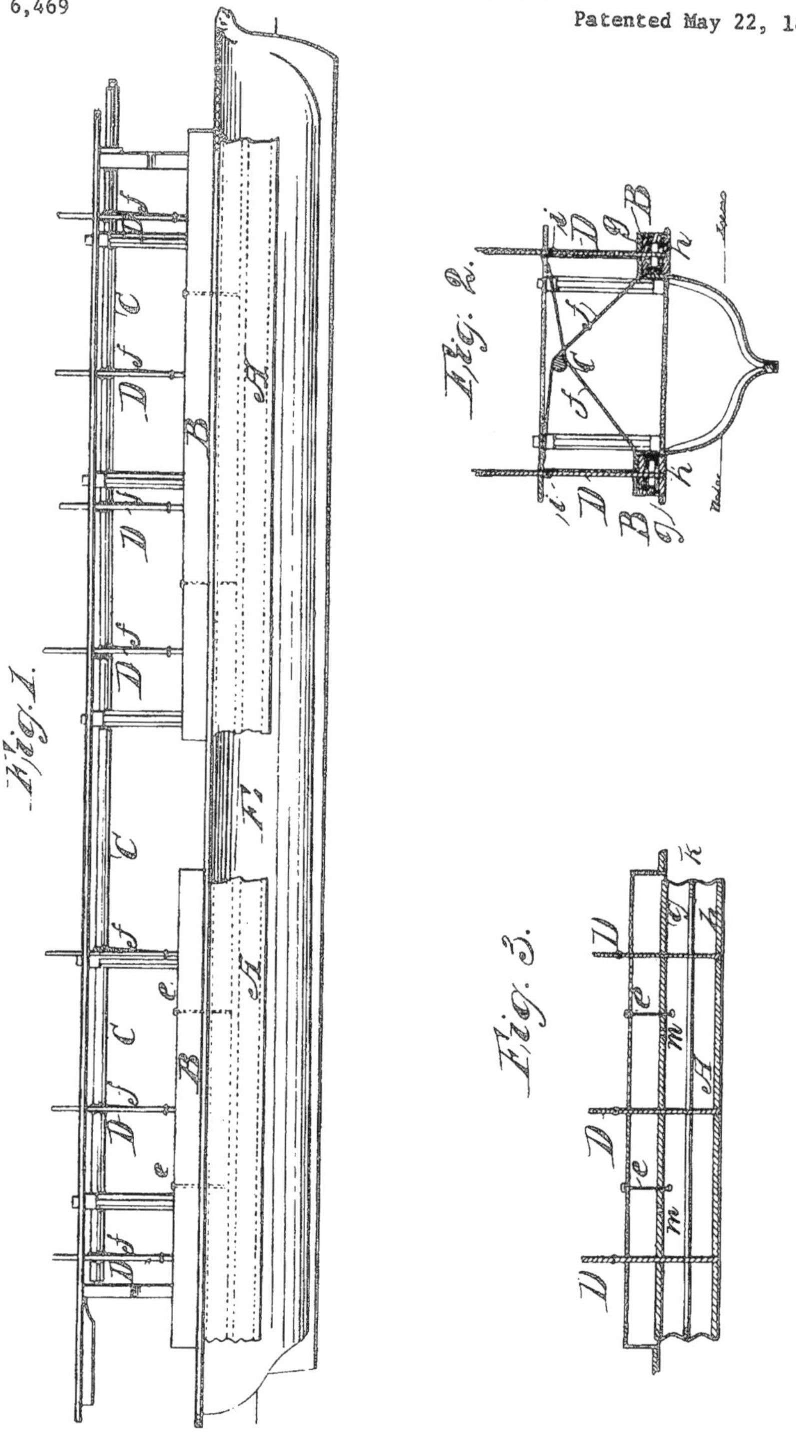

Fig. 1.

Fig. 2.

Fig. 3.

24

Das Aufbojen von Schiffen über Untiefen

Abraham Lincoln, Springfield, Illinois
Angemeldet am 10. März 1849 und als US 6469 veröffentlicht

»An alle, die es angeht: Es werde hiermit bekannt, dass ich, Abraham Lincoln aus Springfield im Kreis Sangamon, Illinois, eine neue und verbesserte Methode erfunden habe, regulierbare Schwimmluftkammern an einen Dampfer oder ein anderes Schiff zu koppeln, damit auf diese Weise ihr Druck auf das Wasser sich sofort vermindere und sie Hindernisse oder Untiefen überqueren können, ohne dass sie entladen werden müssen.« Abraham Lincoln ist der einzige Präsident der USA, dem ein Patent erteilt wurde. Er wurde 1809 in der berühmten Blockhütte bei Hodgenville, Kentucky, geboren. Die Familie zog 1816 nach Indiana und 1830 weiter nach Illinois. Das Leben war einfach, Lincolns Schulbildung gering. Er arbeitete als Lagerverwalter, Postmeister und Verwalter und wurde 1834 zum Staatsanwalt gewählt, ehe er 1836 als Anwalt zu arbeiten begann. Von 1847–1849 saß er im Kongress.

Lincoln fuhr zweimal den Mississippi hinunter und transportierte auf Flachbooten Waren nach New Orleans, zuerst mit 19 als Hilfskraft von Indiana aus, dann 1831, als er und andere mit je $ 12 pro Monat entlohnt wurden, um ein Boot zu bauen und damit den Fluss hinabzufahren. Noch ehe sie den Fluss Illinois erreichten, lief das Boot in der Nähe eines Dorfs am Sangamon auf einem Mühldamm auf. Als Wasser ins Boot drang, ließ Lincoln einen Teil der Fracht entladen, um es wieder aufzurichten. Dann lieh er sich vom Dorfböttcher einen großen Bohrer und bohrte ein Loch in den Bug, damit das Wasser ablief. Das Loch dichtete er dann wieder ab, sie zogen das Boot über den Damm und fuhren weiter.

Solche Erfahrungen schärften sein Bewusstsein für das Problem der Untiefen. Sein Anwaltspartner William Herndon erzählte, wie Lincoln als Kongressabgeordneter auf dem Heimweg von Washington nach Springfield auf einer Sandbank stecken blieb. »Der Kapitän befahl, alle losen Planken, leeren Fässer und Kisten einzusammeln und sie unter die Schiffswände zu pressen. Diese leeren Behälter wurden zum Aufbojen benutzt. Nachdem man genug davon unter das Schiff gepresst hatte, richtete es sich langsam wieder auf und kam frei.« Lincoln sah sehr genau hin. Dann baute er mit Hilfe eines örtlichen Mechanikers das gesetzlich vorgeschriebene Modell, brachte es in sein Büro, schnitzte selbst daran weiter und erzählte Herndon, dass diese Erfindung eine große Revolution in der Dampfschifffahrt auslösen würde. Das Modell befindet sich heute im Smithsonian-Museum.

Das System funktionierte mit Kammern »A«, die in Behälter »B« eingelassen waren. Seile »f« verbanden die Kammern mit senkrechten Schächten »D« und dem Schacht »C« in Längsrichtung des Schiffes. Durch Drehen von »C« in eine Richtung füllten sich die Kammern »A« mit Luft, die dann ins Wasser tauchten und das Schiff aufbojten. Durch Drehen von »C« in die andere Richtung entleerten sich die Kammern und konnten in ihre Behälter zurückgepackt werden. Die Idee ist offenbar nie realisiert worden, das zusätzliche Gewicht hätte ein Auflaufen nur noch wahrscheinlicher gemacht. Lincoln interessierte sich weiter für das Patentsystem. 1858 nannte er die Einführung von Patentgesetzen »eine der drei wichtigsten Entwicklungen der Weltgeschichte« – neben der Entdeckung Amerikas und der Erfindung des Buchdrucks. Kurz vor seiner Wahl zum Präsidenten 1859 pries er die Patentgesetze, weil sie »dem Erfinder für eine begrenzte Zeit den ausschließlichen Nutzen an seiner Erfindung sichern – und dadurch bei der Entdeckung und Herstellung neuer und nützlicher Dinge an den Treibstoff des *Interesses* das *Feuer* des Genies legen«.

W. Hunt.

Pin.

Nº 6281.   *Patented Apr. 10. 1849.*

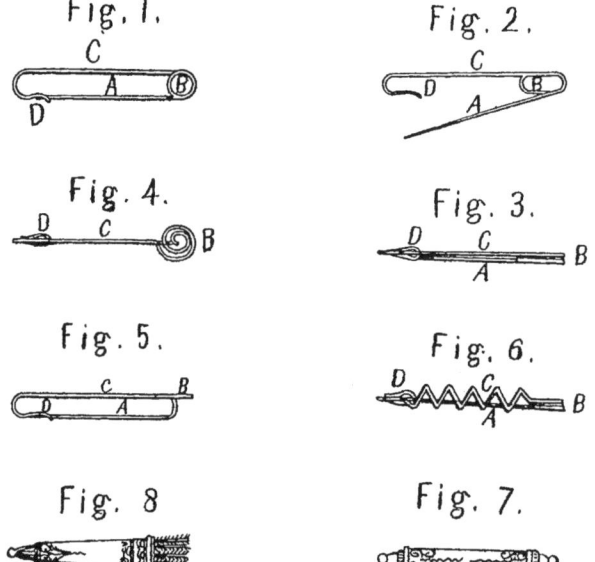

Die Sicherheitsnadel

Walter Hunt, New York City, New York, für William Richardson und John Richardson
Am 10. April 1849 als US 6281 veröffentlicht

Die Originalzeichnung für dieses Patent sieht ziemlich mitgenommen aus, wahrscheinlich weil sie vor ihrer Verfilmung auf Microfiche oft in die Hand genommen wurde, um darauf nach Hinweisen auf frühere Forschungsarbeiten zu diesem kleinen, aber sehr wichtigen Gegenstand zu suchen. Walter Hunt wurde 1796 in Watertown nördlich von New York geboren. Er war Mechaniker und ist für eine Vielzahl von patentierten Erfindungen verantwortlich, beginnend mit einem Patent für eine Alarmanlage für Kutschen 1827, später für einen Ofen, eine Gurtfeder, eine Säge, Laufrollen für Möbel und einen Messerschärfer. Außerdem erfand und baute er 1834 die erste richtige Nähmaschine mit Ösennadel; doch er patentierte sie absichtlich nicht, weil er meinte, eine solche würde Arbeitsplätze kosten. Eines Tages lieh er sich $15 von den Richardsons, vermutlich den Zeichnern seiner Patentskizzen. Einer von ihnen reichte Hunt ein Stück Draht und sagte, er zahle ihm $ 400 für die Rechte an einer nützlichen Erfindung aus diesem Draht. Nach Rückzahlung der Schulden blieben Hunt $ 385; die Richardsons aber, die zu Beginn der Patentschrift als Zessionare genannt sind, machten mit der Erfindung ein Vermögen.

Der Idee ist so einfach und doch musste jemand erst darauf kommen: Schützt man das spitze Ende der Nadel, sticht man sich nicht in den Finger. Hunt nannte sie »Kleidernadel« und stellte fest, dass »die entscheidenden Merkmale dieser Erfindung in der Konstruktion einer Nadel bestehen, die aus einem einzigen Stück Draht oder Metall gemacht ist und eine Feder, einen Haken und einen Verschluss kombiniert, wobei die Spitze besagter Nadel in den Verschluss gedrückt wird und durch eine eigene Feder sicher gehalten wird«. Er sprach vom »perfekten Komfort«, wenn man die Nadel benutzt ohne den Stoff zu

beschädigen oder sich »die Finger zu verletzen«. In Wirklichkeit hinterlässt sie winzige Löcher im Stoff. Fig. 1 zeigt die ideale Konstruktion, die anderen Zeichnungen sind mögliche Varianten, Fig. 7 und 8 zeigen dekorative Formen.

Seither besteht die einzige größere Veränderung darin, dass das spitze Ende der Nadel normalerweise sicherer in einer kleinen Metallschale gehalten wird. Nadeln gab es seit römischer Zeit, dies aber war die erste drastische Neuerung, ermöglicht durch den Gebrauch von Draht. Ein Vorläufer war 1842 Thomas Woodward aus Brooklyn mit dem Patent US 2609 für eine Nadel für »viktorianische Umhänge und Windeln«. Sie war der Sicherheitsnadel sehr ähnlich, doch fehlte ihr der elastische Ring am anderen Ende, der die Benutzung erleichterte. Woodward schlug auch vor, die Nadel aus »Silber oder einem anderen Metall« herzustellen, das sich weniger leicht verformte. Durch einen seltsamen Zufall wurde am Tag nach der Veröffentlichung von Hunts Patent ein britisches Patent beantragt, das ebenfalls mit einer Sicherheitsnadel zu tun hat. Das Patent GB 12796/1849 von Charles Rowley aus Birmingham besteht aus mehreren Teilen, darunter einem Webverfahren, Knöpfen und Spangen für Strumpfbänder, als Fig. 8 und 8a aber auch einer Nadel, die durch eine aufschiebbare Kappe gesichert werden konnte. Sie war umständlich zu handhaben und brach leicht ab. Hunts letztes Patent US 24517 von 1859 war ein Hacken für Stiefel und Schuhe. Er starb im selben Jahr und wurde unter einem majestätischen Grabstein auf dem Greenwood Cemetery in New York beigesetzt. Ein geistreicher Mensch scherzte: »Sein Name möge im Dunkeln bleiben, doch ohne ihn stünde bei uns alles offen.«

J. GORRIE
ICE MACHINE.

No. 8,080.   Patented May 6, 1851.

Fig:1.

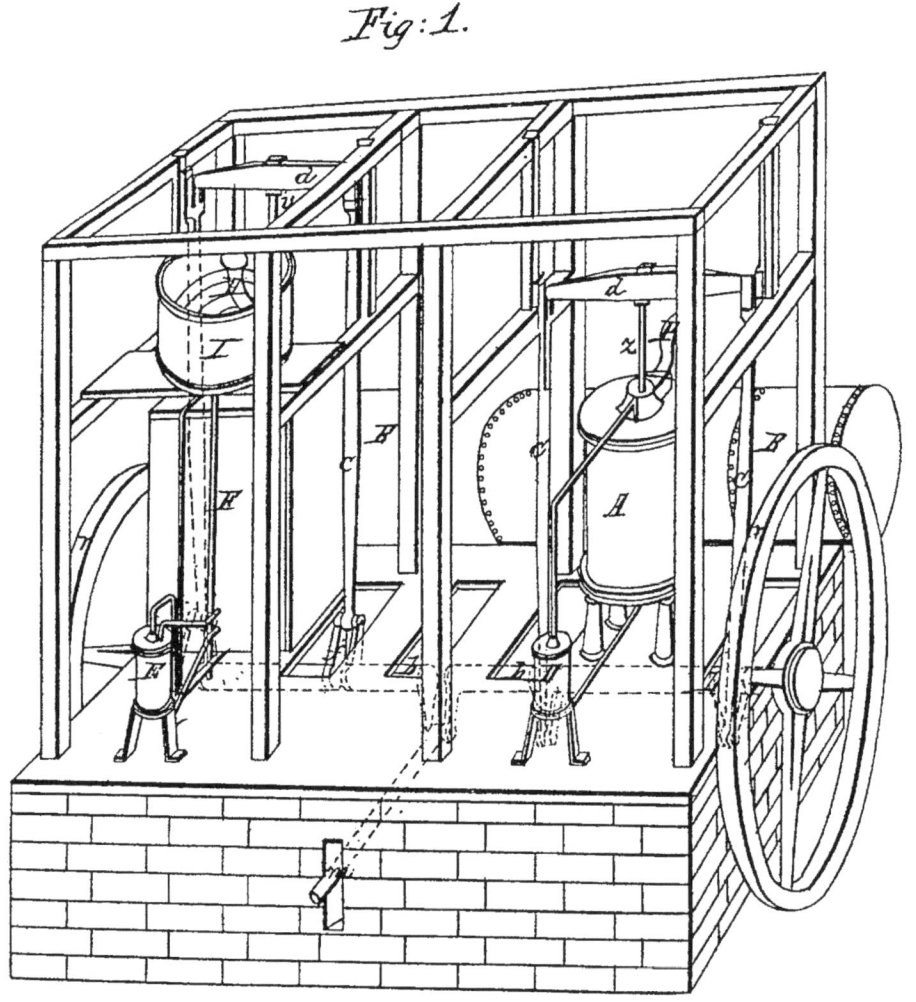

Die Eismaschine

John Gorrie, New Orleans, Louisiana
Am 6. Mai 1851 als US 8080 und GB 13234/1850 veröffentlicht

John Gorrie wurde 1803 in Charleston, South Carolina, geboren. Er ließ sich als Arzt in Apalachicola, Florida, nieder, damals ein florierender Baumwollhafen am Golf von Mexiko. Dort kümmerte er sich um Geldfieber- und Malaria-Kranke. Ihm fiel auf, dass diese Krankheiten nachts übertragen wurden und sich nur Wenige infizierten, wenn es kalt war. Erst nach 1900 entdeckten Wissenschaftler, dass Moskitos die Überträger für beide Krankheiten sind. Gorrie folgerte, dass weniger Menschen krank würden, wenn man die Krankensäle in der Nacht kühlte (Infizierte müßte man überhaupt kalt halten). Gorrie versuchte es mit eisgefüllten Becken unter der Decke, damit beim Schmelzen die dichtere kühle Luft bis zum Boden sank. Es gab einen ausgedehnten Handel mit Eis, das mit Dampfern aus New England kam, wo es im Winter aus Seen gebrochen und über den Sommer strohbedeckt unter der Erde gelagert wurde. Das Eis war am Hafen günstig zu kaufen, wenn die Dampfer denn eintrafen.

Gorrie gab seine Praxis 1845 auf, um nur an seiner Erfindung zu arbeiten. Er kam dabei schrittweise von der Idee des allgemeinen Kühlens zur Suche nach einem Herstellungsverfahren von Eis in heißem Klima. Als er den ersten mechanischen Kühlschrank entworfen hatte, ging er nach New Orleans und sicherte sich die Unterstützung eines Bostoners. Das Grundprinzip ist, dass ein umgebendes Medium Wärme aufnimmt, ganz wie bei Kühlschränken heute. Durch die Pumpe »A« wurde die Luft zuerst verdichtet (erhitzt), dann ausgedehnt (abgekühlt), wobei man am Ende kältere Luft als am Anfang erhält. Nach dem Verdichten wurde zur Kühlung etwas Wasser beigefügt. Die verdichtete Luft wurde in den Tank »B« geleitet, wo in Spiralröhren Kühlwasser zirkulierte. Das Wasser kondensierte und floss in den Zwischentank »C« mit Ventilen zur Kontrolle der zugeführten Menge, wobei sich die Luft in den Behälter »I« ausdehnte, der weniger Druck aufwies und Salzwasser enthielt. Dadurch sank die Temperatur des Salzwassers bis auf den Gefrierpunkt und in ziegelsteingroßen, ölbestrichenen Metallbehältern, die sich im Salzwasser befanden und selbst nichtsalziges oder Regenwasser enthielten, bildeten sich Eisklötze. Die kalte Luft entwich nach außen.

Gorrie stellte in Apalachicola öffentlich Eis her, wenn auch verbunden mit einigen Problemen wegen undichter Stellen und des unregelmäßigen Laufs der Motoren; dennoch gelang es ihm nicht, andere dafür zu interessieren, Fabriken zur Eisproduktion für den Süden zu bauen. Außerdem gab es heftigen Widerstand von Seiten der Eislieferanten. Gorrie veröffentlichte *Dr. John Gorries Apparat zur künstlichen Eisproduktion in tropischen Klimazonen* und starb nach einem Nervenzusammenbruch 1855.

Der Schlüssel zur Verbesserung von Gorries Idee lag darin, ein Medium zu verwenden, das mehr Wärme aufnehmen konnte als Wasser. Alexander Twinning aus den USA verwendete Schwefeläther, der Ingenieur James Harrison aus Geelong, Australien, sogar Ätherdampf. Mit seinen Patenten GB 747/1856 und GB 2362/1857 und der Entwicklung von Kühlschiffen ab 1860 blieben die australischen Exporte nicht länger auf Produkte wie Gold und Wolle beschränkt. Ferdinand Carre aus Paris verwendete 1859 (FR 41958) Ammoniak als Kühlmittel. Derweil beschwerten sich in Großbritannien amerikanische Besucher darüber, dass sie kaum Eis für ihre Getränke bekamen. Die vornehmen Haushalte vertrauten nämlich weiterhin auf ihre Eiskeller, in denen sie das Eis den Sommer über lagerten, oft erfolglos und immer mit hohen Kosten verbunden.

FIG 7.

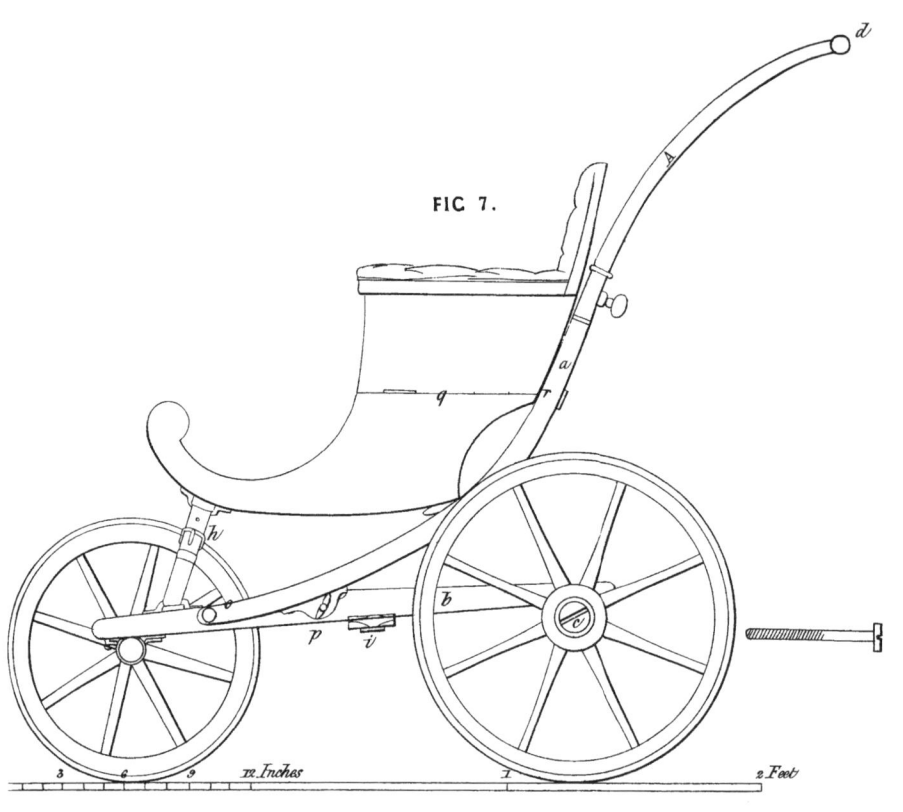

3   6   9   12.Inches   1   2.Feet

FIG . 9

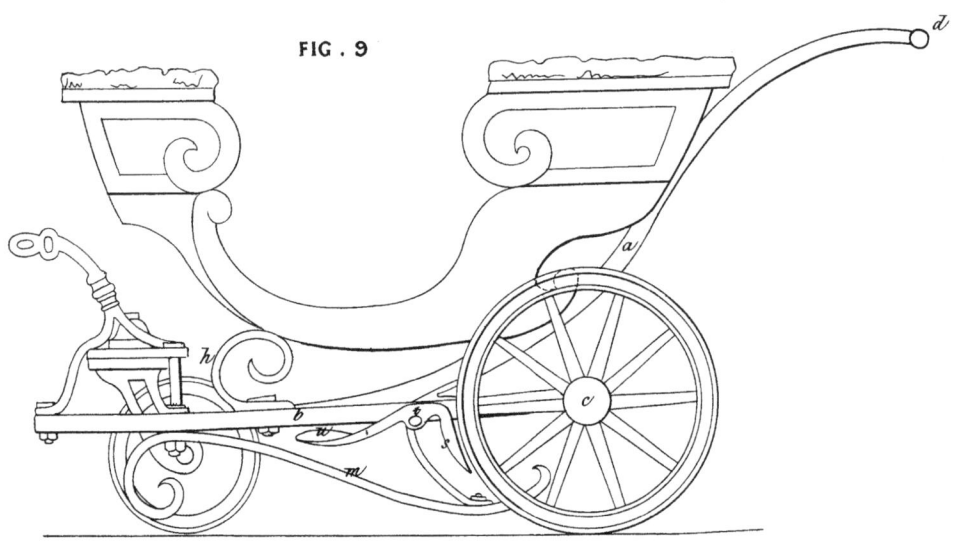

DER KINDERWAGEN

Charles Burton, London, England
Angemeldet am 17. November 1853 und als GB 2668/1853 veröffentlicht

Die Idee des Kinderwagens geht zurück auf ein Behinderten-Fahrzeug, das um 1733 von William Kent für den Herzog von Devonshire konstruiert wurde. Der »Bath chair« wurde nach der Stadt benannt, wo sein Erfinder James Heath lebte. Er hatte bis 1830 den »Sedan chair« abgelöst, der auf Stangen montiert war und von zwei Männern getragen wurde. Der Grundentwurf eines dreirädrigen Wagens (das kleinste Rad vorne), der für Behinderte oder Kinder konstruiert und hinten mit einer Haube ausgestattet war, blieb bis 1850 unverändert. In diesem Jahr begannen zwei konkurrierende Londoner Firmen ähnliche Modelle herzustellen, die sich in einer Hinsicht von früheren radikal unterschieden: Sie wurden geschoben, nicht mehr gezogen. Ziehen hieß, dass eine Mutter oder ein Kindermädchen auf das Baby nicht aufpassen konnten; es fiel also manchmal heraus. Diese Kinderwagen waren immer noch dreirädrig, da vier Räder nur auf der Straße erlaubt waren; das britische Patentamt führt Kinderwagen deshalb unter »Straßenfahrzeugen«. Das Vorderrad war kleiner wegen des engeren Wendekreises.

Das hier gezeigte Patent ist das erste, das irgendwie an einen Kinderwagen erinnert. Charles Burton betonte, dass durch seine zwei Verbesserungen der Wagen an langen gebogenen Griffen von hinten geschoben werden konnte und dass sich seine »Handwagen für Kinder« zusammenlegen und einpacken ließen. Die Zeichnungen zeigen verschiedene Modelle, Fig. 7 einen Wagen für Kinder, Fig. 9 einen leichten Zugwagen. Die Schraube gehört zu »p«; entfernte man sie, konnte der Wagen zerlegt und zusammengeklappt werden. Wir kennen die Herkunft dieses »Wagenbauers« nicht, obwohl es in einer Quelle heißt, dass Burton den Wagen 1848 in New York erfand und nach London ging, als er damit auf unfreundliche Reaktionen einiger Fußgänger stieß. 1855 jedenfalls war diese Idee in London en vogue. Reverend Benjamin Armstrong aus East Dereham schrieb nach einem Besuch in London in sein Tagebuch: »Die Straßen sind voll mit Kinderwagen, die mir ganz neu sind, wobei die Kinder in diesen Wagen von den Kindermädchen geschoben statt gezogen werden.« Die Queen, die selbst neun Kinder hatte, kaufte von »Hitchings Baby Stores« drei Modelle für je vier Guineen (£ 4,20), was sicher die Mode beflügelte.

Besonders in Großbritannien gab es zahllose Varianten derselben Idee, bis in den 1880er Jahren das französische »Bassinette«-Modell aus Flechtwerk eintraf. Darin konnte das Baby flach liegen, weil zwischen den vier Rädern genug Platz war. Einige Frauen wurden strafrechtlich verfolgt, weil sie das neue Modell auf dem Bürgersteig benutzten, doch der Anblick von Babys in einem Wagen, der wie eine Wiege auf Rädern aussah, ließ sogar verstockte Polizisten zögerlich werden; schließlich ließ man die Frauen in Ruhe. In Deutschland brauchte man aber noch bis 1888 eine Lizenz, um ein (getauftes) Kind im Wagen mit auf die Straße zu nehmen. Nur mit Lizenz war es polizeilich erlaubt, sich auf dem Bürgersteig aufzuhalten (vorausgesetzt, man schob den Wagen rechts). In den USA war man auf diesem Markt weniger erfinderisch. Die britische *Pram Gazette* rümpfte die Nase über ein amerikanisches »Bassinette«-Modell: »Ein kunstloser, unbequemer Wagen mit einem Aufbau aus Zuckerrohr oder einem anderen Gemüseprodukt (...) Diese Klasse von Kinderwagen reicht an den britischen Geschmack nicht heran.« Außerdem gab es »gesellige Wagen« für mehr als ein Kind, manche für drei: zwei Seite an Seite und eines vorn. Das »Mailcard«-Modell war ein tiefliegender Wagen, der auf der Briefträgerkarre basierte und in dem die Kinder Rücken an Rücken saßen.

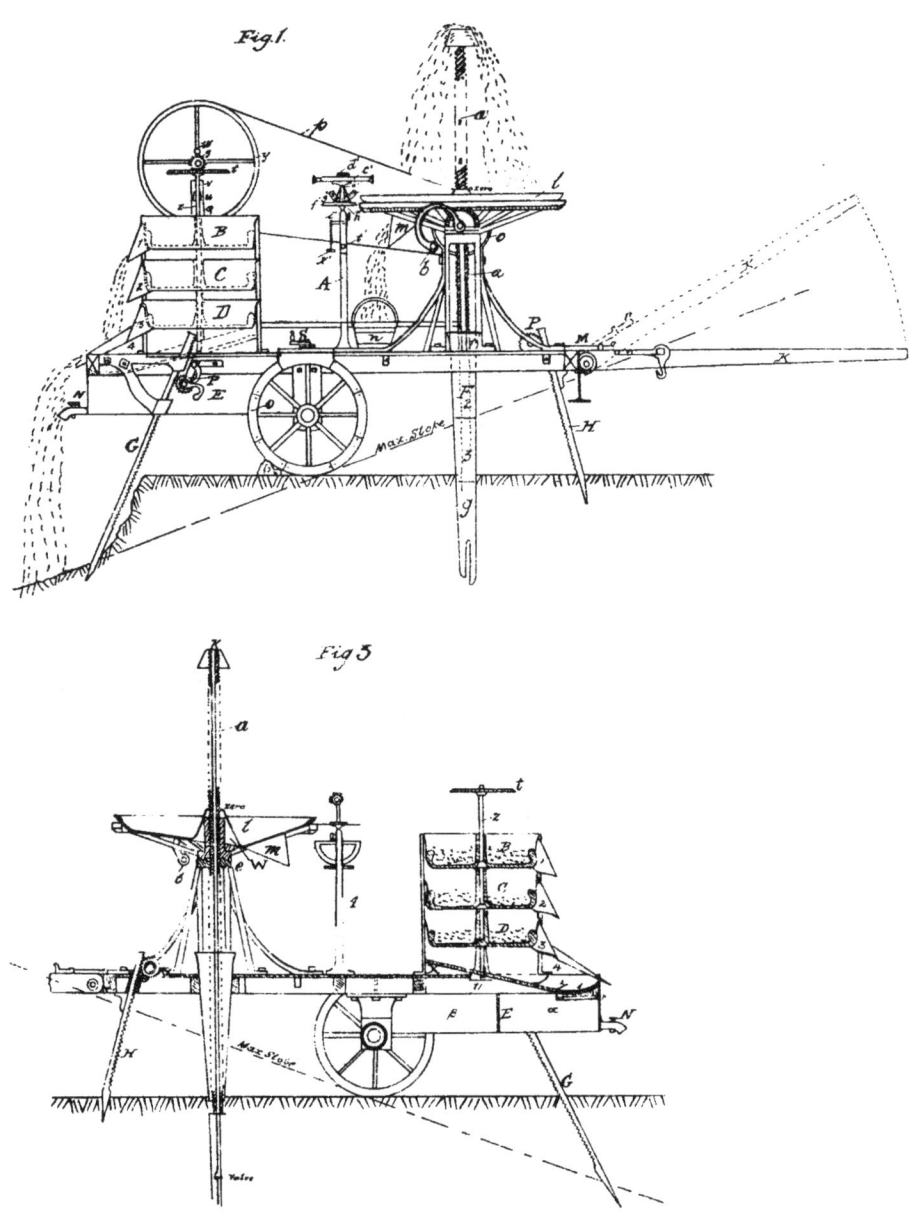

Fig.1.

Fig.3.

DIE GOLDSUCHMASCHINE

Jacob Braché, Melbourne, Australien
Angemeldet am 10. Oktober 1854 und als »Victoria Patent 12« veröffentlicht

Dies ist ein Beispiel eines Patents aus einer der australischen Kolonien, die alle ihr jeweils eigenes Patentsystem hatten, bis sie 1904 im Zuge der Gründung des »Commonwealth of Australia« zusammengeführt wurden. Die Kolonie Victoria wurde 1851 gegründet und nach der britischen Königin benannt. Die Hälfte der wenigen Patente aus der Kolonie bezogen sich in den 1850er Jahren auf den Goldabbau. Der vollständige Name des Patents lautet »Die Maschine zur Suche in Schwemm- und anderen Lagerstätten zur Feststellung deren goldhaltiger Eigenschaften.«

Nur wenige Menschen außerhalb Australiens wissen, dass außer dem Großen Goldrausch, der im Februar 1848 der Entdeckung von Gold in Kalifornien folgte, Victoria 1851 einen ähnlichen Zustrom erlebte, nachdem ein Kalifornier dort einen glücklichen Fund gemacht hatte. Das Gold lag in Schwemmland, in Flüssen oder alten Überschwemmungsgebieten, und soll der reichste Fund der Welt gewesen sein. Wer sich keine Maschinen leisten konnte, »siebte« den Schlick und hoffte, dass Gold zurückblieb, wenn der Schlick fortgewaschen war. Die meisten Erfindungen dazu nutzten das Gewicht des Goldes und den Überfluss an Wasser in den Schwemmgebieten, wo das Gold gefunden wurde. Mit Jacob Brachés Erfindung sollten Bohrungen vorgenommen und Proben des goldhaltigen Bodens zutage gefördert werden, um festzustellen, wie reich die Ablagerungen waren. Die Zeichnungen zeigen eine von zwei bis vier Mann zu bedienende Maschine, die von Hand, mit Dampfkraft oder Pferden betrieben werden konnte.

Fig. 1 zeigt einen hölzernen Wagen mit Deichseln, den Pferde von einer Stelle zur nächsten zogen. Rohrstutzen (gemessen in *foot* und *inch*) waren mit Hohlbohrern aus gehärtetem Stahl ausgestattet. Mit einer Kurbel wurde ein Rad angetrieben, das eine Schraube im Rohr in die Erde trieb. Wasser verringerte die Reibung des Vorgangs. Das geförderte Material fiel in das Becken »I«, um dort begutachtet zu werden. Es wurde dann entweder über »M« beseitigt oder zur weiteren Untersuchung in »N« aufbewahrt. Bei einer Farbänderung des Bodens musste die auf dem Rohr angegebene Tiefe notiert werden. Jacob Braché war Bauingenieur und kam 1853 von New York nach Victoria. Er war unter den Siedlern weithin bekannt und gab ab 1859 die Zeitschrift *Transactions of the Mining Institute of Victoria* heraus.

Es überrascht nicht, dass viele der amerikanischen Patente auf diesem Gebiet von den Goldsuchern in Kalifornien stammen. Ein Beispiel dafür ist das Patent US 12453 aus dem Jahr 1855 von »Lewis Teese & Son« aus San Francisco. Es bezog sich auf »Schleusengabeln«, die wie Heu- oder Mistgabeln dazu benutzt wurden, Steine aus den Schleusenkästen zu entfernen, in denen sich das Material aus dem Flussgrund sammelte. Die Gabeln waren speziell zur Entfernung von Steinen gedacht und der Witz des Patents lag darin, dass das Ende der Zinken nicht spitz, sondern dreieckig war, damit keine Goldstücke daran stecken blieben. Ein anderes Patent auf diesem Gebiet war US 7678 aus dem Jahr 1850 von Arnold Buffum und Philip Thorp aus New York. Ihre »doppelwirkende Wippe zum Goldwaschen« bestand aus einer Rinne mit zwei Wippen am Boden. Ein Pflock an der Seite der Rinne diente zur Betätigung der Wippen. In einer Pfanne im tieferen Bereich sammelte sich das Gold, während ein Gitter im oberen Bereich die Steine zurückhielt. Bis 1873 bezogen sich allein unter den amerikanischen Patenten 44 auf das Goldwaschen.

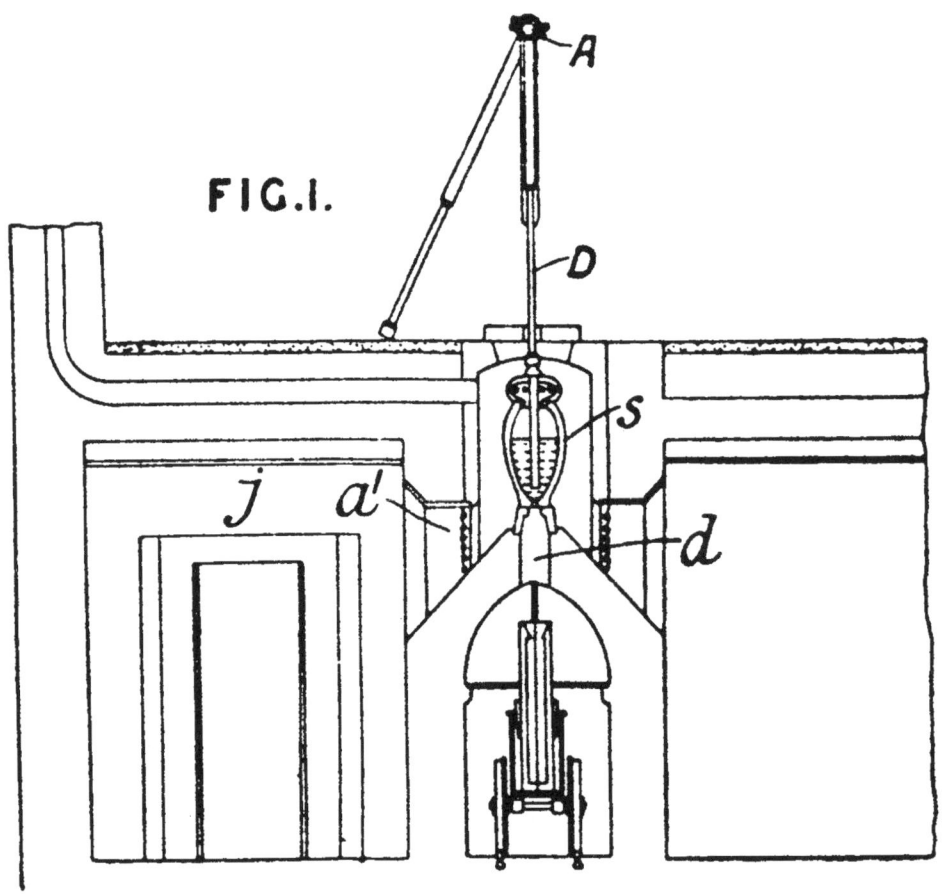

FIG.I.

Das Bessemer-Verfahren

Henry Bessemer, London, England
Angemeldet am 17. Oktober 1855 und als GB 2321/1855 und US 16083 veröffentlicht

Vor dem Bessemer-Verfahren gab es zwei Methoden zur Herstellung von Eisen. Für Gusseisen wurde im Hochofen Eisenerz mit Koks versetzt; es war für Anwendungen geeignet, die mit Druck zu tun hatten. Schmiedeeisen wurde aus Gusseisen durch Puddeln gewonnen (durch Schüren entweicht der Kohlenstoff). Da Kohlenstoff Eisen spröde macht, eignete sich Schmiedeeisen besser für Anwendungen, wo es auf Zug ankam, etwa bei Trägern. Das Verfahren war jedoch zeitaufwendig und teuer. Henry Bessemer wurde 1813 in Charlton, Hertfordshire, als Sohn eines Ingenieurs und Schriftgießers geboren. Der Autodidakt besaß über 100 Patente, die meisten in der Metallurgie. Einen Großteil seiner Arbeit finanzierte er, indem er eine Methode zur Herstellung von »Gold«-Staub aus Messing zur Anwendung in Farben geheim hielt und diesen »Gold«-Staub jahrelang weit unter dem Verkaufspreis der Händler vertrieb.

Eine neue Granate, die Bessemer für die Franzosen im Krimkrieg entwickelt hatte, war für die gusseisernen Kanonen der französischen Armee zu stark. Das Eisen selbst musste besser und billiger werden, deshalb ersann er eine Methode, flüssiges Eisen mit kalten Luftstößen zu frischen. Durch Löcher am Boden eines sechs Meter hohen, zylindrischen Ofens strömte Luft; das Eisen wurde so reiner und heißer und ließ sich leicht gießen. Flussstahl kostete einen Bruchteil des früheren Preises und enthielt 2 % Kohlenstoff, der ihn härtete und ihm wertvolle mechanische Eigenschaften verlieh. Im August 1856 hielt Bessemer einen Vortrag über seine Entdeckung. Das Interesse war groß, und die Rede wurde in viele Sprachen übersetzt.

Als andere dasselbe versuchten, stellten sie fest, dass die neue Methode nicht funktionierte. Der Grund war, wie Goran Göransson, ein schwedischer Industrieller, im Juli 1858 herausfand, dass Bessemer phosphorarmes Blaenavon-Eisen verwendet hatte, wogegen die meisten europäischen Erze viel Phosphor enthielten. Erst 1877 fand Sidney Thomas aus Battersea, Surrey, mit seinem Patent GB 4422/1877 eine Methode zum Einsatz hochphosphoriger Erze. Ein verbessertes Bessemer-Verfahren patentierte Robert Mushet aus Coleford, Gloucestershire (GB 2219/1856).

Bessemer hat das nach ihm benannte Verfahren nicht als Erster erfunden. Seit 1846 hatte William Kelly aus Pittsburg, Pennsylvania, daran geforscht. 1857 erhielt er dafür sein Patent US 17628, versuchte aber erfolglos, Bessemers amerikanisches Patent aufheben zu lassen. 1871 wurde sein Patent um sieben Jahre verlängert; er starb als reicher Mann. In den 1860er Jahren begann das Siemens-Martin-Verfahren das Bessemer-Verfahren abzulösen, um 1900 kamen sie etwa gleich häufig zum Einsatz. Das Siemens-Martin-Verfahren war zeitaufwendiger, doch konnten damit auch Altmetall oder phosphorige Erze verarbeitet werden.

Weniger erfolgreich war Bessemers Versuch, das Schlingern von Schiffen zu unterdrücken. In seinem wunderbar illustrierten Patent GB 3707/1869 ging es darum, die Kabinen in einer riesigen (und luxuriös ausgestatteten) Röhre unterzubringen, die innerhalb des Rumpfes von zwei eisernen Bolzen gehalten wurde. Die Röhre sollte waagerecht bleiben, egal wie sehr das Schiff rollte. Das Schiff wurde 1875 tatsächlich vom Stapel gelassen, doch die Jungfernfahrt nach Calais (bei ruhigem Wetter) war ein Desaster, weil die Passagiere erbarmungslos herumgeworfen wurden und das Schiff die Landungsbrücke in Calais zerstörte. Die Passagiere konnten nicht einmal den verschlossenen Kabinenraum verlassen. Bessemer wurde 1879 geadelt und starb 1898 in London.

A.D. 1856 . . . . N° 1984.

Dyeing Fabrics.

LETTERS PATENT to William Henry Perkin, of King David Fort, in the Parish of Saint George in the East, in the County of Middlesex, Chemist, for the Invention of " PRODUCING A NEW COLORING MATTER FOR DYEING WITH A LILAC OR PURPLE COLOR STUFFS OF SILK, COTTON, WOOL, OR OTHER MATERIALS."

Sealed the 20th February 1857, and dated the 26th August 1856.

PROVISIONAL SPECIFICATION left by the said William Henry Perkin at the Office of the Commissioners of Patents, with his Petition, on the 26th August 1856.

I, WILLIAM HENRY PERKIN, do hereby declare the nature of the said
5 Invention for " PRODUCING A NEW COLORING MATTER FOR DYEING WITH A LILAC OR PURPLE COLOR STUFFS OF SILK, COTTON, WOOL, OR OTHER MATERIALS," to be as follows :—

Equivalent proportions of sulphate of aniline and bichromate of potassa are to be dissolved in separate portions of hot water, and, when dissolved, they are
10 to be mixed and stirred, which causes a black precipitate to form. After this mixture has stood for a few hours it is to be thrown on a filter, and the precipitate to be well washed with water, to free it from sulphate of potassa, and then dried. When dry it is to be boiled in coal-tar naptha, to extract a brown

DIE SYNTHETISCHEN FARBSTOFFE

William Henry Perkin, London, England
Angemeldet am 26. August 1856 und als GB 1984/1856 veröffentlicht

Kaum jemand weiß, was Anilinfarbstoff ist, und doch bereitete er den Weg für die Farbstoffindustrie. William Henry Perkin wurde 1838 in London geboren, studierte am »Royal College of Chemistry« und war Assistent von August Wilhelm von Hofmann, selbst ein Schüler von Justus Liebig, der führenden Figur auf dem Gebiet der Herstellung synthetischer Substanzen wie Kunstdünger und Fleischextrakten. Hofmann schlug Perkin vor, er solle versuchen, Chinin aus Steinkohlenteer zu synthetisieren, ein wertvolles Mittel gegen Malaria, das man im Empire brauche. Steinkohlenteer blieb übrig, wenn man Gas oder Koks (zur Herstellung von Eisen) aus Kohle gewann. Perkin versuchte Allyl-Toluidin mit Kaliumdichromat zu oxidieren. Dann probierte er Toluidin durch Anilin zu ersetzen. Spuren von Toluidin blieben im Anilin zurück. Als er die Bechergläser mit den schwarzen Rückständen auswusch, fiel ihm ein violettes Glitzern auf, das er zu einer tiefroten Farbe raffinierte. Es war der erste synthetische Farbstoff. Er nannte ihn »Tyrian purple« (später hieß er Mauvein).

Der gerade mal 18-jährige Perkin war ein geborener Unternehmer (obwohl anscheinend ziemlich schüchtern). Zwei Jahre lang arbeitete er an der Herstellung seiner neuen Farbe und ihrer richtigen Anwendung beim Tuchfärben. Gemeinsam mit seinem Vater und seinem Bruder Thomas (und gegen den Wunsch seines Professors) gründete er in Harrow eine Chemiefabrik zur Produktion des Farbstoffs. Andere versuchten mit ihm zu konkurrieren, doch seine Methode war stets die billigste. In wenigen Jahren war er ein gemachter Mann. 1873 verkaufte er seine Firma und widmete sich ganz der Forschung. Er kaufte sein Nachbarhaus und baute das alte zu einem Labor um. Dort synthetisierte er »commarin«, das erste synthetische Parfüm (es roch wie frisch

gemähtes Gras), und leistete weitere wertvolle Forschungsarbeit. Nach den Feierlichkeiten zum 50. Jahrestag seiner Entdeckung und seiner Adelung starb er 1907 an Lungenentzündung.

Doch nicht Großbritannien, sondern Deutschland wurde Zentrum der neuen Industrie. Das Lehrniveau an den chemischen Fakultäten war hoch, in der Industrie wurde viel geforscht und investiert. Es gab in Deutschland viel Kohle, die sich als Polymer mit langen Molekülketten in der Chemie gut einsetzen ließ. Deutsche Erfindungen beherrschten zunehmend das Feld, vor allem synthetische Varianten von Indigo und Krapp, die die Naturfarben verdrängten. Ganze Farbfamilien wurden geschaffen. Um 1914 beherrschten Unternehmen wie Brüning und Bayer 75% der Farbindustrie weltweit; ihre Profite ermöglichten eine Ausdehnung der Produktion auf Arzneimittel und Sprengstoffe. Im Ersten Weltkrieg war Deutschland mehr denn je auf die chemische Industrie angewiesen, zugleich stiegen die Farbstoffpreise in anderen Ländern um ein Vielfaches. Für die Dauer des Krieges wurden deutsche Patente an britische oder amerikanische Unternehmen lizenziert. Von 1919-1949 ließ Großbritannien gar keine Patente auf chemische Produkte mehr zu, so sehr fürchtete man die deutsche Konkurrenz. Ein anderes Beispiel für diese Angst ist ein Brief eines Patentanwalts, der im November 1918 in einem amerikanischen Patentjournal erschien und in dem es hieß, dass deutsche Patente auf Farben nicht ausführbar und gefährlich seien. Der Anwalt zitierte ein Patent von 1880, bei dem das Produkt explodiere, wenn man es herzustellen versucht. Gerade so schlecht seien die amerikanischen Entsprechungen dieser Patente. Er bat, sie bei der Anmeldung neuer Patente nicht zu berücksichtigen.

FIG. 1.

FIG. 2.

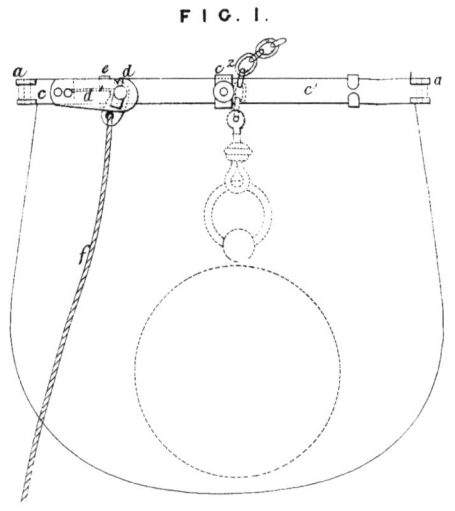

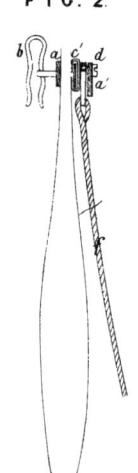

FIG. 3.

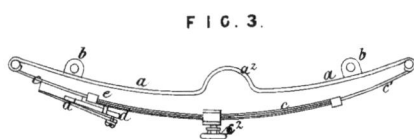

FIG. 5.

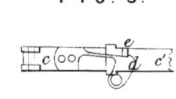

FIG. 4.

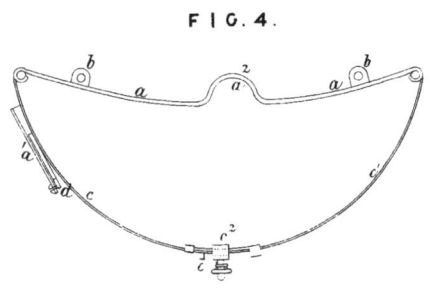

DER TASCHENSCHÜTZER

Leon de Landfort, Higher Broughton, Lancashire, England
Angemeldet am 31. Oktober 1857 und als GB 2770/1857 veröffentlicht

Im viktorianischen London war die Kriminalität äußerst hoch, und es heißt, viele Diebe seien deshalb so ausgehungert gewesen, weil ihr Beruf so verbreitet war. Die Ärmeren unter ihnen suchten sich ihre Opfer auf Bahnhofsstationen und Straßenmärkten, während das feinere Gesindel gut gekleidet war. Diese Diebe verlegten sich darauf, Leute aus der Mittelschicht in den vornehmen Gegenden zu bestehlen, die sie absichtlich anrempelten, oder sie bedienten sich in überfüllten Pferdeomnibussen. Ein erfolgreicher Straßendieb musste jung und klar im Kopf sein, da ihn nur scharfsinnige Reaktionen vor prompter Entdeckung und Verhaftung bewahrten.

»Schneidern« hieß das Geschäft, wenn Taschentücher aus Hosentaschen gestohlen wurden. Und wer sich auf das Stehlen von Geldbörsen spezialisiert hatte, hieß »Leichtdraht« oder »Übelwerker« in Anspielung auf bestimmte (unpatentierte) Gerätschaften, die dazu gern benutzt wurden, darunter schmale Klingen zum Aufschneiden der Hosentaschen oder Dreipunkt-Greifer, die in die Hosentaschen geschoben werden konnten und bei verrufenen Händlern für 10 Shilling das Stück zu haben waren. Im Gegenzug patentierten Erfinder wie Leon de Landfort Methoden zur Diebstahlverhinderung. Die hier gezeigten Abbildungen eines »Gentleman« beziehen sich auf einen »Apparat zum Schutz des Tascheninhalts durch das Tragen von Diebstahl- und Verlust-Kleidung«. Die Vorrichtung bestand aus einem Blechgestell, das in die eigentliche Tasche gesteckt wurde. Fig. 1 zeigt eine Feder zum Verschließen des Beutels (innen eine Taschenuhr), die von einem Spannmechanismus gehalten wird, an der eine Schnur zum Auslösen hängt. Fig. 2 ist eine Seitenansicht, Fig. 3 zeigt den Beutel geschlossen (die Wölbung in der Mitte ist für die Uhrenkette), Fig. 4 zeigt ihn offen.

Ein anderes Patent, GB 1464/1855 von James Clements, einem Schneider aus Birmingham, ist ähnlich. Es sah zwei elliptische Stahlteile vor, mit einem Federverschluss am Saum der Tasche befestigt. In diesem Fall war die Tasche zusätzlich durch Drähte verstärkt, um ein Aufschlitzen zu verhindern. Es gab viele Patente nur zum Schutz der Taschenuhren, da Armbanduhren noch nicht existierten. Entsprechende Vorrichtungen wurden, was kaum überrascht, Uhrenschützer genannt. Üblicherweise wurde zur Befestigung der Uhr eine Kette oder das Haar der Geliebten benutzt. Das Patent GB 415/1875 von Joseph Maclaren aus Edinburgh zeigt eine Schutzvorrichtung, die durch einen Ring führt, der an einem Knopf in der Hosentasche befestigt ist. Der Knopf hatte einen spitzen Zapfen mit Gewinde, der durch die Weste geführt und mit einem Knopf in dieser Weste verschraubt wurde. Die jeweilige Mode machte es den Dieben entweder leicht oder schwer. Die allmähliche Entwicklung von Rockschößen hin zu geknöpften Jacketts bei den Männern zum Beispiel erschwerte es dem Dieb, beim Stehlen nicht erwischt zu werden, während der eingeschränkte Gebrauch von Schnupftabak sowohl Schnupftabakdosen (von Dieben hochgeschätzt) als auch Taschentücher (für das nachfolgende Niesen) zurückgehen ließ. Stärkste Einbrüche ergaben sich aus dem Niedergang des Reifrocks in den 1870er Jahren. Große bauschende Röcke wurden von Kleidern abgelöst, die viel enger am Körper der Dame anlagen, sodass sowohl deren Trägerinnen als auch die Diebe weniger leicht in die Taschen greifen konnten. Diebinnen sahen außerdem verdächtiger aus, wenn sie weiterhin Reifröcke trugen, in deren tiefen eingenähten Taschen sich die Beute gut verstecken ließ.

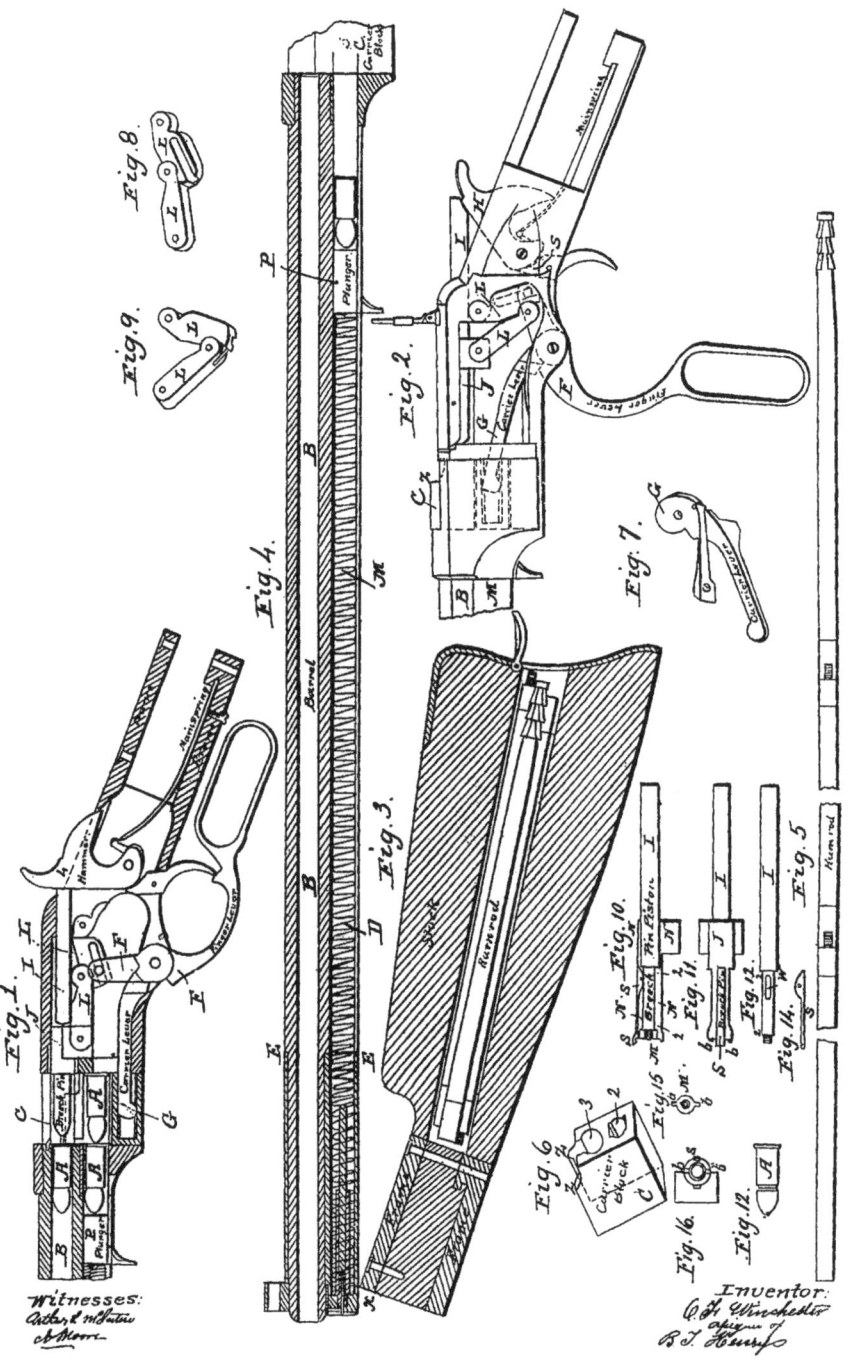

DAS WINCHESTER-REPETIER-GEWEHR

Benjamin Tyler Henry, New Haven, Connecticut, für Oliver Winchester
Am 16. Oktober 1860 als US 30446 veröffentlicht

Oliver Winchester wurde 1810 in Boston, Massachusetts, geboren. Er führte ein Geschäft, das in Baltimore, Maryland, Hemden herstellte. Sein Patent US 5421 von 1848 lautete auf eine besondere Methode des Hemdenschnitts. 1850 eröffnete er mit seinem Partner John Davies in New Haven eine Fabrik und begann, Aktien der örtlichen »Volcanic Repeating Arms Company« zu kaufen. Damals lud man eine Feuerwaffe gewöhnlich von vorn. Das war langsam und umständlich. Eine wiederholt schießende, nicht jedes Mal neu zu ladende Waffe wäre eine große Verbesserung gewesen. Die »Volcanic« war ein Mehrladegewehr, doch die Munition war zu schwach. Bis 1856 war Winchester der Hauptaktionär der Firma.

Winchesters Begabung lag nicht im Erfinden an sich, sondern darin, ein Gespür für günstige Gelegenheiten zu haben und Erfindungen voranzutreiben. Ihm wurde klar, dass ein Sortiment von Feuerwaffen gebraucht wurde. Manche bevorzugten z. B. einen kürzeren Gewehrlauf. Seine Firma übernahm Erfindungen von einer Vielzahl von Leuten, u. a. von Benjamin Tyler Henry, ehemals ihr Direktor. Winchester bat ihn, für die Munitionsentwicklung zu arbeiten. Er entwickelte zuerst eine Patrone und dann das abgebildete Henry-Gewehr, das erste brauchbare Repetiergewehr. 15 zusätzliche Patronen wurden vom Ende eines langen Rohrs genau unterhalb der Mündung geladen (s. Fig. 4). Nach späteren Maßstäben war das Gewehr umständlich schussbereit zu machen und schwer, da es aus einem Stück gefertigt war. Und trotzdem: Nach dem Abfeuern einer Kugel lag sofort eine weitere bereit. Winchester prahlte: »Wenn ein resoluter Mann, besonders zu Pferde, mit einem dieser Gewehre ausgerüstet ist, kann ihn keiner erwischen!« Die Produktion lief erst 1862 an, nach Beginn des amerikanischen Bürgerkriegs.

Das Kriegsministerium war nicht daran interessiert und zog das »Springfield«-Gewehr vor. So wurden die meisten der 11000 Gewehre, die für stolze $42 an die Unionisten verkauft wurden, von den Soldaten selbst bezahlt. Die Soldaten der Konföderierten nannten das Henry-Gewehr »das verdammte Yankee-Gewehr, das man am Sonntag laden und mit dem man die ganze nächste Woche schießen konnte«. Auch die Indianer waren über die Geschwindigkeit und Genauigkeit dieser Waffe erstaunt und nannten sie »das Geistergewehr der vielen Schüsse«.

1866 wurde das Henry-Gewehr durch die »Winchester 66« ersetzt, die auf Patenten von Nelson King basierte. Es war das erste einer Serie, die »Winchester« zu einem festen Begriff machte. Man lud es über einen Hebel-Mechanismus mittels einer Öffnung im Schaft und hatte daher nicht mit der Neigung des Henry-Gewehrs zu Ladehemmungen zu tun. 1866 verkaufte Winchester seine verbliebenen Hemden-Aktien und gründete die »Winchester Repeating Arms Company«. Der verbesserte Hebel-Mechanismus trug der »Winchester 73« die Bezeichnung »Das Gewehr, das den Westen eroberte« ein. Gesetzestreue und Gesetzlose nutzten sie uneingeschränkt. Bis zum Produktionsende 1919 wurden über 700000 davon hergestellt. Oliver Winchester starb 1880 in New Haven. Der Ehemann seiner Schwiegertochter Sarah, William, starb 1881 im Alter von 41 Jahren und ließ sie trotz eines Vermögens von $20 Millionen voller Kummer zurück. Denn ein Medium verkündete ihr, sie müsse sterben, wenn sie nicht ständig ein Haus erweitern würde, um dem Fluch der durch »Winchester«-Gewehre Getöteten zu entgehen. Ein Haus in Santa Clara, Kalifornien, wurde daher bis zu ihrem Tod 1922 auf etwa 160 Zimmer erweitert. Es kann besichtigt werden.

No. 31,128.   Patented Jan. 15, 1861.

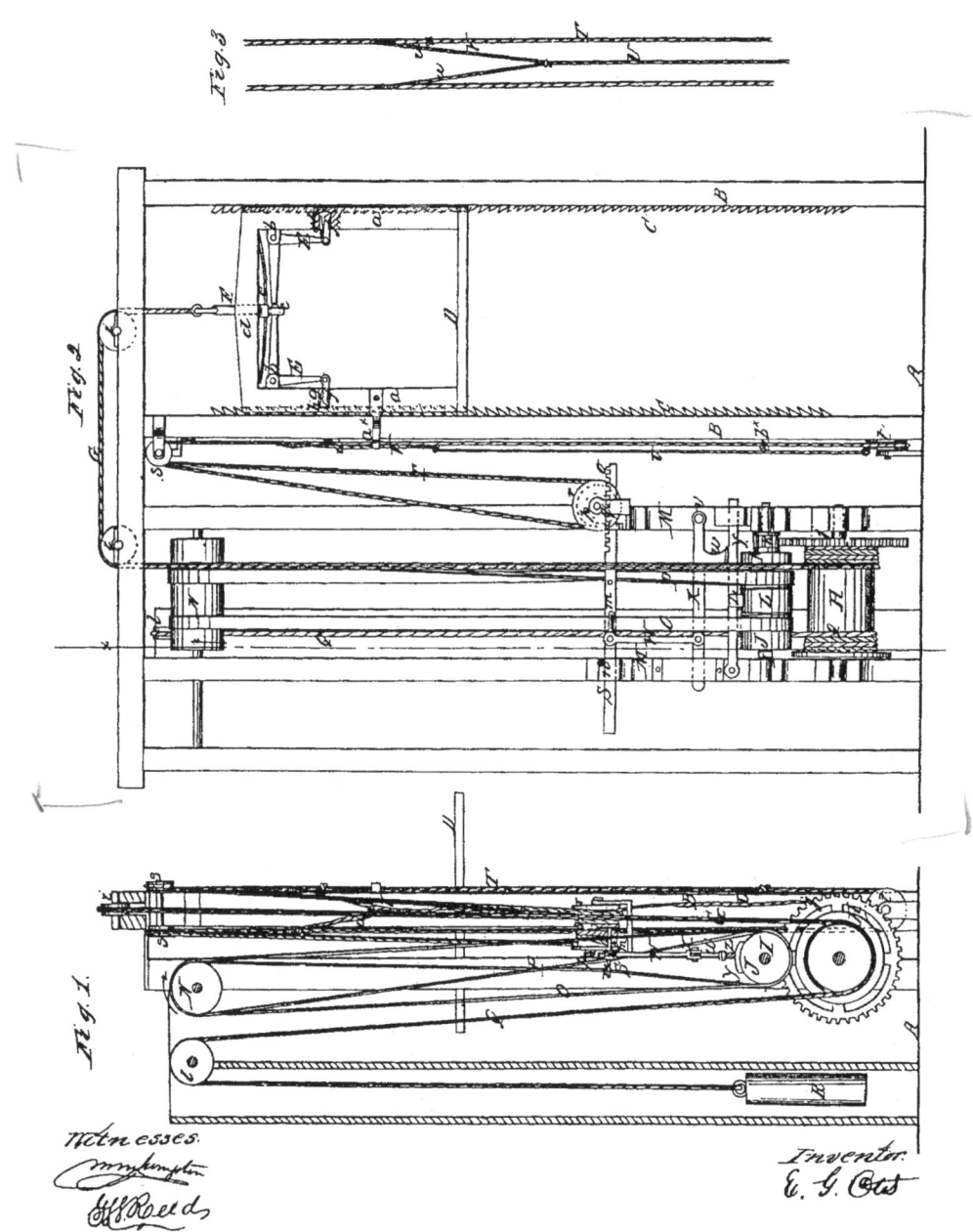

Witnesses:

Inventor:
E. G. Otis

Der Sicherheitsfahrstuhl

Elisha Graves Otis, Yonkers, New York
Am 15. Januar 1861 als US 31128 veröffentlicht und als Re 4269-71 abgeändert

Otis erfand nicht den Fahrstuhl, sondern den Sicherheitsfahrstuhl, und ohne Sicherheitsfahrstühle wären Hochhäuser nicht gebaut worden. Die Erfindung des Fahrstuhls selbst kann William Horner aus Howick, Northumberland, mit seinem Patent GB 4312/1818 zugeschrieben werden, der einen solchen 1829 in sein Coliseum-Gebäude in Regent's Park einbaute. Für einen Sixpence konnten sechs bis acht Personen ein »bewegliches Apartment« besteigen und gelangten in einen Raum, der ein Panorama von London zeigte. Dieser Fahrstuhl war lange Jahre in Betrieb, scheint aber nicht zu weiteren Anlagen geführt zu haben. Bis 1850 waren in den USA zwar einige Fahrstühle, aber keine Sicherheitsfahrstühle gebaut worden.

Elisha Graves Otis wurde 1811 in der Nähe von Halifax, Vermont, geboren. Obwohl er oft krank war, ging er verschiedenen Beschäftigungen im Staat New York nach, bis er 1845 in einer Fabrik für Bettgestelle in Albany als Werkmeister zu arbeiten begann. In einer anderen Bettgestell-Fabrik in Yonkers bat man ihn dann, das Hochziehen von Maschinen in ein höher gelegenes Stockwerk zu überwachen. Er merkte, wie gefährlich es wäre, wenn die Seile rissen, und konstruierte eine verstärkte Stahlfeder, die in eine Sperrklinke griff. Falls das Seil riss, würde die Feder es greifen und festhalten. Sein Sohn Charles und das Interesse verschiedener Unternehmer überzeugten ihn schließlich davon, in Yonkers eine Firma zur Produktion seiner neuen Hebekonstruktionen zu eröffnen. Otis entschied sich für einen Knalleffekt, um seine Idee publik zu machen: Vor einer großen Menschenmenge auf der »Crystal Palace Exposition« 1854 in New York stieg er auf eine an einem Seil aufgehängte Plattform in einem offenen Schacht. Plötzlich wurde eine Axt geschwungen und das Seil durchtrennt. Entsetzensschreie waren zu hören, doch die Plattform fiel nur wenige Zentimeter, ehe der Sicherheitsmechanismus sie hielt. Ein Klemmmechanismus griff in die Führungsschienen, wenn das Seil nicht mehr unter Zug stand.

Obwohl Interesse an dem neuen Fahrstuhl bestand, wurde er erst 1857 zum ersten Mal im »Haughwout«-Kaufhaus in New York installiert. Der dampfbetriebene Fahrstuhl erklomm die fünf Stockwerke in weniger als einer Minute und galt als großer Erfolg. Auch angesichts der lockeren Normen zu jener Zeit scheint es doch merkwürdig, dass Otis auf seine Erfindung erst 1861 ein Patent erhielt. Zuvor patentierte er 1857 einen Dampfpflug (US 18468) und 1858 einen Backofen (US 21271). Die Zeichnungen zeigen das Prinzip seines Fahrstuhls. In Fig. 2 ist der Korb an einem Seil aufgehängt. Der komplizierte Mechanismus sorgt dafür, dass der Korb gehoben oder gesenkt werden kann und dass im Falle des Seilrisses die Metallfedern in die aufwärts gerichteten Klinken »C« an den Wänden »B« greifen. Das Gewicht des Korbes selbst lässt die Federn den Korb sicher halten.

Otis starb wenige Monate nach der Veröffentlichung seines Patents, als etwa zehn Arbeiter in seiner Firma beschäftigt waren und der Wert der Einrichtung $ 5000 betrug. Seine Söhne Charles und Norton führten das Geschäft weiter und patentierten eine Anzahl von Verbesserungen. Bis 1873 wurden in Gebäuden überall in den USA 2000 »Otis«-Fahrstühle eingebaut. Ab den späten 1880er Jahren lösten elektrische Fahrstühle die dampfbetriebenen oder hydraulischen Fahrstühle ab. 1894 kamen Druckknopfsteuerungen hinzu. Von 1895 an wurde statt einer Fördertrommel mit Seilen oder Drähten das moderne Zugsystem eingesetzt, das die Kraft über Flaschenzüge übertrug, die an der Schachtdecke befestigt waren. Jeder Korb verfügte über ein Gegengewicht.

French & Fancher.
Plow.

Nº 36,600.   Patented Jun. 17, 1862.

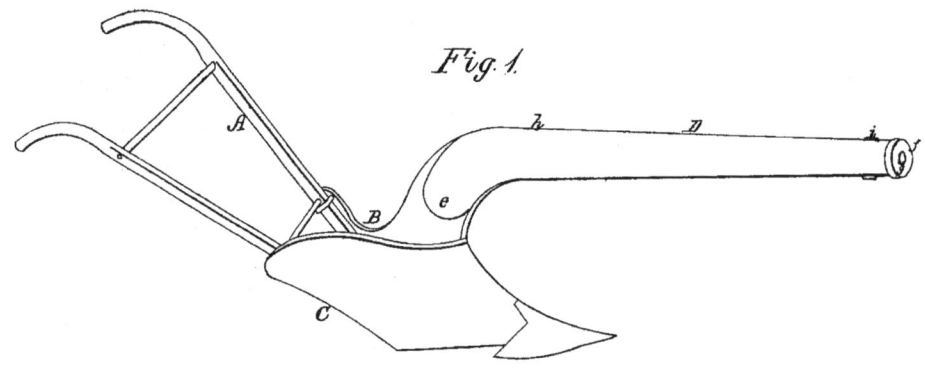

Fig. 1.

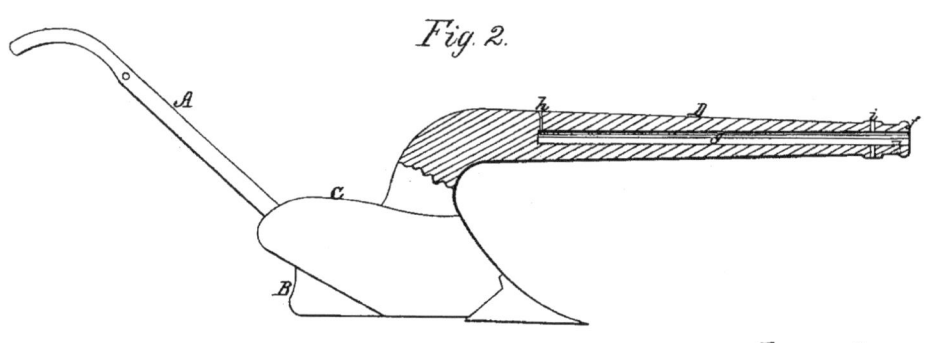

Fig. 2.

Witnesses: Inventors:
R. F. Osgood   C. W. French
D. C. Johnson   W. W. Fancher.
                              by J. Fraser & Co. Attys

44

DER GESCHÜTZPFLUG

C. M. French und W. H. Fancher, Waterloo, New York
Am 17. Juni 1862 als US 35600 veröffentlicht

Dieser von C. M. French und W. H. Fancher patentierte »neue und verbesserte Geschützpflug« war im Grunde ein gewöhnlicher Pflug, der von Pferden gezogen und von einem Bauern geführt wurde. Im Idealfall besteht der Pflug aus Gusseisen und hat hölzerne Griffe. Der ungewöhnliche Teil daran ist hier schraffiert als Fig. 2 mit Luftlöchern nahe dem Rohrende dargestellt. »Als leichtes Geschütz kann seine Kapazität an Projektilen von 0,4 bis 1,4 kg Gewicht variieren, ohne dass es als Pflug deswegen unhandlich würde. Der Nutzen dieses Pfluges als Werkzeug mit den beschriebenen zweifachen Eigenschaften steht außer Frage, besonders wenn er in Grenzgebieten eingesetzt wird, die Fehden und einem Guerillakrieg unterworfen sind. Als Mittel zur Verteidigung bei Überraschungs- oder Scharmützelangriffen für diejenigen, die einer friedlichen Beschäftigung nachgehen, ist er unübertroffen, weil er durch das Abspannen der Zugtiere sofort einsatzbereit gemacht werden kann. In Zeiten der Gefahr kann er, fertig geladen mit tödlichen Geschossen aus Kugeln oder Kartätschen, auf dem Feld eingesetzt werden.« Die Schar konnte in den Boden gestoßen werden, um den Pflug zu verankern und dem Rückstoß zu begegnen. Der »sehr geringe Aufwand« wurde als lohnend erachtet.

Diese Erfindung mag komisch klingen, doch die Erfinder hatten ernste Gründe dafür. Der amerikanische Bürgerkrieg war im zweiten Jahr und die Kavallerie des Südens ritt Überfälle auf das von der Union gehaltene Territorium. Das amerikanische Patentamt klassifizierte diese Erfindung unter »Erdarbeiten: kombiniert«, ohne diese Klassifizierung in weitere Kategorien von Kombinationspflügen zu unterteilen. Pflüge waren natürlich von immenser Bedeutung in der Landwirtschaft. John Deere war in diesem Bereich der bedeutendste Erfinder. Er wurde 1804 in Rutland, Vermont, geboren und zog 1837 als Schmied nach Grand Retour, Illinois. Die örtlichen Farmer waren verärgert, dass ihre gusseisernen Pflüge, die für die leichten, sandigen Böden von New England gebaut waren, für den schweren Prärieboden nicht taugten, weil die Erde schnell an den Pflügen haften blieb. Deere überlegte sich, dass ein richtig geformtes, poliertes Streichbrett mit stählerner Schar das Problem lösen könnte. Er bog ein gebrochenes Blatt einer Sägemühle über einem Holzklotz, gebrauchte es als Schneideblatt und verband es zum Aufbrechen und Wenden mit einem gusseisernen Streichbrett, wobei die obere Fläche poliert war. Als er es auf einer örtlichen Farm ausprobierte, funktionierte es: Es war der erste Pflug mit Selbstreinigung. Zusammen mit dem Gründer des Ortes, Leonard Andrus, ebenfalls aus Vermont, entwarf er zunächst drei neue Pflüge und arbeitete dann ständig an ihrer Verbesserung.

Deere produzierte Pflüge und bot sie zum Verkauf an, als es für einen Schmied noch normal war, Werkzeuge »auf Bestellung« anzufertigen. Zu Beginn verwendete er jeden überschüssigen Stahl, den er auftreiben konnte, doch 1843 kam eine erste Lieferung aus England. 1846, als er bereits 1000 Pflüge pro Jahr produzierte, ging er zu Stahl aus Pittsburgh, Pennsylvania, über. In diesem Jahr verkaufte er die bestehende Firma an Andrus und gründete in Moline am Mississippi eine neue; damit stand sowohl ein Transportweg als auch Wasserkraft zur Verfügung. Bis 1855 wurden jährlich 13000 Pflüge verkauft, bis 1876 75000. Deere beantragte dafür erst 1865 das Patent US 46454: »Verbesserungen an Molterbrett und Schar für Pflüge«. Er starb 1886 in Moline, als bereits 800 Arbeiter in seiner Fabrik beschäftigt waren.

45

J. L. Plimpton.

Parlor Skate,

Nº 37,305.

Patented Jan. 6, 1863.

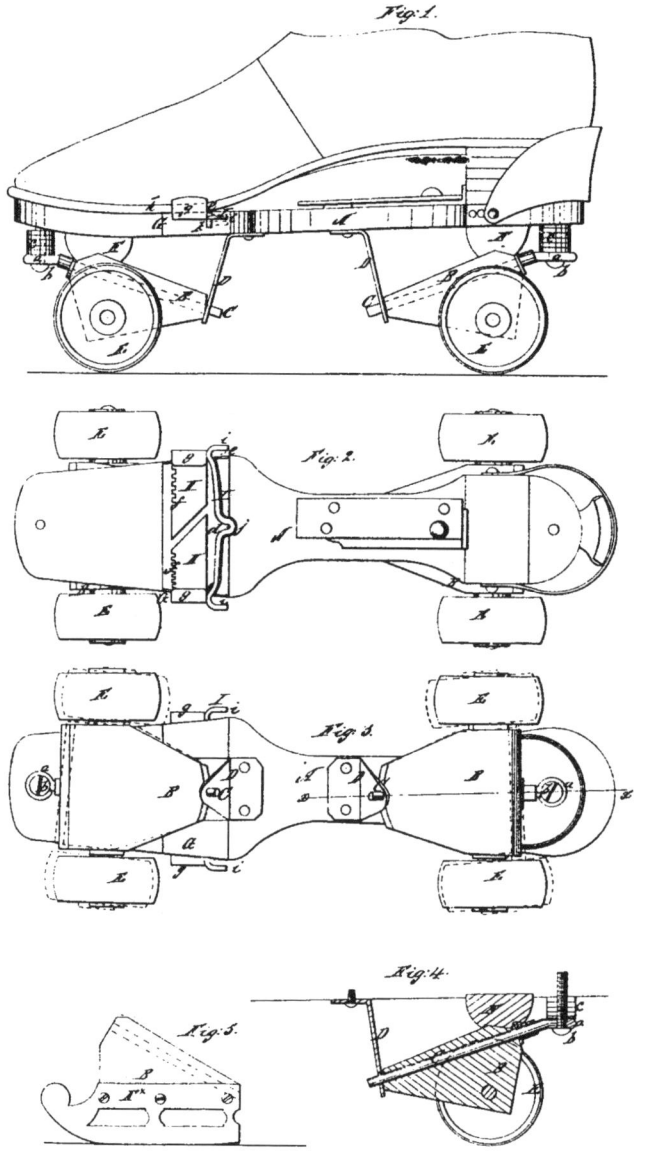

Fig. 1.

Fig. 2.

Fig. 3.

Fig. 4.

Fig. 5.

Witnesses:

W. S. Partridge
Daul Roberts

Inventor:

James Lee Plimpton

Die Rollschuhe

James Leonard Plimpton, New York City, New York
Am 6. Januar 1863 als US 37305 und GB 2190/1865 veröffentlicht

Schlittschuhe haben eine lange Geschichte, die Rollschuhe aber als Sommervariante datiert man auf 1759. Joseph Merlin, ein Belgier, befestigte Holzspulen unter seinen Schuhen und trat damit Geige spielend auf einer Londoner Maskerade auf. Da er weder lenken noch bremsen konnte, fuhr er in einen £500 teuren Spiegel, zerbrach ihn und seine Geige und verletzte sich schwer. Trotz dieses unheilvollen Anfangs gab es weitere Experimente. 1840 versuchte es eine Berliner Bierschenke mit Kellnerinnen auf Rollschuhen. Und sogar in der Oper tauchten sie auf, als Giacomo Meyerbeers *Prophet* (1849) im dritten Akt Schlittschuhe verlangte, die man durch Rollschuhe ersetzte, da die Bühne unmöglich in eine Eisbahn verwandelt werden konnte. Das Hauptproblem bestand darin, eine Lösung für Zahl und Anordnung der Räder und besonders für die Richtungskontrolle zu finden. 1823 beantragte Robert Tyers aus Piccadilly das Patent GB 4782/1823, das sich an Schlittschuhen orientierte, mit fünf schmalen hintereinander gesetzten Rädern – womit das Inline-Skating erfunden war. Doch fehlte noch immer die Möglichkeit zu lenken.

James Leonard Plimpton löste dieses Problem mit dem hier abgebildeten Patent. Auf seinen Namen lief bereits das Patent US 34590 für Schlittschuhhalterungen. Er nannte seine Erfindung »Salon-Rollschuhe«, da er sich ihren Gebrauch in dafür präparierten Räumen vorstellte, weil Straßen damals noch keine geeigneten Beläge hatten. Er führte die heute übliche Vier-Räder-Anordnung (mit Rädern aus Buchsbaumholz) ein, bei der man mit Gewichtsverlagerung lenkte. Die dabei entstehenden Kurvenkräfte wurden durch ein Gummikissen über den Rädern gedämpft. Er beschrieb es wie folgt: »Die Roll- oder Laufschuhe sind so gefertigt, dass sie sich durch das Schwanken oder Kippen auf der Unterlage oder dem Fußstand wie die Räder eines Wagens drehen oder im Kreis verengen, um so bei ausladender Haltung das Drehen eines Schuhs auf dem Boden oder dem Eis zu erleichtern.« Die Halterung war die seines früheren Patents. Sein Patent US 55901 von 1866 verbesserte den Mechanismus für das Kurvenfahren.

1866 eröffnete Plimpton im »Atlantic House«-Hotel in Newport, Rhode Island, die erste Rollschuhbahn für »gebildete und vornehme Klassen«. Damit begann, zuerst unter den Erwachsenen, in den USA eine Begeisterung, die jahrzehntelang anhielt. Das nächste Rollschuh-Patent gab es erst 1869, als A. J. Gibson aus Cincinnati kreisförmige Plättchen anregte, auf denen sich die Räder beim Richtungswechsel drehten. Weitere Schritte unternahm ab 1884 Micajah Henley aus Richmond, Indiana. Er führte Bremsklötze ein und einen Schlüssel, mit dem man die Befestigung des Schuhs regulieren konnte. Um das Wenden zu erleichtern, erfand er mit seinem Neffen Robert Henley Kugellager, die noch ausgefeiltere Fahrtricks zur Folge hatten. Bald stellte er *pro Woche* 15000 seiner »Chicago skates« her. In den 1890er Jahren kamen Rennrollschuhe auf, später auch öffentliche Rollschuhwettbewerbe, denn die Begeisterung für diesen Sport nahm nicht ab.

Die erste Rollschuhbahn in London, die »Belgravia Skating Rink«, wurde 1875 eröffnet und schon 1878 fand auf der »Denmark Rink« das erste »Roller-Polo« oder Roller-Hockey statt. Das wachsende Interesse zeigt sich deutlich an der Zahl der britischen Patente für Rollschuhe (darunter auch einige für Schlittschuhe). Sie stieg von acht im Jahr 1874 auf mehr als 200 im Jahr 1876. Britische Patente wurden bis 1905 jedoch nicht auf ihren Neuigkeitswert überprüft, sodass einige davon absichtlich oder unabsichtlich Kopien anderer Patente waren.

Automatic Toy,

Nº 46,997,   Patented Mar. 28, 1865.

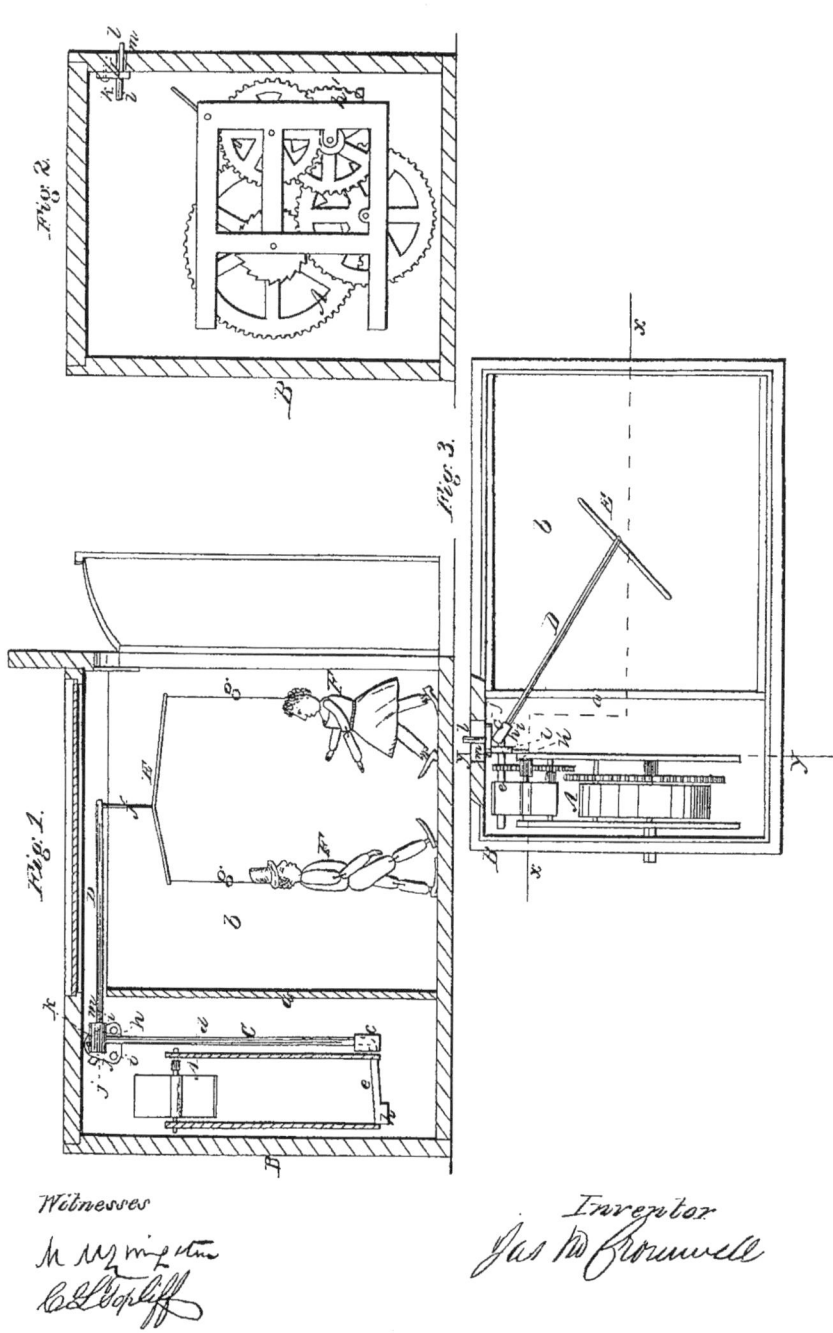

Witnesses

Inventor

Jas W. Bromwell

Das Tanzspielzeug zum Aufziehen

James Cromwell, New York City, New York
Am 28. März 1865 als US 46997 veröffentlicht

Die Idee »automatischer« oder mechanischer Spielzeuge hat Spielzeughersteller genauso wie reiche Kunden lange fasziniert. Die deutschen Spielzeughersteller waren besonders geschickt und patentierten menschliche Figuren (etwa DE 88335) oder Tiere (etwa Hunde in DE 78360). Komplexe Mechanismen aus Schwungrädern, Zahnrädern, Ketten usw. ließen diese Figuren laufen oder krabbeln. Automaten dieser Art waren jedoch so teuer, dass von jedem Modell nur wenige Exemplare hergestellt wurden. Eher maßvoll im Preis war das hier gezeigte Modell, von dem einige Exemplare erhalten sind. Man hält es für das erste amerikanische Patent für ein aufziehbares Spielzeug. Fig. 2 zeigt den Aufziehmechanismus, der die Stange »D« in Fig. 1 vibrieren lässt, wodurch die daran aufgehängten Gliederpuppen zu tanzen scheinen. In Fig. 3 bezeichnet die Linie »x-x« den in Fig. 1, die Linie »y-y« den in Fig. 2 dargestellten Querschnitt. James Cromwell gibt an, dass die Tanzfiguren die »grotesken Bewegungen der gewöhnlichen äthiopischen oder schwarzen Tänzer« nachahmen. Bei den erhaltenen Exemplaren sind um die Bühne herum Spiegel angeordnet, die den Eindruck einer Vielzahl von Tänzern erwecken, was wohl auf eine spätere, unpatentierte Weiterentwicklung zurückgeht. Die Idee einer vibrierenden Stange war nicht neu, wie das Patent FR 4352 von Charles Thévenot von 1858 zeigt, bei dem auch für Tongeräusche gesorgt war.

1866 patentierte Henry Vrooman aus Hoboken, New Jersey, ein Pferd (US 58006), das von einem ausgefallenen Aufziehmechanismus angetrieben wurde. Ein berühmtes Spielzeug zum Aufziehen war die Sparkasse mit einem kauernden Hund auf dem Dach. Wenn man eine Münze vor ihn hinlegte, sprang er vorwärts, schnappte die Münze, zog sich wieder zurück und warf sie ein. Es wurde 1878 als US 206893 von Enoch Morrison aus New York patentiert. Obwohl alle diese Geräte als Spielzeuge für Kinder gedacht waren, fragt man sich, ob nicht die Eltern mehr Spaß daran hatten.

Der wohl berühmteste Automat war allerdings ein Schwindel. 1769 erfand Baron von Kempelen aus Pressburg (dem heutigen Bratislava in der Slowakei) den »Türken«, der gegen jedermann Schach spielte und 1809 sogar gegen Napoleon gewann. Die obere Hälfte der Figur eines reich gekleideten Türken war auf eine Kiste voller beweglicher mechanischer Teile montiert. Sie wurde vom Aussteller aufgezogen und machte dann beim Schachspielen übertriebene Bewegungen. Die Kiste war scheinbar zu klein, als dass sich jemand darin hätte verstecken können, dennoch öffnete der Aussteller zuerst die eine und dann die andere Seite, um zu beweisen, dass sich tatsächlich niemand darin versteckte. Der echte Spieler verdrehte natürlich seinen Körper entsprechend, um nicht entdeckt zu werden. Nach von Kempelens Tod im Jahr 1804 wurde der »Türke« wiederholt an verschiedene Aussteller verkauft und ging dann 1826 in den USA auf Tournee. Die Zuschauer schöpften allerdings bald Verdacht – ein bestimmtes Mitglied der Schaustellergruppe war nie zu sehen, wenn der »Türke« spielte; viele Kerzen verschiedener Größe wurden in der Nähe des »Türken« aufgestellt, um durch die Gaze an dessen Brust den versteckten Spieler mit Licht zu versorgen, und so weiter –, bis schließlich 1827 zwei Jungen nach der Vorstellung einen Mann durch die Rückseite herausschlüpfen sahen. Die *Baltimore Gazette* enthüllte die Geschichte. Der »Türke« wurde schließlich 1840 an das »Chinese Museum« in Philadelphia verkauft, wo er 1854 einem Feuer zum Opfer fiel. Bis dahin hatten viele der früheren Besitzer seine Funktion erklärt.

FIELD & PULLMAN.

Sleeping Car.

No. 49,992.   Patented Sept. 19, 1865.

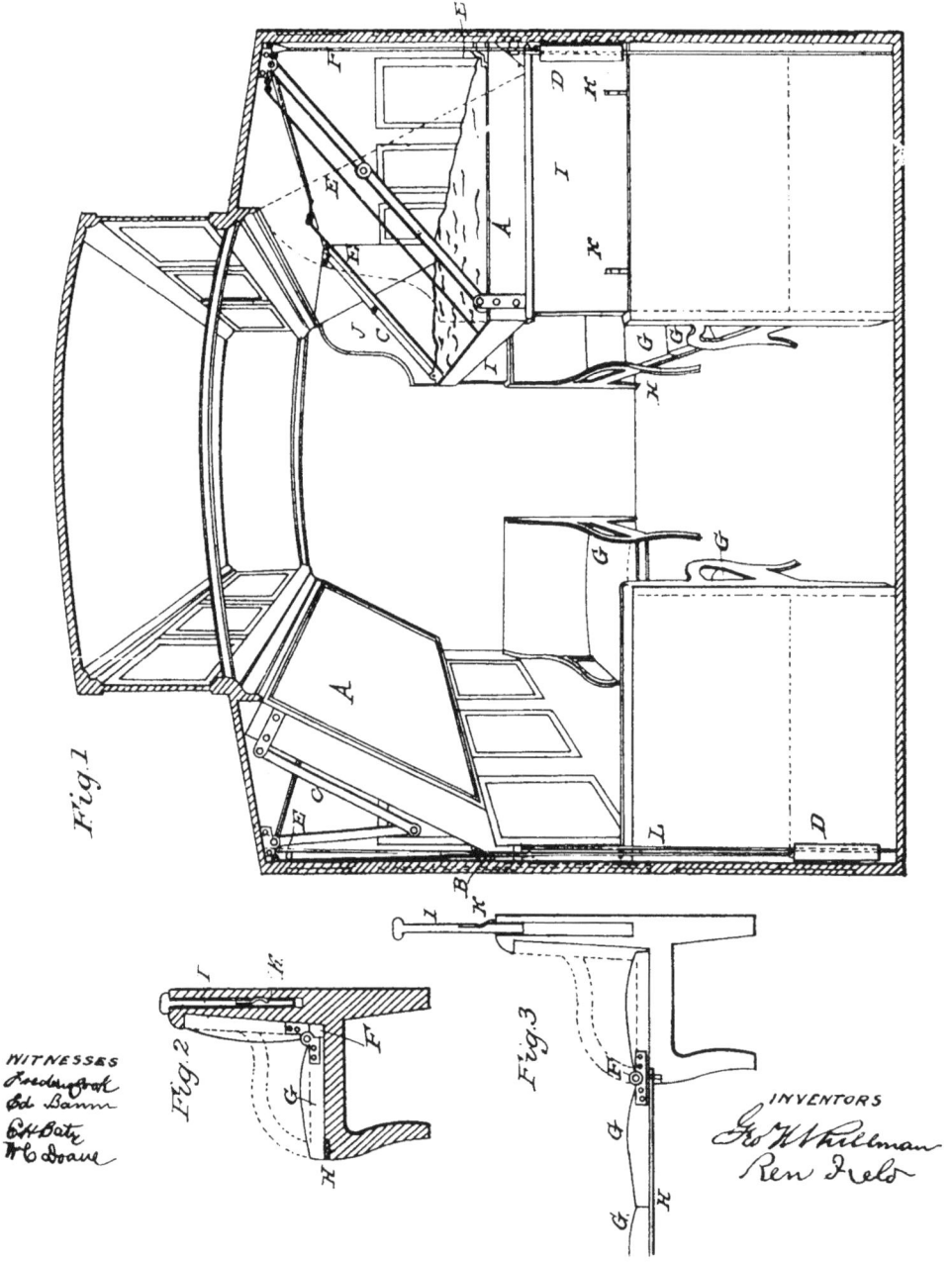

Fig.1

Fig.2

Fig.3

WITNESSES

INVENTORS
Geo. M. Pullman
Ben Field

DER PULLMAN-SCHLAFWAGEN

George Pullman, Chicago, Illinois, und Ben Field, Albion, New York
Am 19. September 1865 als US 49992 veröffentlicht

George Pullman wurde 1831 in Brocton, New York, geboren. Ursprünglich war er Möbeltischler und zog 1855 nach Illinois. Dort begann er als Lieferant für die Eisenbahn zu arbeiten und beschäftigte sich schließlich mit der Idee, Schlafvorrichtungen für Eisenbahnwagons zu bauen. Fig. 1 zeigt einen Wagon mit dem Aufbau für den Tag (links) und dem für die Nacht (rechts). Das obere Schlafwagenbett »A« ist an Punkt »B« gelagert und hängt an »C«. Am Tag wird es zur Decke gezogen und dort mit Gewichten »D« gehalten, die an Seilen »L« befestigt sind, damit das Bett mit einer Hand bewegt werden kann. Die Sitze »G« ergeben das untere Bett und liegen auf der Stange »H«. Die beweglichen Kopfstützen »I« werden aus den Sitzen gezogen und überbrücken den Raum zwischen den Betten. Dies war der ursprüngliche »Pioneer«-Wagon. Ein Pullman-Wagon wurde eingesetzt, um den Leichnam von Präsident Lincoln 1865 nach Illinois zu überführen, was dem Konzept viel Aufmerksamkeit verschaffte. 1867 wurde die »Pullman Palace Car Company« gegründet (der Gebrauch des Wortes *palace* ist bezeichnend), um die Wagons zu bauen und sie im Auftrag der Eisenbahngesellschaften zu betreiben. Zwischen 1880 und 1884 wurde für die Arbeiter ein Siedlungsprojekt namens Pullman gebaut, das noch heute südlich von Chicago besteht und über eigene Läden und Schulen verfügte. Alle Einrichtungen mussten 6 % Gewinn erwirtschaften – einschließlich der Kirche, die an alle interessierten Konfessionen vermietet wurde.

Pullman und Field hielten seit 1869 zwei weitere Patente, US 89537 für einen Speisewagen und US 89538 für einen »Hotelwagen«. Der Speisewagen bestand aus einer Küche in der Mitte und zwei Speiseabteilen an jedem Ende, damit der Küchengeruch nur jeweils zur Hälfte der Speisenden geweht wurde und die Passagiere nicht durch die Küche hindurch mussten, wenn sie von beiden Seiten zum Essen kamen. Der »Hotelwagen« enthielt schmale, miteinander verbundene Abteile, die von Familien genutzt oder, wenn andere Reisende die Abteile benutzten, zum Gang hin geöffnet werden konnten. Zur selben Zeit wurde im Auftrag von Pullman auch das Patent US 89539 von Aaron Longstreet veröffentlicht: ein Lichtsystem für die Wagons. Nach der Börsenpanik von 1893 geriet die Gesellschaft zeitweise in Schwierigkeiten, sodass Pullman die ohnehin niedrigen Löhne der stundenweise bezahlten Mitarbeiter noch einmal um 25 % senkte. Lebensmittelpreise und die von den Löhnen abgezogenen Mieten wurden dagegen nicht gesenkt. Als daraufhin eine Abordnung bei der Hauptverwaltung vorsprach, wurden am nächsten Tag drei der Vertreter entlassen. Es kam zum Streik der Fabrikarbeiter, der von der »American Railway Union« des Sozialistenführers Eugene Deb unterstützt wurde. Alle Züge mit Pullman-Wagons wurden von den Gewerkschaftern bestreikt. Die Eisenbahngesellschaften unterstützten Pullman und bestanden darauf, dass Pullman-Wagons an die Postzüge angehängt würden. Als diese dann ebenfalls bestreikt wurden, geriet die Auseinandersetzung zu einer nationalen Angelegenheit. Unter Einsatz von 12000 Soldaten wurde der Streik unterdrückt.

Pullman starb 1897 in Chicago. Seine Erben befürchteten, dass sein Leichnam gestohlen werden könnte, um Lösegeld zu erpressen. Also wurde sein Sarg mit Asphalt überzogen und, mit Eisenbahnschwellen verstärkt, in einem riesigen Zementblock eingeschlossen und dann auf dem Graceland Cemetery beigesetzt. Ambrose Bierce bemerkte dazu: »Es ist klar, dass die Familie in ihrer Trauer sicherstellen wollte, dass der Schweinehund nicht wieder aufstehen und zurückkommen würde.«

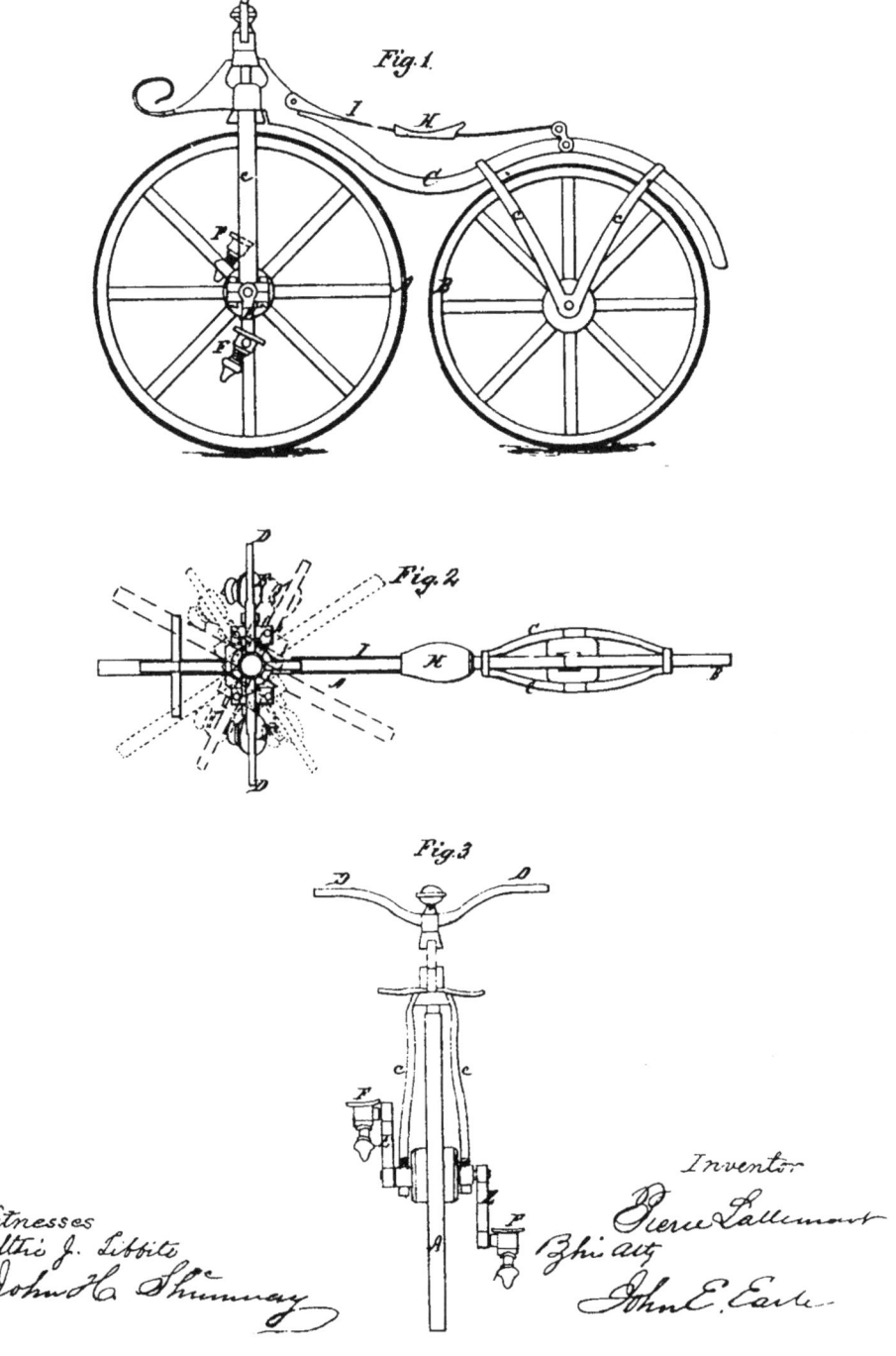

P. LALLEMENT.
VELOCIPEDE.

No. 59,915.

Patented Nov. 20, 1866.

Fig. 1.

Fig. 2.

Fig. 3.

Witnesses
altho J. Libbite
John H. Shumway

Inventor
Pierre Lallement
Bhi atty
John E. Earle

DAS FAHRRAD

Pierre Lallement aus Paris, Frankreich, als Zedent, und James Carroll aus New Haven, Connecticut
Am 20. November 1866 als US 59915 veröffentlicht

Es gibt zahlreiche Ansprüche auf die Erfindung des Fahrrads, dieser effizientesten Methode zur Umwandlung menschlicher Energie in Antriebskraft. Einige reklamieren als Erfinder Baron Drais aus Paris mit seinem Patent FR 869, dem »Schaukelpferd«, das noch gehend angetrieben wurde, aber schon lenkbar war. Kirkpatrick Macmillan, ein Schmied aus Dumfries, verbesserte das Konzept mit seinem (nicht patentierten) Fahrrad von 1839, das Pedalen am Hinterrad aufwies. Alle diese Geräte waren unhandlich und langsam, und da man auf Metall- oder Holzfelgen fuhr, erhielten sie den Spitznamen »Knochenschüttler«, obwohl sie eigentlich »Veloziped« hießen.

Oft werden Vater und Sohn Michaux mit ihrer Rollstuhl- und Kinderwagenfabrik in Paris als Erfinder dessen genannt, was bereits einigermaßen wie ein modernes Fahrrad aussieht, doch wahrscheinlich basierte ihr Patent FR 80637 von 1868 auf der Arbeit ihres Mitarbeiters Pierre Lallement. Lallement, 1843 geboren, hatte 1862 begonnen über ein verbessertes Fahrrad nachzudenken. 1865 wanderte er nach Amerika aus und patentierte 1866 mit finanzieller Unterstützung von James Carrol die hier gezeigte Erfindung.

Zum ersten Mal sind die Pedalen oder »Tretkurbeln« weiter vorn montiert, wenn auch noch nicht in der heute üblichen Position zwischen den Rädern (bei modernen Liegerädern sind sie ebenfalls vorn montiert). Sie funktionierten wie die Pedalen eines Kinder-Dreirads. Das Vorderrad wurde in Klemmbacken gehalten und war dort drehbar gelagert. Im Patent wird erklärt, dass man das »Führungsrad« dazu benutzt, nach links oder rechts zu fahren, und dass sich das Fahrrad mit zunehmender Geschwindigkeit stabilisiert. »Nach etwas Übung ist der Fahrer in der Lage, mit der größten Leichtigkeit auch mit unglaublicher Geschwindigkeit zu fahren.«

Lallement meldete keine weiteren Patente an und starb verarmt 1891 in Roxbury, Massachusetts. Die Patentrechte wurden mehrmals verkauft und brachten dem späteren Besitzer Albert Pope aus Boston mit der Marke »Columbia« ein Vermögen ein.

Doch immer noch waren Verbesserungen nötig, z. B. Bremsen. Viele dieser Verbesserungen kamen aus Coventry, Warwickshire. Es heißt, dass sich die Leiter einer Nähmaschinenfabrik zu einer Diversifizierung entschlossen und 400 Modelle des Michaux-Fahrrads zum Verkauf in Frankreich herstellten. Der Deutsch-Französische Krieg von 1870/71 führte dann aber zu dem Entschluss, die Räder stattdessen in England zu verkaufen. Der Meister der Firma, James Starley, nahm viele Verbesserungen vor, etwa das Patent GB 2236/1870, das spannbare Speichen aufführt, die tangential zur Nabe laufen. Sein berühmtes »Penny-Farthing«-Modell, ebenfalls von 1870 und leider nicht patentiert, war hervorragend für hohe Geschwindigkeiten geeignet, wenn man damit umzugehen wusste, da mit einem relativ größeren Rad auch das Übersetzungsverhältnis größer wird. Wegen der Höhe der Räder, die das Fahrrad instabil machten, ängstigte es manchen Fahrer und viele Passanten. Das so genannte Sicherheitsrad stammte ebenfalls von Starley, wobei das erste erfolgreiche Modell auf das Patent GB 3934/1879 zurückging. Es hatte gleich große Räder und die Pedalen, die mit Kette und Zahnrädern das Hinterrad antrieben, waren zwischen den Rädern angebracht. Es hatte auch Bremsen. Für solche Fahrräder brauchte man keine Steigleiter, um auf den Sattel zu kommen. Den wirklichen Durchbruch, der das Fahrradfahren zum Massensport machte, brachte jedoch erst Dunlops Erfindung des pneumatischen Reifens im Jahr 1888 (siehe dort).

A.D. 1867, 7th MAY. N° 1345.

Explosive Compounds.

LETTERS PATENT to William Edward Newton, of the Office for Patents, 66, Chancery Lane, in the County of Middlesex, Civil Engineer, for the Invention of "IMPROVEMENTS IN EXPLOSIVE COMPOUNDS AND IN THE MEANS OF IGNITING THE SAME."—A communication from abroad by Alfred Nobel, of Rue St. Sebastien, Paris, in the Empire of France.

Sealed the 15th October 1867, and dated the 7th May 1867.

PROVISIONAL SPECIFICATION left by the said William Edward Newton at the Office of the Commissioners of Patents, with his Petition, on the 7th May 1867.

I, WILLIAM EDWARD NEWTON, of the Office for Patents, 66, Chancery Lane,
5 in the County of Middlesex, Civil Engineer, do hereby declare the nature of the said Invention for "IMPROVEMENTS IN EXPLOSIVE COMPOUNDS AND IN THE MEANS OF IGNITING THE SAME," to be as follows :—

This Invention relates to a method of modifying the nature of nitro-glycerine in a manner which renders it much safer for use than heretofore. Nitro-
10 glycerine if mixed with porous inexplosive substances, such, for instance, as charcoal or silica, becomes very much altered in its properties ; thus, for instance, nitro-glycerine alone is not inflammable by a spark, but may be got to explode by submitting it to a very rapid shower of sparks. Nitro-glycerine absorbed in porous substances, on the other hand, easily catches fire from a spark, but
15 burns away slowly and without explosion, except under very close and resisting

DAS DYNAMIT

Alfred Nobel, Paris, Frankreich
Angemeldet am 7. Mai 1867 und als GB 1345/1867 und US 78317 veröffentlicht

Alfred Nobel wurde 1833 in Stockholm geboren. Sein Vater, der Erfinder eines frühen Torpedos, wurde mit dem Bau und Betrieb einer Torpedo-Fabrik in St. Petersburg beauftragt, wo Alfred ab dem Alter von zehn Jahren lebte. Er wurde von Privatlehrern erzogen und experimentierte mit Chemie. Als er 18 war, schickte ihn sein Vater zum Studium des Ingenieurswesens mehrere Jahre durch Europa und die USA, wobei er außer Russisch, Französisch und Deutsch auch fließend Englisch erlernte. Als er zu seiner Familie zurückkehrte, experimentierte sein Vater mit Sprengstoffen, die im Berg- und Straßenbau und für viele andere Ingenieursprojekte gebraucht wurden. Es gab verschiedene Arten, z. B. Schießwolle und Salpeter. Das Problem war nicht die Auslösung einer Sprengung, sondern deren Verhinderung, weil diese Materialien bei schlechter Handhabung und Lagerung leicht explodierten. Auch musste die Explosion sicher zu kontrollieren sein. Vater und Sohn beschäftigten sich mit dem Problem, indem sie Nitroglyzerin untersuchten, das 1847 von Ascanio Sobrero, einem Professor aus Turin, entdeckt worden war. Es heißt, dass einer von Alfreds eigenen Lehrern sie darauf aufmerksam machte, indem er einige Tropfen auf einen Amboss träufelte, mit einem Hammer darauf schlug und so einen beträchtlichen Knall hervorrief.

Die Familie zog 1859 zurück nach Schweden, als das Ende des Krimkriegs zum Bankrott des Familienbetriebs führte. Schwedische Investoren wollten kein Geld in eine Fabrik investieren, um ein Produkt herzustellen, das eben diese Fabrik hätte in die Luft jagen können. Den Nobels gelang es, Geld bei einem französischen Bankier aufzutreiben, sodass 1862 in Heleneborg doch eine Fabrik gebaut werden konnte. Tatsächlich explodierte diese Fabrik 1864; eines der fünf Todesopfer war Alfreds Bruder Emil. Den Nobels wurde bald untersagt, in bewohnten Gegenden weiter mit Sprengstoff zu arbeiten. Auf einem Lastkahn auf dem Mälarsee setzten sie die Arbeit fort. Alfred machte dort zwei Entdeckungen: Eine Mischung aus Nitroglyzerin und Kieselgur, einem absorbierenden Sand, ließ ein teigartiges Material entstehen, das sicher zu handhaben war. Eine Sprengkapsel aus Quecksilberfulminat bewirkte, dass es auch sicher gezündet werden konnte. Nobel nannte die Substanz Dynamit nach dem Griechischen *dynamis*, Kraft, womit er den Vorschlag »Sprengkitt« eines deutschen Kollegen zurückwies, der wie Fensterputzen klinge. Mit dem Geld finanzierten sie den Bau von Fabriken in zahlreichen Ländern.

Im April 1888 suchte Nobel in der Zeitung die Todesanzeige seines Bruders Ludvig, der gerade gestorben war. Erschüttert las er die eigene, da man die Brüder verwechselt hatte. Alfred wurde »Kaufmann des Todes« und »Dynamitkönig« genannt, seine Aktivitäten als Wohltäter blieben unerwähnt. Er entschied sich zur Gründung seiner berühmten Stiftung. Nobel starb 1896 in San Remo, Italien, mit über 300 Patenten auf seinen Namen. Sein Testament fand große Beachtung, da es in fünf verschiedenen Bereichen jährlich einen »Preis für diejenigen [auslobte], die im vergangenen Jahr der Menschheit den größten Dienst erwiesen« hätten. Er war sehr misstrauisch gegenüber Anwälten und zog sie weder beim Aufsetzen seines Testaments noch zur Frage der Preisverteilung zu Rate. In den nachfolgenden Kontroversen fochten einige Verwandte das Testament an und viele Schweden meinten, dass die Teilnahme auf schwedische Bürger begrenzt sein müsse. Außerdem wandte sich der schwedische König gegen die Idee. Dessen ungeachtet werden die Preise seit 1901 bis heute vergeben.

Paper Bag.

No. 123,811.   Patented Feb. 20, 1872.

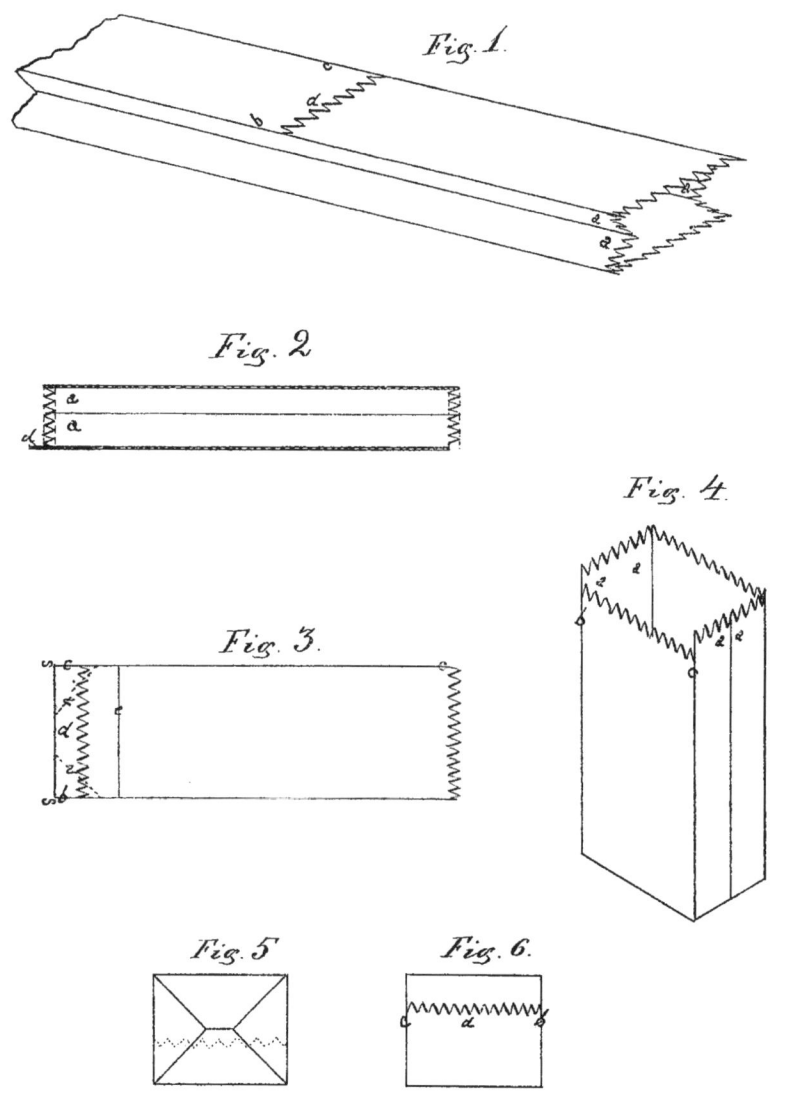

Fig. 1.

Fig. 2.

Fig. 3.

Fig. 4.

Fig. 5.

Fig. 6.

Witnesses:

Alban Andrén.

Burton Caswell

Inventor:

Luther C. Crowell

Die Papiertüte mit rechteckigem Boden

Luther Childs Crowell, Boston, Massachusetts
Am 28. Mai 1867 als US 123811 veröffentlicht

Luther Childs Crowell wurde 1840 in West Dennis auf der Halbinsel von Cape Cod in Massachusetts geboren. Als Sohn eines Kapitäns war er mehrere Jahre bei der Handelsmarine, gab diesen Beruf aber auf. Sein wirkliches Interesse lag darin, neue Ideen zu entwickeln. Besonders hatte es ihm Papier angetan. Seine Nachbarn sahen zu, wie er sich stundenlang mit einem Blatt Papier beschäftigte, es wieder und wieder zu besonderen Formen faltete. Sein erstes Patent jedoch beantragte er 1862 für eine »Flugmaschine« (US 35437), eine merkwürdige Apparatur.

Mit seinem zweiten Patent US 65176 von 1867 hatte er mehr Erfolg. Es ist immer noch weit verbreitet. Die Idee war, am oberen Ende einer Tüte dünne Eisen- oder Zinnstreifen anzubringen, mit denen sie zum Befüllen offen gehalten und verschlossen werden konnte. Die einer Bürste zum Ofenreinigen nachfolgenden Patente waren sogar noch erfolgreicher. Die Zeichnung links zeigt seine Idee für eine Papiertüte mit rechteckigem Boden und gezacktem Rand, in den USA als Einkaufstüte bestens bekannt – wogegen in Europa Plastiktüten verbreiteter sind. Crowell beschreibt seine Idee als »einen Papierstreifen, so zu falten und festigen, dass durch das Schneiden auf die passende Länge ein Ende durch eine Faltung geschlossen wird, wobei der Boden der so geformten Tüten oder Behälter beim Öffnen oder Befüllen eine viereckige Form annimmt«. Das Papier wurde durch beidseitige Faltung zu einer Röhrenform verfestigt (Fig. 1) und dann von »b« nach »c« durchtrennt. Der vorstehende Rand »d« wurde durch weitere Faltung verstärkt (Fig. 3). Fig. 4 zeigt das fertige Produkt mit Blick auf den fertigen Boden in Fig. 5 und 6.

Das Ergebnis ist eine feste Tüte, die leicht offen bleibt und mit Lebensmitteln befüllt werden kann. Im Patent wird darauf verwiesen, dass ein Viertel der Rechte an Luther Crane aus Cambridge und ein Viertel an Galen Coffin aus Boston ging, beide vermutlich Bäcker. Zur selben Zeit wurde Crowell das Patent US 123812 für die komplizierten Maschinen zur Herstellung der Tüten zugesprochen. Solche Papiertüten mögen sehr einfach erscheinen, doch die Tatsache, dass sie praktisch sind und bis heute verwendet werden, zeigt, wie damit ein unbemerktes Bedürfnis befriedigt wurde. Crowell musste gegen Patentbrecher vor Gericht gehen; später verkaufte er Teile der Rechte an seiner Erfindung an eben diese Patentbrecher. 1877 patentierte er außerdem eine Maschine zum Falten von Zeitungen (US 188779), die zuerst vom *Boston Herald* eingesetzt wurde.

Als die Brooklyner Druckerei »R. Hoe« feststellte, dass sie Crowells Patente verletzte, bot man ihm an, für den Gebrauch der Rechte zu zahlen und ihn zur Erfindung weiterer Lösungen in ihrem Gewerbe anzustellen. Ab 1879 arbeitete Crowell für diese Firma. Seine Erfindungen bezogen sich vor allem auf das Einwickeln von Zeitungen und auf das Zuführen und Falten von Papier. Er patentierte auch Methoden zur Verhinderung von Betrug durch Zeitungsverkäufer. Sein Patent US 480423 von 1892 macht deutlich, dass die Rückgabe unverkaufter Zeitungen durch die Zeitungsverkäufer zum Betrug einlädt. Einige Händler sammelten alte, noch gut erhaltende Zeitungen wieder ein und remittierten sie. Crowells Lösung bestand darin, einen interessanten Teil der Zeitung mit einem Siegel zu versehen, das der Käufer vor der Lektüre entfernen musste. Eine seiner letzten Erfindungen war das Patent US 787876: eine Methode zur Etikettierung von Flaschen. Zurück in West Dennis starb Crowell 1906 mit nahezu 300 Patenten auf seinem Namen.

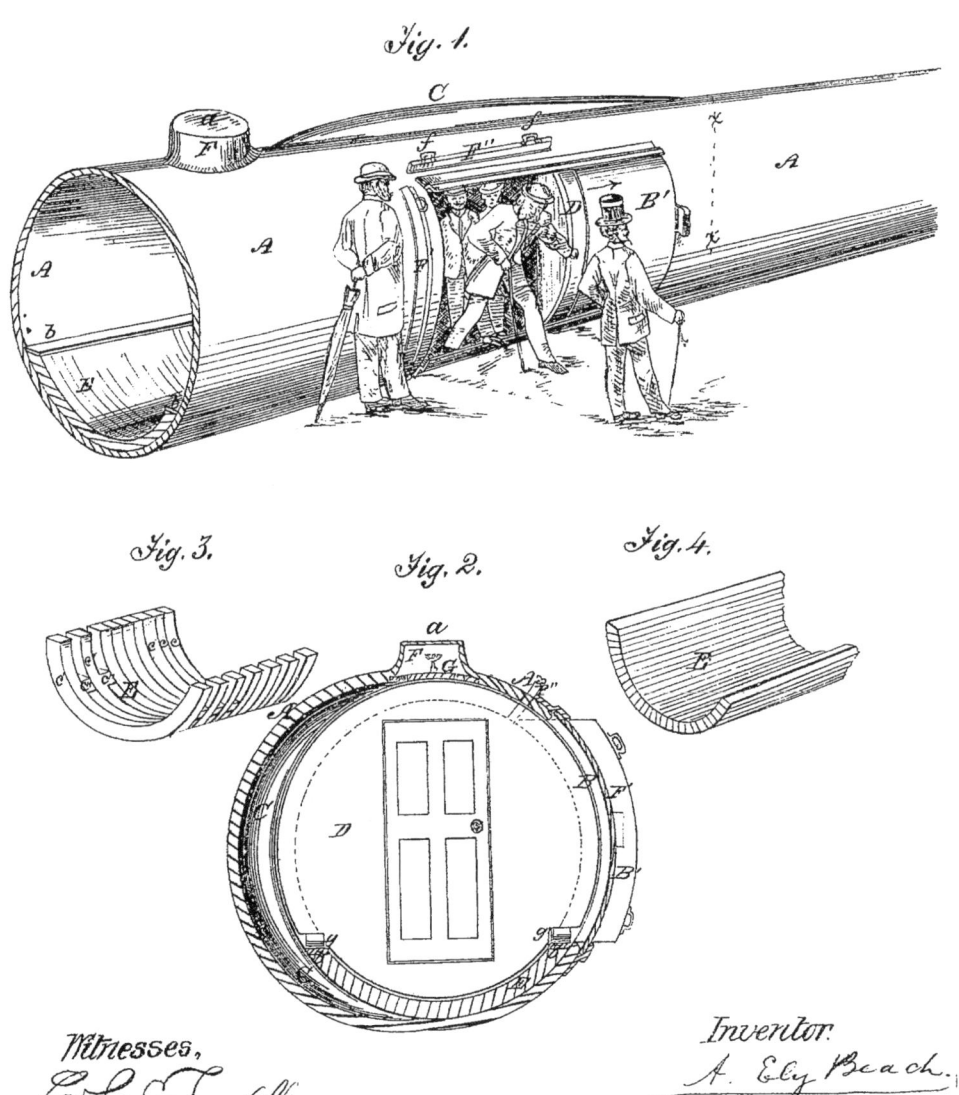

A.E.Beach,

Pneumatic Railway,

No.70,504,

Patented Nov.5,1867.

Fig.1.

Fig.3.

Fig.2.

Fig.4.

Witnesses,
EL Topliff
Wm Trewin

Inventor.
A. Ely Beach.

DIE DRUCKLUFT-EISENBAHN

Alfred Ely Beach, Stratford, Connecticut
Am 5. November 1867 als US 70504 veröffentlicht

Die erste Untergrundbahn wurde 1863 in London gebaut. Die sechs Kilometer lange Strecke, bekannt als »Metropolitan Railway«, wurde mit Hilfe der Unterpflastertechnik gebaut. Die Strecke war trotz des Rußes der Dampflokomotiven und der Gasbeleuchtung beliebt. Seit 1870 verfügte London auch über die erste »tube« genannte Tiefbahn, für die ein Schacht ausgehoben und hinter einem Vortriebsschild ein waagerechter Tunnel gegraben wurde. Die Untergrundbahn ist hier vertreten durch die Arbeit von Alfred Ely Beach, einer wenig bekannten Figur amerikanischen Unternehmungsgeistes. Er wurde 1826 in Springfield, Massachusetts, geboren. Sein Vater kaufte ein Zeitungsunternehmen, die New Yorker *Sun*, und Alfred kam schnell in Kontakt zum Journalismus. 1846 tat er sich mit anderen zur Gründung der Firma »Munn & Company« zusammen, die eine neue Zeitschrift übernahm, den *Scientific American*. Beachtliche Umsatzsteigerungen erzielte er durch seinen Einsatz für Erfindungen. Die Firma betrieb sogar ein eigenes Patentbüro, um Erfindern bei der Beantragung eines Patents zu helfen.

Beach ließ auch eine Schreibmaschine für Blindenschrift patentieren, spezialisierte sich dann aber auf pneumatische Röhren, die mit Druck- oder Saugluft arbeiten und die man als Rohrpost gelegentlich heute noch sieht. Eine Zeit lang wurde das Prinzip der pneumatischen Röhren dazu benutzt, um in New York und anderen Städten Briefe zu versenden. Doch Beach wollte mehr. Auf einer Messe im Jahr 1867 präsentierte er eine Röhre, in der ein Wagon für zehn Passagiere von einem starken Ventilator vor- und zurückbewegt wurde. Er entschloss sich, zu Versuchszwecken eine Untergrundbahn in New York zu bauen. Der »Boss« William Tweed war dagegen, doch 1868 erhielt Beach die Konzession für den Bau einer 1,2 m breiten Röhre zur Vorführung eines Postversandsystems unter der Bedingung, dass in den Straßen keine Grabungsarbeiten stattfanden. Also wurde gegenüber dem Geschäftssitz von »Boss Tweed« ein Schacht ausgehoben, der zu einem 2,4 m breiten Tunnel in 100 m Tiefe führte.

Die Zeichnungen links zeigen die Idee. Der »Wagen« passte genau in die Röhre und wurde von Druckluft angetrieben. Am »Anlegeplatz« war die Röhre etwas breiter (s. »C« in Fig. 1), sodass sich der Druck verringerte und der Wagen leicht abbremsen oder beim Anfahren (langsam) beschleunigen konnte. Der Wagen verfügte über gewöhnliche Bremsen, die zum Anfahren einfach gelöst wurden. An jeder Haltestelle gab es eine Schiebetür »B«, die während der Fahrt die Röhre verschloss; der Wagen hatte eine Tür. Fig. 2 zeigt den Wagen beim Halt, wobei die nicht näher erläuterte Vordertür vermutlich für den Fahrer am Ende der Strecke gedacht war. Der Wagen fuhr auf Schienen »g« auf dem Untergrund »E«. Die Nische »F« war für ein eingebautes Licht bestimmt. Nachdem man ein Jahr lang im Geheimen gearbeitet hatte, wurde der einen Häuserblock lange Tunnel enthüllt. Die Menschen strömten in Scharen herbei, um die helle und saubere Untergrundbahn zu bewundern, und 400000 bezahlten je 25 Cent für eine Hin- und Rückfahrt. Ein 75 kW starkes Gebläse zog oder schob den Wagen durch den Tunnel. Eine Verlängerung der Strecke wurde zunächst von Tweed selbst, dann verhängnisvollerweise durch den Börsenkrach von 1873 verhindert. Beach starb 1896 in New York. Erst 1904 bekam die Stadt schließlich ihre erste U-Bahn. 1912 stießen Arbeiter bei der Erweiterung des UBahn-Systems auf den verlassenen Tunnel, der nun die Station »City Hall« der BMT-Linie bildet.

Sholes, Glidden & Soule.
Type Writing Mach.
Nº 79,265.   Patented Jun. 23, 1868

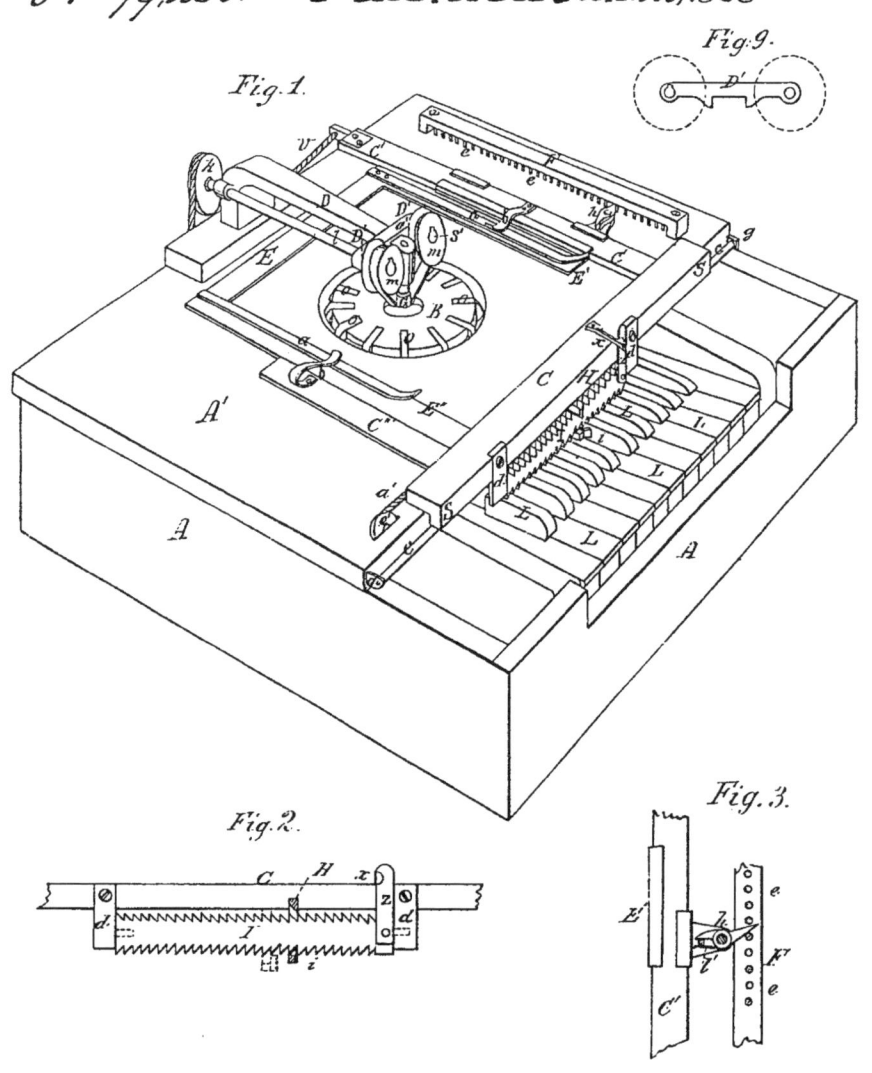

Fig. 9.

Fig. 1.

Fig. 2.

Fig. 3.

WITNESSES.

James Densmou.

L. Wailer.

INVENTORS.

C Latham Sholes
Carlos Glidden
J. W. Soule
by Dodge & Munn
attys.

60

DIE SCHREIBMASCHINE

Christopher Latham Sholes, Carlos Glidden und Samuel Soule, alle aus Milwaukee, Wisconsin
Am 23. Juni 1868 als US 79265 veröffentlicht

Christopher Latham Sholes wurde 1819 auf einer Farm in Pennsylvania geboren und zog von dort nach Wisconsin, wo er zunächst als Zeitungsredakteur, dann als Kassierer im Hafen von Milwaukee arbeitete. In »Kleinsteuber's Machine Shop« bastelten er und einige Freunde gern an Maschinen herum. Zusammen mit Samuel Soule, einem Ingenieur, patentierte er in den 1860er Jahren seitenweise Erfindungen. Carlos Glidden, der ebenfalls dort arbeitete, zeigte ihnen einen Artikel in einer 1867er Ausgabe des *Scientific American* über John Pratts Patent GB 3163/1866: eine neue, *typewriting* genannte Idee. Sholes erwog eine flache Glasplatte mit darunter liegendem Kohlepapier und eingeschobenen Papierblättern. Beim Tippen auf einem alten Telegrafen sollten Druckbuchstaben an einem langen Hebel hochschlagen und Abdrücke des Kohlepapiers auf dem Blatt hinterlassen. Der Testsatz für ihre Maschine lautete: »Now is the time for all good men to come to the aid of the party.«

Ursprünglich waren die Tasten alphabetisch angeordnet, doch nebeneinander liegende Hebel verklemmten sich oft, wenn sie schnell hintereinander bewegt wurden. Um das zu verhindern, verteilte Sholes häufige Buchstabenverbindungen wie »ed« auf verschiedene Stellen und gelangte so zu der berühmten »qwerty«-Tastatur (dt. »qwertz«). In den ersten fünf Jahren wurden nur 5000 Schreibmaschinen verkauft. Verbesserungen wurden als US 79868, 182511 und 207559 patentiert. Ein Investor, James Densmore, schlug weitere Änderungen vor, verärgerte damit aber Soule und Glidden, die daraufhin aus der Partnerschaft ausstiegen. 50 Modelle wurden ausprobiert, bis die Büchsenmacher Remington, die ihr Unternehmen gerade ausweiteten, Interesse zeigten und von 1873 an auch Schreibmaschinen herstellten. Sie boten Sholes und Densmore entweder $ 12000 oder

Tantiemen auf ihre Rechte. Während Sholes das Geld nahm, entschied sich Densmore für die Tantiemen und wurde reich. Die frühen Modelle sahen aus wie alte Nähmaschinen mit kunstvollen Goldbuchstaben auf schwarzem Metall und einem Fußpedal, um den Wagen zurückzufahren und die Zeilenschaltung zu betätigen. Die »Remington No. 2« von 1878 sah moderner aus und hatte Klein- und Großbuchstaben. Trotzdem war es noch immer eine »blinde« Schreibmaschine, da man den gerade getippten Text nicht sehen konnte. 1893 stellte der Deutsche Franz Wagner das erste Modell her, bei dem der Text während des Tippens zu sehen war.

Die Schreibmaschine wäre ein Segen für die Buchhalter gewesen, wenn sich nicht Widerstand geregt hätte, da sie ihre Schreibfehler nicht länger hinter kunstvollen Schnörkeln verstecken konnten. Frauen erwiesen sich beim Tippen als schneller und akkurater. Das erste Roman-Typoskript ist wohl Mark Twains *Leben auf dem Mississippi* (1883). Dazu die folgende Geschichte: Er und ein Freund seien in Boston gewesen, als sie eine solche Maschine in einem Schaufenster sahen. Der Verkäufer behauptete, sie könne 57 Wörter pro Minute zu Papier bringen. Twain wollte das nicht glauben und die »Typistin« wurde geholt. Er stoppte die Zeit und es waren tatsächlich 57 Wörter pro Minute. Twain und sein Freund steckten die fertigen Blätter ein, um sie später herumzuzeigen. Der Preis pro Maschine betrug stolze $125, doch Twain kaufte sofort. Im Hotel zogen sie die Blätter hervor und merkten, dass die Frau einfach immer wieder dieselben Zeilen getippt hatte. Er fing an zu üben, indem er mehrmals Felicia Hemans Gedicht »Casabianca« abtippte, das mit der einst berühmten Zeile beginnt: »The boy stood on the burning deck.« Nach jahrelanger Krankheit starb Sholes 1890.

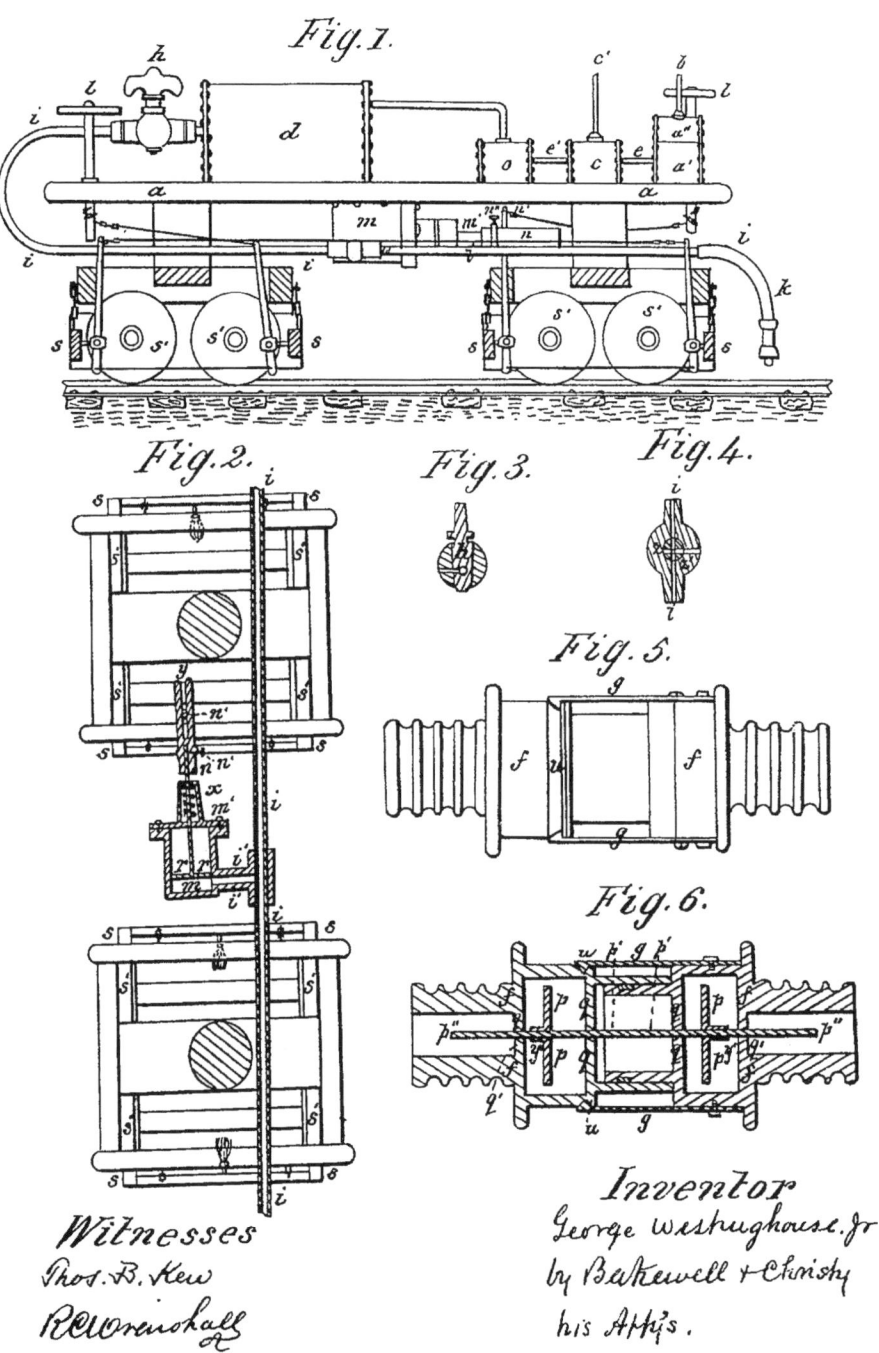

Fig.1.

Fig.2.

Fig.3.

Fig.4.

Fig.5.

Fig.6.

Witnesses

Thos. B. Kew

R. C. Crenshall

Inventor

George Westinghouse, Jr

by Bakewell + Christy

his Att'ys.

DIE DRUCKLUFTBREMSE

George Westinghouse jun., Schenectady, New York
Am 13. April 1869 als US 88929 und als Re 5504 am 29. Juli 1874 abgeändert veröffentlicht

Außer als Handelsmarke oder Firmenbezeichnung ist der Name Westinghouse heute kaum noch bekannt und doch war George Westinghouse einer der vielseitigsten und kreativsten Erfinder aller Zeiten. Er wurde 1846 in Central Bridge, New York, geboren, dann zog seine Familie nach Schenectady, wo sein Vater eine Firma zum Bau von Ackergeräten betrieb. Als ihn sein Vater eines Tages bat, Rohre zu schneiden, konstruierte er ein motorgetriebenes Gerät, das diese Aufgabe schnell erledigte – vielleicht dasselbe Gerät, für das ihm im Juli 1865, als er gerade 18 Jahre alt war, sein erstes Patent US 48857 für eine Sägemaschine bewilligt wurde.

1866 fuhr Westinghouse eines Tages mit dem Zug, der wegen eines liegen gebliebenen anderen Zugs plötzlich halten musste. Die Bremsen zu jener Zeit waren primitiv. Der Zugführer betätigte eine Bremse für die Lokomotive, und jeder Wagen wurde mit einer Handbremse gesondert abgebremst. Weil selten alle Bremsen gleichzeitig oder mit gleicher Kraft betätigt wurden, kam es leicht zu Entgleisungen. Um diese Gefahr zu vermindern, fuhren die Züge langsam. Als Westinghouse von Tunnelarbeitern im Schweizer Mont-Cenis-Tunnel hörte, die für ihre Vortriebsmaschinen Druckluft verwendeten, entschied er sich, dasselbe Prinzip zu nutzen. Eine Hilfsmaschine liefert die Energie für die Druckluft, die über die Kupplungen zu den einzelnen Wagen weitergeleitet wird. Solange das System läuft, bleiben die Bremsen außer Kraft, erst wenn sich eine Kupplung löst oder der Zugführer die Bremsen betätigt, entweicht die Druckluft oder wird unterbrochen, und sofort greifen an jedem Wagen die Bremsen. Westinghouse war erst 22, als das Patent veröffentlicht wurde.

Als er anderen seine Erfindung erklären wollte, nannte man ihn nur »Crazy George«. Schließlich stellte ein Freund, Ralph Baggaley, zur Vorführung des Systems etwas Geld zur Verfügung. Die anwesenden offiziellen Vertreter der Eisenbahn äußerten sich jedoch nicht. Erst Monate später konnte ein leitender Angestellter, W. W. Card, seine Gesellschaft davon überzeugen, das System in einem ihrer Züge einzusetzen; Kosten und Risiken jedoch musste Westinghouse selbst tragen. Während der Probefahrt versperrte hinter dem Great Hill Tunnel in Pittsburgh plötzlich ein Pferdewagen die Strecke. Als der Kutscher in aller Hast die Pferde antreiben wollte, fiel er auf die Gleise. Der Zug stoppte sicher – einen Meter vor einem sehr erleichterten Mann. Die Fahrgäste waren durch den unplanmäßigen Halt nach vorn geschleudert worden. Erst als sie ausstiegen, um sich zu beschweren, erkannten sie den Grund des Halts. Kurz darauf wurde die »Westinghouse Air Brake Company« gegründet mit Westinghouse als Vorsitzendem, Baggaley als seinem Stellvertreter und Card als Generalvertreter. Das neue System war sicherer und bedeutete, dass die Züge viel schneller fahren konnten. Ab 1893 war es für alle amerikanischen Eisenbahnen gesetzlich vorgeschrieben.

Westinghouse meldete insgesamt 361 Patente an. Einige davon hatten mit der Eisenbahn zu tun, etwa das automatische Blocksignal, das zur Verhinderung von Zusammenstößen einzelne Gleissegmente kontrolliert und noch heute benutzt wird. Außerdem sorgte er in einem erbitterten Kampf dafür, dass zur Stromversorgung Wechselstrom statt des von Thomas Edison favorisierten Gleichstroms benutzt wurde. Westinghouse führte viele Zusatzleistungen für seine Mitarbeiter ein, etwa die Halbtagsarbeit am Samstag (1871), eine Betriebsrente (1908) und bezahlten Urlaub (1913). Als Folge des Finanzcrashs von 1907 mussten viele seiner Firmen allerdings schließen. Westinghouse starb 1914 in New York.

UNITED STATES PATENT OFFICE.

JOHN W. HYATT, JR., AND ISAIAH S. HYATT, OF ALBANY, NEW YORK.

IMPROVEMENT IN TREATING AND MOLDING PYROXYLINE.

Specification forming part of Letters Patent No. **105,338**, dated July 12, 1870.

We, JOHN W. HYATT, Jr., and ISAIAH S. HYATT, both of Albany, in the county of Albany and State of New York, have invented a new and Improved Process of Dissolving Pyroxyline and of Making Solid Collodion, of which the following is a specification:

Our invention consists, first, of so preparing pyroxyline that pigments and other substances in a powdered condition can be easily and thoroughly mixed therewith before the pyroxyline is subjected to the action of a solvent; secondly, of mixing with the pyroxyline so prepared any desirable pigment, coloring matter, or other material, and also any substance in a powdered state which may be vaporized or liquefied and converted into a solvent of pyroxyline by the application of heat; and, thirdly, of subjecting the compound so made to heavy pressure while heated, so that the least practicable proportion of solvent may be used in the production of solid collodion and its compounds.

The following is a description of our process: First, we prepare the pyroxyline by grinding it in water until it is reduced to a fine pulp by means of a machine similar to those employed in grinding paper-pulp. Second, any suitable white or coloring pigment or dyes, when desired, are then mixed and thoroughly ground with the pyroxyline pulp, or any powdered or granulated material is incorporated that may be adapted to the purpose of the manufacture. While the ground pulp is still wet we mix therewith finely-pulverized gum-camphor in about the proportions of one part (by weight) of the camphor to two parts of the pyroxyline when in a dry state. These proportions may be somewhat varied with good results. The gum-camphor may be comminuted by grinding in water, by pounding, or rolling; or, if preferred, the camphor may be dissolved in alcohol or spirits of wine, and then precipitated by adding water, the alcohol leaving the camphor and uniting with the water, when both the alcohol and the water may be drawn off, leaving the camphor in a very finely-divided state. After the powdered camphor is thoroughly mixed with the wet pyroxyline pulp and the other ingredients, we expel the water as far as possible by straining the mixture and subjecting it to an immense pressure in a perforated vessel. This leaves the mixture in a comparatively solid and dry state, but containing sufficient moisture to prevent the pyroxyline from burning or exploding during the remaining process. Third, the mixture is then placed in a mold of any appropriate form, which is heated by steam or by any convenient method, to from 150° to 300° Fahrenheit, to suit the proportion of camphor and the size of the mass, and is subjected to a heavy pressure in a hydraulic or other press. The heat, according to the degree used, vaporizes or liquefies the camphor, and thus converts it into a solvent of the pyroxyline. By introducing the solvent in the manner here described, and using heat to make the solvent active, and pressure to force it into intimate contact every particle of the pyroxyline, we are able to use a less proportion of this or any solvent which depends upon heat for its activity than has ever been known heretofore. After keeping the mixture under heat and pressure long enough to complete the solvent action throughout the mass it is cooled while still under pressure, and then taken out of the mold. The product is a solid about the consistency of sole-leather, but which subsequently becomes as hard as horn or bone by the evaporation of the camphor. Before the camphor is evaporated the material is easily softened by heat, and may be molded into any desirable form, which neither changes nor appreciably shrinks in hardening.

We are aware that camphor made into a solution with alcohol or other solvents of camphor has been used in a liquid state as a solvent of xyloidine. Such use of camphor as a solvent of pyroxyline we disclaim.

Claims

We claim as our invention—

1. Grinding pyroxyline into a pulp, as and for the purpose described.

2. The use of finely-comminuted camphorgum mixed with pyroxyline pulp, and rendered a solvent thereof by the application of heat, substantially as described.

3. In conjunction with such use of camphorgum, the employment of pressure, and continuing the same until the mold and contents are cooled, substantially as described.

JOHN W. HYATT, JR.
ISAIAH S. HYATT.

Witnesses:
WM. H. SLINGERLAND,
C. M. HYATT.

Das Zelluloid

John Wesley Hyatt jun. und Isaiah Hyatt, Albany, New York

Angemeldet am 12. Juli 1870 und als US 105338 und GB 3101/1872 veröffentlicht

John Wesley Hyatt wurde 1837 in Stalkey, New York, als Sohn eines Schmieds geboren. Er zog nach Illinois und arbeitete dort als Drucker. Sein erstes Patent, US 31461, erhielt er 1861 für ein System zum Messerschärfen. Er zog nach Albany und stieß dort auf eine Anzeige von »Phelan and Collander«, einer New Yorker Firma, die demjenigen $ 10000 bot, der ein Ersatzmaterial für das Elfenbein der Billardkugeln erfände. Obwohl Hyatt nichts von Chemie verstand, errichtete er einen Schuppen an der Rückseite seines Wohnhauses und experimentierte mit einem befreundeten Drucker, wie sie Billardkugeln aus pulverisiertem Holz, Papierbrei und Schellack herstellen könnten. Das Resultat war für Spiel- und Dominosteine gut geeignet, nicht aber für Billardkugeln. Er und seine zwei Brüder gründeten daraufhin eine Produktionsfirma für diese Artikel.

Hyatt suchte weiter nach einem geeigneten Ersatzstoff. Kollodium war seit 1847 bekannt, es bestand aus in Äthanol gelöster Schießwolle, die mit Äther vermischt wurde. Man verwendete es in der Fotografie und für Verbandsstoffe. Eines Tages bemerkte Hyatt, dass ausgelaufenes Kollodium einen Klumpen gebildet hatte, der Elfenbein ähnelte. Er erhitzte und verdichtete seine ursprüngliche Mixtur und überzog sie mit Kollodium. So stellte er dann Billardkugeln her, die aber Funken sprühten, wenn sie mit einer brennenden Zigarre in Kontakt kamen. Wenn die Kugeln beim Spiel aneinander schlugen, kam es sogar zu kleinen Explosionen. Einen Billardsalonbetreiber in Colorado hat das angeblich nicht gestört, er hielt es nur deshalb für gefährlich, weil dann jeder sofort den Revolver ziehen würde.

Schließlich vermischten die beiden Brüder Pyroxlin und Kampfer, verdichteten und erhitzten diese Substanz und erhielten so das von ihnen Zelluloid genannte Material. Diesen Namen ließen sie 1873 als Warenzeichen eintragen. Die einseitige Patentschrift ist abgebildet. Die Mixtur war weich genug, um sich bei Hitze formen zu lassen, wurde aber beim Abkühlen hart. Es gibt zwei mögliche britische Vorläufer: Alexander Parkes mit seinen Patenten GB 3163/1865 und GB 2709/1866 für den Stoff Parkensine und Daniel Spill für den Stoff Xyloidin. Spill hatte seine Substanz nur wenige Monate vor Hyatt in den USA als US 101175 patentieren lassen, doch amerikanische Gerichte entschieden, dass die Patente verschieden seien. Zweifellos machte erst Hyatts Erfindung den Stoff populär.

Finanziert von New Yorker Geschäftsleuten begannen sie in Newark, New Jersey, mit der Herstellung. Es gibt keinen Hinweis darauf, dass sie oder jemand anders jemals jene $ 10000 erhielten. Hyatt besaß viele andere Patente wie etwa auf Vorrichtungen zur Herstellung von Zelluloid, auf Wasserfiltersysteme, eine Zuckerrohrmühle und eine flexible Kugelhalterung aus einer Spannfeder (US 485938 von 1891). Hyatt arbeitete weiter an der Verbesserung von Billardkugeln, doch als es ab etwa 1908 Bakelit gab, erkannte er dessen Überlegenheit an und überließ ihm augenblicklich den Vortritt. Viele andere Produkte waren bis dahin aus Zelluloid hergestellt worden: Gebisse, Messergriffe, Kämme, Bürsten und (ganz wichtig) sogar Hemdkragen und Ärmelaufschläge. Mit der Entwicklung von besseren Lösungsmitteln wurde Zelluloid zu flexiblem Filmmaterial verarbeitet. Trotzdem blieb es hochbrennbar und insofern unflexibel, als man es nicht in Spritz- oder Pressformen verarbeiten konnte. So haben andere Plastikarten seinen Platz eingenommen. Hyatt war dafür bekannt, jeden Tag zum Mittagessen eine halbe Flasche Champagner gegen Tuberkulose zu trinken. Er starb 1920 in Short Hills, New Jersey.

Can Opener.

No. 105,583.

Patented July 19, 1870.

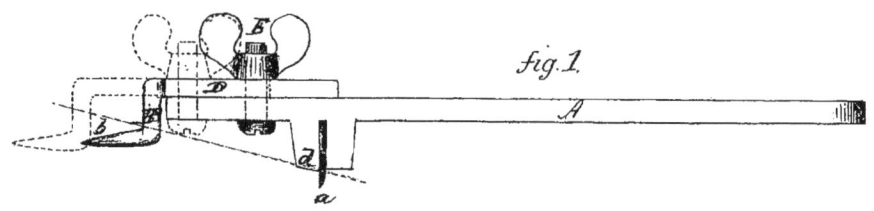

fig. 1.

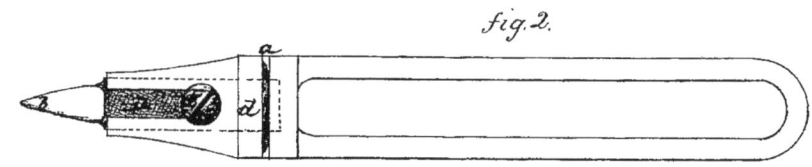

fig. 2.

Witnesses.
J. H. Shumway
A. J. Tibbets

William W. Lyman
Inventor

By his Attorney.
John E. Earle

DER DOSENÖFFNER

William Lyman, West Meriden, Connecticut
Am 19. Juli 1870 als US 105583 veröffentlicht

Die Idee für Blechdosen reicht zurück bis zu dem Patent GB 3372/1810 von Peter Durand aus London »für einen Ausländer« (mit ziemlicher Sicherheit Nicolas Appert aus dem damals mit Großbritannien Krieg führenden Frankreich). Die französische Regierung hatte sich nach einer Methode erkundigt, Nahrungsmittel für Armee und Marine haltbar zu machen. Appert schlug vor, die Nahrung in Flaschen zu versiegeln und diese eine Zeitlang zu erhitzen (was zugleich, ohne dass er es wusste, potentiell gefährliche Mikroorganismen abtötete und fern hielt). Die Idee wurde auf schmiedeeiserne Dosen mit Zinnverlötung übertragen, die leer 500 g wogen und 5 mm dicke Wände hatten. Ab 1820 war Durand mit seinen Lieferungen an die britischen Streitkräfte gut im Geschäft, ab 1830 standen die Dosen in besseren englischen Geschäften zum Verkauf. Leider führte die Erfindung der Dose nicht gleichzeitig auch zur Erfindung des Öffners. Die Anleitung zur Öffnung einer Kalbfleischdose auf William Parrys Expedition in die kanadische Arktis (1824) lautete: »Schlagen Sie oben einen Kreis mit Hammer und Meißel heraus.« Kunden wurde empfohlen die Dosen mit irgendeinem Werkzeug zu öffnen, das gerade zur Hand war. Noch im amerikanischen Bürgerkrieg mussten hungrige Soldaten auf die Dosen schießen, um sie zu öffnen.

Ezra Warner aus Waterbury, Connecticut, patentierte 1858 eine der ersten Erfindungen für einen Dosenöffner (US 19063), bei dem man zuerst eine spitze Klinge ins Blech drückte, wobei ein Haken ein zu tiefes Eindringen verhinderte, dann diesen Haken zur Seite schob und mit einer zweiten, gebogenen Schneide um den Deckel herumschnitt. Obwohl andere den Öffner als »halb Bajonett, halb Sichel« beschrieben, meinte Warner selbst optimistisch: »Ein Kind kann ihn ohne Schwierigkeiten oder Risiko benutzen.« Auch würde »der Dorn das Blech perforieren, ohne dass Flüssigkeit austritt, so wie das bei allen Dosen passiert, die man in irgendeiner Weise durch Draufschlagen perforiert«, womit er sich auf jene improvisierten Werkzeuge bezog. Zu dieser Zeit wurden die Eisendosen nach und nach durch Stahldosen ersetzt. Sie waren dünner und brauchten einen erhobenen Rand zur Versteifung der Dose. Deckel und Boden waren nun separat anzubringende Teile, während die Dose zuvor von den Seiten her zugebogen wurde.

William Lyman meldete seit 1858 Patente an, hauptsächlich im Bereich des Konservierens von Obst in Dosen und Krügen. US 54929 von 1868 bezog sich auf einen Hebelmechanismus zum Dosenöffnen. Andere Patente liefen auf Butterdosen, Schärpenhalter, Tee- und Kaffeekannen. Lymans Dosenöffner war eine Abwandlung von Warners und ist in Fig. 1 von der Seite, in Fig. 2 von unten abgebildet. Der Drehschneider ist als »a« mit »B« als Zapfen gekennzeichnet, wobei das untere Ende »b« in die Dose stach. Die Idee war, dass »B« in die Mitte der Dose gedrückt und dann gekippt wurde, bis die Schneide »a« in das Blech schnitt. Die Schneide wurde dann um den Rand herumgeführt. Das Problem war, dass man »b« genau in der Mitte des Deckels einstechen und den Öffner auf verschiedene Dosengrößen einstellen musste. Vermutlich derselbe William Lyman gründete 1878 in Middlefield auch eine Firma zur Produktion von Gewehrvisieren, mit Patenten wie US 211753 für ein Visier und US 217626 für eine Pumpe. Lymans Erfindung wurde trotz ihrer Probleme viel benutzt, bis in den 1920er Jahren mit der Idee des Rollrad-Öffners endlich jemand darauf kam, den Dosenrand zum Halten und Schneiden gleichzeitig zu verwenden. Knapp über 100 Jahre sind bis zur Erfindung eines praktikablen Dosenöffners vergangen.

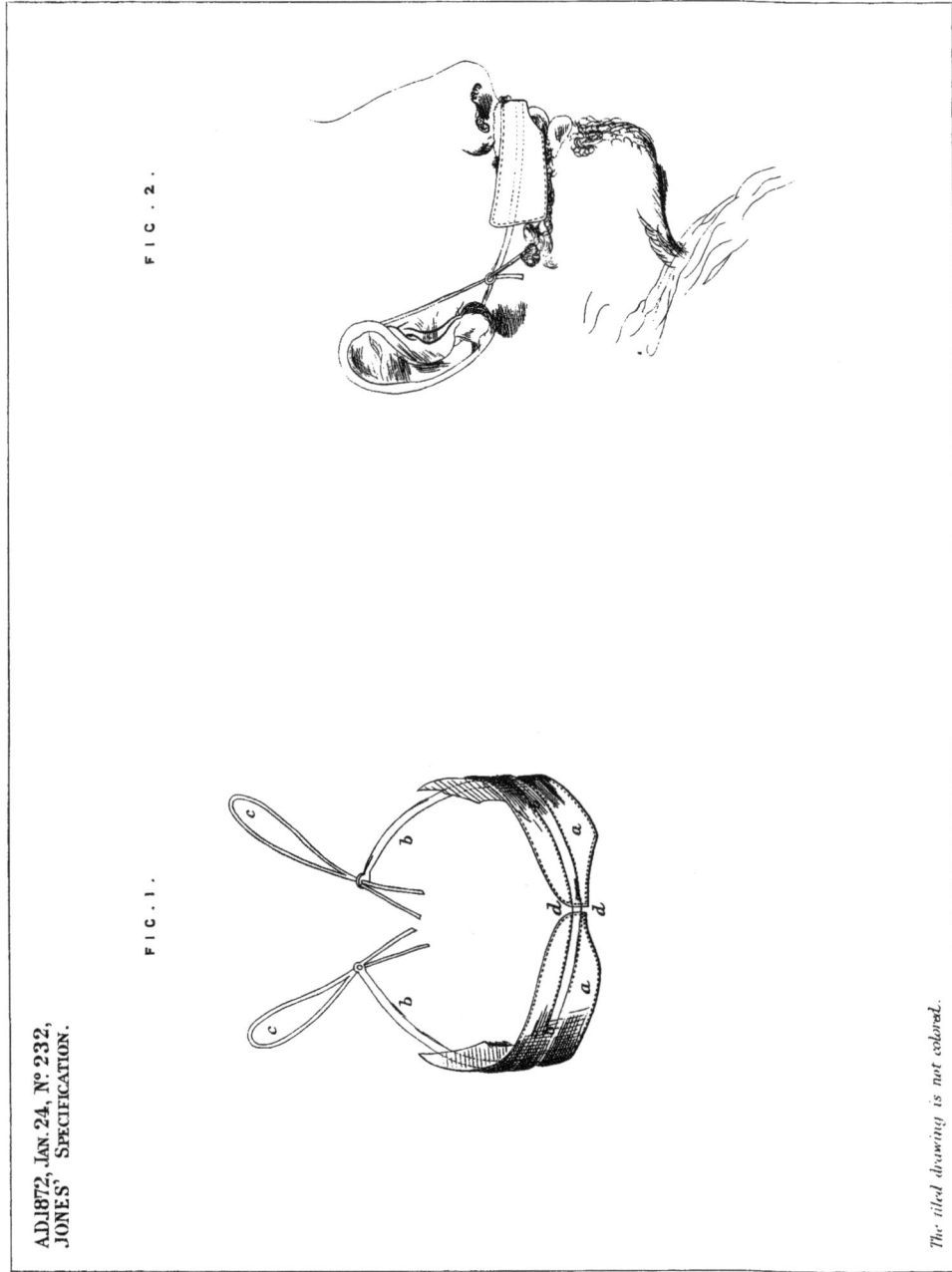

F I C . 2 .

F I C . 1 .

The tiled drawing is not colored.

DER SCHNURRBARTSCHÜTZER UND -FORMER

Harry Jones, Nottingham, Nottinghamshire, England
Angemeldet am 24. Januar 1872 und als GB 232/1872 veröffentlicht

In viktorianischer Zeit setzte man bei den Abendgesellschaften der Mittelklasse sehr auf Anstand. So konnte das Essen einer Suppe zum Problem werden, wenn der Schnurrbart trocken und unbefleckt bleiben sollte; außerdem schmolz durch die Hitze jede darin eingebrachte Substanz. Der hier gezeigte Vorschlag von Harry Jones, einem Versteigerer, bot eine Lösung: »Diese Erfindung hat als besonderes Ziel den Schutz des Schnurrbarts beim Essen und prinzipiell bei den Gelegenheiten, wenn Suppe und andere flüssige Speisen gereicht werden, von denen der Schnurrbart ohne irgendeinen Schutz durchtränkt und dadurch sowohl für den Träger als auch für diejenigen in seiner unmittelbaren Umgebung zum Ärgernis wird.«

Die Erfindung bestand aus zwei weichen Lederteilen »a«, die über ein leichtes Stahlband »b« gezogen waren, an dem man sie hin- und herschieben konnte. Zwei Gummibänder »c« »sind an den Enden des Stahlbands befestigt, die problemlos über die Ohren passen«. Der lederne Schutz war im Mundbereich »d« gebogen und konnte »auf dem Band zurückgeschoben werden, um jeder Oberlippenform angepasst zu werden«. Mit dem »Former«-Teil, das der Patentname erwähnt, konnte dem Schnurrbart jede Form oder Richtung gegeben werden. Es kam dem Erfinder anscheinend nicht in den Sinn, dass sich wahrscheinlich nur wenige derart der Lächerlichkeit preisgegeben hätten wie jener Herr in Fig. 2. Es wäre viel einfacher gewesen, den Gang mit der Suppe auszulassen.

Bis 1900 wurden zu diesem Thema nicht weniger als 43 britische Patente veröffentlicht. Der erste Versuch war das Patent GB 2213/1860 von Edward Field aus London, einem Friseur und Parfümeur, dessen Erfindung aus Perlmutt, Horn und Eisen oder einem anderen Metall bestand und im Haar am Hinterkopf mit einem Kamm befestigt wurde. Einen anderen Ansatz wählten William Whitehead, James Bolt und William Weeder aus Halifax, Yorkshire, mit ihrem Patent GB 2203/1876. Hier war der Schutz an der Höhlung des Löffels befestigt oder an dessen Griff angehängt und störte in dem Fall nicht beim Befüllen des Löffels.

Die USA lagen mit nur fünf Patenten bis 1873 im Vergleich weit zurück. Dort bestand das Interesse eher darin, den Schutz auf einem Trinkglas zu montieren wie in dem Patent US 91336 aus dem Jahr 1869 von M.C. Hepstinstall aus Enfield, North Carolina. Pauline Peck hat das Thema eingehend untersucht und dazu sogar ein Buch mit über 600 Abbildungen veröffentlicht: *Mustache cups: timeless Victorian treasures*. Sie schreibt die Erfindung des Schnurrbartschutzes Harvey Adams zu, der sich (ohne ihn zu patentieren) einen Becher ausgedacht hatte, in den der Schutz tatsächlich hineingebaut war. Sie weist darauf hin, dass er das perfekte Geschenk abgegeben habe. Schnurrbartbecher wurden von Firmen wie »Royal Crown Derby«, »Imari«, »Royal Bayreuth«, »Irish Belleek« und »Limoges« hergestellt. Obwohl sie auch in den USA hergestellt wurden, haben die meisten doch Namen aus England, weil die britische Töpferei höheres Ansehen genoss. Becher mit einem Schnurrbartschutz für Linkshänder sind anscheinend sehr selten. Natürlich fanden solche Erfindungen erst Verbreitung, als auch Schurrbärte in Mode kamen. Außer in Armeekreisen waren Schnurrbärte und überhaupt Bärte (jedenfalls in den höheren Gesellschaftsschichten) bis zum Krimkrieg von 1854-56 etwas Außergewöhnliches; in den USA bis zum Mexikanisch-Amerikanischen Krieg von 1846-47 und dem Goldrausch von 1849-50. Vielleicht inspirierten Abbildungen in Zeitschriften die Zivilisten dazu, den Soldaten nachzueifern.

Fig. 1.

Witnesses
J. L. Borne
C. M. Richardson

Inventor
Jacob W Davis
per Dewey & Co.
Attys

Die Blue Jeans

Jacob Davis, Reno, Nevada, als Zedent und die »Levi Strauss & Company«, San Francisco, Kalifornien
Angemeldet am 9. August 1872 und als US 139121 veröffentlicht, abgeändert als Re 6335 am 16. März 1875

Dies ist eine Mogelpackung, weil sich das Patent eigentlich nur auf die Nieten der Jeans bezieht, doch ist die Firma noch immer stolz genug darauf, um sich auf der Rückseite ihrer Produkte weiterhin auf das Patent zu beziehen. Immerhin ist es ein schönes Bild von einem Goldschürfer mit (gürtelloser) Hose. Levi Strauss wurde 1829 als Loeb Strauss im bayrischen Buttenheim geboren. Nach dem Tod seines Vaters wanderte die Familie 1847 nach Amerika aus, wo sie in New York in einem Textiliengeschäft arbeiteten, das die beiden Brüder von Levi betrieben, die schon vorher emigriert waren. Strauss begriff, dass sich im Goldrausch von Kalifornien das ganz große Geld nicht mit Goldschürfen, sondern mit dem Verkauf von Versorgungsartikeln für die Goldschürfer machen ließe. Im März 1853 zog er nach San Francisco und eröffnete sein eigenes Textiliengeschäft. Ein Goldschürfer selbst soll den Vorschlag gemacht haben, er solle einen strapazierfähigen Stoff verkaufen, der Denim genannt wurde nach dem Ausdruck »serge de Nîmes«, der Stadt, aus der er ursprünglich stammte.

Das Geschäft ging gut, bis 1872 ein Schreiben eintraf. Ein Schneider aus Nevada, Jacob Davis, war durch den Kauf von Stoffballen ihr Kunde geworden. Er schrieb an Strauss, er habe eine Methode gefunden, Hosentaschen (und auch den Hosenschlitz) durch das Anbringen von Nieten zu verstärken. Er habe nicht das Geld für ein Patent, aber würde die Gewinne mit Strauss teilen, falls dieser das Geld beibringe. Strauss war begeistert und tat eben das. Als Anekdote muss wohl gelten, dass ein Prospektor, der in seinen Hosentaschen Felsproben herumtrug, von einem Schmied lernte, diese Taschen zu vernieten. So könnte die Idee immerhin aufgekommen sein. Das Patent erhob den Anspruch, zum ersten Mal die Idee zu vertreten,

Nieten an Hosentaschen anzubringen. Die Nieten sind in der Zeichnung als »b« markiert. Davis wies darauf hin, dass, wenn man die Hand in der Hosentasche trägt, an dieser irgendwann die Naht aufzureißen beginnt, was die Nieten verhindern. Er erwähnte, dass er von Nieten für Schuhe in den Patenten US 64015 und US 123313 wusste.

Strauss holte Davis zu sich, damit dieser die Produktion der verbesserten Hosen beaufsichtige. Zuerst wurde der Stoff zur Fertigstellung noch an Näherinnen in Heimarbeit geschickt, aber die Nachfrage war so groß, dass zwei Fabriken eröffnet werden mussten. Am Anfang wurden noch zwei Typen verkauft: Indigo Blue Jeans und »Duck« aus brauner Baumwolle, doch letztere wurde nie so weich und bequem wie Denim und schied aus. Gürtel wurden erst später hinzugefügt. Strauss übertrug dann seinen Stern-Neffen das Geschäft, das 1890 als Aktiengesellschaft eingetragen wurde und 1902, als Strauss starb, fast sechs Millionen Dollar wert war, obwohl er in seinem Leben viel Geld an jüdische Wohltätigkeitsorganisationen gespendet hatte. Die Zeitung *Call* aus San Francisco sprach von seiner »Fairness und Integrität«. Erst 1976 wurde das berühmte Schild auf der Rückseite der Jeans als Warenzeichen eingetragen, auf dem »original riveted quality clothing« (»originalvernietete Qualitätskleidung«) steht und Pferde beim Versuch, eine Jeans zu zerreißen, abgebildet sind; dazu der untere Schriftzug »PATENTED IN U.S. MAY 20, 1873«. Anscheinend funktioniert so ein Zerreißen tatsächlich nicht. 1943 versuchte es ein Käufer mit zwei Maultieren mit dem Ergebnis, dass eines der Maultiere vor lauter Anstrengung starb.

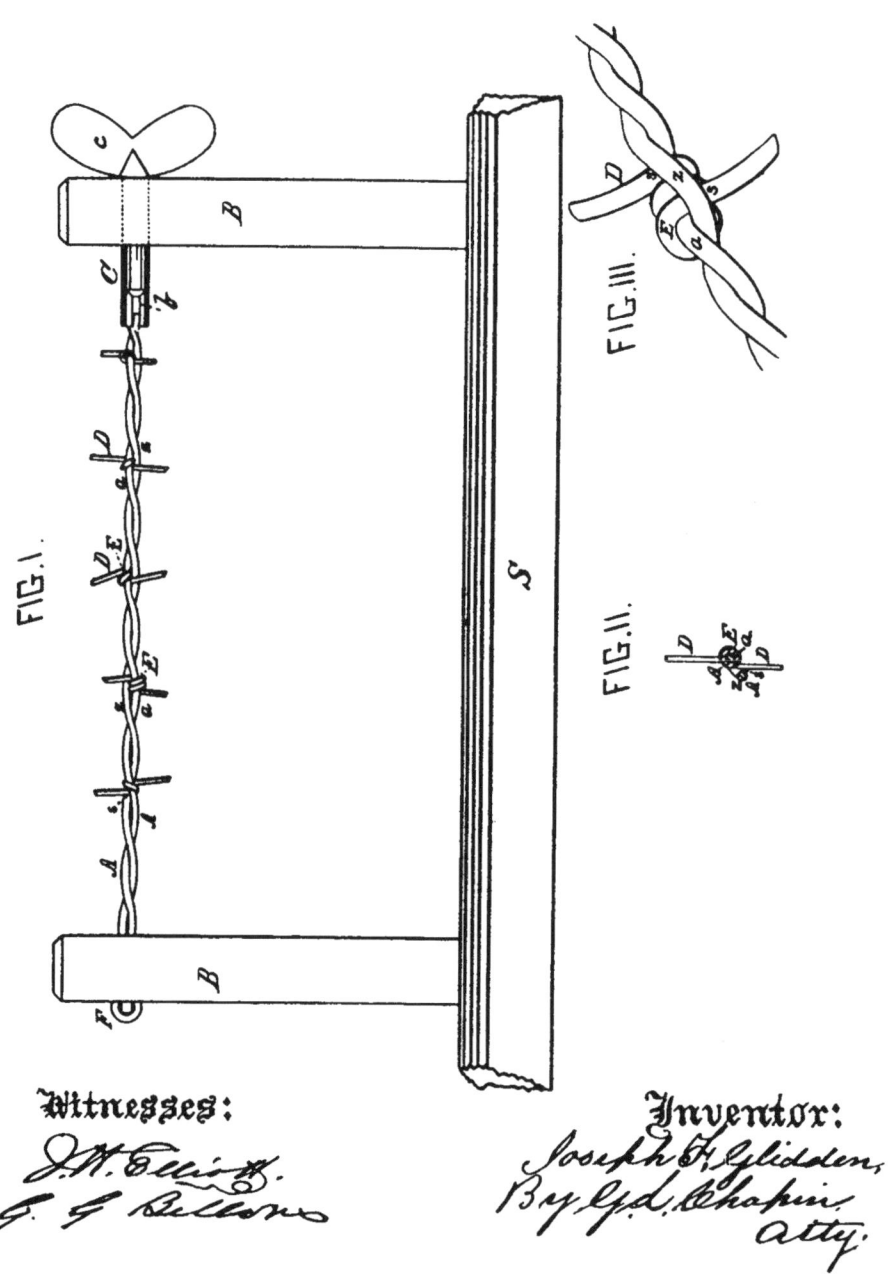

FIG. I.

FIG. II.

FIG. III.

Witnesses:
J. W. Elliott
G. G. Bellow

Inventor:
Joseph F. Glidden,
By G. d. Chapin,
Atty.

DER STACHELDRAHT

Joseph Glidden, De Kalb, Illinois
Angemeldet am 27. Oktober 1873 und als US 157124 veröffentlicht

Joseph Glidden wurde 1813 in Charlestown, New Hampshire, geboren. Später zog er nach De Kalb, 100 km westlich von Chicago, und kaufte eine Farm. Im Sommer 1873 besuchten er und seine Freunde Isaac Ellwood, Besitzer eines Eisenwarengeschäfts, und Jacob Haish, Bauunternehmer und Holzhändler, eine Landwirtschaftsausstellung. Dort präsentierte Henry Rose aus Waterman Station seine Idee, Viehherden einzuzäunen, für die er gerade erst das Patent (US 138763) erhalten hatte: waagerechte Holzleisten mit Nägeln, die auf beiden Seiten vorstanden. Alle drei dachten an eine Verbesserung, Haish und Glidden an einen vollständigen Drahtzaun. Glidden arbeitete mit seinem Landarbeiter an der Umsetzung dieser Idee und reichte die Erfindung vor Haish ein. In einer Anhörung um das Prioritätsrecht entschied das Patentamt zugunsten Gliddens. Haish patentierte daraufhin eine Variante, den »S«-Draht, der als Patent US 167240 veröffentlicht wurde. Er war davon überzeugt, dass Glidden seine Idee gestohlen hatte und drohte mit einer Klage. Wie so viele wichtige Erfindungen schien das Glidden-Patent auf der Hand zu liegen. Zwei umeinander geschlungene Drähte sind mit Knoten versehen, deren Enden nach oben und unten spitz auslaufen. Mit der Flügelschraube »c« konnte man den Draht, wenn nötig, spannen (die Idee wurde später verworfen).

Glidden bot die Hälfte der Rechte für $ 100 seinem Nachbarn zum Kauf an, der jedoch ablehnte. Schließlich verkaufte er sie für $ 265 seinem Freund Ellwood, dessen Patent US 147756 nur eine Variante des Rose-Patents war: wahrscheinlich das beste Geschäft in der Patent-Geschichte. Glidden und Haish begannen mit der Herstellung ihrer Drähte und mussten bald Überstunden machen. Aus dem Osten bestellten sie riesige Mengen Draht, die schnell zu Stacheldraht verarbeitet waren, hefteten Patentzeichen daran und verkauften ihn über Ellwoods Geschäft. Ein Lieferant, die Firma »Washburn and Moen« aus Worcester, war über die plötzliche Nachfrage aus De Kalb verwundert und entsandte den Vizepräsidenten der Firma, Charles Washburn, zur Nachforschung. Er versuchte Haish abzufinden, der jedoch $ 200000 forderte. Washburn erwarb dann Gliddens halben Anteil für $ 60000 plus einer Tantieme von 25 Cent pro Kilogramm Draht. Ellwood versprach, seinen Draht nur in den Westen zu verkaufen, wo er zum Verkauf des Produkts phantasiereiche Werbung mit Glidden als Volkshelden einsetzte. Haish trat als Konkurrent auf, war aber weniger erfolgreich (obwohl auch er ein Vermögen verdiente). Elwood kaufte eine riesige Ranch in Texas und starb 1910 in De Kalb.

Haish klagte tatsächlich gegen das Glidden-Patent, doch unterlag er nach mehreren Gerichtsverfahren 1892 vor dem obersten Gerichtshof endgültig. Glidden starb 1906 in De Kalb als sehr reicher Mann mit vielen Geschäftsbeteiligungen. Der Stacheldraht bedeutete das Ende der freien Viehaufzucht, weil die Farmer ihr Land nun bewirtschaften und zugleich das Vieh von der Ernte fernhalten konnten. In Texas vor allem führten die Rancher gegen die Farmer sogar »Kriege der durchschnittenen Zäune« (»fence-cutting wars«) und bei dem vergeblichen Versuch, den Stacheldraht aufzuhalten, wurden Morde verübt. Zu Kriegszwecken wurde Stacheldraht erstmals 1898 von Teddy Roosevelts »Rough Riders« im Spanisch-Amerikanischen Krieg auf Kuba eingesetzt. Die Briten benutzen ihn im Burenkrieg, um Häuserblöcke miteinander zu verbinden, mit denen das Land aufgeteilt wurde. 1966 erschien sogar ein Buch mit einer Auflistung von Stacheldraht-Patenten, Jesse James' *Early United States barbed wire patents*.

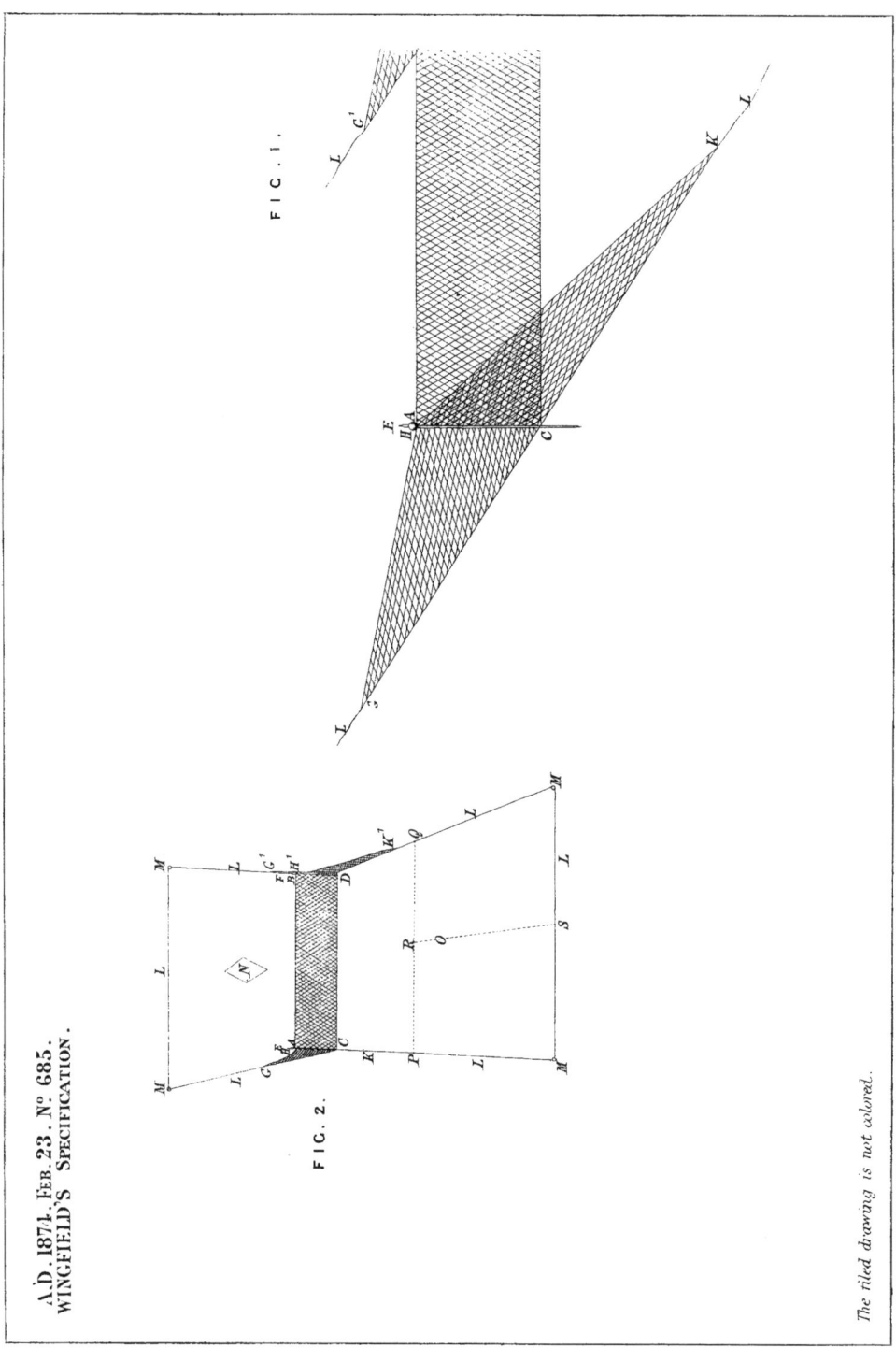

A.D. 1874. FEB. 23. Nº 685.
WINGFIELD'S SPECIFICATION.

FIG. 1.

FIG. 2.

The tiled drawing is not colored.

74

Das Rasentennis

Walter Clopton Wingfield, Pimlico, London, England
Angemeldet am 23. Februar 1874 und als GB 685/1874 veröffentlicht

Man nimmt an, dass die Ursprünge des Tennis bis ins Altertum zurückreichen. Im Mittelalter wurde in Frankreich in rechteckigen Hallen ein »jeu de paume« genanntes Spiel gespielt, das ein bisschen wie Tennis in Squash-Hallen funktionierte und heute noch in einigen dieser Hallen gespielt wird. Walter Clopton Wingfield wurde 1833 geboren und war Major in den »King's Dragoon Guards«. Sein Druckwerk *The games of sphairistike: or, lawn tennis*, das in mindestens fünf Auflagen erschien, ist den Teilnehmern gewidmet, »die sich im Dezember 1873 in Nantclwyd versammelt haben«, dem Haus in der Nähe von Ruthin im Norden von Wales, wo das Spiel zum ersten Mal ausprobiert wurde. Der Name »sphairistike« (aus dem Griechischen für »mit dem Ball«) wurde zugunsten von »Rasentennis« stillschweigend fallengelassen, als sich zeigte, dass sich keiner den Namen merken (oder ihn aussprechen) konnte.

Die Patentzeichnungen zeigen, dass sich Wingfields Idee noch um einiges vom modernen Spiel unterschied. Seine »tragbare« Version des »alten Spiels« ließ sich leicht aufstellen und war ideal für jedes Alter und beide Geschlechter. Das Feld hatte die Form einer Sanduhr mit einem 6 m breiten Netz. Im Patent sind keine anderen Maße angegeben, doch seine Schrift führt eine 11 m breite Grundlinie an, die sich auf ein 6 m breites und 1 m hohes Netz verjüngt. Das Feld sollte 26 m lang sein. Wingfield schlug zur Markierung der Linien Farbe, gefärbte Seile oder Bänder vor, wobei man über letztere leicht stolperte; später empfahl er Kreide. Gezählt wurde wie beim Badminton und die für den Aufschlag vorgesehenen Bereiche waren dieselben wie heute. Es gab nur sechs Regeln. Die Seitennetze sind aus heutiger Sicht überflüssig und gefährlich und wurden schnell abgeschafft.

Wingfield warb für seine Idee in den Zeitungen vom 7. März 1874 und baute eine Kiste, die die gesamte Ausrüstung für das Spiel enthielt. Sie maß 91 auf 15 auf 30 cm und kostete 1876 £6. Man hielt es für eine gute Alternative zu Krocket, das zu »wissenschaftlich« war, und zu dem neuen Sport Badminton, der Windstille verlangte. Auch konnte es von beiden Geschlechtern in gemischtem Doppel gespielt werden. Tennis breitete sich schnell nach Amerika aus, nachdem Mary Outerbridge britische Offiziere das Spiel auf den Bermudas hatte spielen sehen. Sie kaufte die Ausrüstung und zeigte sie ihrem Bruder, der Sekretär des »Staten Island Cricket and Baseball Club« war. Dort wurde Tennis zum ersten Mal in Amerika gespielt.

Als 1877 die erste »All-England Lawn Tennis Championship« in Wimbledon gespielt wurde (nur für Männer; Frauen hatten erst ab 1884 ihre eigene Meisterschaft), gab es fünf verschiedene Versionen des Spiels. Die Regeln wurden für dieses erste Turnier vereinheitlicht, wobei das rechteckige Feld 24 m lang und 17 m breit und das Netz 1 m hoch war. Es wurde die Zählweise des »royal tennis« übernommen, die bis heute gilt. Seitdem hat sich bis auf die Höhe des modernen Netzes von 0,9 m nicht viel verändert. Die erste amerikanische Meisterschaft wurde 1881 in Newport, Rhode Island, ausgetragen. Wingfields zweitem Versuch eine Sportart zu erfinden (1897 mit einem Buch über Fahrrad-Gymkhana) war kein Erfolg beschieden. Im Tennis hat sich seither bei der Ausrüstung viel verändert, der größte Unterschied besteht jedoch darin, dass es heute selten auf Gras gespielt wird; stattdessen werden verschiedene Arten von Sandplätzen benutzt. Wingfield setzte sich in Rhysnant Hall, Montgomeryshire, zur Ruhe und starb 1912. In seiner Todesanzeige in der *Times* wurde Tennis nicht erwähnt.

I. N. FORRESTER.
ROTARY-SWING.

No. 169,797.   Patented Nov. 3, 1875.

Fig. 2.

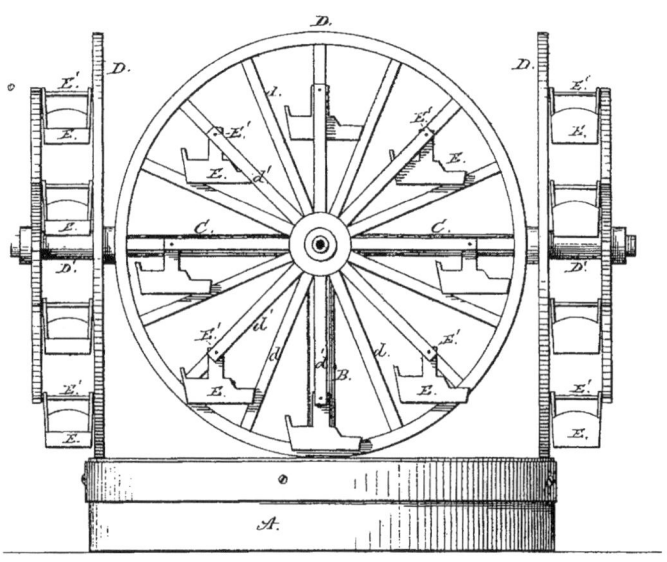

Witnesses:
E. C. Davidson
Joseph S. Peyton

Isaac N. Forrester Inventor:

By his Attorney

Wm. D. Baldwin

76

DAS RIESENRAD

Isaac Newton Forrester, Baltimore, Maryland
Angemeldet am 6. Oktober 1875 und als US 169797 veröffentlicht

Die Herkunft des »Riesenrades« (im Englischen »Big Wheel« oder auch »Ferris Wheel« genannt) liegt ziemlich im Dunkeln. Das hier gezeigte Beispiel gibt eine der ersten Ideen eines rotierenden vertikalen Rades mit Gondeln wieder. Isaac Newton Forrester gefiel die Idee so gut, dass er gleich vier solche Räder die Seiten eines Quadrats bilden ließ. Sie waren alle an einem senkrecht stehenden, rotierenden Schaft »B« mit vier rotierenden Armen »C« befestigt, wobei sich auch die Grundfläche selbst bewegte. Es wurde 1872 als »Epicycloidal Diversion« in Atlantic City, New Jersey, gebaut und lief eine Zeit lang mit Erfolg. An jedem Rad hingen acht Gondeln für jeweils zwei Fahrgäste, sodass insgesamt 64 Fahrgäste Platz hatten. Im Text erwähnt Forrester auch sein früheres Patent US 70985 von 1867, das zwei nebeneinander angebrachte Räder beschrieb. Es gilt als das erste eigentliche Riesenrad-Patent.

Die meisten frühen Riesenräder wurden in Atlantic City gebaut. Das (unpatentierte) »Ferris-Rad« geht auf den Plan der Stadt Chicago zurück, die Kolumbus-Ausstellung von 1893 auszurichten, und sollte dem Eiffelturm Konkurrenz machen, der ja selbst auf die Weltausstellung von 1889 zurückging. Man schlug Türme und ein riesiges Zelt vor, doch der Architekt Daniel Burnham bezweifelte, dass man etwas finden würde, das »den Erwartungen der Leute« entspreche. Kurz darauf kritzelte George Ferris bei einem Essen mit befreundeten Ingenieuren an einem Entwurf herum und behauptete später, er hätte bis zum Ende der Mahlzeit alle Details bereits ausgearbeitet. Es sollte ein riesiges Rad mit 36 Kabinen werden, das bei der ersten Umdrehung zum Zusteigen sechs Mal halten und dann eine Umdrehung ohne Halt machen sollte.

George Ferris wurde 1859 in Galesburg, Illinois, geboren. 1885 erfand er einen neuen Beruf: Er testete Eisen- und Stahlteile aus dem Werk in Pittsburgh, ehe sie zum Bau von Brücken und Gleisen verwendet wurden. Die Organisatoren waren zunächst skeptisch, als sie von seinem Vorschlag hörten. Doch im Dezember 1892 stimmten sie zu. Das Geld wurde aufgebracht und die Stahlstruktur für $ 400000 gebaut. Sie bestand aus zwei 42 m hohen Türmen, die über eine 13 m lange Achse miteinander verbunden waren. Das Rad selbst war 76 m hoch und trug 36 geschlossene Gondeln, die jeweils bis zu 60 Fahrgäste aufnehmen konnten, wobei jede Gondel 40 Drehstühle aufwies. Das Rad ging erst sechs Wochen nach der Ausstellungseröffnung am 1. Mai 1893 in Betrieb, war aber trotzdem ein großer Erfolg. Ein begeisterter Zeitungsartikel berichtete über die Ehefrau von Ferris, wie sie in der höchsten Gondel auf einen Stuhl stieg und »Auf die Gesundheit meines Mannes und den Erfolg des Ferris-Rades« einen Toast ausbrachte. Eine Fahrt kostete 50 Cents. Während der Ausstellung wurden $ 726000 eingenommen. Neu war die ungeheure Größe des Rades.

Eben daran dachte auch die »Garden City Observation Wheel Company«. William Somers aus Atlantic City hatte 1891 das Patent US 489238 angemeldet: Ein hölzernes Riesenrad wurde in der Mitte von einer dreibeinigen Konstruktion gehalten. Die Gondeln, die der Zeichnung nach wie Schwäne aussahen, waren am äußeren Rand des Rades montiert. Die Gesellschaft hatte das Riesenrad in Lizenz gebaut, ging wegen Patentdiebstahl gegen die »Ferris Wheel Company« vor Gericht und verlor. Ihr »Atlantic City Big Wheel« brannte im Juni 1892 ab. George Ferris starb 1896 im Alter von 37 Jahren an Typhus. Sein Riesenrad wurde nach der Ausstellung demontiert, die rostenden Überreste wurden 1906 gesprengt.

A. G. BELL.
TELEGRAPHY.

No. 174,465.   Patented March 7, 1876.

Fig 6.

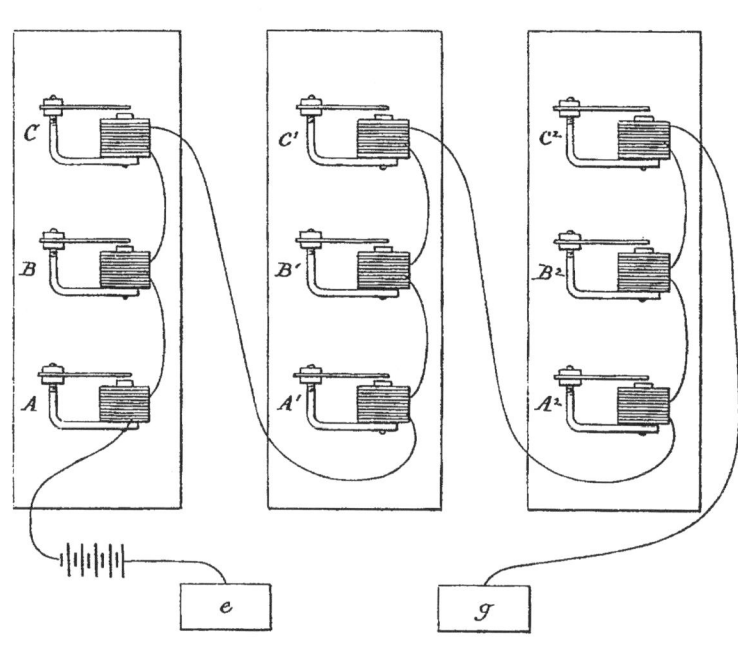

Fig. 7

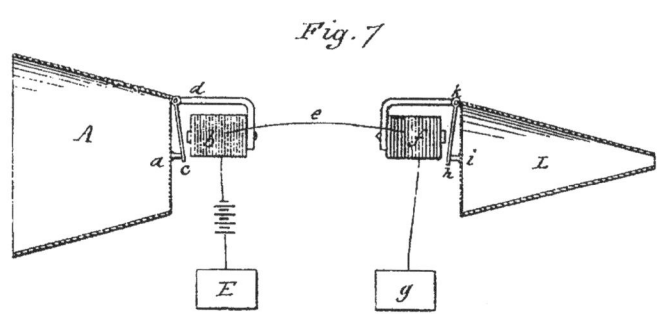

Witnesses   *Inventor:*

Ewell+trick).   a. Graham Bell

N. J. Hutchinson   by atty Pollok+Bailey

Das Telefon

Alexander Graham Bell, Salem, Massachusetts
Angemeldet am 14. Februar 1876 und als US 174465 und GB 4765/1876 veröffentlicht

Alexander Graham Bell wurde 1847 als Sohn eines Rhetorik- und Sprachlehrers und einer tauben Mutter in Edinburgh geboren. Er war größtenteils Autodidakt und begann sich für Töne zu interessieren, als er mit dreizehn merkte, dass ein Klavier, das man in einem Zimmer anschlug, ein Klavier im nächsten Zimmer schwach im selben Ton erklingen ließ. Die Familie wanderte 1870 nach Ontario aus. Bell gab in Boston Sprachunterricht, wobei er sich besonders um die Probleme von tauben Menschen kümmerte. Er wollte an der Idee arbeiten, Töne mit Hilfe von Strom zu übertragen.

Bell war kein guter Handwerker. Thomas Watson, ein Maschinist, sollte ihm helfen. Eines Tages im Juni 1875 blieb an einem »harmonischen Telegrafen« (mit dem zur gleichen Zeit mehr als eine Nachricht gesendet werden konnte) die Feder eines Senders hängen; um sie zu lösen wurde sie herausgezogen. Dadurch wurde ein Stromfluss ausgelöst, und es waren zugleich ein Ton und dessen Obertöne zu hören. Bell begriff, dass so, wie der Klang der Stahlfeder zu hören war, auch eine Stimme hörbar gemacht werden könnte. Sein Patent nutzte dann die durch Magnete hervorgerufene Schwingung »von wellenförmigen Elektrizitätsströmen« zur Stimmübertragung, Schallwellen also und damit eine analoge Methode statt einer digitalen. Die äußeren Frequenzbereiche der Stimme werden nicht übertragen, weshalb sich manche Leute am Telefon etwas seltsam anhören. Bell meldete sein Patent am 14. Februar 1876 an. Am selben Tag beantragte auch Elisha Gray, ein Erfinder aus Ohio, eine vorläufige Patentanmeldung für ein Telefon, ein Antrag, der das Projekt nur umriss und dem Antragsteller Vorrang vor möglichen anderen einräumte, vorausgesetzt, dass das Patent innerhalb von drei Monaten angemeldet wurde. Bell war damals noch britischer Staatsbürger und daher nicht berechtigt, eine solche vorläufige Patentanmeldung einzureichen. Er musste sich auf den eigentlichen Antrag verlassen. Die Akten zeigen, dass Bell sein Patent zwei Stunden vor Gray anmeldete und so das Patent auch bekam, ungeachtet der Tatsache, das Grays Idee funktionierte und Bells nicht.

Am 10. März schüttete Bell sich, nach einer Veränderung am Apparat, versehentlich Säure über die Kleidung und schrie: »Mr. Watson, kommen Sie her! Ich brauche Sie!« Watson hörte ihn über das Telefon: der erste Anruf der Welt. Bells Apparat konnte Töne zwar gut empfangen, aber nicht übermitteln. Erst Thomas Edisons Patent US 203011-19 von 1878 verbesserte das Mikrofon. Es war eine Sensation, als Bell sein Telefon im Juni 1876 auf der Jahrhundertausstellung in Philadelphia vorführte. Der Kaiser von Brasilien, Don Pedro, rief aus: »Mein Gott, es spricht!« – und ließ es fallen. Bells Firma bot Ende 1876 der »Western Union Telegraph Company« alle Rechte für $ 100000 zum Verkauf an, was aber abgelehnt wurde. Seine Firma zog es dann vor, den Service zu verkaufen und nicht die Telefone selbst, die an die Kunden vermietet wurden. Innerhalb von drei Jahren gab es 50000 Kunden. Bell zog sich als reicher Mann 1880 aus der Firma zurück, um anderen Interessen nachzugehen: der Arbeit für taube Menschen und dem Bau riesiger Wasserflugzeuge. Er meldete insgesamt 30 Patente an, einschließlich des Patents US 747012 von 1904 für ein »Verbundzellenluftfahrzeug«. 1888 gründete er die »National Geographic Society«. Schwer erkrankt, verbrachte Bell sein letztes Lebensjahr 1922 in seinem Sommerhaus in Nova Scotia. Einträge in sein Tagebuch diktierte er. Beim letzten Diktat sagte jemand: »Eilen Sie sich nicht!«, worauf er nur antwortete: »Ich muss.«

N. A. OTTO.
GAS MOTOR ENGINE.

No. 178,023.

Patented May 30, 1876.

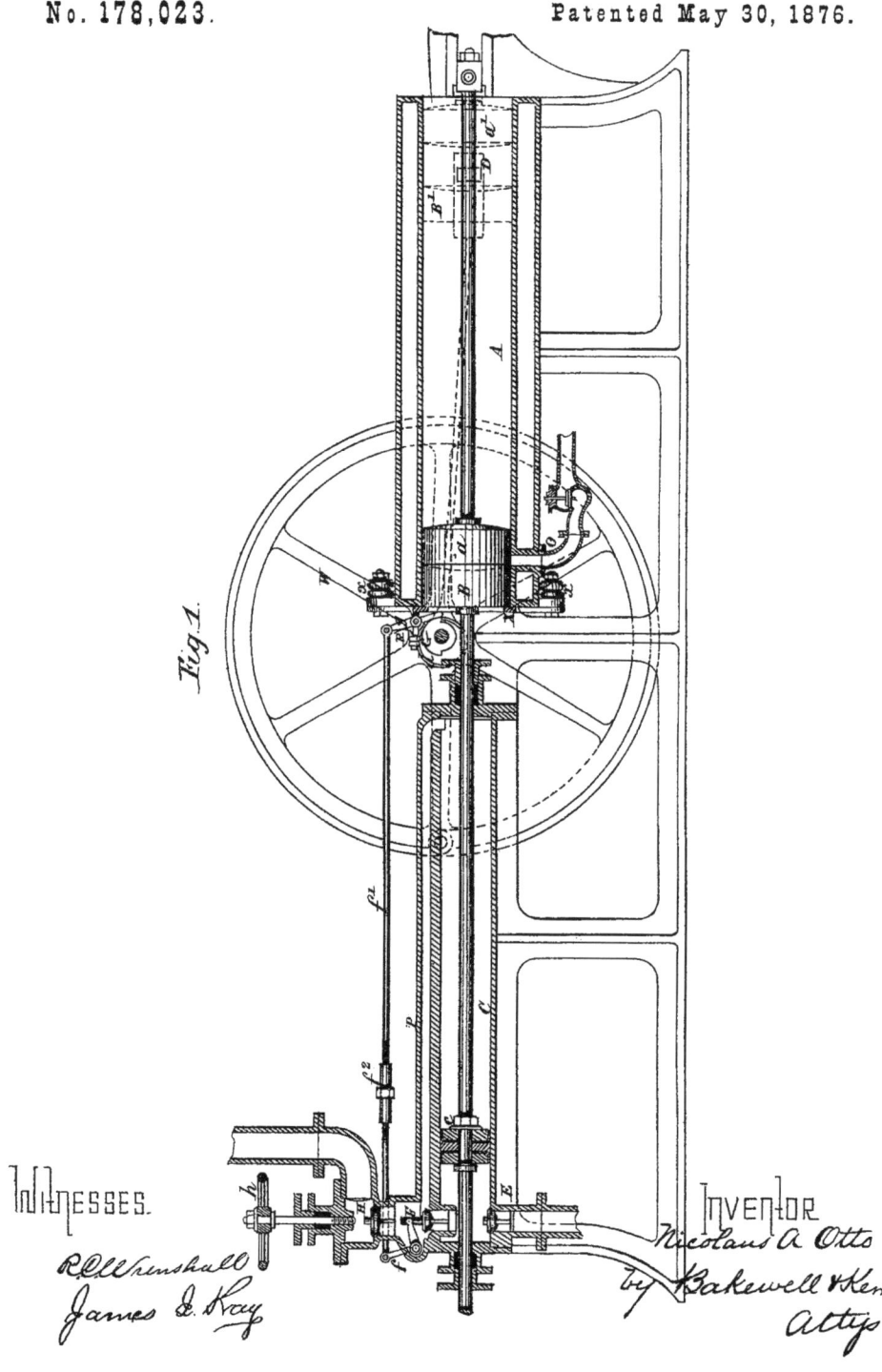

Fig. 1.

WITNESSES.
R. C. Wrenshall
James E. Kay

INVENTOR
Nicolaus A. Otto
by Bakewell & Ken
Att'ys

80

DER VERBRENNUNGSMOTOR

Nikolaus August Otto, Dietz, Deutschland

Angemeldet am 17. Mai 1876 und als DE 532, US 178023 und GB 2081/1876 veröffentlicht

Nikolaus Otto wurde 1832 in Holzhausen a.d. Heide geboren. Mit 16 brach er die Schule ab und arbeitete in einem Lebensmittelgeschäft, außerdem als Buchhalter und Vertreter. Er hörte von einem Gasmotor, der 1860 von Jean Lenoir, einem luxemburger Ingenieur, erfunden (FR 43624) und gebaut worden war: ein primitiver Verbrennungsmotor, der viel Gas verbrannte und viel Kühlung erforderte, um sich nicht festzufressen. 1861 baute Otto einen Zweitakt-Gasmotor, das »rasselnde Ungeheuer«. (»Zweitakt«, weil jede Umdrehung zwei Arbeitsgänge erforderte.) Otto und sein Partner Eugen Langen bauten eine Fabrik und arbeiteten an der Verbesserung des Motors. Erst 1876 bauten sie einen Viertaktkolbenverbrennungsmotor, der immer noch mit Gas lief. Er wurde erstmals in Großbritannien als Patent angemeldet; die elsass-lothringische Anmeldung wurde später in das deutsche Patentsystem überführt.

Die amerikanische Zeichnung ist ein Seitenriss. »A« war ein beidendig offener, von einem Wasserkühlsystem umgebener Zylindermantel mit einem Arbeitskolben »a« und einem freien Kolben »B«, der über eine Stange »B« mit einem Kolben »a« innerhalb des hydraulischen Zylinders »C« verbunden war. Zwei Schwungräder »W« auf jeder Seite waren über eine Welle miteinander verbunden. Das »brennbare Gasgemisch« wurde über einen Schieber »D« zugeführt. Die vier Takte waren das Ansaugen, Verdichten, Zünden und Ausschieben. Obwohl ein noch grobes Verfahren, war es doch die erste brauchbare Alternative zur Dampfmaschine. In den nächsten zehn Jahren wurden über 30000 Stück davon verkauft, kamen aber meist in Fabriken, weniger bei Fahrzeugen zum Einsatz. Zusammen mit August Maybach machte Gottlieb Daimler, der hitzköpfige Herstellungsleiter der Fabrik, den Motor schneller und leichter. Otto war davon ausgegangen, dass 160 bis 200 Umdrehungen pro Minute nicht überschritten werden könnten. Jetzt entwickelten sie einen leichteren Motor mit 800 Umdrehungen pro Minute (GB 4315/ 1885) und verbesserten damit dessen Leistung erheblich. Karl Benz aus Mannheim baute 1886 mit dem Patent DE 37435 bald ein komplettes, dreirädriges Fahrzeug mit benzingetriebenem Motor. Ein paar Monate später baute Daimler ein vierrädriges Fahrzeug ebenfalls mit benzingetriebenem Motor, den er auf eine Kutsche montierte. Benzin war noch sehr neu und wurde erst seit den späten 1850er Jahren verwendet. Es überrascht also kaum, dass Otto an diesen Treibstoff nicht dachte. Daimler und Benz taten sich später zu Daimler-Benz zusammen.

Wiederholte Versuche, Ottos Patent zu umgehen, schlugen fehl, weil fast niemand verstand, wie der Motor genau funktionierte. Jeder, der das Verdichtungs- und Verbrennungsprinzip in einem Zylinder anwenden wollte, wurde vor Gericht gebracht. 1883 wies ein Bauingenieur darauf hin, dass Alphonse-Eugène Beau de Rochas schon 1862 ein Heft mit der Beschreibung eines Viertaktmotors veröffentlicht hatte. Später wurde entdeckt, dass er dazu auch das Patent FR 52593 angemeldet hatte, das aber nie veröffentlicht wurde, da er die Verlängerungsgebühren nicht bezahlte. Der nie gebaute Motor schien 1886 deutschen Gerichten dem von Otto ähnlich genug, um dessen deutsches Patent zu widerrufen. In Deutschland kam es nun schnell zu einer Vielzahl von Arbeiten konkurrierender Ingenieure. Das britische Patent blieb bis 1890 regulär in Kraft, weil das Gericht jenes Heft, das zwar vom Britischen Museum erworben worden war, aber nie offen ausgelegt hatte, nicht als »Teil des öffentlichen Wissensbestandes« anerkannte. Otto starb 1891 in Köln.

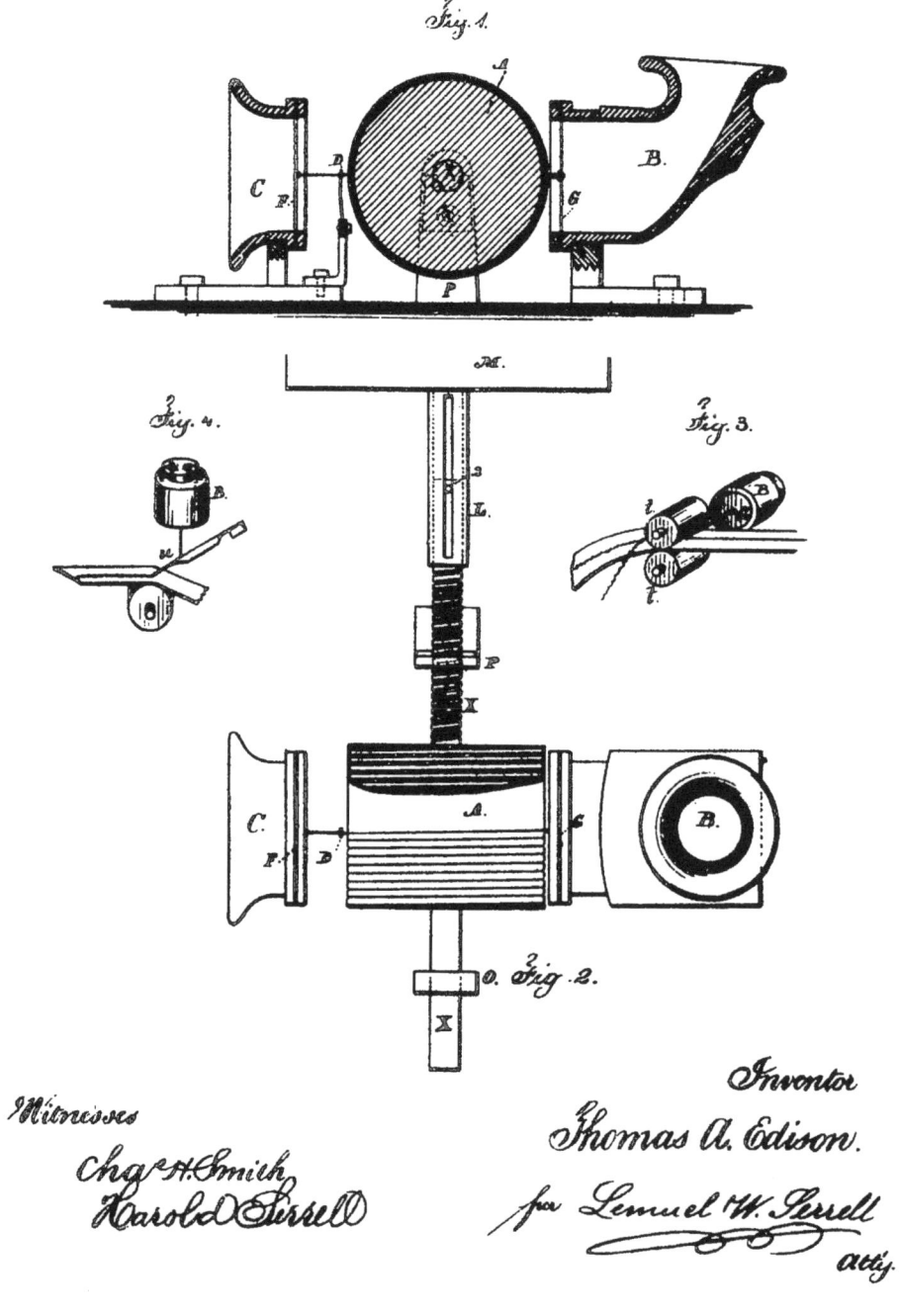

Fig. 1.

Fig. 4.

Fig. 3.

Fig. 2.

Witnesses

Chas H. Smith

Harold Serrell

Inventor

Thomas A. Edison.

per Lemuel W. Serrell

atty.

DER PHONOGRAPH

Thomas Edison, Menlo Park, New Jersey
Angemeldet am 24. Dezember 1877 und als US 200251 und GB 2909/1877 veröffentlicht

An den Gedanken der Tonaufzeichnung hatte man wenig Energie verschwendet, ehe sich Thomas Edison damit beschäftigte. Es gab ein paar Patente für den eigentlichen Aufnahmevorgang, doch anscheinend noch keines für die Wiedergabe von Tönen. Eines Tages arbeitete Edison an einem Gerät, das von Telegrafen verschickte Morsezeichen aufzeichnen sollte. Die Idee war, dass auf einem mit Papier umwickelten rotierenden Zylinder die entsprechenden Punkte und Striche markiert würden. Dabei ging es nicht um ein späteres Lesegerät, sondern darum, die Punkte und Striche mit höherer Geschwindigkeit abzuspielen, als dies den Telegrafisten bei schneller Übertragung möglich war, damit die Leitung für neue Nachrichten wieder frei würden. Edison bemerkte, dass bei der schnellen Umdrehung des Zylinders ein Ton fast wie Sprache entstand.

Zur gleichen Zeit arbeitete er an einer Telefon-Membran (oder einem Mundstück) mit einem spitzen Stift an der Rückseite. Als er in die Vorderseite hineinsprach, stach ihm der Stift versehentlich in den Finger. Er dachte über den Zylinder nach – und über die Tatsache, dass die Membran entsprechend der Stärke seiner Stimme vibrierte. Er kombinierte die beiden Teile, brachte ein Stück paraffiniertes Papier am Zylinder an und rief dann »Hallo!« in das Mundstück. Erneut drehte er den Zylinder und sehr schwach war das Wort zu hören. Edison fertigte eine Skizze an und gab sie am 12. August 1877 John Kruesi, einem Schweizer Uhrmacher, der einer seiner Assistenten war. Die Anweisung auf dem Papier lautete: »Kruesi: Make this – Edison.« Kruesi hatte einen Etat von $ 18 für Material.

Er baute einen mit Stanniolpapier überzogenen Messing-Zylinder, der auf einer Spindel montiert war. Auf jeder Seite war eine feste Membran mit einem Stift angebracht, der sich nahe am Zylinder bewegen konnte. Die Stimme würde nun hoffentlich Zickzacklinien auf dem Stanniolpapier hinterlassen. Um das Aufgezeichnete wieder abzuspielen, gab es eine andere Membran mit einer abgerundeten Nadel, die den Linien folgte. Zur Aufnahme und Wiedergabe musste eine Handkurbel gedreht werden. Das fertiggestellte Gerät wurde am 6. Dezember übergeben. Die Mitarbeiter versammelten sich um Edison, der dann den Zylinder drehte und in die Membran das Kinderlied »Mary had a little lamb« schrie (weil es keinen Verstärker gab und er etwas taub war). Die Nadeln wurden zum Abspielen neu eingestellt. Zur Überraschung aller, auch Edisons selbst, war ein verständlicher Ton zu hören. Seine Mitarbeiter übten dann noch Stunden mit dem System.

Das Patent wurde unverzüglich beantragt und genehmigt. Die Erfindung wurde schnell bekannt, es kam sogar zu einem Empfang beim Präsidenten Rutherford Hayes. Weil man das Gerät mit einer Handkurbel betätigen musste, ging der Verkauf jedoch bald zurück. Auch gab es Probleme mit Zischlauten: Beim Üben mit »Mary had a little lamb« stellte sich heraus, dass die Zeile »white as snow« als »white as thnow« zu hören war. Edison gab die Erfindung auf, doch arbeiteten andere an Verbesserungen. Der aus Deutschland stammende Emile Berliner aus Washington präsentierte dann 1887 mit dem Patent US 372786 das Konzept einer flachen Scheibe: das Grammophon. Edison arbeitete danach an einem Wachszylinder mit einem Aufzieh-Mechanismus. Am Ende setzte sich Berliners Lösung durch. Interessant ist, dass Edison eine Liste mit zehn Anwendungsmöglichkeiten des Grammophons verfasste. Am Anfang stand das Diktat von Büroleitern. Musik wurde nicht erwähnt.

J. & J. RITTY.
Cash Register and Indicator.

No. 221,360. Patented Nov. 4, 1879.

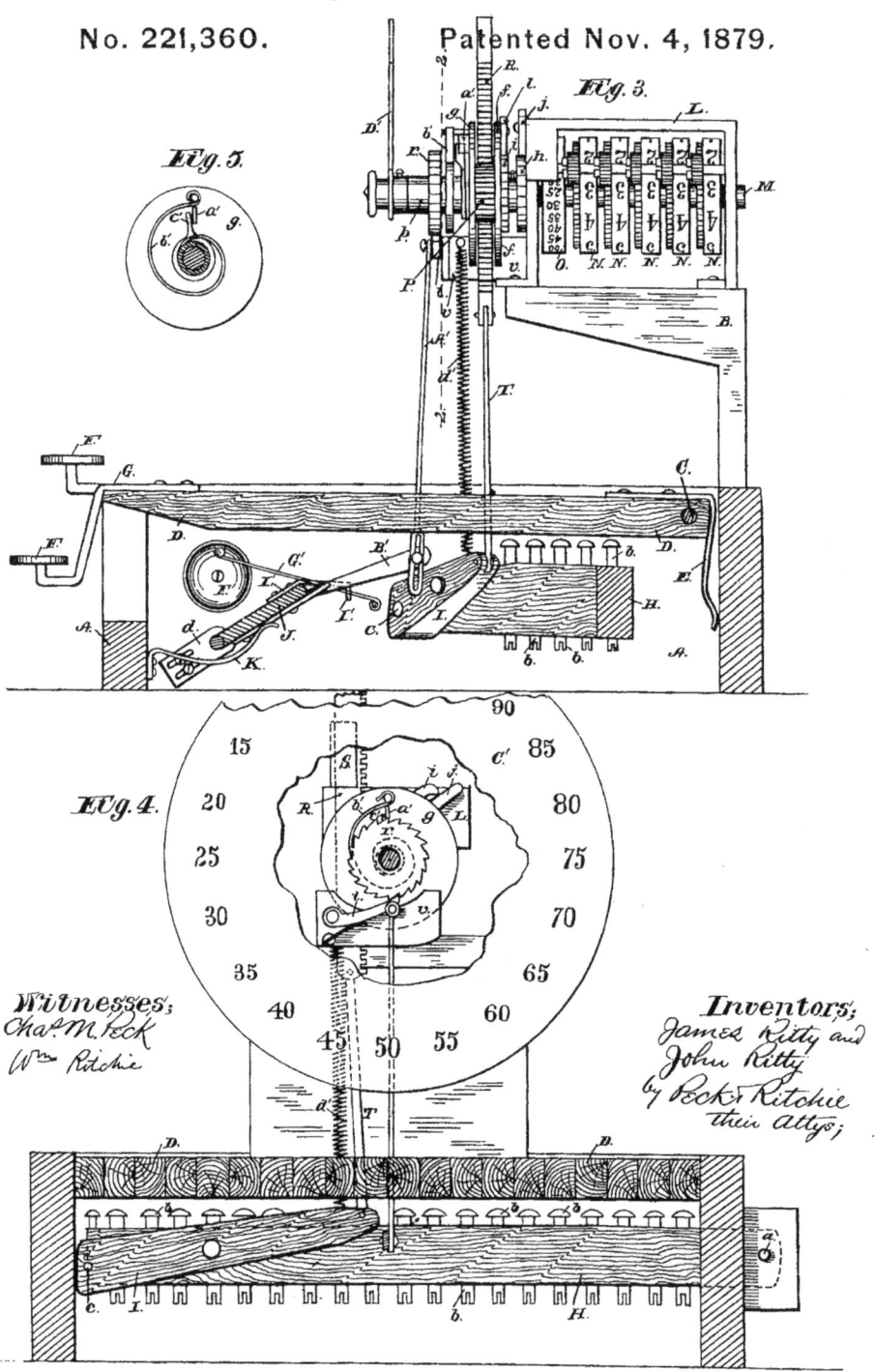

Fig. 5.

Fig. 3.

Fig. 4.

Witnesses;
Chas. M. Peck
Wm. Ritchie

Inventors;
James Ritty and
John Ritty
by Peck & Ritchie
their Attys;

DIE REGISTRIERKASSE

James Ritty und John Ritty, Dayton, Ohio
Angemeldet am 26. März 1879 und am 4. November 1879 als US 221360 veröffentlicht

James Ritty wurde 1836 in Dayton, Ohio, als Sohn elsässischer Immigranten geboren. Er betrieb in Dayton die »Pony House« Bar, als ihm auffiel, dass er trotz zahlreicher Kunden nie Gewinn zu machen schien. Er war sich sicher, dass ihn sein Personal betrog (offene Geldkisten und Geschäftsbücher zur Auflistung der Verkäufe waren üblich). In der Hoffnung, die wachsenden Sorgen im Urlaub zu vergessen, fuhr er 1878 mit einem Dampfschiff nach Europa. Eines Tages ging er hinunter in den Maschinenraum und sah dort eine Apparatur, mit der die Zahl der Umdrehungen der Schiffsschraube gezählt wurde. So nahm die Idee Gestalt an, ein solches Prinzip zum Verzeichnis der Verkäufe in einem Laden einzusetzen. Er kürzte seinen Urlaub ab und entwarf mit seinem Bruder John ein entsprechendes Gerät.

Die Idee war, ein Ziffernblatt mit Tastatur zu konstruieren, das die Geldsummen anzeigte. Der Verkäufer drückte die richtigen Betragstasten und die Zeiger des Uhrwerks zeigten die Summe. Eine Glocke machte den Geschäftsführer auf den Verkauf aufmerksam. Fig. 3 zeigt, was im Gerät geschah: Das Rad »O« zeigte Cent-Beträge an und ließ bei jedem Verkauf den richtigen Betrag erscheinen. Jeder neue Verkauf brachte das Rad wieder zur Drehung, und wenn eine ganze Umdrehung erreicht war, sprang das nächste Rad auf »1« (für $1). Auf diese Weise wurden die Tageseinnahmen fortlaufend registriert. Am Ende des Tages entfernte der Geschäftsführer die Abdeckung, notierte die Summe und stellte die Räder wieder auf Null. 1883 patentierte James zusammen mit John Birch die verbesserte Version US 271363, die bereits den berühmten Registrierkassen ähnelte, die statt eines Ziffernblatts Täfelchen zur Betragsanzeige verwenden. Die Geräte wurden in einem Raum über der Bar hergestellt, doch das Geschäft lief nicht gut, sodass Ritty es zusammen

mit den Patenten für $1000 an Jacob Eckert aus Cincinnati, Ohio, verkaufte, der es an ein Konsortium weiterverkaufte.

Dann trat John Patterson auf den Plan. Seine Daytoner Kohlenhandlung war verschuldet, und als er von dem neuen Gerät hörte, kaufte er zwei davon unbesehen und machte sofort Gewinn. 1884 zahlte er $6500 für eine Mehrheitsbeteiligung an dem Konzern, der damals 13 Beschäftigte hatte. Abends lachten ihn andere Geschäftsleute aus: Er wusste nicht, dass die Firma Verluste machte. Am nächsten Morgen bot er $2000, um aus dem Vertrag wieder auszusteigen, doch Geschäft war Geschäft. Daraufhin Patterson: »Also gut, dann steige ich eben ins Registrierkassengeschäft ein, und ich werde damit Erfolg haben.« Er änderte den Namen des Konzerns in »The National Cash Register Company« und schlug ein paar Verbesserungen vor, z. B. Verkaufsbelege, doch vor allem war er ein großartiger Geschäftsmann. Er führte garantierte Vertragsgebiete für die Vertreter, Verkaufsquoten und Vertreterbörsen ein. Als sein Schwager die Idee des Standardverkaufsangebots aufbrachte, ließ er ein Heft mit 450 Wörtern drucken, das alle Vertreter auswendig lernen mussten. Auf Überraschungsbesuchen stellte er sie auf die Probe: Wer das Angebot nicht aufsagen konnte, wurde gefeuert.

1888 wurde das Geschäft auf Pattersons alte Familienfarm südlich von Dayton verlegt, weil es inzwischen auf 1000 Mitarbeiter gewachsen war. Er bot seinen Angestellten ein freies Mittagessen, doch die lehnten solche »Almosen« ab; also verlangte er 5 Cent dafür. Es gab Programme für Kinder und gut gebaute, saubere Arbeitsräume, alles zur Steigerung der Produktivität. Patterson, der großzügig für die örtlichen Wohltätigkeitseinrichtungen spendete, starb 1922; James Ritty war bereits 1918 gestorben.

WITNESSES:

Henry N. Miller

C. Sedgwick

INVENTOR:

B. B. Oppenheimer

BY Munn & Co

ATTORNEYS.

DIE FALLSCHIRM-FEUERRETTUNG

Benjamin Oppenheimer, Trenton, Tennessee
Angemeldet am 26. März 1879 und als US 221855 veröffentlicht

Benjamin Oppenheimers großartiges Patent ist sehr wahrscheinlich einzigartig, was aber schwer nachzuweisen ist, weil die amerikanische Patenteinteilung nur auf »Sicherheitssinkgeräte: Fallschirme« lautet, wobei es in dieser Kategorie das älteste Patent ist. Oppenheimer führt an, »dass damit eine Person von jeder Höhe sicher aus dem Fenster eines brennenden Gebäudes springen und ohne Verletzung und ohne den geringsten Schaden auf dem Boden landen kann«. Das Patent ist sehr kurz. Das Schuhwerk bestand aus dicken elastischen Polstern, um die Wucht der Landung zu dämpfen. Der Fallschirm sollte aus weichem oder gewachstem Tuch mit einem empfohlenen Durchmesser von 1,2 bis 1,5 m bestehen und mit einem passenden Rahmen versteift sein. Heute ist völlig klar, dass die Gurte eines Fallschirms unter den Armen statt am Kopf befestigt werden müssen, doch auf die Idee musste erst jemand kommen.

Das Grundprinzip des Fallschirms war spätestens seit 1797 bekannt, als in Paris ein Absprung von einem Ballon aus einer Höhe von etwa 700 m gelang. Der Fallschirm hatte einen Durchmesser von 7 m. Es gab immer wieder Experimente in dieser Richtung und erst 1837 ereignete sich der erste tödliche Unfall, als der Fallschirm von Robert Cocking aus Greenwich, Kent, bei einem Sprung aus 1700 m in sich zusammenfiel. Zum Glück wurde Oppenheimers Fallschirm nie benutzt und gehört daher nicht auf die Liste tödlicher Unfälle. Abgesehen von seinem Optimismus über die Absprunghöhe war er sich weder über die Belastung der Gliedmaßen bei der Landung im Klaren, noch hatte er bedacht, wie der starre Fallschirm durch ein normales Fenster passen sollte.

Natürlich gab es eine Vielzahl anderer Geräte, um bei Feuer Leben zu retten, Feuer zu löschen oder zu verhindern und Rettungsmittel bereitzustellen. Darunter das Patent GB 818/1866 von Ralph Jones und John Hedges aus Aylesbury, Buckinghamshire. Die zu rettende Person wurde mit Gurten an ein Fass gebunden, das mit einem Seil an der Wand befestigt war und über einen Bremsmechanismus verfügte, der zur Wirkung kam, wenn Fass und Person durch die Luft flogen. Eine vernünftigere Alternative, sich nämlich an dem Seil festzuhalten und das Fass zurückzulassen, wurde ebenfalls erwogen.

Mit dem Patent GB 1302/1888 hatte Stafford Campbell aus Monkwearmouth, Durham, eine Methode entwickelt, um Theaterbesucher aus den oberen Logenplätzen zu retten. Eine Schiebetür im Korridor führte zu einem Endlosband mit Sitzen und Fußhalterungen, das auf Rollen nach unten lief. Die Sitze sollten eine geordnete Flucht ohne Gedränge erlauben. »Eingang« hieß der dazugehörige Treppenaufgang für die Feuerwehr. In der »Bedienungsanleitung« schreibt Campbell, dass »bei Feueralarm alle, denen ein Schlüssel für den Fluchtweg anvertraut ist, schnellstens zum Eingang laufen müssen. Ist dieser offen, steigen Feuerwehrmänner, Polizisten oder andere, die den Fluchtvorgang geübt haben, die Eingangsstufen hinauf. Dort entsichern und öffnen sie die Luke zum Rettungssystem. Zur Verhinderung von Gedränge müssen Wachtmeister den Eingang für die Flucht aus der Loge kontrollieren. Ein Wachtmeister steht oben auf den Ausgangsstufen, um die Geschwindigkeit des Bandes zu regulieren und die Flüchtenden korrekt zu platzieren [...] Ein wenig Praxis wird den Wachtmeistern dazu verhelfen, dies in aller Schnelle auszuführen.« Campbell scheint vergessen zu haben, dass beim Ausbruch eines Feuers Stromausfall droht und dass die Tatsache, dass die Zugänge zum Rettungssystem nur von außen aufzuschließen waren, wohl kaum das Vertrauen der Theaterbesucher weckte.

G. B. SELDEN.
ROAD ENGINE.

No. 549,160.   Patented Nov. 5, 1895.

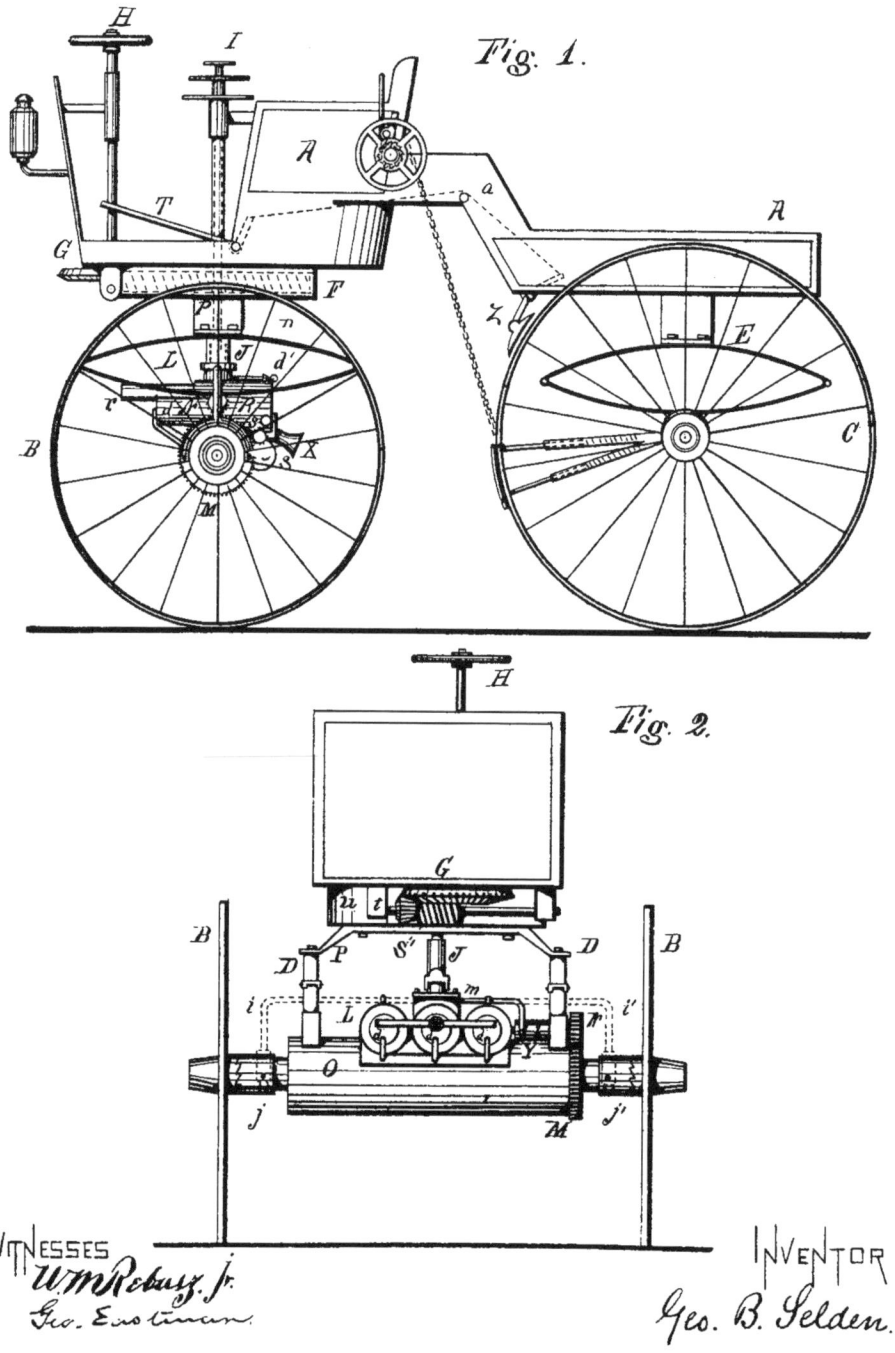

Fig. 1.

Fig. 2.

WITNESSES
W M Reburg Jr.
Geo. Eastman.

INVENTOR
Geo. B. Selden.

Das Automobil

George Baldwin Selden, Rochester, New York
Angemeldet am 8. Mai 1879 und als US 549160 veröffentlicht

Vielleicht war mit dem Patent DE 37435 von Karl Benz von 1886 das erste brauchbare benzinbetriebene Auto erfunden, doch die folgende Geschichte ist einfach zu gut, um sie zu übergehen. George Baldwin Selden wurde 1846 in Clarkson, New York, geboren, studierte zunächst Ingenieurswesen, wechselte dann aber auf Wunsch des Vaters zu Jura. Er führte ein Patentbüro in Rochester, verbrachte viel Zeit mit Experimenten in seinem Arbeitskeller und meldete selbst zahlreiche Patente an. Immer wichtiger wurde für ihn die Idee eines selbstangetriebenen Straßenfahrzeugs. Er kam zu dem Schluss, dass die Lösung ein stärkerer Motor als alle bisherigen und ein leichtes Fahrgestell wäre. Als er 1876 die Jahrhundertausstellung in Philadelphia besuchte, sah er sich die ausgestellten Verbrennungsmotoren an und beschloss, die Konstruktion des »Brayton«-Motors zu übernehmen. Er baute ihn um, indem er das Kurbelgehäuse in den Motor einschloss, und entwickelte eine viel leichtere Maschine, die bei einer Leistung von 1491 Watt (2 PS) 168 kg wog. Am 8. Mai 1879 meldete er seine Erfindung an: einen Kompressionsmotor (mit Kupplung) zum Antrieb der Räder.

Selden wusste, dass eine Automobil-Industrie lange Zeit keine Gewinne abwerfen würde. Da amerikanische Patente eine Laufzeit von 17 Jahren hatten (vom Tag ihrer Veröffentlichung an, nicht vom Tag ihrer Beantragung), hielt er es für einen Vorteil, die Veröffentlichung hinauszuschieben. Das Gesetz erlaubte maximal zwei Jahre, um auf Schreiben des Patentamts zu antworten, was Selden vollständig ausschöpfte. Folglich wurde das Patent erst 1895 veröffentlicht, als es bereits erste Autos gab. Seine Ansprüche schienen das Konzept eines solchen Fahrzeugs abzudecken. Doch da Selden niemanden fand, der sein Auto produzierte, verkaufte er

1899 die Rechte an William Whitney von der »Columbia Motor and Electric Vehicle Company« für $10000 plus Tantiemen. Die Firma verklagte einen Hersteller erfolgreich wegen Patentdiebstahls, sodass sich zehn andere Firmen zur »Association of Licensed Automobile Manufacturers« zusammenschlossen und 1,25 % des Ladenpreises als Tantiemen bezahlten. Die Autos trugen eine Plakette mit der Aufschrift »Hergestellt unter Selden-Patent«. Die Tantiemen beliefen sich auf $ 2 Mill., wovon Selden $ 200000 erhielt.

Henry Ford aus Detroit hatte seit 1896 Autos produziert und bat 1903 um die Zahlung von Tantiemen. Doch die Assoziation wies ihn ab, da er Monteur und kein Hersteller sei. Er wünschte Selden und sein Patent zur Hölle, und es kam zu einer heftigen öffentlichen Debatte mit ganzseitigen Zeitungsanzeigen von beiden Seiten. Ford bot jedem Entschädigung an, der wegen Benutzung seiner Autos verklagt wurde (50 Leute baten um weitere Informationen). Der Fall zog sich bis 1911 vor Gericht hin, bis entschieden wurde, dass Seldens Patent zwar in Ordnung sei, Ford es aber nicht verletzt habe, weil er einen Otto-Vierzylindermotor einsetze, der sich vom Zweizylinder-Kompressionsmotor unterscheide, der im Patent allerdings nirgendwo erwähnt wurde. Da alle nur Otto-Motoren benutzten, wurden keine Tantiemen mehr gezahlt (das Patent sollte 1912 ohnehin auslaufen). Ford räumte ein, dass der Prozess seiner Gesellschaft viel Aufmerksamkeit verschafft hatte. Selden behauptete später, dass dieser einen Großteil seines Geldes verschlungen hatte. Unter dem Slogan »Made by the father of them all« stellte er zwischen 1906 und 1914 eine kleine Anzahl von Autos her, obwohl das einzige Modell, das er auf der Grundlage seines eigentlichen Patents baute, kaum von der Stelle kam. Er starb 1922 in Rochester, New York.

O. MARTIN.
Incubator.

No. 237,689.   **Patented Feb. 15, 1881.**

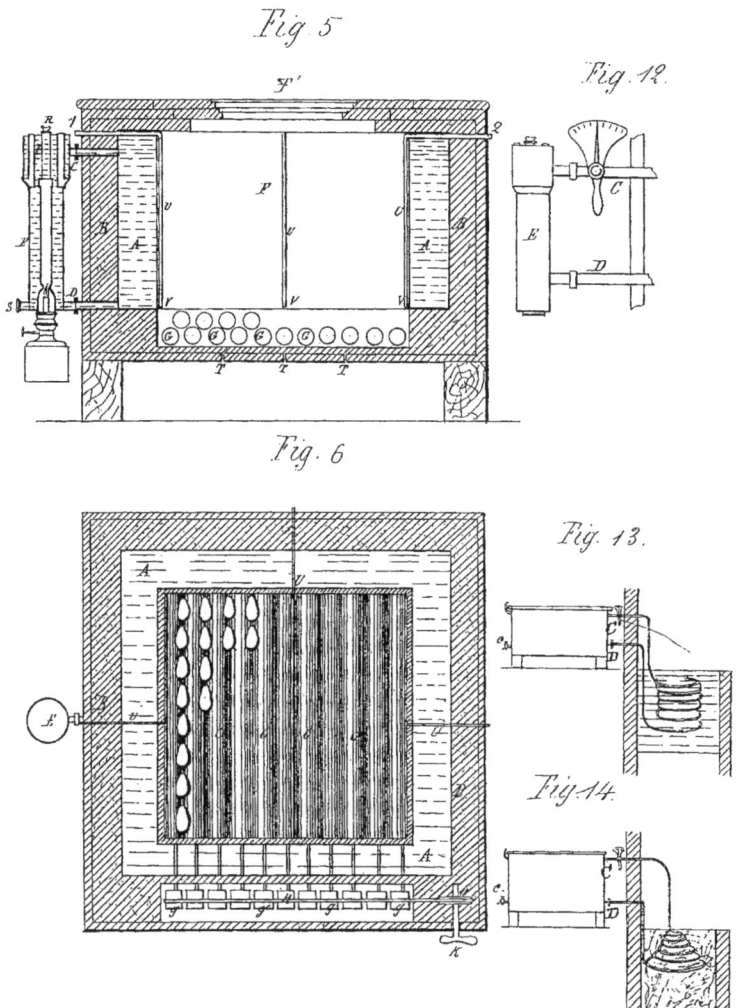

Fig. 5

Fig. 12.

Fig. 6

Fig. 13.

Fig. 14.

Witnesses.
1   Robt. M. Harper
2   Jean-Baptiste Rolland

Inventor:
O. Martin
A. v. Briesen
attorney

DER BRUTKASTEN

Odile Martin, Neuilly, Frankreich

Angemeldet am 9. April 1880 und als FR 136015, US 237589 und GB 4308/1880 veröffentlicht

Die Idee eines Brutkastens zum Ausbrüten von Hühnereiern war seit langem bekannt, doch hatte niemand daran gedacht, die Idee auf Babys zu übertragen. 1878 entdeckte Stéphane Tarnier, ein Arzt im Kinderkrankenhaus von Paris, im nahegelegenen *Jardin d'Acclimation* (dem Zoo) einen Apparat, den Odile Martin zur künstlichen Aufzucht von Hühnern hergestellt hatte. Tarnier wies darauf hin, dass er diesen für frühgeborene Babys verwenden könne, die sehr empfindlich seien und warm gehalten werden müssten. Martin entwarf einen entsprechenden Kasten und brachte ihn 1880 zu Tarnier in die Klinik. Im August 1883 veröffentlichte das britische Ärztemagazin *The Lancet* einen begeisterten Leitartikel, in dem das Konzept im Detail beschrieben wurde. Das abgebildete Patent ist eigentlich ein Brutkasten für Eier; Martins »Verbesserungen von Brutkästen, zum Teil anwendbar für andere Zwecke« stehen hier als Tribut an seine Arbeit. Es wurde vermutlich wegen seiner Arbeit für Tarnier angemeldet. Der patentierte Entwurf hatte doppelte Wände, in denen zur Isolierung warmes Wasser floss. *The Lancet* schreibt, dass der Baby-Brutkasten im unteren Teil einen Behälter mit 60 Litern Wasser enthielt, das auf verschiedene Weise erhitzt wurde. Der obere Teil war groß genug für zwei Babys, die man von der Seite herausnehmen konnte. Durch einen Doppelglasdeckel konnten sowohl die beiden Babys als auch das in ihrer Nähe angebrachte Thermometer beobachtet werden. Schmale Öffnungen ließen Luft eintreten. Die Temperatur wurde auf 30° C gehalten.

Die Auswirkungen waren dramatisch. Die Todesrate von Babys mit einem Geburtsgewicht von weniger als 2 kg fiel von 66% auf immer noch hohe 38%, obwohl erst 1893 ein Mitarbeiter von Tarnier, Pierre Budin, eine besondere Vorrichtung für frühgeborene Babys einführte. Um ihre Methode publik zu machen, sandte Budin sechs Brutkästen zur Berliner Weltausstellung von 1896. Martin Couney, der leitende Assistent, ließ sechs Frühgeburten aus einem nahen Krankenhaus hineinlegen, deren Überlebenschancen als so gering eingestuft wurden, dass man das Risiko einging. Die neue »Kinderbrutanstalt« war ein großer Erfolg. Alle sechs Kinder überlebten. Der Versuch, diesen Erfolg ein Jahr später in London zu wiederholen, drohte zu scheitern, weil niemand seine Kinder einer französischen Erfindung anvertrauen wollte; es mussten frühgeborene Kinder aus Frankreich geholt werden. *The Lancet* vermeldete im Mai 1897, dass der Brutkasten »in England noch nicht zum Standard« gehöre und nur den Reichen oder Armen zur Verfügung stehe. Der »Aufseher« musste stets auf die richtige Temperatur achten, weil es kein automatisches System gab. In dem Artikel hieß es auch, dass ein Brutkasten mit automatischer Temperaturanpassung gerade eingeführt worden sei (wahrscheinlich auf derselben Ausstellung); dazu wurde ein Bimetallstreifen benutzt, eine bekannte Methode im Sanitärbereich.

Couney behielt sein Verfahren, gegen Eintrittsgeld frühgeborene Kinder auf Messen in Brutkästen zu zeigen, bis zur Weltausstellung von 1939/40 in New York bei. Dabei hatte schon im Februar 1898 ein Artikel im *Lancet* die Frage aufgeworfen, »ob es das Ansehen der Wissenschaft zulasse, dass Brutkästen und lebende Babys ausgestellt werden zwischen Wurfscheiben, Karussells, dem fünfbeinigen Maultier, den Clowns, dem Pfennig-Guckkasten und dem Glanz und Lärm einer gewöhnlichen Ausstellung«. Allerdings wurde in dem Artikel auch die Frage aufgeworfen, warum bei einem solchen Anlass die Luft, der man die Babys aussetzte, von einer Landwirtschaftsausstellung stammte.

A.D. 1880. Nov. 27. No 4933.
SWAN'S SPECIFICATION.

(1 SHEET)

FIG. 1.

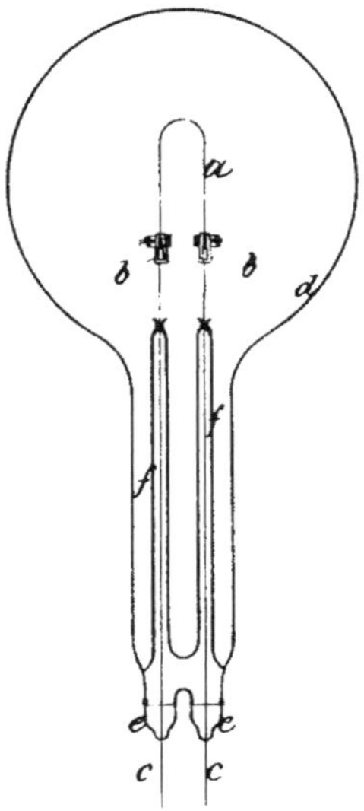

FIG. 2.

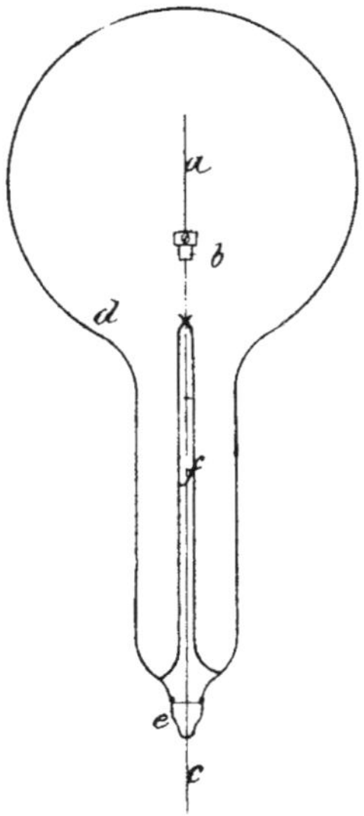

FIG. 3.

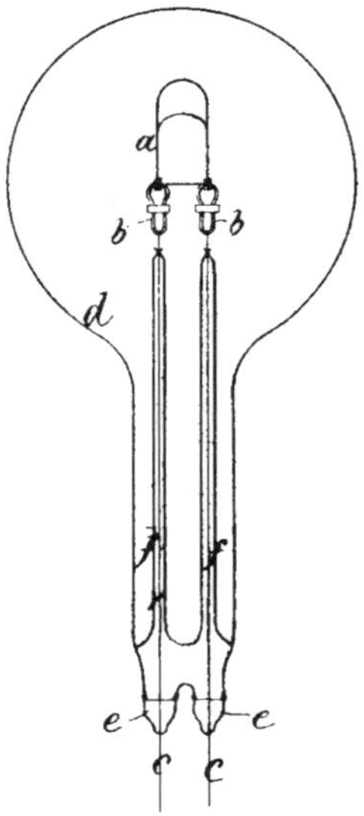

FIG. 4.

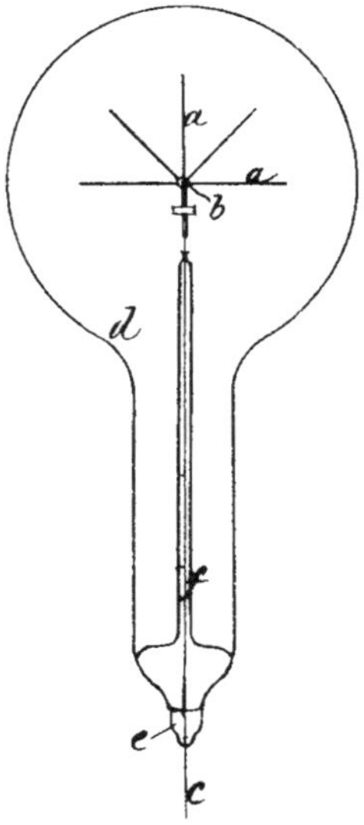

Malby & Sons. Photo-Litho.

LONDON. Printed by GEORGE EDWARD EYRE and WILLIAM SPOTTISWOODE.
Printers to the Queen's most Excellent Majesty. 1881.

Die elektrische Glühbirne

Joseph Wilson Swan, Newcastle-upon-Tyne, Northumberland, England
Angemeldet am 27. November 1880 und als GB 4933/1880 veröffentlicht

Viele werden erstaunt sein, dass Swan der Erfinder der Glühbirne ist, doch es besteht kein Zweifel, dass er die Idee vor Thomas Edison hatte. Haushalte und Büros wurden damals mit Gaslampen erhellt, aber Gas roch, war gesundheitsschädlich und verrußte Möbel und Teppiche. Auch konnte man mit Gas keine Geräte betreiben. Viele Erfinder beschäftigten sich deshalb mit der Idee, mit Hilfe von Strom für ausreichend Licht zu sorgen. Man wusste bereits, dass ein Vakuum nötig war, damit der Glühfaden nicht durchbrannte. Doch glaubte man, dass es auf niederohmige Glühfäden statt der später benutzten hochohmigen ankäme. Hochohmig heißt, dass die Fäden weißglühend sind (eine Mischung aus allen Farben statt etwa rotglühend bei weniger Hitze). Licht ist das Nebenprodukt der erzeugten Hitze.

Swan wurde 1828 in Sunderland geboren. Er war Angestellter und später Teilhaber einer Chemie-Firma in Newcastle. 1860 erarbeitete er das Prinzip der Verwendung von Kohlepapier in einer luftleeren Kugel, doch das Licht brannte nur schwach und nicht lange, weil das Vakuum und auch die Stromversorgung unzulänglich waren. Swan gab seine Erfindung am 18. Dezember 1878 bekannt und führte sie am 18. Januar 1879 in Sunderland vor. Er hatte entdeckt, dass eine Hufeisenform für den Glühfaden am effizientesten war. Ein Baumwollfaden wurde dazu in Schwefelsäure getaucht und dann karbonisiert. In den hier abgebildeten Zeichnungen wird der Strom über »c« durch Halterungen »b« zu den Glühfäden geleitet. Noch im selben Jahr gründete er in Benwell eine Fabrik zur Herstellung der Glühbirnen. Da es keine einheimischen Fachkräfte gab, bestellte man Glasbläser aus Deutschland. Eine Glühbirne kostete 25 Schilling (£ 1,25). Die erste elektrisch beleuchtete Straße war die Mosley Street im Zentrum von Newcastle.

Dummerweise zögerte Swan die Patentanmeldung hinaus. Edison arbeitete unabhängig von ihm an derselben Methode und testete nach zahllosen Experimenten mit verschiedenen Materialien am 22. Oktober 1879 erfolgreich eine Lampe mit karbonisiertem Nähfaden. Swans Glühbirne war eigentlich besser. Das Patent wurde am 1. November angemeldet und im Januar 1880 als US 223898 veröffentlicht. Der Glühfaden war jedoch nicht robust genug und wurde bald durch karbonisiertes Papier ersetzt, eine von vielen Verbesserungen. Edison beschäftigte sich auch mit der Erfindung von Zusatzteilen, Fassungen, Stromzählern, Schaltern und Sicherungen, um über ein vollständiges System zu verfügen. Das Problem war der Preis ($ 2,50 pro Stück), die fehlende Infrastruktur zur Stromversorgung und dass niemand Verträge schloss ohne ein vollständig vorliegendes System. Daher waren die Anfangsinvestitionen sehr hoch. Von 1879 bis 1882 wurden an 203 Kunden in Manhattan nur 3144 Glühbirnen verkauft; 1900 waren es 3 Mill. Edisons Fehler bestand darin, dass er Gleichstrom verwendete statt des modernen Wechselstroms, den Westinghouse favorisierte.

Als Edison das britische Patent beantragte, wurde ein Gerichtsverfahren wegen Patentdiebstahls gegen ihn angestrengt, das die Kontrahenten zwang, zur »Edison & Swan United Electric Light Company« zu fusionieren. Im Oktober 1883 verlor Edison auch sein amerikanisches Patent, weil das Patentamt den Stand der Technik von William Sawyer und Albon Man höher bewertete. 1879 erfand Swan das Bromsilberpapier und patentierte 1883 eine Methode, bei der Nitrozellulose zur Formgebung von Fasern durch Löcher gepresst wird. Dieses Verfahren wird in der Textilindustrie angewandt. Er wurde 1904 geadelt und starb 1914 in Warlingham, Surrey.

S. S. APPLEGATE.

DEVICE FOR WAKING PERSONS FROM SLEEP.

No. 256,265. Patented Apr. 11, 1882.

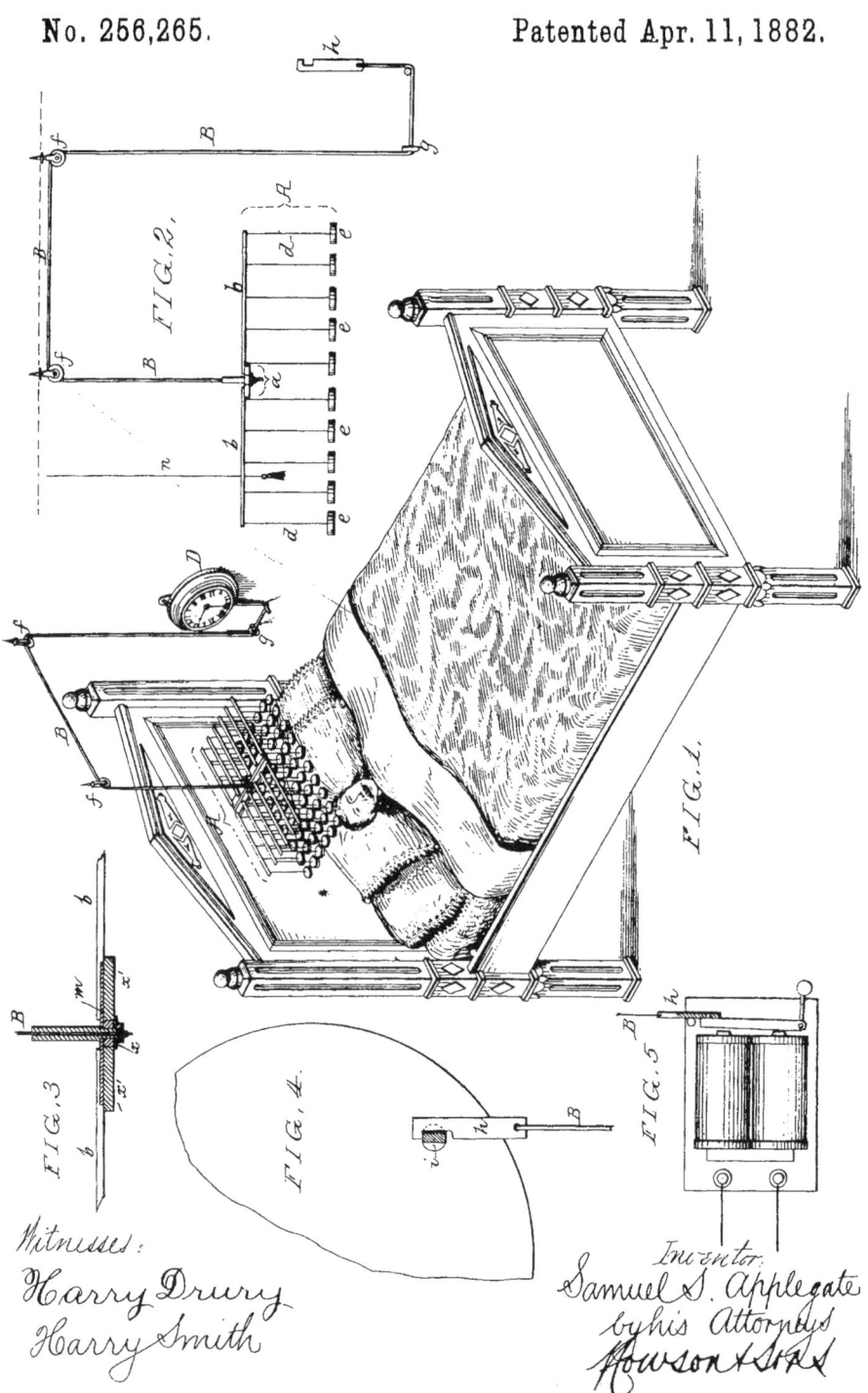

Witnesses:
Harry Drury
Harry Smith

Inventor:
Samuel S. Applegate
by his Attorneys
Howson & Sons

DER AUFWECKAPPARAT

Samuel Applegate, Camden, New Jersey
Angemeldet am 14. Dezember 1881 und als US 256265 veröffentlicht

Viele Leute leiden unter chronischer Aufstehunfähigkeit. Samuel Applegate war entschlossen, dieses Problem mit seinem Apparat zu lösen, dem ältesten Patent in der Sektion 368/12: »Uhrmacherkunst, verbunden mit verschiedenen Geräten: äußerliche Weckvorrichtungen.« Das Patent ist ungewöhnlich und die Ideen dazu sind so gut zusammengefasst, dass es schade wäre, daraus nicht umfangreich zu zitieren. »Das Ziel meiner Erfindung ist, ein einfaches und wirkungsvolles Gerät zu bauen, das Personen zu jeder Zeit (die vorher festgelegt werden kann) weckt; es kann außerdem statt mit dem üblichen Klingelwecker in Verbindung mit elektrischen oder anderen Alarmanlagen eingesetzt werden.«

Fig. 1 legt dar, »wie es eingesetzt werden soll«, Fig. 2 ist eine Seitenansicht, daraus in Fig. 3 ein Detail. Fig. 4 und 5 sind zusätzliche »Auslöse«-Mechanismen. Applegate wies darauf hin, dass »gewöhnliche Klingel- oder Rasselwecker für den beabsichtigten Zweck nicht immer wirksam sind, da sich eine Person mit der Zeit so an das Geräusch gewöhnen kann, dass der Schlaf nicht gestört wird, wenn der Wecker läutet«. Er will »ein Gerät zur Verfügung stellen, das diese Bedenken ausräumt«. »Beim Bau befestige ich einen leichten Rahmen so, dass er direkt über dem Kopf des Schlafenden hängt, wobei die Aufhänge-Schnur mit automatischen Auslösemechanismen verbunden ist, die den Rahmen zur richtigen Zeit auf den Kopf des Schlafenden fallen lassen.« Vermutlich konnte das Gewicht erhöht werden, sollte sich der Schlafende an das Wecksystem »gewöhnen«, vor allem weil Applegate gern »die Fallhöhe des Rahmens »A« begrenzen würde, damit die Stangen »a« und »b« nicht mit dem Gesicht des Schlafenden in Berührung kommen«.

Für den Auslösemechanismus gab es verschiedene Möglichkeiten. Der Stundenzeiger der Uhr konnte gegen die Platte »h« drücken oder man konnte einen Magneten einsetzen, wobei die Uhrzeiger den Stromkreis schlossen, oder auch eine Alarmanlage. Applegate hatte versucht, einige Probleme zu Ende zu denken. Zwischen der Schnur »B« und einem selbstzündenden Gasbrenner konnte eine Verbindung hergestellt werden, damit zur selben Zeit das Gaslicht entzündet wurde. Er hatte auch daran gedacht, wie man den Rahmen »A« zusammenlegen konnte, »um ihn für den Transport kompakter zu machen«. Nur um die Reaktion der Nachbarn auf den Einbau eines solchen Aufweckapparats hatte er sich keine Gedanken gemacht.

Der Hinweis auf den Einsatz des Apparats als Alarmanlage ist interessant, obwohl diese nur funktioniert hätte, wenn jemand im Bett lag. Viele Patente für Alarmanlagen waren äußerst vernünftig, wie etwa das Patent US 13157 aus dem Jahr 1855 von Ephraim Brown aus Lowell, Massachusetts, bei dessen Anlage sowohl eine Glocke läutete als auch eine Gaslampe entzündet wurde, falls eine gesicherte Tür aufging. Zu einer Zeit, als man zum Lichtanmachen noch ein Streichholz benötigte, war dies sehr von Nutzen. Viele Patente schlossen auch die Meldung an eine »Zentralstelle« ein, wenn es zu einem Einbruchsversuch kam, was wir ja gern für eine moderne Idee halten. Viele der damaligen Wecker waren rein auf den Nutzen abgestellt und unoriginell. Das Patent GB 6118/1885 von Hans und Jens Jensen aus London brachte eine ungewöhnliche Wendung. Ihr Vorschlag war, dass sich durch das Gewicht einer Person im Bett ein Schaltkreis schloss. Wenn der Stundenzeiger des Weckers die eingestellte Zeit erreichte, wurde der Weckton ausgelöst und stoppte erst dann, wenn der Schaltkreis wieder unterbrochen wurde: von der geweckten Person, die aus dem Bett stieg.

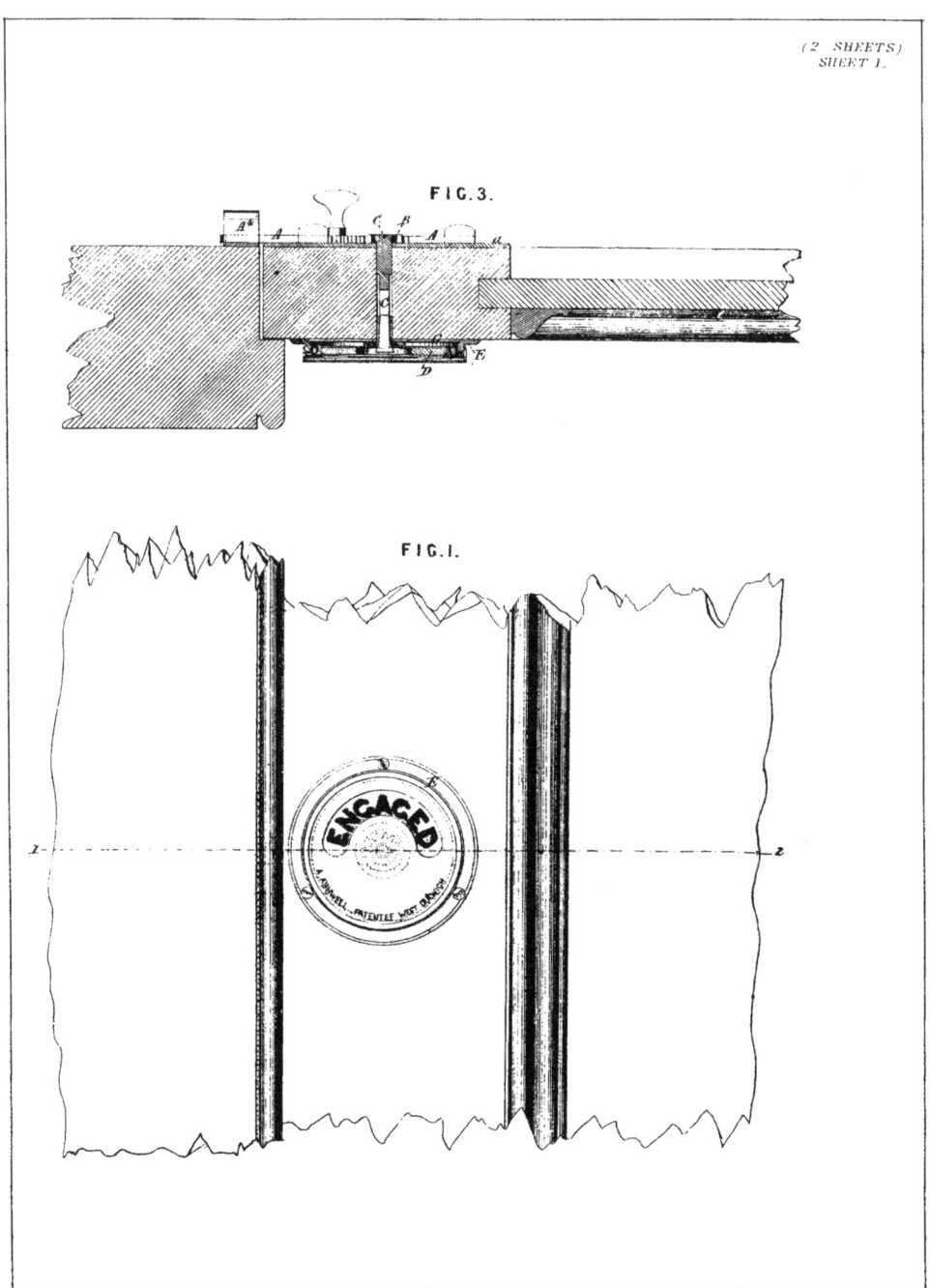

FIG. 3.

FIG. I.

Das Besetztzeichen für das WC

Arthur Ashwell, West Dulwich, Surrey, England
Angemeldet am 17. Februar 1882 und als GB 781/1882 veröffentlicht

Dies gilt als das erste benutzbare Patent für das »Besetzt«-Zeichen eines Raumes. »Die Erfindung eignet sich besonders für Sprechzimmer, Badezimmer, Wasserklosetts und Waschräume«, schrieb der stolze Patentinhaber direkt auf die Zeichnung, um seinen Anspruch zu begründen. Die Erfindung war einfach, aber wirkungsvoll und für öffentliche Toiletten gewiss auch sehr nützlich, wo sie vom kräftigen Zerren am Türgriff abhielt. Fig. 1 zeigt die Außenseite der Tür, Fig. 3 ist ein Querschnitt. Um eine Tür entsprechend herzurichten, musste man ein Loch für den Drehzapfen bohren. Die Klammer »A*« wurde am Türrahmen befestigt. Der Nutzer legte zum Versperren der Tür den Bolzen »A« um. Der Bolzen war gezahnt und lief auf einem Ritzel »B«. Das Ritzel war auf einem Zapfen »C« befestigt. Die Scheibe »D« wurde mit einer verglasten Haube »E« am äußeren Ende des Zapfens angebracht und verschraubt und war an der Stelle durchsichtig, wo beim Drehen des Hebels auf Porzellan das Wort »ENGAGED« zu lesen sein sollte.

Arthur Ashwell schrieb dazu: »Ich möchte anmerken, dass ich mir darüber im Klaren bin, dass Türschließanzeiger bereits mit einigem Erfolg entworfen und gebaut worden sind, doch meines Wissens bietet kein Modell die erforderlichen Anwendungsmöglichkeiten, da die Herstellungskosten, der Wunsch nach Verlässlichkeit oder die Notwendigkeit, in die Tür zu sägen, ihre Anwendung unter normalen Umständen verhindert.« Mit dem Patent GB 6928/1885 verbesserten Ashwell, ein »Gentleman«, und Chester Cross aus Herne Hill, Surrey, ein Apotheker, den Mechanismus. Sie vereinfachten die Konstruktion und machten sie »für grobe Anwendung weniger bruchanfällig«. Sie war auch leichter auf eine bestehende Tür zu montieren. Ritzel und Zapfen wurden nicht mehr aus einzelnen Tei-

len gefertigt, sondern bestanden aus einem Guss. Weitere Veränderungen folgten. Das Hauptproblem bestand darin, dass bei sorgloser Montage durch »Uneingeweihte« das Wort »ENGAGED« nicht richtig angezeigt wurde. »Es lockert sich oft, sodass manchmal nur das halbe Wort erscheint und wieder verschwindet, womit der Zweck der Anzeige verfehlt wird.«

Es gab weitere Erfindungen auf diesem Gebiet, die das britische Patentamt unter »Signalzeichen« der Kategorie »Anzeiger, ›Besetzt‹ und dergleichen« zuordnete, die auch Ärzte-Sprechzimmer und andere Anwendungsbereiche einschloss. Henry Taylor aus London, ein »Marinekünstler«, scheint in Großbritannien der Erste gewesen zu sein, der einen ähnlichen Mechanismus wie Ashwell patentierte (GB 1096/1865); er funktionierte viel umständlicher, weil sich die ganze Scheibe statt nur das Wort »ENGAGED« in die richtige Position drehte. Unter der Gattung »Signalzeichen« sind viele Methoden zur Signalerzeugung angeführt, die u. a. Ballons, Glocken, Farben, Flaggen, Blitzlichter, Nebelhörner, Heliografen, Luftdruck und Pyrotechnik einsetzen. Am faszinierendsten ist in einem Verzeichnis der einzige Eintrag unter »Berührung«, der sich als ziemlicher Schwindel entpuppt. George Quarrie aus dem Colonnade Hotel in Birmingham, Warwickshire, verfügte mit dem Patent 9920/1887 über ein Gerät zum Wecken von Hotelgästen. Der Gast drehte vom Zimmer aus eine Wählscheibe, um draußen anzuzeigen, zu welcher Zeit er von der »Dienerschaft« geweckt werden wollte. Quarrie deutet an, dass zum Wecken eine Glocke, eine Pfeife oder ein Telefon eingesetzt werden könne – oder »ein Mechanismus, der den Schlafenden durch Berührung weckt«. Er nannte seine Erfindung »Der frühe Ruf«.

L. D. & J. B. SMITH.
SAFETY APPARATUS FOR SEA BATHERS.

No. 262,843.　　　　　　　　　　Patented Aug. 15, 1882.

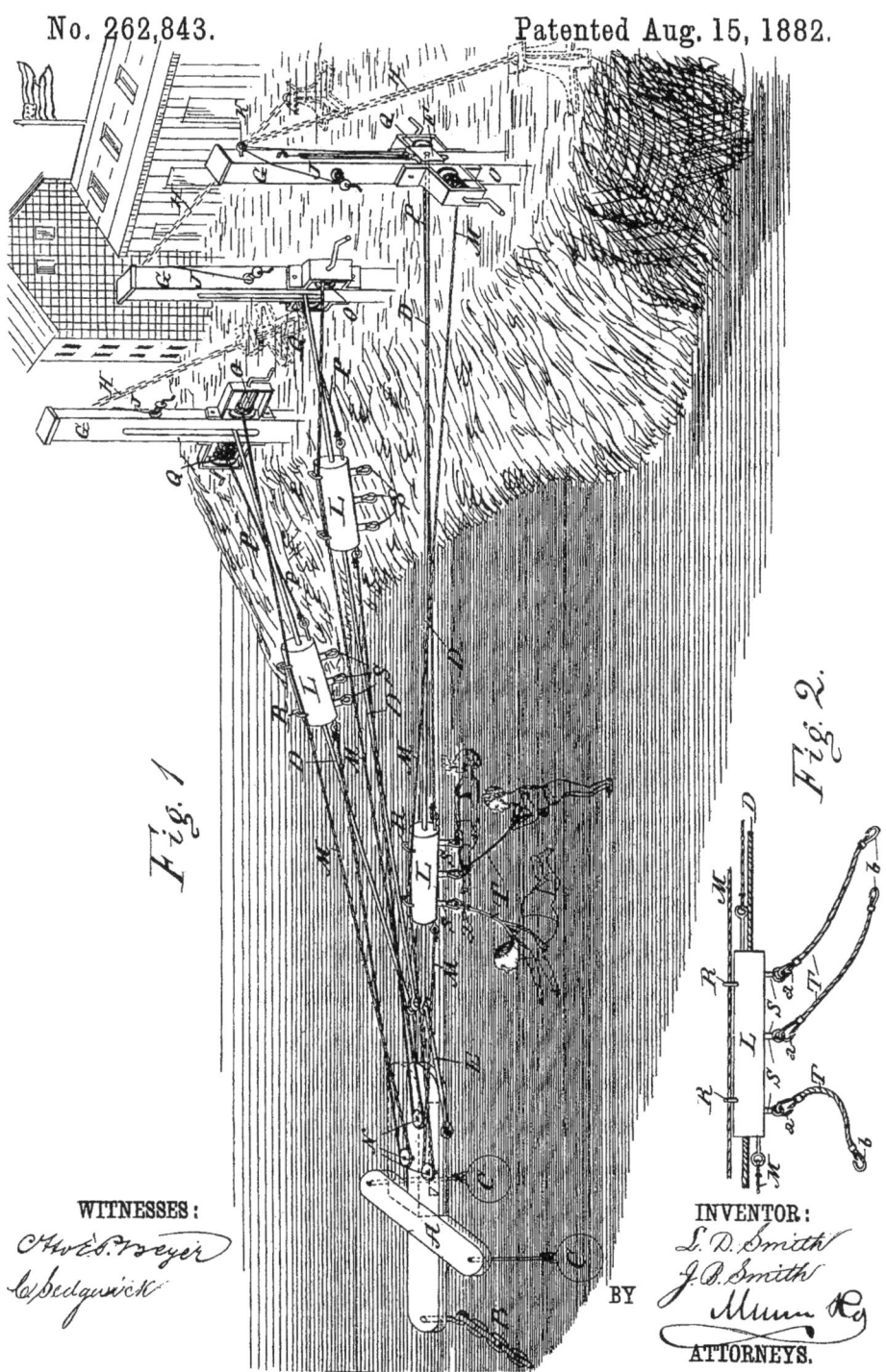

Fig. 1

Fig. 2

WITNESSES:

INVENTOR:

L. D. Smith
J. B. Smith

BY

ATTORNEYS.

DER SICHERHEITSAPPARAT FÜR BADENDE IM MEER

Lorenzo Dow Smith aus Baldwin und John Bruster Smith aus Patchogue, New York
Angemeldet am 19. April 1882 und als US 262843 veröffentlicht

Diese entzückende Erfindung wurde entwickelt, »um über einen neuen und verbesserten Apparat zu verfügen, der Badende im Meer davor bewahrt, zu ertrinken oder von Wellen, der Flut oder einem Sog hinausgetragen zu werden«. Das Gestell »A«, das vorzugsweise die Form eines Kreuzes hatte, war an einem Anker befestigt, der mit einer Kette »B« verbunden war. Um das Gestell »A« stabil zu halten, hing an jedem seiner Arme ein Ausgleichsgewicht »C«. An den Seilen konnten »Träger« »L« entlanggleiten. Jeder Apparat war für drei Badende ausgelegt. Durch Aufrollen des Seils »P« mit der Winde »Q« wurde der Träger an Land gezogen. »Die Seile ›T‹ werden im Gürtel des Badeanzugs eingehakt (...) Die Seile ›T‹ müssen ausreichend lang sein, damit die Badenden genügend Bewegungsfreiheit haben (...) Falls dem Badenden etwas zustößt, kann er sich am Seil ›D‹ über Wasser halten. Wenn er an Land kommen möchte, kann der Träger ›L‹ jederzeit zum Ufer gezogen werden; oder der Badende kann sich davon freimachen und zum Ufer schwimmen oder waten.« Genauso gut könnten die Schwimmer sich an den Seilen erdrosseln oder am Seil gesichert untergehen.

Eine ungewöhnliche Methode schlug 1864 Louis Dusens aus Paris mit dem Patent US 45368 vor. Der Badende lag in einem schwimmenden Seilgeflecht von der Größe und Form einer Badewanne. Dieses war über eine Endloskette mit dem Ufer verbunden. Mit den Füßen drückte der Badende gegen einen Mechanismus, der eine Schiffsschraube antrieb, sodass er je nach Stellung der Füße entweder weiter hinaus- oder zurück an Land schwamm. Der Badende konnte sich nur in einem engen Bereich bewegen und schwamm daher eigentlich nicht. Eine Variante des Patents sah ein Segel in einem schwanähnlichen Boot vor. Das war der »neue und nützliche, an tiefes Wasser angepasste Badeapparat« von Dusens. Ältere Badeapparate, die es erlaubten, sich umzuziehen und dann direkt ins Wasser zu steigen (vielleicht immer noch mit dem Apparat verbunden), scheinen nicht patentiert worden zu sein. Eine andere Erfindung mit Schiffsschraube wurde von Josef Tichy aus Wien patentiert (GB 11093/1895). Er schlug ein »Schwimmgerät oder Wasserveloziped« vor. Der Schwimmer lag auf einem Schwimmkissen, unter das eine handgetriebe Schraube montiert war, während die Beine frei waren.

Nur wenige Badeanzüge scheinen patentiert worden zu sein. Einer der wenigen stammte von Ozias Morse aus Concord, Massachusetts, mit dem Patent US 87107 von 1869. In der Zeichnung gleicht er einem abenteuerlichen Opernkostüm. Er bestand aus Pantalons und einem ärmellosen Hemd mit Knöpfen an der kunstvoll gestalteten Vorderseite. Der Anzug war aus einem Stück, »um den Träger zu schützen«. Morse merkte an, dass er die Probleme gewöhnlicher Badeanzüge umgehe. »Das Wasser sammelt sich in den Falten, wenn Ober- und Unterteil der Kleidung an der Taille zusammengebunden werden. Größere Mengen an Material werden benötigt und eingesetzt. Die Belastung ist unterschiedlich groß und schränkt durch Verschnürungen die Bewegungsfreiheit des Trägers ein etc.« Daher war Morses »kompakter und billiger« Anzug zum Hineinschlüpfen und Zuknöpfen. Der untere Teil glich einer Unterhose, und Morse wies darauf hin, dass man auf das Gummiband um die Hüfte auch verzichten konnte. Er erwähnte die Möglichkeit, die Knopfleiste am Rücken anzubringen, »doch ich erachte die Öffnung von vorn als am praktischsten« – dem wohl die meisten ohne Schwierigkeit zustimmen.

H. S. MAXIM.
MACHINE GUN.

No. 317,161.

Patented May 5, 1885.

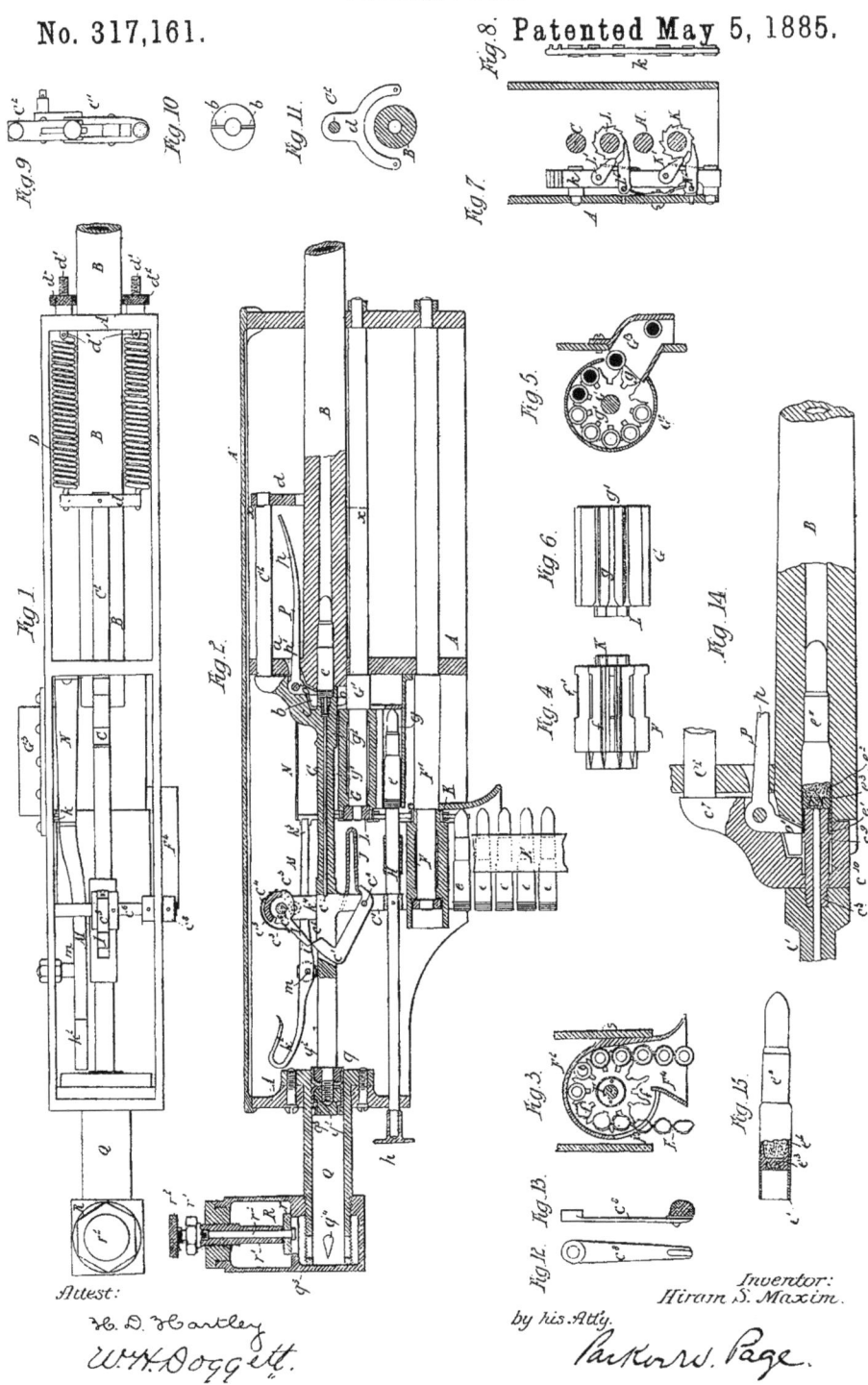

Attest:

H. D. Hartley
W. H. Doggett.

Inventor:
Hiram S. Maxim.

by his Atty.

Parker & Page.

DAS AUTOMATISCHE MASCHINENGEWEHR

Hiram Stevens Maxim, London, England

Angemeldet am 16. Juli 1883 und als GB 3493/1883 und US 317161 veröffentlicht

Hiram Stevens Maxim wurde 1840 bei Sangerville in Maine als Sohn eines Farmers, Drechslers und Mühlenbauers geboren, der sich für automatische Gewehre und Flugapparate interessierte. Maxim hatte kaum Schulbildung und wurde schließlich Mechaniker bei seinem Onkel in Fitchburg, Massachusetts. Sein erstes Patent US 57354 von 1866 erhielt er für einen Lockenwicklerstab. 1870 zog er nach New York und begann mit Gaslicht und Motoren zu arbeiten. 1878 wurde er als Konkurrent von Thomas Edison Chefingenieur der »United States Electric Lighting Company«. Er erfand eine Methode, die Kohlenstoffschichten auf Glühfäden gleichmäßig zu verteilen, indem er sie in einer Kohlenwasserstoff-Atmosphäre aufleuchten ließ, eine wichtige Idee, doch die Patentrechte verlor er.

1881 schickte ihn seine Firma nach Paris zu einer Ausstellung. Jemand sagte ihm: »Wenn Sie viel Geld machen wollen, erfinden Sie etwas, das diese Europäer dazu bringt, sich noch schneller umzubringen.« Er begann über ein verbessertes Maschinengewehr nachzudenken. Es hatte bereits mehrere Versuche zur Verwirklichung von automatischem Gewehrfeuer gegeben, etwa Richard Jordan Gatlings Patent US 36836 von 1862 oder die spätere französische Mitrailleuse und das schwedische »Nordenfeldt«-Gewehr, alles handbetriebene Gewehre mit Mehrfachläufen und intern geladener Munition. Maxim blieb zunächst in Frankreich, zog dann 1883 nach England und konstruierte in Hatton Garden in London das erste automatische Maschinengewehr, das erstmals den Rückstoß dazu benutzte die verbrauchten Patronen auszuwerfen und neue Munition zu laden. Es war wassergekühlt und wurde aus Munitionsgürteln nachgeladen. Das amerikanische Kriegs- und das Marineministerium waren nicht interessiert, die britische Armee führte es 1889 ein, gefolgt von mehreren europäischen Ländern im Jahr darauf. Die Briten setzten es erstmals im Matabele-Krieg von 1893 im heutigen Simbabwe ein.

In Erith, Kent, wurde eine Fabrik errichtet. 1888 fusionierte die neue »Maxim Machine Gun Company« mit »Nordenfeldt« und 1896 mit »Vickers«. Im Ersten Weltkrieg verwendeten beide Seiten Modelle, die Maxims Maschinengewehr ähnlich waren, womit sie den Vorschlag seines Freundes erfüllten. Auf Anregung von Lord Wolseley erfand Maxim mit dem Patent GB 16213/1888 auch die ersten rauchlosen Patronen, die keinen erstickenden Qualm mehr produzierten, sodass die Schützen ihr Ziel sehen konnten. Wolseley schlug Maxim auch vor, das Maschinengewehr unterschiedlichen Zwecken anzupassen.

Nach dem Motto »Wenn eine Hausgans fliegen kann, können es auch Menschen« baute Maxim zwischen 1889 und 1894 ein dampfgetriebenes Flugzeug, das bei seiner Erprobung in Bexley, Kent, tatsächlich für ein paar Sekunden abhob, ehe es aufschlug. Es war viel zu schwer und für einen kontrollierten Flug hatte niemand Vorkehrung getroffen. Maxim sagte richtig voraus, dass zum Fliegen ein Verbrennungsmotor nötig sei, versuchte jedoch selbst nicht, einen zu bauen. Sein Sohn nannte ihn einen grausamen Exzentriker. Maxim selbst hielt sich für einen »chronischen Erfinder«. Er war eitel, eifersüchtig auf Edison und seinen eigenen Bruder Hudson (auch ein Erfinder) und hasste Anwälte und Arbeiterführer. Er war außerdem vielseitig und erfand sogar ein Inhalationsgerät gegen Bronchitis (nach einem eigenen schweren Anfall). Als Mensch war er charmant. Maxim wurde 1900 britischer Staatsbürger, 1901 geadelt und starb 1916 in Streatham, Surrey, mit über 100 Patenten auf seinen Namen.

L. E. WATERMAN.
FOUNTAIN PEN.

No. 293,545.   Patented Feb. 12, 1884.

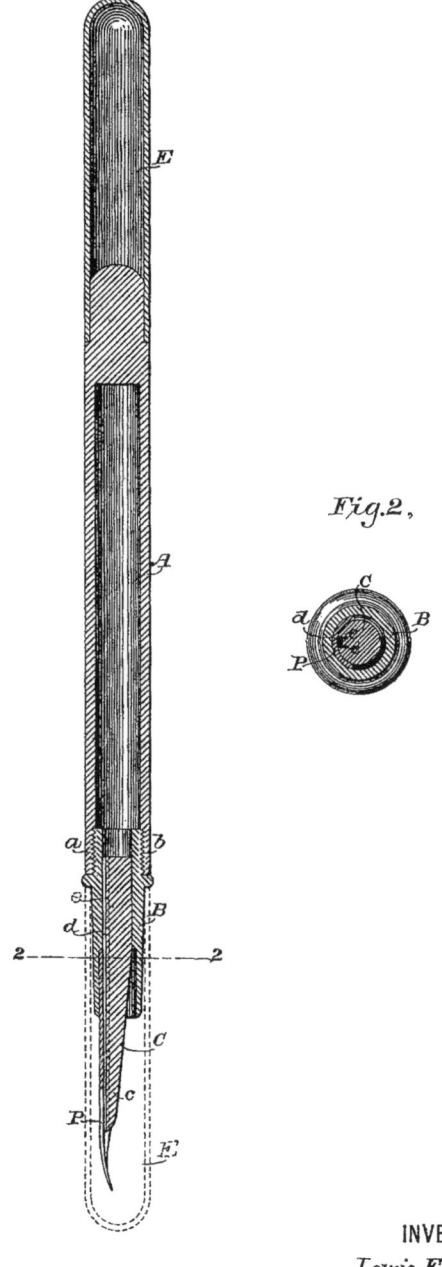

Fig.1,

Fig.2,

WITNESSES

Wm. A. Skinkle.

Jos. S. Latimer.

INVENTOR
Lewis E. Waterman

By his   Attorneys

Pope Edgecomb & Butler.

DER FÜLLFEDERHALTER

Lewis Edson Waterman, New York
Angemeldet am 19. September 1883 und als US 293545 und GB 3125/1884 veröffentlicht

Lewis Edson Waterman wurde 1837 in Decatur, Otsego County, als Sohn eines Wagenbauers geboren. Eine Zeitlang unterrichtete er oder verkaufte Bücher, ehe er ab 1862 Lebensversicherungen verkaufte und ab 1870 meistens auf Reisen war. Eines Tages entschloss er sich einen Kunden bei einer Vertragsunterzeichnung mit einem neuen Füllfederhalter zu beeindrucken. Ähnliche Stifte waren seit langem bekannt; sie mussten immer wieder in ein Tintenfass getaucht werden, das der Schreiber stets mit sich herumtrug. Das neue Modell versprach, eine ausreichende Menge im Füllhalter selbst zu speichern. Der Kunde versuchte zu unterschreiben, aber es kam keine Tinte. Schließlich blieb auf dem Vertrag nur ein großer Klecks zurück und bis Waterman einen neuen Vertrag geholt hatte, war ihm ein anderer Verkäufer zuvorgekommen.

Waterman erkannte das Problem. Der Luftdruck an der Stelle, an der die Tinte zu fließen begann, war anders als an der Stelle, an der sie austrat: Luftblasen konnten entstehen. Seine Lösung war einfach und elegant. Ein Stück Hartgummi »B« wurde in das offene Ende des Füllhalters eingefügt. Es war so geformt, dass es in den eingeschraubten Tank im Innern des Füllhalters passte. Drei winzige Spalten ließen die Tinte mit Hilfe der Schwerkraft und Kapillarwirkung hinunterfließen. Zugleich konnte Luft durch die anderen Spalten nach oben gelangen, sodass sich der Druck wieder ausglich. Die Stahlfeder »P« war durch eine Kappe »E« geschützt. Durch Druck auf die Feder beim Schreiben erweiterte sich der dünne Spalt zwischen den Federhälften, sodass die Tinte herausfließen konnte, die daher im Strich variierte. Das Auffüllen erfolgte mit Hilfe eines Tropfglases. Jahre vergingen, bis das System perfektioniert war.

Waterman entschloss sich zur Herstellung von Füllfederhaltern, brauchte aber Kapital.

Asa Shipman, ein Schreibwaren-Großhändler, lieh ihm, gesichert durch das Patent, $ 5000. Waterman eröffnete ein Geschäft auf dem Broadway, stellte nachts die Füllhalter her und verkaufte sie tagsüber. Der Verkauf lief nicht gut und er konnte das Geld nicht zurückzahlen. Shipman erhob Anspruch auf das Patent und begann, ein eigenes auszuarbeiten. Er verklagte Waterman wegen Verletzung des Patents, das er inzwischen selbst besaß. Waterman verlor und musste Lizenzen auf seine eigene Erfindung bezahlen. Etwa zur selben Zeit kam E. T. Howard, ein Werbevertreter, auf Waterman zu und bot ihm Anzeigen in der neuen Illustrierten *Review of Reviews* an. Waterman fehlte das Geld, doch Howard schlug vor, es ihm zu leihen, und erklärte sich bereit, das Geld nur zurückzufordern, wenn sich der Verkauf entsprechend steigerte. Das war der Fall und von da an wurden große Anzeigen in Zeitungen und Illustrierten geschaltet. Die Füllhalter waren schön graviert, ganz wie es die reichen Kunden erwarteten.

Die Firma florierte, blieb jedoch bis zur Pariser Weltausstellung im Jahr 1900 auf den amerikanischen Markt beschränkt. Frank Waterman, der Neffe von Lewis, fuhr hin, um den Füllhalter auszustellen. Er wurde dafür mit einer Goldmedaille ausgezeichnet und L. G. Sloan aus London kaufte die europäischen Rechte. Lewis Waterman starb 1901 in Brooklyn, als jährlich 350000 Stück ab jeweils $ 2 verkauft wurden. Eine Klammer, die 1905 hinzugefügt wurde, um den Füllhalter leicht in die Westentasche stecken zu können, kostete weitere 25 Cent pro Stück; dennoch stieg der Verkauf. David Lloyd George, der britische Premierminister, unterzeichnete 1919 den Vertrag von Versailles mit einem Waterman-Füllfederhalter. In den 1930er Jahren führte die Firma Tintenpatronen ein, die das Tintenfass unnötig machten.

O. MERGENTHALER.
MATRIX MAKING MACHINE.

No. 304,272.

Patented Aug. 26, 1884.

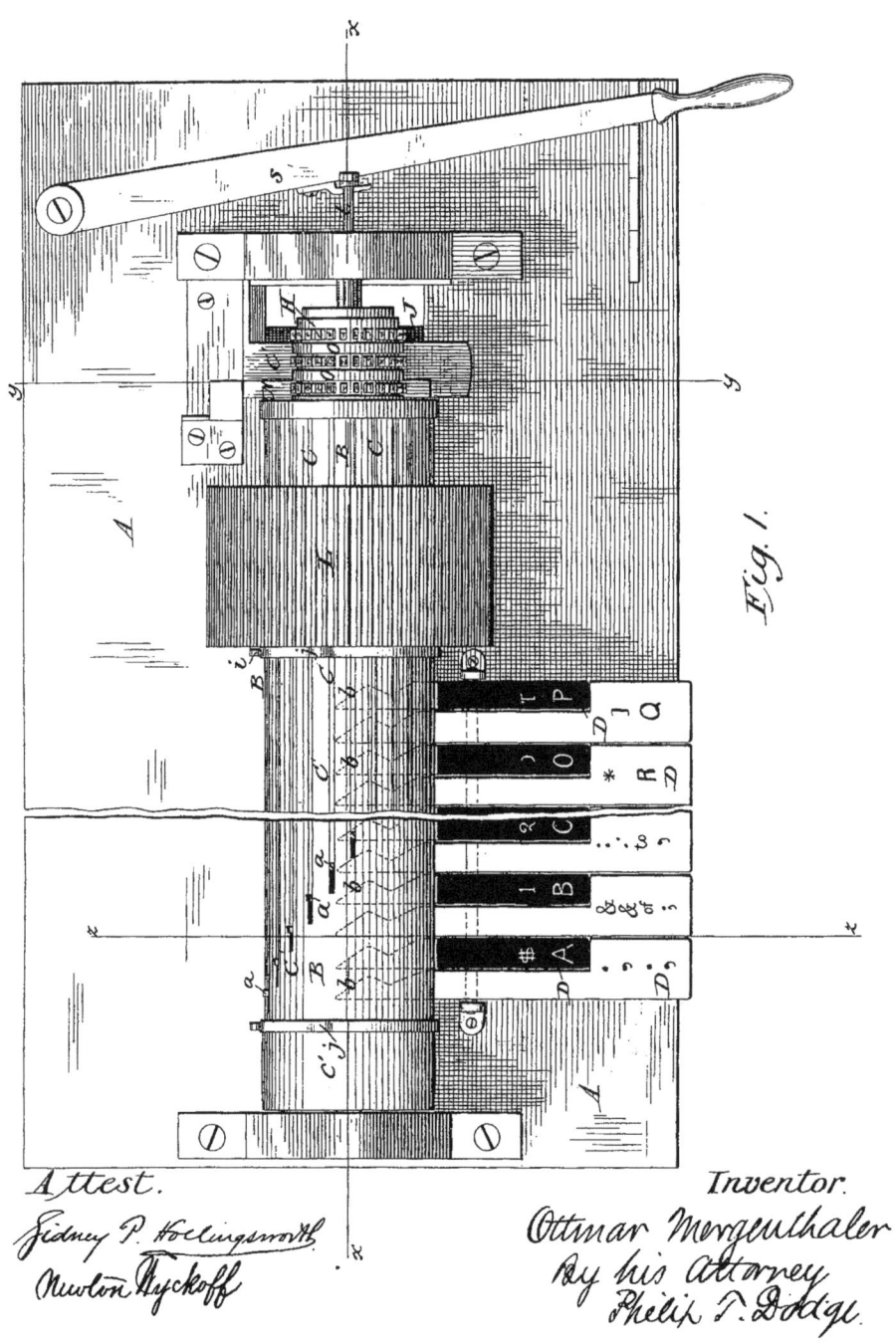

Fig. 1.

Attest.

Sidney P. Hollingsworth

Newton Wyckoff

Inventor.

Ottmar Mergenthaler

By his attorney

Phelix T. Dodge.

Die Linotype®

Ottmar Mergenthaler, Baltimore, Maryland
Angemeldet am 23. März 1884 und als US 304272 und GB 11670/1884 veröffentlicht

Der Buchdruck hatte sich seit der Zeit Gutenbergs bis zur Erfindung der Linotype® wenig verändert. Die Drucker verfügten über Massen von Typenmaterial mit verschiedenen (und vielen gleichen) Lettern für jede Punkt-Größe, jede Schriftart und jeden Großbuchstaben. Die Typen wurden in einem »Winkelhaken« zusammengestellt und dann mit »Durchschuss« aus hölzernen Schließkeilen im Rahmen oder »Satzschiff« justiert oder »ausgeschlossen«. Der Satz wurde eingefärbt, ein Blatt Papier darüber gelegt und dann die Druckpresse mit Hilfe eines Gewindes herabgedrückt. Es war eine aufwendige und mühsame Arbeit und verlangte große Investitionen für die Drucktypen. Alle für ein Buch verwendeten Typen mussten zudem für den Fall eines Nachdrucks auf Lager gehalten werden, oder man hätte das ganze Buch neu setzen müssen. Zeitungen wurden seit Jahrzehnten auf schnellen Zylinderpressen gedruckt, doch das Setzen hielt immer noch auf.

Ottmar Mergenthaler wurde 1854 im württembergischen Hachtel als Sohn eines Lehrers geboren. Mit 14 ging er zu einem Uhrmacher in die Lehre, einem Vetter namens Hahl. Um der Einberufung in die Armee zu entgehen, ging er 1872 in die USA, wo er in eine Maschinenfabrik eintrat, die Signaleinrichtungen produzierte. Ihr Leiter war August Hahl, Sohn seines früheren Arbeitgebers. 1876 bat Charles Moore, ein Erfinder, um Hilfe bei der Verbesserung einer Steindruck-Maschine (Lithographie), die für den offiziellen Senatsberichterstatter James Clephane erfunden worden war, der sich sehr dafür einsetzte, Reden schneller zu veröffentlichen. Mergenthaler versuchte die Maschine zu verbessern, gab seine Ideen aber bald als undurchführbar auf. Stattdessen arbeitete er an einer Maschine, die Buchstaben in Pappmaschee presste, um in diesen Formen Typen zu gießen. Aber auch dieses Projekt gab er wieder auf, weil das Pappmaschee teilweise am Metall hängen blieb.

Auf einer Zugreise nach Washington dachte Mergenthaler dann über eine Maschine nach, mit der man das Gießen und Setzen der Typen verbinden könnte: Man gab die Buchstaben über eine Tastatur ein und stellte entsprechende Matrizen in Reihen zusammen. Wenn das Metall durchgehärtet war, wurde es zum Drucken in ein Setzschiff gegeben, während die Matrizen mit Hilfe einer Treibriemenkonstruktion immer wieder automatisch in das richtige Fach abgelegt wurden. Die nächste Zeile wurde dann genauso zusammengestellt. Die Patentzeichnung zeigt nur einen kleinen Teil dessen, was mit einem Klavier verglichen wurde. Es ist der Blick von oben auf das Mittelstück mit Tastatur und Zylinder. Die Maschine wurde zum ersten Mal am 3. Juli 1886 von der *New York Tribune* eingesetzt. Der Herausgeber und Eigentümer Whitelaw Reid jubilierte: »Ottmar, du hast es geschafft! Du hast eine Letternreihe (»line of type«) gegossen!« – womit zugleich das Warenzeichen für das Produkt gefunden war.

Zahllose Verbesserungen wurden in den nächsten Jahren patentiert und die Maschinen anfänglich meist an Zeitungen verkauft. Ein Konsortium, das hauptsächlich aus Zeitungsverlegern bestand, kaufte den überwiegenden Kapitalanteil an Mergenthalers neuer Firma. 1888 wurde er nach einer internen Auseinandersetzung ganz hinausgedrängt. Mergenthaler arbeitete weiter an Verbesserungen, die er dann dem Konsortium verkaufte. In seiner Autobiografie sah er »den Fehler seines Lebens« darin, dass er sich darauf eingelassen hatte, $50 Tantiemen pro Maschine statt der früheren 10% zu verlagen – 1890 kostete eine Linotype® $1200. In den letzten fünf Jahren seines Lebens kämpfte Mergenthaler mit Tuberkulose, ehe er 1899 in Baltimore starb.

(No Model.)

5 Sheets—Sheet 1.

C. A. PARSONS.

ROTARY MOTOR.

No. 328,710. Patented Oct. 20, 1885.

Fig. 1.

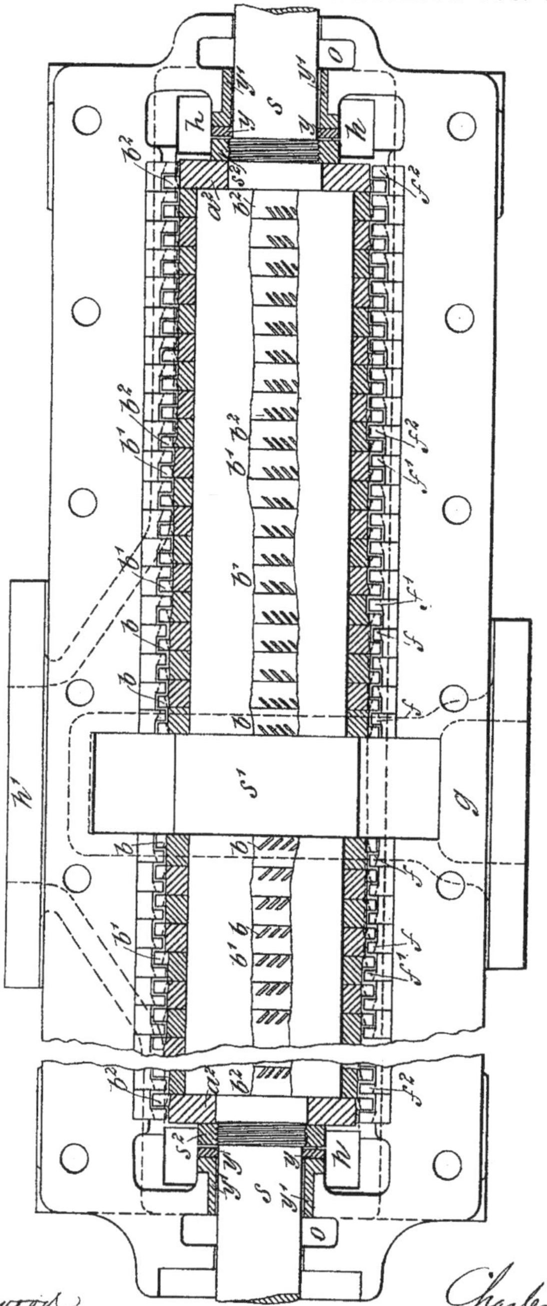

Witnesses
J. H. Blackwood
F. T. Chapman

Inventor,
Charles A. Parsons
by W. H. Doolittle
Attorney

DIE DAMPFTURBINE

Charles Algernon Parsons, Gateshead, Durham, England
Angemeldet am 23. April 1884 und als GB 6735/1884 und US 328710 veröffentlicht

Charles Algernon Parsons wurde 1854 als Sohn des dritten Earl of Rosse, eines bekannten Amateurastronomen, in London geboren. Nach dem Studium der Mathematik verbrachte er viel Zeit mit der Untersuchung der Frage, wie mit Turbinen Energie zu gewinnen sei. Dazu gehört die Umwandlung eines Flüssigkeitsstroms in mechanische Energie, indem dieser durch fächerartige Schaufeln geführt wird, ähnlich wie bei einer Windmühle. Der schwedische Erfinder Gustav de Laval hatte die Idee einer »Impuls«-Turbine, bei der ein schneller, stehender Wasserstrahl auf einen Rotor mit Schaufeln gelenkt wurde. Doch das Material hielt den starken Zentrifugalkräften nicht stand. Um eine zu hohe Belastung zu vermeiden, war eine Abfolge von Rotoren nötig, die nacheinander den Strom beschleunigten. Kleine starke Schaufeln sollten den Anfangsstrom dämpfen, dann folgten größere, empfindlichere Schaufeln. Der Dampf sollte sich beim Antreiben der Schaufeln ausdehnen, um auch Druck und Temperatur zu vermindern. Jeder folgende Schaufelsatz war entsprechend konstruiert, um so das Maximum an Wärmeenergie umzuwandeln.

1877 trat Parsons in die »Armstrong Works« in Newcastle-upon-Tyne, Northumberland, als technischer Auszubildender unter der Bezeichnung »premium« ein und war damit zur Führungskraft bestimmt, was für jemanden seiner Herkunft sehr ungewöhnlich war. Er forschte an seiner »epizykloiden« Maschine und raketengetriebenen Torpedos; später wurde er ein Juniorpartner von »Clarke Chapman & Co.« in Gateshead. Er entwarf eine Turbine mit einer Nenndauerleistung von 4 kW. Das hier abgebildete Schema stammt aus dem amerikanischen Patent. Es umfasst 15 Stufen zur Entspannung des Dampfes, der durch Schaufelsätze strömt, die auf einer einzelnen Achse montiert sind. Die

früheren Turbinen-Patente verkaufte er an Geschäftsteilhaber, kaufte sie 1894 aber zurück. Bis 1892 konnte er bereits 100 kW Leistung erzeugen; 1894 baute er ein Versuchsschiff, die »Turbinia«. Es war 30 m lang und 2,7 m breit und fuhr 60 km/h, viel schneller als jedes Schiff zu seiner Zeit. Dazu waren drei Rotoren miteinander verbunden. Parsons hatte bei einer so fortschrittlichen Technik mit vielen Problemen zu kämpfen, einschließlich der Kavitation, wenn sich Unterdruck hinter den Schrauben bildet.

Um Aufmerksamkeit zu erlangen, nahm die »Turbinia« am 26. Juni 1897 ungebeten an der Flottenparade zu Königin Viktorias diamantenem Kronjubiläum vor der Isle of Wight teil. Der Prince of Wales repräsentierte die Königin, zahlreiche britische und ausländische Würdenträger waren anwesend. Zu den ersten Takten von »God save the Queen« rauschte Parsons mit hoher Geschwindigkeit kühn zwischen zwei Reihen großer Schiffe hindurch. Küstenwachboote waren nicht in der Lage, die »Turbinia« einzuholen, eines sank fast in ihrem Kielwasser. Die Anwesenheit des schnellsten Schiffes der Welt war nicht zu übersehen. Charles Parsons hatte sein Ziel erreicht, nicht nur vor den Augen der Admiralität, die bereits Interesse an seiner Arbeit bekundet hatte, sondern auch vor den Augen ausländischer Marine-Vertreter. 1897 beantragte Parsons eine zusätzliche Patentlaufzeit, um seine Erfindung noch besser verwerten zu können. Der Kronrat entschied zu seinen Gunsten. 1899 ließ die Royal Navy zwei Schiffe mit den neuen Turbinen vom Stapel. Nach vielen weiteren Erfindungen, darunter ein Hubschrauber, wurde Parsons 1911 geadelt. Er starb 1931 in Kingston, Jamaika, während einer Kreuzfahrt. Das Prinzip wird weiter viel verwendet, zur Stromerzeugung wie auch in der Schiff- und Luftfahrt.

H. HOLLERITH.
ART OF COMPILING STATISTICS.

No. 395,781.   Patented Jan. 8, 1889.

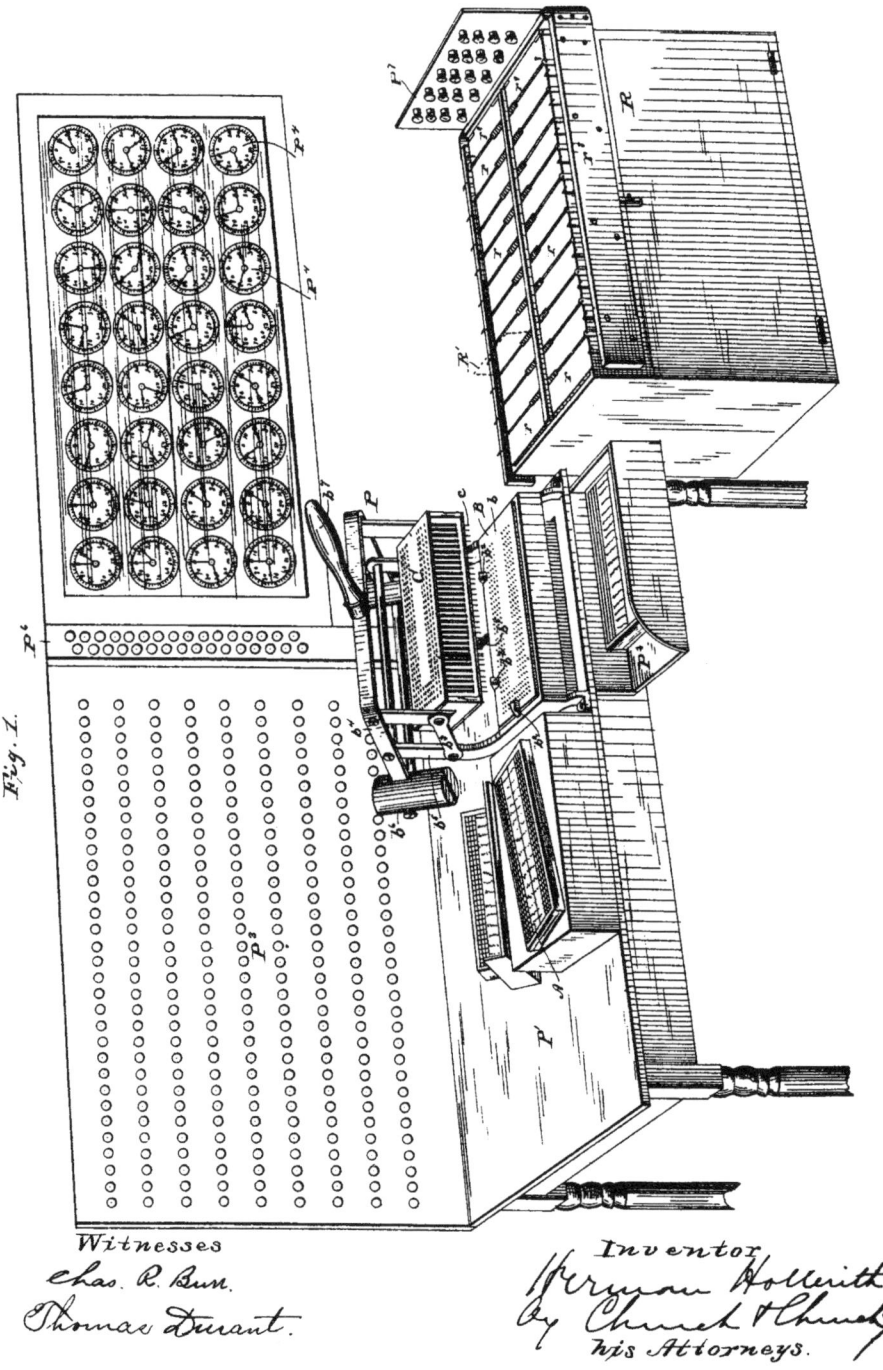

Witnesses
Chas. R. Burr.
Thomas Durant.

Inventor
Herman Hollerith
By Church & Church
his Attorneys.

DIE LOCHKARTEN-AUSZÄHLUNG

Herman Hollerith, New York City, New York

Angemeldet am 23. September 1884 und als US 395781-783 und GB 327/1889 veröffentlicht

Herman Hollerith wurde 1860 in Buffalo im Staat New York als Sohn deutscher Einwanderer geboren. Mit einer Ausbildung als Maschinenbauingenieur trat er 1879 dem Volkszählungsamt bei. Die Volkszählung war nach der Verfassung vorgesehen und seit 1790 alle zehn Jahre durchgeführt worden. Der Bevölkerungszuwachs und mehr und mehr Fragen zu Entscheidungsprozessen der Regierungspolitik bedeuteten, dass Hunderte von Beamten die Unterlagen auszählen mussten, wobei sich unzählige Fehler einschlichen. Jeder Versuch, Daten miteinander zu kombinieren, wie etwa im Fall von Kentucky die Frage nach dort geborenen Frauen, die lesen und schreiben konnten, bedeutete viel Arbeit bei der Durchsicht der Unterlagen. Einige Daten aus der Volkszählung von 1880 kamen erst 1888 heraus, als sie bereits viel von ihrer Brauchbarkeit verloren hatten. Charles Seaton, der Leiter des Amtes, hatte 1872 mit seinem Patent US 127435 einen Versuch zur Lösung des Problems unternommen, bei dem mit Hilfe eines Kastens mit Walzen auf der Ober- und Unterseite Papier eingezogen werden konnte, sodass beim Aufstapeln des Papiers zur leichteren Zählung auf der Oberseite immer dieselben Datenreihen erschienen.

Die hier gezeigte Erfindung geht zurück auf den Arzt John Shaw Billings, der mit Hollerith an Gesundheitsstatistiken arbeitete und der, als sie Hunderte von Beamten sich beim Zusammentragen der Daten abmühen sahen, sagte: »Es muss einen mechanischen Weg zur Erledigung dieser Arbeit geben, etwas nach dem Prinzip der Jacquardmaschine, bei der Löcher in einer Karte die Webmuster bestimmen.« Dies war ein Verweis auf das Patent FR 658 aus dem Jahr 1805 von Joseph-Marie Jacquard aus Lyon. Nach einer anderen Anekdote soll Hollerith Bahnsteigschaffner beim Lochen von Fahrkarten beobachtet haben.

Die Zeichnung auf der gegenüberliegenden Seite zeigt das allgemeine Konzept. Eine einzelne Form enthielt zahlreiche Felder und wurde gelocht, um anzuzeigen, welche Felder, sprich Kategorien, für die betreffende Person gültig waren, etwa weiblich, zwischen 40 und 50 Jahre alt und so weiter. Auf dem Tisch befindet sich eine Ablage mit einer solchen Form »A«. Der flache Tiegel »B« hält die Form, wobei »P« die Nadeln »C« hinunterdrückt, die so konstruiert waren, dass sie nur durch die Löcher in den Karten passten. Die Maschine wurde an Strom angeschlossen und die Zifferblätter an der Wand wurden für jedes relevante Feld eingestellt. Auf diese Weise konnten Sachverhalte über Menschen in einem besonderen Bezirk oder über Gruppen von Menschen gewonnen werden. Das Ein- und Ausschalten von Strom ist auch das Prinzip, nach dem Computer funktionieren.

Die Patente wurden erst 1889 veröffentlicht und es wurden weitere Verbesserungen vorgenommen. Bei einer Prüfung des Systems in Baltimore merkte Hollerith, wie anstrengend es war, 12000 Karten zu lochen; er hatte zeitweise kein Gefühl mehr in der Hand. Er verbesserte das Lochgerät, sodass es nur noch wenig Druck erforderte. Seine Maschine kam in der Volkszählung von 1890 zum Einsatz und von ursprünglich 500 täglich ausgewerteten Karten wurden für einen durchschnittlichen Operator 8000 normal. Die Idee wurde später in Europa überall übernommen. Hollerith patentierte in den 1880er Jahren (ohne Erfolg) auch eine Reihe von Eisenbahnbremsen, als er in St. Louis, Missouri, lebte und dort eine Zeit lang Ingenieurswesen am »MIT« lehrte. 1896 gründet er die »Tabulating Machine Company«, aus der über Fusionen 1924 die Firma »International Business Machines« (IBM) hervorging. Herman Hollerith starb im selben Jahr in Washington.

(No Model.) 3 Sheets—Sheet 1.

A. LE PRINCE.

METHOD OF AND APPARATUS FOR PRODUCING ANIMATED PICTURES OF NATURAL SCENERY AND LIFE.

No. 376,247. **Patented Jan. 10, 1888.**

Fig. I.

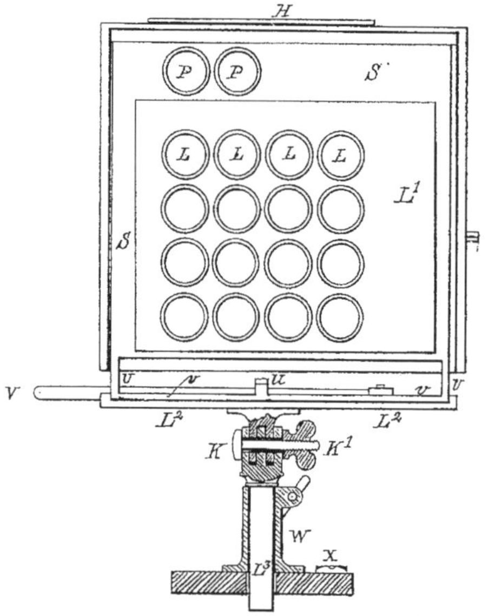

Fig. 2. *Fig. 2A.*

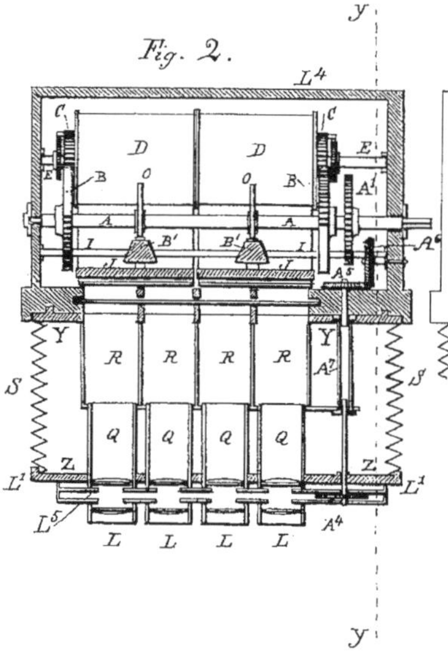

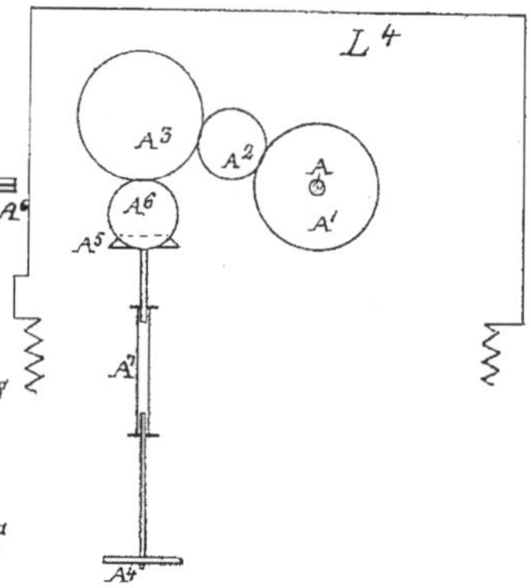

WITNESSES:

[illegible]

C. Sedgwick

INVENTOR:

A. Le Prince

BY Munn & Co

ATTORNEYS.

DER FILMAPPARAT

Augustin Le Prince, New York City, New York
Angemeldet am 2. November 1886 und als US 376247 und GB 423/1888 veröffentlicht

Die Frage nach dem Erfinder des Filmapparats ist kontrovers. Gewiss wurde er von Thomas Edison verbessert und populär gemacht, aber die Anerkennung für die Erfindung als praktikables Gerät gebührt dem Franzosen Augustin Le Prince. Die Idee ist eigentlich eine Erweiterung der Fotografie, indem eine Vielzahl von Bildern schnell hintereinander gezeigt wird, um so dem Auge Bewegung vorzugaukeln, ganz wie beim Daumenkino.

Le Prince wurde 1842 im französischen Metz geboren. Ab 1875 begann er sich für bewegliche Bilder zu interessieren. 1881 übersiedelte er nach New York und führte dort seine Arbeit fort. Die Zeichnungen seines Patents zeigen in Fig. 1 eine Kamera mit 16 Linsen und in Fig. 2 einen Blick von oben auf die Mechanik hinter den Linsen. Viele Filmhistoriker übergehen seine Arbeit, weil Le Prince an die 16 Linsen geglaubt habe. Das amerikanische Patent zählt nur sechs »Monopol-Ansprüche« von ihm, das britische 11. Der Grund war, dass das amerikanische Patentamt erklärte, man würde alle Verweise auf den Gebrauch einer einzelnen, »einäugigen« Linse streichen, da eine solche bereits Henry Du Mont mit dem Patent GB 1457/1861 angemeldet habe, das sich aber nicht auf einen Filmapparat bezog. Die Patentanwälte von Le Prince erzählten ihm davon erst, als es zu spät war, und so erfolgten die Streichungen unwidersprochen. Sein britisches Patent enthält keine Hinweise auf eine einäugige Kamera oder einen Projektor. Seine Tochter erinnerte sich an den Einsatz einer einäugigen Kamera, ehe sie 1887 nach England übersiedelten. 1931 gab ein Holzarbeiter aus Leeds eine eidesstattliche Erklärung ab, dass er 1888 Le Prince dabei geholfen habe, eine einäugige Kamera herzustellen, deren Bauweise er beschrieb.

Vor allem aber gibt es Filmfragmente, eines vom Garten seines Schwiegervaters in Leeds, das andere vom Verkehr auf der Leeds Bridge, die beide mit 20 Bildern pro Sekunde aufgenommen und mit einäugigen Kameras auf lichtempfindlichem Papier von 54 mm Breite gemacht wurden. Le Prince wechselte auf Eastman Kodaks neuen Zelluloid-Film, als er gerade nach Paris gehen wollte, um seinen neuen Projektor vorzuführen. Am 16. September 1890 stieg er in einen Zug von Dijon nach Paris. Er kam nie an. Sein Verschwinden blieb unaufgeklärt.

Als Erfinder der einäugigen Kamera wurden auch William Friese-Greene und Mortimer Evans mit ihrem Patent GB 10131/1889 ins Gespräch gebracht. Friese-Greene hatte mit seiner Arbeit keinen Erfolg und auf einem Treffen mit führenden Vertretern der Industrie im Jahr 1921 brach er zusammen und starb, als er gerade Anspruch auf die Erfindung des Films erhob. Im Vergleich dazu waren die Brüder Lumière mit ihrem Patent FR 245032 von 1895 spät dran. Der Unterschied war, dass sie vom 28. Dezember 1895 an in Paris für zahlendes Publikum kurze Filme drehten und vorführten (zu Themen wie Arbeitern, die aus einer Fabrik gehen, oder einem Gärtner, dem mit einem Gartenschlauch ein Streich gespielt wird). Und was ist mit Thomas Edison? Sein Beitrag war sicherlich bedeutend. Er hielt die Idee aber nicht für sehr wichtig und patentierte sie nur in den USA. Das waren sein Kinetograf von 1893 zum Aufnehmen und sein Kinetoskop von 1897 zum Abspielen von Bildern, wobei es immer nur einen Zuschauer geben konnte. Er verwendete eine lichtempfindliche Emulsion auf 35 mm breitem Zelluloid, in das auf jeder Seite in regelmäßigen Abständen Löcher perforiert waren, um die Geschwindigkeit der Vorführung zu regulieren. Dieses System wird noch heute benutzt.

N. TESLA.
ELECTRO MAGNETIC MOTOR.

No. 381,968.   Patented May 1, 1888.

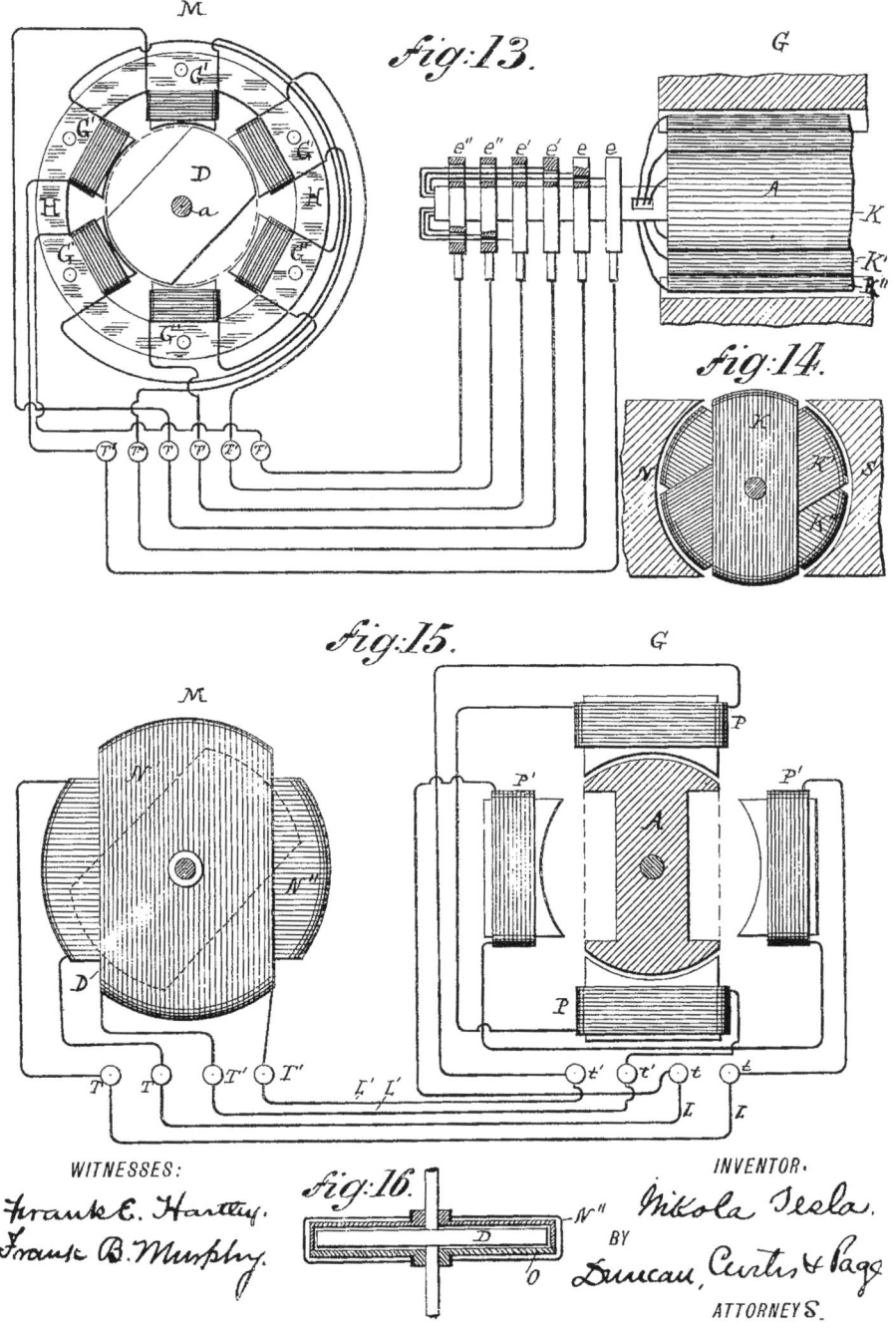

Fig:13.

Fig:14.

Fig:15.

Fig:16.

WITNESSES:
Frank E. Hartley.
Frank B. Murphy.

INVENTOR.
Nikola Tesla.
BY
Duncan, Curtis & Page
ATTORNEYS.

DER WECHSELSTROMMOTOR

Nikola Tesla »aus Smiljan Lika, Grenzland von Österreich-Ungarn«, New York City, New York
Angemeldet am 12. Oktober 1887 und als US 381968 veröffentlicht

Nikola Tesla, »der wilde Mann der Elektronik«, war einer der einfallsreichsten Erfinder aller Zeiten und ein Exzentriker, der sein Besteck mit mehreren Lagen Servietten polierte, Frauen mit Perlenohrringen fürchtete und auf Abendgesellschaften den Rauminhalt seines Tellers errechnete. Er konnte mit Geld nicht umgehen und hatte mehr Interesse daran, Erfindungen zu patentieren, als daran Geld zu verdienen. Tesla wurde 1856 als Sohn eines serbisch-orthodoxen Priesters im heutigen Kroatien geboren. Er erhielt eine Ausbildung als Ingenieur und wanderte 1884 in die USA aus. Auf dem Schiff ausgeraubt, kam er mit vier Cents in der Tasche dort an, und traf auf dem Broadway ein paar Männer, die einen Elektromotor reparierten und ihm $20 zahlten, um die Arbeit zu Ende zu führen. Er ist einer der wenigen, nach denen eine Maßeinheit benannt ist (das Tesla, eine Einheit der magnetischen Kraftliniendichte).

Tesla hatte ein fotografisches Gedächtnis und war in der Lage, eine Idee im Kopf auszuarbeiten, zu überprüfen und auf Fehler zu korrigieren, ehe er überhaupt zu Werke ging. Seine wichtigste Leistung lag auf dem Gebiet des Wechselstroms, einer bekannten Alternative zum Gleichstrom, der nur kleine Voltzahlen auf kurze Entfernung liefert. Wegen eines fehlenden Motors war Wechselstrom nur beschränkt einsetzbar. Tesla fand heraus, dass zwei Wechselstromquellen aus einer Phase ein rotierendes magnetisches Feld aufbauen können und daher ein Wechselstrommotor möglich war. Die Zeichnungen links stammen aus einem von sieben Patenten (von Tesla als eines eingereicht, aufgeteilt vom Patentamt). Sie machten Tesla in Elektrikerkreisen berühmt. Der Gleichstromverfechter Thomas Edison stellte ihn ein, doch sie trennten sich bald und ein erbitterter Streit begann, weil Edison Wechselstrom für gefährlich hielt. 1888 verkaufte Tesla seine Patente an George Westinghouse (für $1 Mill. in bar plus Tantiemen), der an den Niagarafällen das erste Kraftwerk baute. Edison machte inzwischen ungewollt den mit Wechselstrom betriebenen elektrischen Stuhl populär, indem er ihn an Tieren vorführte und erklärte, die unglücklichen Opfer würden »westinghoused«.

Im Jahr 1900 errichtete Tesla einen 60 m hohen Turm in Denver, von dem riesige Lichtblitze in den Himmel schossen, um Signale in den Weltraum zu senden. Von Lärm und grellem Licht (und Stromausfällen) verärgerte Anwohner bestanden darauf, dass er verschwinde. Er zog in die Nähe eines Taubstummenheims und behauptete, noch vor Ende seiner Experimente Antwort erhalten zu haben. Er trat auch auf der Bühne auf, umschwirrt von Elektrizität, wobei seine Vorführung noch immer als absolut verblüffend gilt. Da nur wenige seiner Ideen zu funktionierenden Geräten führten, gaben seine Finanziers schließlich auf. Viele weitere Ideen betrafen die drahtlose Energieübertragung, Todesstrahlen, die Schaffung eines künstlichen Himmelslichts, um die Erde bei Nacht zu erleuchten, und sogar die minutenschnelle Übermittlung von Bildern und Text rund um die Welt. 1912 sollte er zusammen mit Edison den Nobelpreis erhalten, doch Tesla lehnte ab und der Preis ging an Nils Gustav Dalen. Teslas letztes Patent von 1928 bezog sich auf ein senkrecht startendes und landendes Flugzeug. Später lebte er zurückgezogen im Hotel »New Yorker« in New York und bezog eine kleine Rente vom jugoslawischen Staat. Als er 1943 dort starb, durchsuchten FBI-Agenten sein Apartment nach Unterlagen. Ein paar Monate später entschied der Oberste Gerichtshof, dass Teslas Patente US 645576 und US 649621 den Radio-Patenten von Marconi vorausgegangen seien.

G. EASTMAN.
CAMERA.

No. 388,850.   Patented Sept. 4, 1888.

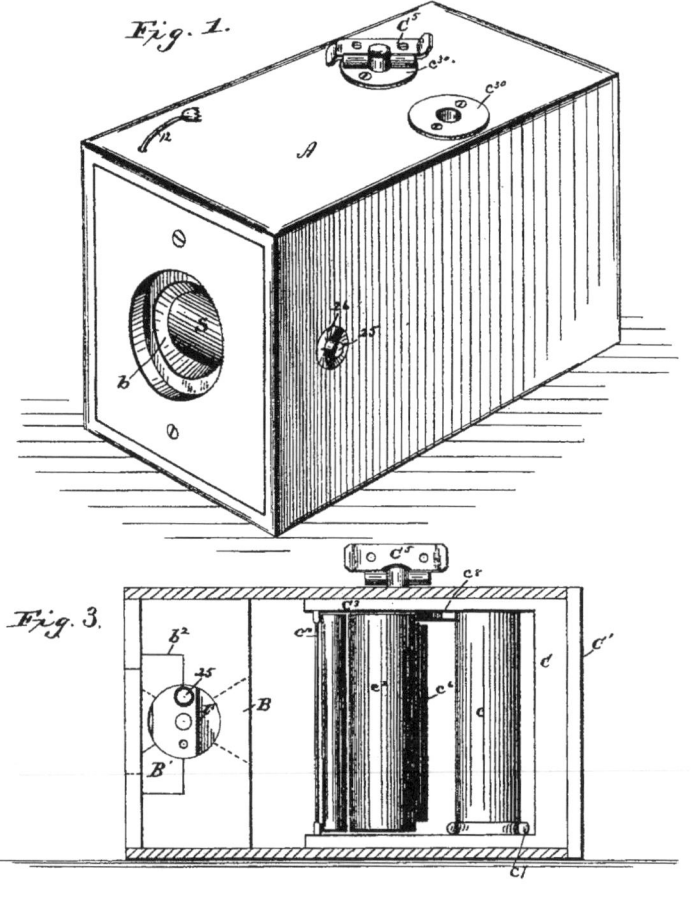

Fig. 1.

Fig. 3.

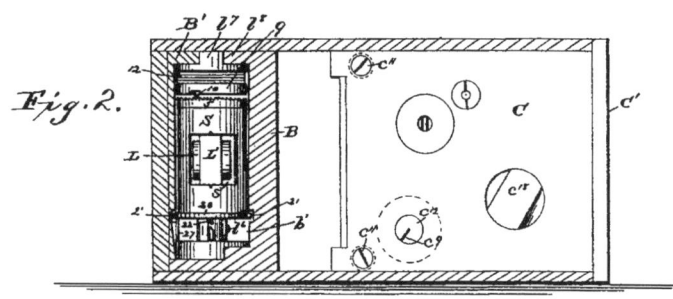

Fig. 2.

Witnesses.
chas. R. Burr.
A. S. Stewart.

Inventor.
George Eastman.
by Church & Church
his Attorneys.

DIE ROLLFILMKAMERA

George Eastman, Rochester, New York
Angemeldet am 30. März 1888 und als US 388850 und GB 6950/1888 veröffentlicht

George Eastman wurde 1854 in Waterville, New York, geboren. 1860 zog seine Familie nach Rochester. Er arbeitete als Buchhalter in einer örtlichen Bank und wurde ein begeisterter Fotograf. Nur das Herumtragen von Stativ, Chemikalien und Dunkelzelt hasste er und fragte sich, ob es nicht eine leichtere Methode gebe. Er las alles, was er dazu fand, und begann in der Küche seiner Mutter mit fotografischen Platten zu experimentieren. Er benutzte ihren Ofen zum Erhitzen der Platten; vor lauter Begeisterung schlief er manchmal auch dort.

Damals waren Kollodium-Nass-Emulsionsplatten gebräuchlich, aber ihre Anwendung war umständlich. Eastman beschäftigte sich mit Ideen für ein Trockenplattenverfahren, die er in englischen Fotomagazinen veröffentlichte. Der Gebrauch von vorbeschichteten Platten bedeutete, dass man zum Fotografieren keine Chemikalien mehr benötigte. 1880 erhielt er dafür sein erstes Patent (US 226503). Als der führende amerikanische Lieferant für Fotozubehör, »Anthony«, große Mengen des verbesserten Films bestellte, verließ Eastman die Bank und gründete in Rochester eine Fabrik. Um zu expandieren musste er durch Senkung der Preise und Vereinfachung der Fotografie die Nachfrage erhöhen.

Er und sein Konstrukteur William Walker patentierten eine Rollfilm-Halterung (US 316952) für bestehende Kameras. Eine andere Verbesserung führte zu der hier gezeigten Erfindung. Eastman schaltete Anzeigenserien unter dem Slogan: »Sie drücken auf den Knopf, wir erledigen den Rest.« Jede Kamera hatte eine Filmrolle für 100 Bilder. Es gab keinen Sucher und also keine Scharfeinstellung. Man zog an einer Lasche, um den Verschluss zu öffnen, und drückte einen Knopf, um das Bild zu machen. Mit einer Schraube wurde der Film weitergedreht. Fig. 2 zeigt den Verschluss »S« und die Linse »L«. Wenn der Film voll war, wurde die gesamte Kamera nach Rochester oder nach Harrow in England geschickt; einen Monat später kam die neu geladene Kamera mit den abgezogenen, auf Glasplatten montierten Bildern zurück. Das Warenzeichen musste kurz, kraftvoll und bedeutungslos sein. Weil er den Buchstaben K mochte, entschied er sich für sein berühmtes »Kodak«®, was außerdem wie ein zufallender Verschluss klang. Die Kamera kostete $ 25, was damals viel Geld war, da auch die Entwicklung noch teuer war. Sie war sperrig und zeigte die Anzahl der Aufnahmen nicht an, aber sie erregte Aufsehen.

Um die Kosten zu senken, stellte Eastman Henry Reichenbach zur Entwicklung eines biegsamen, transparenten Nitrozellulose-Films an, der leicht entwickelt werden konnte und 1889 als US 417202 veröffentlicht wurde. Hannibal Goodwin, ein Geistlicher aus Newark, hatte schon 1887 einen Zelluloid-Film angemeldet, sodass das Prioritätsrecht über den eigentlichen Erfinder geltend gemacht werden musste. Goodwin erhielt sein Patent US 610861 1898, aber das Gerichtsverfahren dauerte an und wurde erst 1914 beigelegt, lange nach Goodwins Tod im Jahr 1900, wobei Eastman Millionen von Dollar auszahlen musste. Ab 1892 hieß die Gesellschaft »Eastman-Kodak«, und die berühmte gelbe Verpackung wurde eingeführt. Andere Entwicklungen folgten, etwa die erste Schnappschuss-Kamera »Brownie«, die für $ 1 verkauft wurde. Eastman wurde zum Multimillionär, spendete Zeit seines Lebens $ 125 Mill. für Universitäten, Medizin und Musik und führte als großzügiger Arbeitgeber ein Prämiensystem und eine Pensionskasse ein. An einer degenerierten Wirbelsäule leidend nahm er sich 1932 das Leben. In seinem Abschiedsbrief heißt es: »An meine Freunde. Meine Arbeit ist getan. Warum noch warten? GE«.

COMPLETE SPECIFICATION (AMENDED).

An Improvement in Tyres of Wheels for Bicycles, Tricycles, or other Road Cars.

I John Boyd Dunlop of 50 Gloucester Street, Belfast, Veterinary Surgeon do hereby declare the nature of this invention and in what manner the same is to be performed, to be particularly described and ascertained in and by the following statement :—

My improvements are devised with a view to afford increased facilities for the 5 passage of wheeled vehicles—chiefly of the lighter class such for instance as velocipedes, invalid chairs, ambulances—over roadways and paths, especially when these latter are of rough or uneven character, as also to avoid the sinking of the wheels of vehicles into the ground when travelling over boggy soil or land ; and likewise for the tyreing of wheeled vehicles generally, in all cases where elasticity is requisite and immunity 10 from vibration is desired to be secured, and at the same time ensuring increased speed in travelling owing to the resilient properties of wheel tyres according to my Invention. In carrying out my Invention, I employ a hollow tube tyre of india rubber, sur- rounded with cloth canvas or other suitable material adapted to withstand the pressure of the air introduced and contained within the tube tyre as hereunder mentioned. 15 The canvas or cloth being covered with rubber or other suitable material to protect it from wear on the road. Said hollow tube tyre is secured to the wheel felloes—say by a suitable cement or by other efficient means—and is inflated with air or gas under pressure. I may use, for the purpose of inflation, any ordinary forcing pump or like device ; the air or gas (as the case may be) under pressure being introduced to the 20 interior of the hollow tube tyre through a small duct formed in the rim of the wheel and provided with a non return valve.

Having now particularly described and ascertained the nature of my said Invention and in what manner the same is to be performed, *I would have it known that I make no claim to the construction or use of any tyres which are not in accordance with the* 25 *description set forth in the last preceding paragraph of this my Specification commencing with the words " In carrying out my invention" and ending with the words " with air or gas under pressure" but subject to this disclaiming note.* I declare, that what I claim is :

For wheel tyres, the employment of a hollow tube or of hollow tubes of india rubber 30 inflated with air or gas under pressure substantially as herein set forth.

Dated this 31st day of October 1888.

JAMES STEVENSON,
Gray's Inn Chambers,
20, High Holborn, London, W.C.   35

London : Printed for Her Majesty's Stationery Office, by Darling & Son, Ltd.—1892

DER PNEUMATISCHE REIFEN

John Boyd Dunlop, Belfast, Irland
Angemeldet am 23. Juli 1888 und als GB 10607/1888 veröffentlicht

Der Nutzen von Fahrrädern war deutlich eingeschränkt, solange die Räder noch ganz aus Metall oder Holz waren. Sie hießen nicht umsonst »Knochenschüttler«, besonders wenn man auf unbefestigten Wegen fuhr. John Boyd Dunlop wurde 1840 im schottischen Ayrshire geboren. Er schloss eine Ausbildung als Veterinärmediziner ab und zog zehn Jahre später nach Belfast. Eines Tages sah er seinem 10-jährigen Sohn Johnnie beim Dreiradfahren zu, was tiefe Spuren im Gras hinterließ. Er nahm ein Stück Gartenschlauch, füllte es mit Wasser und wollte es um die Räder schlingen. Zufällig war sein Hausarzt Sir John Fagan anwesend, der die Probleme von Patienten kannte, die Kissen oder Matratzen benötigten, und deshalb vorschlug, Luft statt Wasser zu nehmen. Dunlop wickelte Plattengummi um den Reifen und pumpte ihn mit einer Fußballpumpe auf.

Die Erfindung wurde an den Hinterrädern des Dreirads angebracht, und noch am selben Abend probierte der Junge es aus. Später kaufte Dunlop ein Fahrrad von »Edlin & Company« und stattete es mit den neuen Reifen, die er mit Segeltuch abdeckte, aus. Bis dahin hatte er nie auf einem Fahrrad gesessen. Edlin ließ Dunlop Fahrräder mit den neuen Reifen bauen, und am 19. Dezember 1888 erschien im *Irish Cyclist* die erste Anzeige: »Achten Sie auf die neue pneumatische Sicherheit. Kein Vibrieren möglich. Alleinhersteller: W. Edlin and Co., Garfield St, Belfast!« Die Vordergabel musste geweitet werden, damit die breiteren Räder hineinpassten, und man musste das komplette Fahrrad kaufen, nicht nur die Reifen, da diese fest mit den Felgen verbunden waren. Die Verkauf lief zunächst langsam, zog aber bald an.

Tatsächlich hatte bereits der Bauingenieur Robert William Thomson aus London die Idee, einen Mantel aus Naturkautschuk um einen Reifen zu wickeln, als GB 10990/1845 patentiert. Das Verfahren hatte damals einigen Erfolg, doch war es sehr teuer, da 70 Lagen von Hand gewickelt werden mussten. Da das Patent längst nicht mehr geschützt war, konnte Dunlop wegen Patentdiebstahls nicht belangt werden. Außerdem war es vor 1905 im britischen Patentamt nicht üblich, in älteren Veröffentlichungen nach dem früheren Stand der Technik zu suchen, weshalb man seinen Antrag nicht abgewiesen hatte. Als Dunlop 1890 von Thomsons Arbeit hörte, schwieg er dazu, weil er hoffte, es würde niemand bemerken. Zu seinem Pech veröffentlichte das Magazin *Sport and Play* im September Details aus Thomsons Arbeit. Dunlop bat darum, sein Patent abzuändern. Daher stammt die Illustration dazu von jener abgeänderten Fassung vom Juli 1892. Es ist auf den 31. Oktober 1888 ausgestellt, da dies das Datum der »vollständigen« Beschreibung war, die dem Originalantrag vom Juli folgte. Die kursiven Stellen zeigen die zusätzlich aufgenommenen Erklärungen.

Inspiriert vom Nutzen des pneumatischen Reifens wurde das Fahrradfahren zum letzten Schrei. Der jährliche Bericht des britischen Patentamts vermerkte, dass es 1897 6000 Patentanträge für Fahrräder gab, und das bei einer Gesamtzahl von knapp 31000 Anträgen. 106 Patente wurden von Frauen beantragt. Das Radfahren ermöglichte ihnen, sich freier zu bewegen, und viele ihrer Erfindungen sollten verhindern, dass sich Röcke und Kleider irgendwo verhakten. 1889 gründete Dunlop die »Pneumatic Tyre Company« und die »Booth's Cycle Agency«, aus denen die »Dunlop Rubber Company Ltd.« hervorging. Ihr Werk »Fort Dunlop« in Birmingham produzierte über viele Jahre, und die Firma wurde als Reifenhersteller berühmt. Dunlop setzte sich in Dublin zur Ruhe, wo er 1921 starb.

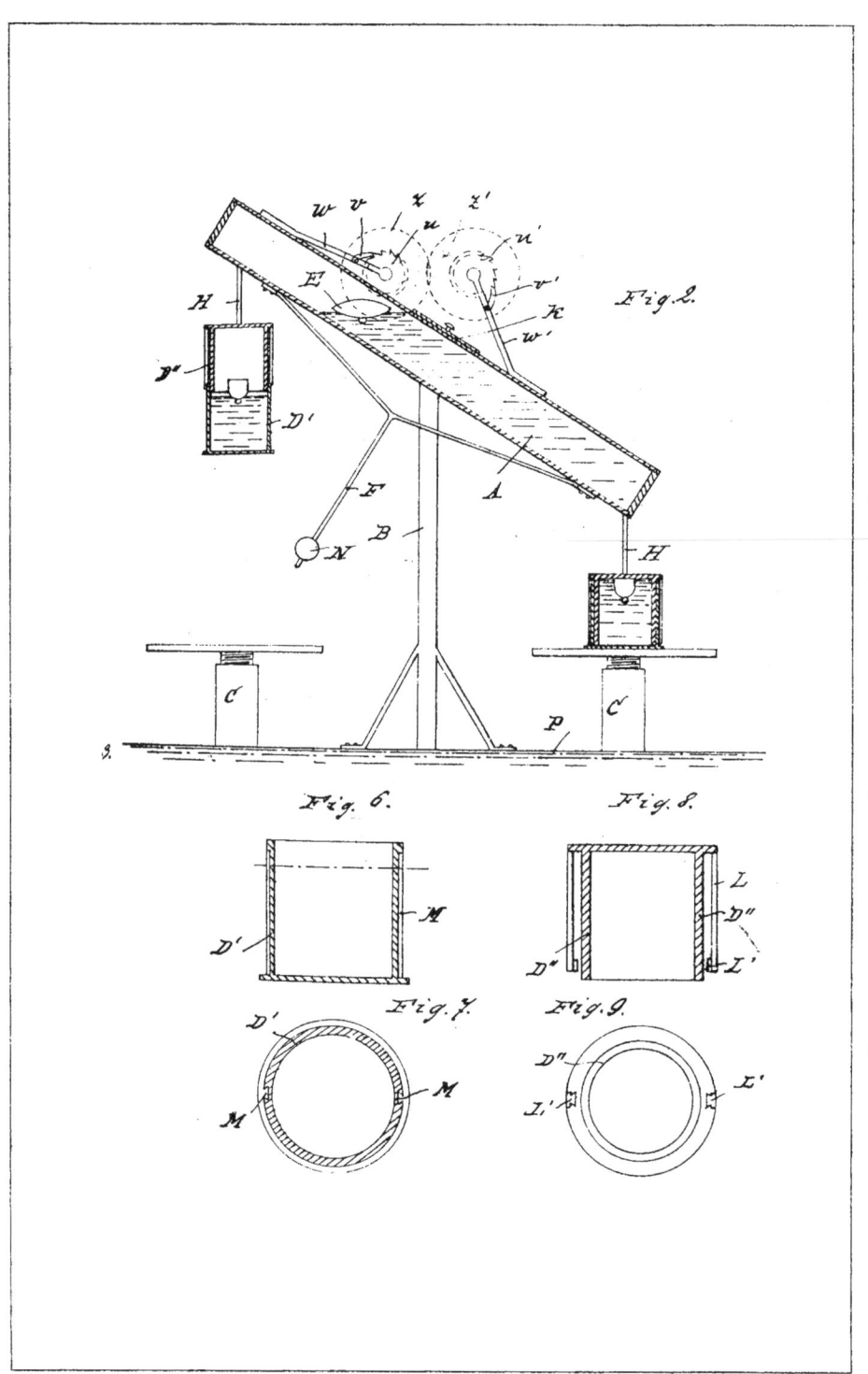

Fig. 2.

Fig. 6.

Fig. 8.

Fig. 7.

Fig. 9.

[This Drawing is a reproduction of the Original on a reduced scale.]

Das Perpetuum Mobile

Alexander Hirschberg, Luckenwalde, Deutschland
Angemeldet am 3. Mai 1889 und als GB 7421/1889 veröffentlicht

Es ist schwierig, aus den vielen Perpetuum-Mobile-Erfindungen eine Auswahl zu treffen. Dieses Patent bietet immerhin eine klare Konstruktionszeichnung für die Suche nach dem Heiligen Gral der Erfindungen. Alexander Hirschberg nannte es einen »Eigen-Energie erzeugenden Motor«. Das deutsche Patent erhielt er dafür nicht. Britische Patente gibt es en masse, weil bis 1905 Patentanmeldungen nicht auf Neuigkeit oder Nutzen überprüft wurden. Das amerikanische Patentamt scheint mehr Erfolg damit gehabt zu haben, die Zulassung von Perpetuum-Mobile-Erfindungen zu verhindern, auch wenn man dort von 1911 an nur verlangte, dass innerhalb eines Jahres ein funktionierendes Modell eingereicht wurde. Das britische System bewilligte zwischen 1837 und 1901 über 500 Patente für so genannte »selbstangetriebene Motoren«. Heute verstecken sich alle diese Objekte hinter dem weltweit benutzten Begriff »Perpetuum mobile«.

Einfach ausgedrückt, zeigt Fig. 2 ein sich neigendes Rohr, in dem das Wasser hinunterfließt und so »H« herabdrückt; »C« wird zusammengedrückt und erzeugt Energie. Das Pendel »F« schwingt zurück, sodass sich das Rohr zur anderen Seite neigt, wo dasselbe mit »H« passiert. »N« und der Schwimmer »E« sollen den Vorgang unterstützen. Dieser Zyklus soll endlos laufen. Von dem Patentbüro »Tongue & Birkbeck« heißt es, sie hätten Hirschberg nur wegen des Geldes vertreten.

Der Grund, warum kein Perpetuum Mobile funktioniert, liegt im Prinzip der Energieerhaltung. Eine bestimmte Menge Arbeit ergibt dieselbe Menge Energie, doch nur ein Teil davon kann genutzt werden, z. B. um ein Gewicht zu heben. Der Rest wird in etwas anderes verwandelt, normalerweise in Wärme als Resultat von Reibung. Ein Perpetuum Mobile vernachlässigt nicht nur diese »verlorene« Energie, sondern soll mehr Energie produzieren, als ursprünglich da war. Es gibt zahlreiche Methoden, um Endlosbewegung zu »demonstrieren«, etwa mit Wasserkraft wie hier. Eine weit verbreitete mechanische Methode war die Verwendung einer Vielzahl von Ketten, die im Kreis liefen. Andere setzten Dynamos oder Magnetkräfte ein. Oft wurden Bremsen für den Fall montiert, dass die Maschinen zu schnell wurden.

Henry Dircks, ein Bauingenieur in London, veröffentlichte 1861 und 1870 in zwei Bänden das Werk *Perpetuum mobile*, in dem er sehr detailliert die sinnlosen Versuche (Patente eingeschlossen) beschrieb, die Gesetze der Physik zu überwinden. Normalerweise leitet er die Beweise ohne weiteren Kommentar aus Patenten, Magazinen und Zeitungen her, doch im Fall von George Huddart aus Carnarvonshire in Wales und dessen Patent GB 326/1853 platzt es aus ihm heraus: »Warum macht man sich daran, so einen Unsinn zu patentieren?« Dircks war Miterfinder (zusammen mit Professor John Pepper) einer einst berühmten optischen Täuschung (GB 326/1853), die einen Geist auf der Bühne vorgaukelte, »Pepper's Ghost« genannt. Einige Erfinder auf diesem Gebiet waren Betrüger, aber viele dachten ernsthaft, sie hätten ein großes Problem gelöst und waren verblüfft, wenn sie dafür keine finanzielle Unterstützung fanden. Ein typischer Auszug aus Dircks Buch soll diese Darstellung abschließen: Die *Times* zitierte in ihrer Ausgabe vom 7. April 1862 aus der Zeitung *Sun* in Halifax (Nova Scotia) den Tod eines »Herrn Hart aus Wallace River, der über 90 Jahre alt war und sein ganzes Leben am Problem des Perpetuum Mobile gearbeitet hatte; doch um es zu lösen, hatten 90 Jahre nicht gereicht. Einen Tag vor seinem Tod musste er nur noch ein ›paar weitere Räder‹ herstellen, um seine Arbeit zu vollenden.«

FIG.II.

FIG.12.

FIG.13.

FIG.14.

FIG.15.

FIG.16.

FIG.17.

Die fliegerische Fortbewegung durch Ballone

Clara Louisa Wells, Pompeji, Italien
Angemeldet am 7. Oktober 1890 und als GB 15850/1890 veröffentlicht

Clara Louisa Wells ist nur durch ihre Patentanmeldungen bekannt und dient hier als Beispiel für viktorianische Exzentrik. Sie war vermutlich Britin, da sie einige ihrer Anmeldungen der Aufsicht des örtlichen britischen Konsuls anvertraute und nur das britische Patentsystem nutzte (trotz einiger Amerikanismen und einem Wohnsitz in Boston). Sonst lebte sie am Mittelmeer. Sie war eine jener fest entschlossenen Frauen, die trotz eines frei gewählten Exils tief verwurzelte Traditionen und Wertmaßstäbe aufrecht erhielt, während sie gelassen über die Märkte der Einheimischen schlenderte. Sie war unverheiratet und ließ sich Briefe nur zu Händen von W. J. Turner & Co. in Neapel schicken. Ihre erste Patentanmeldung GB 13125/1887 bezog sich auf »Verbesserungen zur Gewinnung von Wasser aus Meerwasser zur Versorgung von Städten und für andere Zwecke«. Salzwasser wird gekocht und zu Süßwasser kondensiert, das in hohe Türme gepumpt wird. Röhren oder Kanäle sollen das Wasser an die Orte leiten, wo es gebraucht wird. Die Kosten für die Kondensierung und Weiterleitung des Wassers wurden nicht erörtert.

Das zweite Patent war das hier gezeigte, das vier wunderbar merkwürdige Seiten mit Zeichnungen enthält. Ihre Anschrift in diesem Fall: »Wohnhaft in Pompeji, Italien; Briefe zu Händen des englischen Konsuls Mr. Frederick Turner, No. 4, Monte di Dio, Neapel, Italien, von keinem Gewerbe oder Beruf.« Die Idee war, Ballone an Seilen zu befestigen, wobei diese Seile mit über dem Boden laufenden Eisenrohren verbunden sein sollten. Jeder Ballon sollte möglichst aus mehreren kleinen Ballonen bestehen, jeder in der Form eines Vogels, im »Haupt«-Ballon der »Konduktuer«. Zwei Karten zeigen, wie ein solches Netz mit Freileitungskabeln für den Golf von Neapel oder für den Nordatlantik

geschaffen werden könnte. »Meine Erfindung besteht in der Schaffung regelmäßig befahrener Strecken zur fliegerischen Fortbewegung mit Stationen für den Eingang und Ausgang der Passagiere oder für das Aufnehmen oder Absetzen von Gepäck, mit einem ähnlichen System wie bei Seilbahnen.«

Fig. 11 zeigt einen »Privatwagen in luxuriösem oder komfortablem Stil«, Fig. 12 eine »Ballonstation« mitten im Ozean, Fig. 13 und 14 eine Bergstrecke, wobei die Ballone durch Schwerkraft herabsinken (obwohl Ballone leichter als Luft sind, können sie die Schwerkraft nicht nutzen). Fig. 15 zeigt eine Konstruktion zur Erkundung der oberen Atmosphäre, Fig. 16 und 17 stellen ein Sicherheitssystem dar. In ihrer sechsseitigen Beschreibung sind viele Einzelheiten ausgearbeitet, etwa die Beleuchtung der Strecken bei Nacht und das Abrichten von Vögeln, »um die Ballone zu leiten« (Adler sollten bei Gegenwind helfen). Wells übrige Patentanmeldungen waren zwei aus Boston von 1893 und 1894 (für Schiffsschienen und die Verteilung von destilliertem Wasser), beide vor der Veröffentlichung zurückgezogen; GB 13715/1896 zur fliegerischen Fortbewegung, als sie sich in Toulon aufhielt; GB 12836/1897 zur Umleitung flüssiger Lava in Sammelbecken und Weiterverschiffung; und GB 15679/1898 aus Bordighera, Ligurien, das den Titel trägt: »Sichere Methoden zur Erforschung der kalten und heißen Gegenden der Erde mit Hilfe der Konzentration von Hebung und Senkung in Bezugnahme auf vulkanische, wasserbestimmte und meteorologische Kräfte und mit Hilfe von Wegen, die mit Ballonen oder ohne sie aufgehängt sind.« Eine letzte Patentanmeldung von 1899 aus Bordighera über das Leben auf und die Überquerung von Wasser wurde zurückgezogen.

Fig.ʳ I.

London: Printed by Eyre and Son Ld.
for Her Majesty Stationery Office. 1891.

Malby & Son: Photo-Litho.

DER WANGENRÖTENDE SCHLEIER

Richard Paulson, Langwith, Nottingham, Nottinghamshire, England
Angemeldet am 7. Oktober 1890 und als GB 15845/1890 veröffentlicht

Das Tragen von Schleiern war im 19. Jahrhundert weit verbreitet, besonders als »Mantilla«-Mode hinten am Kopf nach unten gezogen. Schleier wurden auf Hochzeiten (vor dem Gesicht, weiß und nach der Hochzeit zurückgezogen) und auf Beerdigungen getragen. Die Trauer war auf zweieinhalb Jahre festgelegt, wovon eineinhalb Jahre auf die tiefe Trauer (mit schwarzem Schleier) entfielen. Königin Viktoria trotzte dieser Regel und blieb nach dem Tod ihres Ehemanns Prinz Albert 1861 vier Jahrzehnte lang schwarz gekleidet.

Schleier wurden manchmal auch zu weniger förmlichen Anlässen vor dem Gesicht getragen. Die Zeichnung auf der gegenüberliegenden Seite zeigt einen raffinierten Versuch, Geld aus dem Erröten der Wangen zu schlagen. In Richard Paulsons eigenen Worten »besteht der Zweck der Erfindung darin, diese verbesserten Schleier so zu gestalten, dass sie dem Gesicht der Trägerin ein stark verbessertes Aussehen verleihen, nämlich das eines gesunden Schimmers oder einer kräftigeren Farbe, wobei dies prinzipiell auf die Wangen beschränkt ist«. An einer anderen Stelle spricht er von einer »gesunden oder frischen Röte«. Der Schleier war aus Seidenspitze gemacht und der als »B« markierte Bereich war rosa getönt. Der ganze Schleier konnte, falls gewünscht, in einem leichten rosafarbenen Ton gehalten sein. Er bestand aus zwei Lagen, wobei die Farbe auf der unteren Lage aufgebracht war. Das kleine Detail des Schmetterlings wirkt auf einer so unbeholfenen Zeichnung natürlich besonders reizend. Das Ganze zeigt jedoch, wie wenig Körper man normalerweise in der feinen Gesellschaft jener Zeit zeigte. Ein gebräuntes Aussehen war in der viktorianischen Gesellschaft absolut unerwünscht, weil es auf einfache Arbeit verwies – daher das Bedürfnis nach einem solchen Patent.

Paulson beschreibt sich selbst in dem Patent als »Ingenieur und Erfinder«. Er verfügte über eine Anzahl anderer Patente mit klarer militärischer Ausrichtung wie etwa GB 63/1884 für einen Torpedo, GB 14015/1884 für eine besonders zu ladende Feuerwaffe und GB 14130/1886 für einen Revolver. Sein Patent GB 7633/1889, das er leider verwarf und daher nicht veröffentlichte, bezog sich auf Handschuhe und Knopfbefestiger. Es ist das einzige von ihm bekannte Patent, das sich ebenfalls mit dem Thema Mode beschäftigt. Man fragt sich fasziniert, warum er sich auch in diesem Bereich umtat. Es ist nicht bekannt, ob Paulson mit seiner Schleier-Erfindung Geld verdiente, aber es erscheint doch zweifelhaft, besonders da er nach 1894 keine Verlängerungsgebühren dafür zahlte. Zufällig stammt auch ein anderes der zahlreichen Schleier-Patente aus der Stadt Nottingham. Joseph White und William Farmer veröffentlichten das Patent GB 12067/1891 für einen Seidenschleier, bei dem der obere Teil verstärkt und mit Löchern für die Augen versehen war, sodass er als Maske diente. Unterdessen hatte 1873 in den USA John Tuttle aus Watertown, Massachusetts, das Patent US 145977 veröffentlicht. Es bezog sich auf eine Kombination aus Schleier und »Nubia«, einem gestrickten Schal. Der Schleier wurde wie eine Haube getragen, von der ein Schal an beiden Seiten des Kopfes herabhing, der über dem Hals gekreuzt und über die Schultern gelegt wurde. An jeder Seite hing zusätzlich eine Quaste herab.

W. PAINTER.
BOTTLE SEALING DEVICE.

No. 468,226.   Patented Feb. 2, 1892.

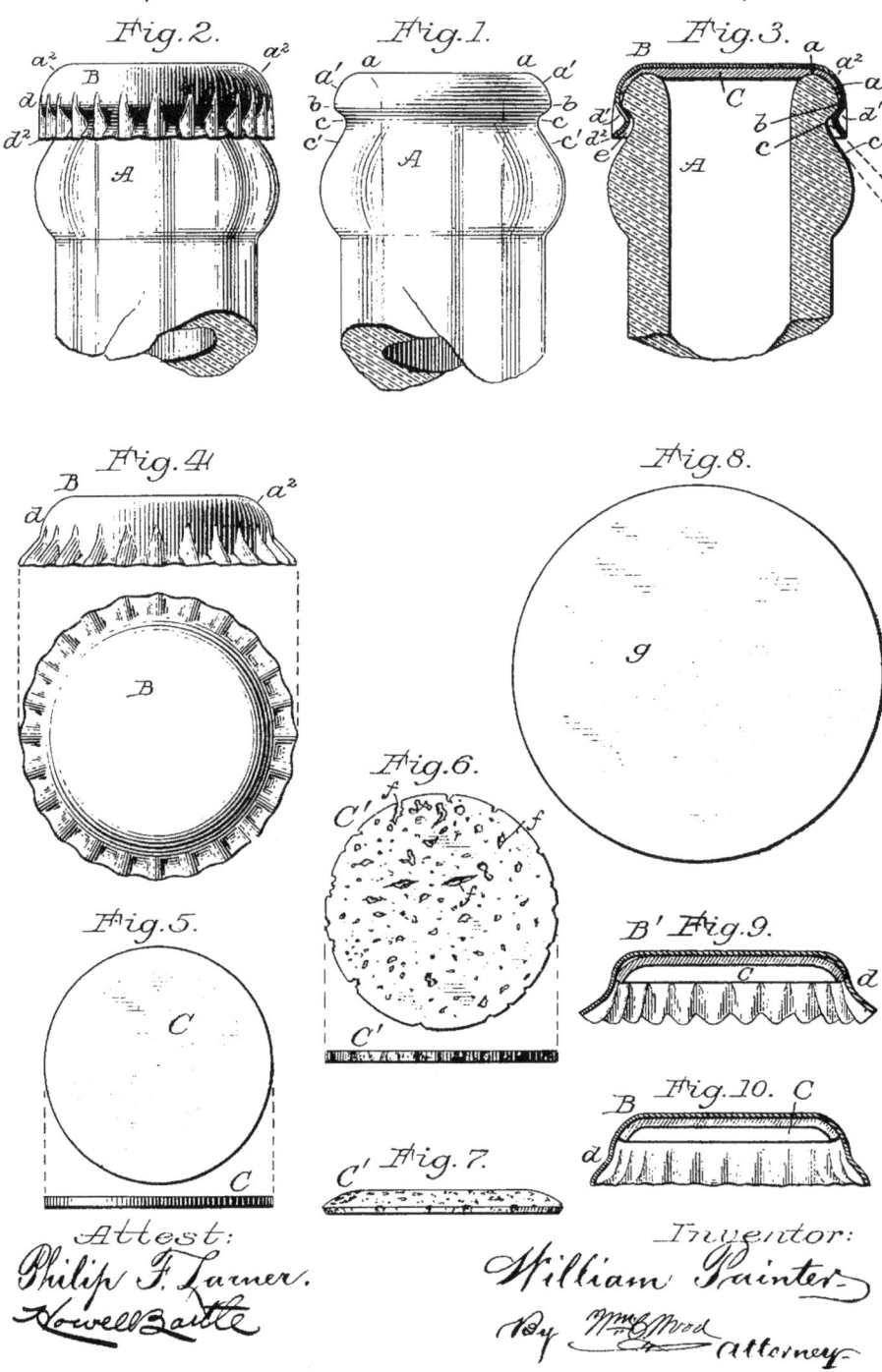

Fig. 2.

Fig. 1.

Fig. 3.

Fig. 4.

Fig. 8.

Fig. 6.

Fig. 5.

Fig. 9.

Fig. 10.

Fig. 7.

Attest:
Philip F. Larner.
Howell Bartle

Inventor:
William Painter
By Wm C. Mood
Attorney

DER KRONKORKEN

William Painter, Baltimore, Maryland
Angemeldet am 19. Mai 1891 und als US 468226 und GB 2031/1892 veröffentlicht

Um die Mitte des 19. Jahrhunderts wurden Flaschen normalerweise mit Korken verschlossen, aber bei kohlensäurehaltigen Getränken wie Champagner, Bier oder vielen alkoholfreien Getränken konnten die Flaschen aufgehen. Den ganzen Verschluss aus Kork herzustellen war teuer und bei vielen Getränken musste die Flasche liegen, damit der Korken immer feucht blieb. Flaschen mit festem Inhalt (etwa Eingemachtes) waren viel leichter zu verschließen. Eine weit verbreitete amerikanische Lagermethode war der Gebrauch des berühmten Mason-Glases, das John Mason aus New York 1858 patentiert hatte (US 22186). Das Patent bezog sich auf die diagonalen Furchen am Flaschenhals, die den Schraubverschluss fest hielten. William Painter wurde als Sohn eines Quäker-Farmers 1838 in Triadelphia, Maryland, geboren und arbeitete für eine Lacklederfabrik in Wilmington, Delaware, als er Patente anzumelden begann. Sein erstes Patent US 21082 von 1858 bezog sich auf eine Methode zur Herausgabe von Wechselgeld, weitere auf einen Eisenbahnsitz, der zu einer Liege umgewandelt werden konnte, einen Falschgeld-Detektor und eine Kerosin-Lampe. Ab 1865 arbeitete er als Meister in der »Murrill & Keizer«-Maschinenfabrik in Baltimore, wo er 20 Jahre lang verschiedenste Geräte erfand, in der Hauptsache Pumpen.

Ab 1880 begann Painter an Ideen für sicher zu verschließende Kohlensäureflaschen zu arbeiten. Im April 1885 meldete er das Patent US 315655 für einen wiederverwendbaren Drahtverschluss an. Mit Freunden gründete er eine Firma, um die Erfindung zu verwerten. Im Juni 1885 folgte das Patent US 327099 für einen Verschluss, der in der Herstellung 1/10 so viel kostete, aber nur einmal benutzt werden konnte. Die Firma wurde umstrukturiert, um ab sofort diese Erfindung zu verwerten. Die Zeichnungen schließlich zeigen einen metallenen Einwegverschluss mit Korkeinsatz, wie er bis heute, wenn auch meist ohne Kork, verwendet wird. Die Firma wurde zum dritten Mal umstrukturiert. Painter erklärte, dass die dünne Korkscheibe der Hygiene diene. Er entwickelte auch die Maschinen zur Herstellung und Aufbringung des Kronkorkens, erfand aber keinen Öffner, obwohl er in diesem Patent vorschlug, die Flaschen »mit einem Messer, Schraubendreher, Nagel oder Eispickel« zu öffnen. Es dauerte lange, ehe sich die neue Idee durchsetzte, da es gerade eine Rezession gab. Dann schickte ein Bierbrauer als Experiment eine Ladung Bier mit dem Schiff nach Südamerika und stellte fest, dass das Bier bei der Rückkehr einwandfrei war. 1905 verwendeten bereits 25 % der amerikanischen Abfüller den Kronkorken.

Eine andere Lösung hatte etwas früher Hiram Codd aus Camberwell, Surrey, vorgeschlagen. Sein Hauptpatent war GB 2621/1872. Er stellte eine Flasche mit einer im Flaschenhals eingeschlossenen Glaskugel her. Das Auffüllen der Flasche unter Gasdruck drückte die Kugel nach oben, wo sie auf eine Gummischeibe am Flaschenrand traf. Beim Öffnen wurde die Kugel an vorstehenden Graten im Flaschenhals hinuntergedrückt, sodass man den Inhalt ausgießen konnte. Codds Erfindung war in Großbritannien der Normverschluss, bis dieser in den 1930er Jahren vom Kronkorken abgelöst wurde. Painter unterhielt sich einmal mit einem Handelsreisenden namens King Camp Gillette und erzählte ihm, es wäre eine exzellente Idee, ein billiges Produkt zu haben, das sich immer wieder verkaufen ließe. Gillette patentierte dann 1905 mit US 775134 den Sicherheitsrasierer (siehe dort). Mit 85 Patenten auf seinen Namen setzte sich Painter 1903 zur Ruhe. Er starb 1906 in Baltimore.

ADALBERT KWIATKOWSKI in POSEN-WILDA (Provinz Posen).

Rettungssarg.

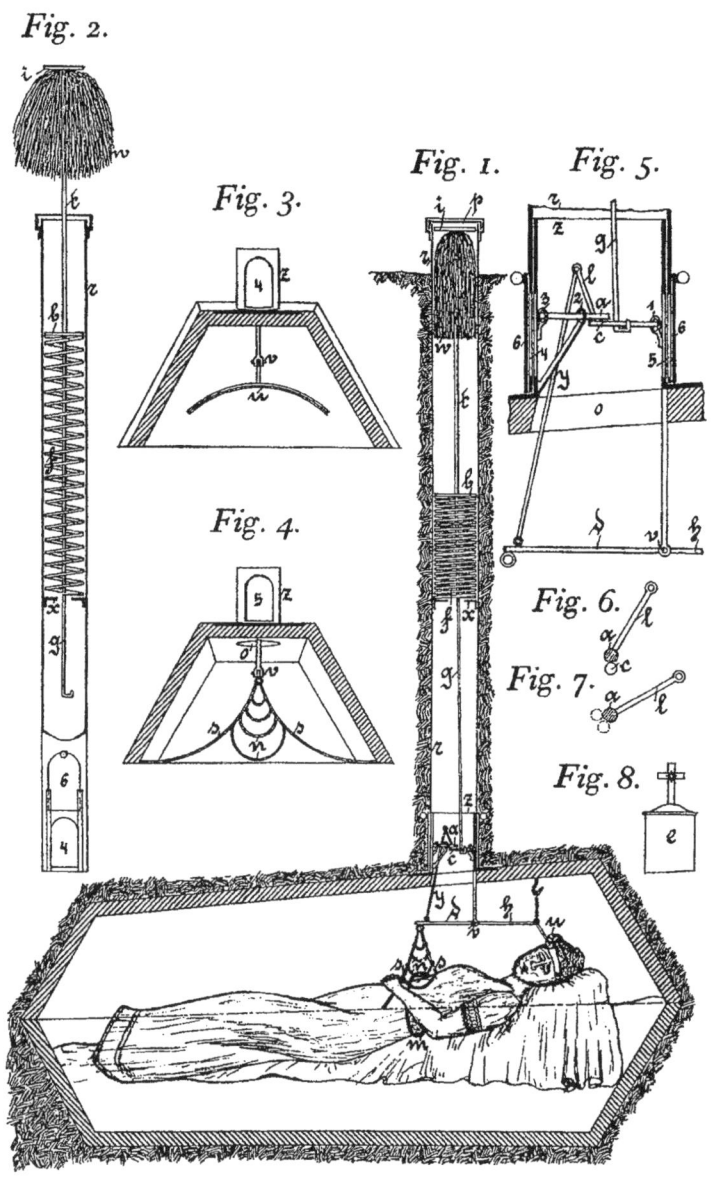

Fig. 2.

Fig. 3.

Fig. 1.

Fig. 5.

Fig. 4.

Fig. 6.

Fig. 7.

Fig. 8.

Zu der Patentschrift

№ 66424.

PHOTOGR. DRUCK DER REICHSDRUCKEREI.

DER RETTUNGSSARG

Adalbert Kwiatkowski, Posen-Wilda, Deutschland

Angemeldet am 17. April 1892 und als DE 66424, GB 8502/1892 und US 500013 veröffentlicht

Was im Deutschen »Rettungssarg« heißt, nennt das englische Patent »Apparat zur Grabrettung von Personen, die irrtümlich bestattet wurden« und das amerikanische »Sarg-Signal«. Vorzeitige Bestattung hat die Menschen zu jener Zeit sehr beschäftigt; man vergleiche Poes Erzählung *Vorzeitiges Begräbnis*. Viele baten für den Fall ihres Todes darum, dass man in ihren Körper hineinstach, um festzustellen, ob noch Blut fließe, oder sie nur dann beerdigte, wenn der Körper eindeutig zu verfallen beginne, oder sie mit einem Giftfläschchen bestattete. Vielleicht führte man die Totenwache nur deswegen ein, um den Verstorbenen eine letzte Gelegenheit zu geben, wieder aufzuwachen. Das Thema ist kein Witz: Manche Menschen sind nach einem Anfall oder Koma tatsächlich lebendig begraben worden.

Adalbert Kwiatkowskis Erfindung bezieht sich auf »Sicherheitssärge«: »Es soll ein Sarg mit Vorrichtungen bereitgestellt werden, durch den für den Fall der Beerdigung einer scheintoten Person der äußeren Welt durch die leichteste Bewegung des scheinbar toten Körpers ein Alarmzeichen gegeben wird.« Fig. 1 zeigt die senkrechte Röhre, die über dem Sarg angebracht ist, Fig. 2 das ausgelöste Alarmzeichen, Fig. 3 das an der Stirn angebrachte »Zaumzeug«, Fig. 4 den Auslöser. Fig. 5 bis 7 zeigen Details des Auslösemechanismus. Fig. 8 ist der Deckel für die senkrechte Röhre. Die Feder »f« ist gespannt und hebt die Platte »i«, wenn das Signal ausgelöst wird. Der Mechanismus funktioniert also auch, wenn sich die Person unwillkürlich bewegt und nicht bei Bewusstsein ist. Das Anheben der Platte löst nicht nur ein Signal aus, sondern lässt auch Luft in den Sarg. Die Kosten für den Einbau müssen beträchtlich gewesen sein.

Bis 1900 sind 23 amerikanische Patente der Klassifizierung 27/31, »Lebenssignale«, vorhanden. Das erste ist US 81437 aus dem Jahr 1868 von Frank Vester aus Newark, New Jersey. Die meisten sind dem Modell von Kwiatkowski recht ähnlich, jedoch mit einem um den Körper geschlungenen Seil, das eine Glocke an der Oberfläche zum Tönen bringt. Die moderne Internationale Patentklassifikation »IPC« verfügt über eine Klasse A62B33/00 für »Vorrichtungen, mit deren Hilfe Scheintote sich retten oder auf sich aufmerksam machen können« – außerdem »Atemapparate für irrtümlich beerdigte Personen«, was auch Lawinenopfer und dergleichen einschließt. Eine komplizierte Variante stammt von Michael Karnicki aus Warschau, von dem es heißt, er sei Kammerherr des russischen Zaren gewesen. Mit vier amerikanischen Patenten aus den Jahren 1896 und 1897 sicherte er sich die Idee eines mit einer Feder versehenen Ballons, der auf der Brust des Toten ruhte. Jede Bewegung der Brust würde die Feder auslösen, den Sargdeckel aufsprengen und Licht und Luft in den Sarg lassen. Zusätzlich würde sich eine Flagge aufrichten, eine Glocke eine halbe Stunde lang läuten und nach Sonnenuntergang eine Lampe brennen. Ein Sprechrohr reichte bis zur Erdoberfläche. Die vollständige Umkehrung dieses Konzepts hat der Kerzengießer Edward Lillie Bridgman aus London mit dem Patent GB 4250/1818 ausgearbeitet, bei dem es um einen gusseisernen Sarg geht. Er wollte damit die Leichenschänder abschrecken, also diejenigen, die die Toten ausgruben, um den Medizinstudenten Anschauungsmaterial zu liefern. Leider stellte sich heraus, dass die Särge mit Vorschlaghämmern aufgebrochen werden konnten. Kwiatkowskis späteres Patent GB 20444/1893 bezieht sich auf ein eher prosaisches Schlafwagenbett.

M. TUCEK.
BREAST SUPPORTER.

No. 494,397.   Patented Mar. 28, 1893.

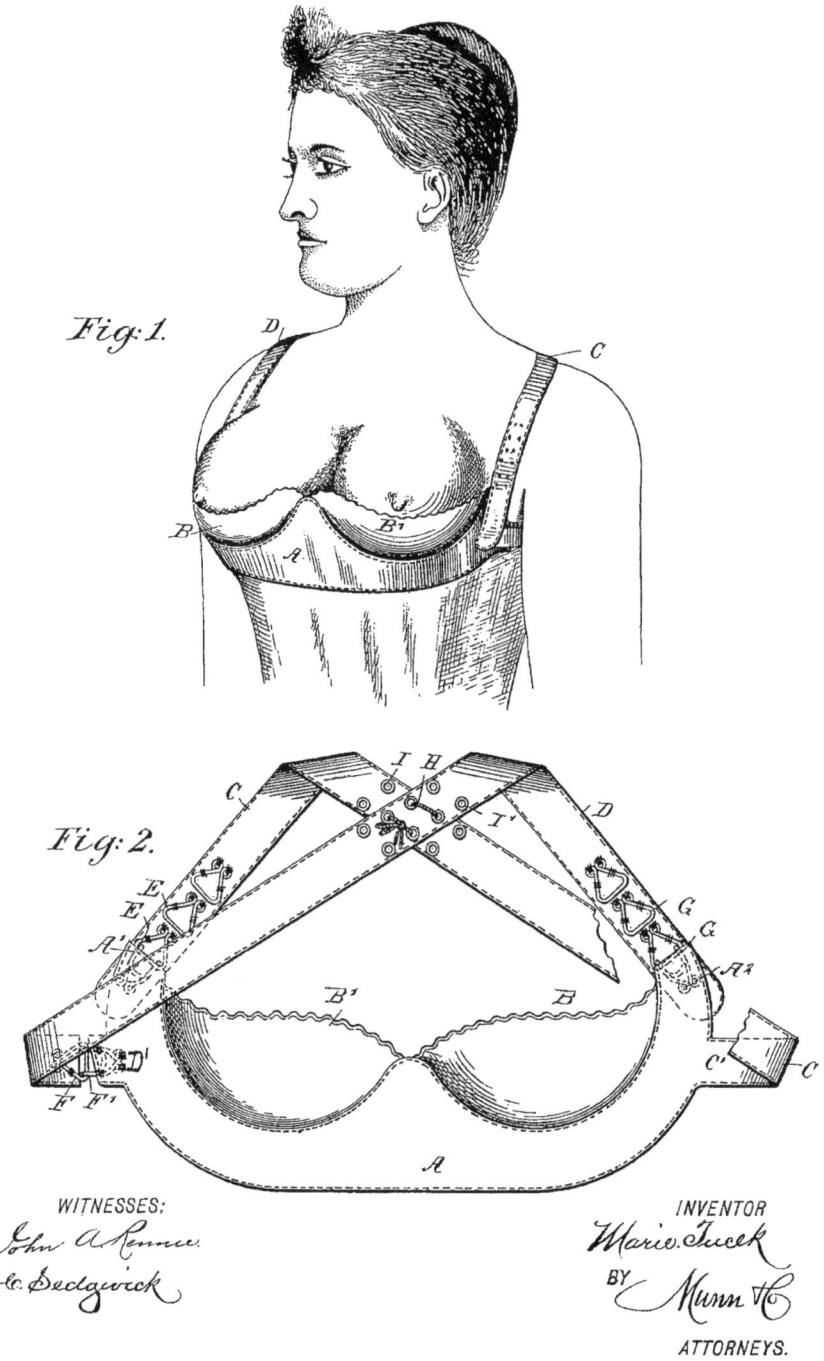

Fig. 1.

Fig. 2.

WITNESSES:
John A Rennie
C. Sedgwick

INVENTOR
Marie Tucek
BY
Munn &Co
ATTORNEYS.

128

DER BÜSTENHALTER

Marie Tucek, New York City, New York
Angemeldet am 11. Januar 1893 und als US 494397 veröffentlicht

Es muss eine Qual gewesen sein, das berühmte, mit Stahl und Leinwand verstärkte Walbein-Korsett als Mieder zu tragen. Ab etwa 1820 sorgten die verfügbaren Modelle immerhin dafür, dass die Trägerin zum Festzurren der Schnürung nicht länger ihren Ehemann oder eine Dienerin rufen musste, aber das machte sie kaum bequemer. Haken, Schnäpper und Schnürzeug standen auf der Tagesordnung, und eine Vielzahl kleinerer Änderungen wurde patentiert. In den 1840er Jahren erschienen einige Korsetts mit einzelnen Körben für die Brust, was zum vorherrschenden Merkmal der Patente wurde. Für andere wurde bereits das neue Material Gummi eingesetzt, wobei das Patent US 24033 von Henry Lesher aus Brooklyn (1859) fast als Frühform des modernen BHs gelten kann. Es hatte eine Verbindungsplatte zwischen beiden Brustkörben und sah aus wie eine Rüstung. In den 1860ern rebellierten einige Frauen der amerikanischen Oberschicht sogar in kleineren Aktionen gegen das Korsett – es fehlte nur noch, dass sie in ihrer Agitation die Korsetts verbrannten. Eine interessante und populäre Alternative zum Korsett war die »Union«-Flanellunterwäsche, eine Art Unterhemd mit einer Stütze für die Brust, 1875 als US 161851 von George Frost und George Henry Phelps aus Boston patentiert.

Den eigentlichen Schritt hin zum modernen BH tat Marie Tucek, wie links zu sehen. Statt die Brust von unten hochzudrücken, wurde sie von den Schultern her gehalten. Mit ihren Trägern, Haken und Ösen könnte diese wunderbare Kreation auch heute noch in jedem Laden auslegen. Tucek spricht von der »Einfachheit und Haltbarkeit der Konstruktion, die an die Stelle des üblichen Korsetts treten und hauptsächlich mit losen Kleidern des so genannten ›Empire-Stils‹ getragen werden soll« (die also gerade herabfielen). Der als »A« markierte Teil sollte aus Blech, Karton oder anderem »geeigneten Material« bestehen und »am besten mit Seide, Tuch oder sonstigem wünschenswerten Stoff« bezogen und der Körperform angepasst sein. Vielleicht sah dieser BH bequemer aus, als er in Wirklichkeit war. Er erregte zu seiner Zeit kaum Aufmerksamkeit. Als US 525241 patentierte Tucek ein abgeändertes Modell, als US 532613 und US 622092 Geräte zur Herstellung von Schnittmustern. Ihr letztes Patent US 628372, das 1899 postum ihrem Erbschaftsverwalter Frank Tucek zugesprochen wurde, bezieht sich, so seltsam es klingt, auf ein Korsett.

Das Patent US 1115674 von Mary Phelps Jacob (1914) hatte mehr Erfolg. Sie war eine New Yorker Salonlöwin, die mit ihrer französischen Hausangestellten einen BH aus Taschentüchern, Bändern und Schnüren improvisierte, als sie sich beim Ankleiden für einen Ball über die durchscheinenden Teile ihres Korsetts ärgerte. Jacob versuchte das Produkt unter dem Namen »Caresse Crosby« zu verkaufen, gab ihr Patent, enttäuscht über den Umsatz, dann aber für $ 1500 an die »Warner Brothers Corset Company« ab, die $ 15 Millionen damit verdiente. In den 1920er Jahren verschwand das Korsett allmählich ganz, beschleunigt vielleicht durch eine Aktion des amerikanischen Kriegsindustrie-Ausschusses, der 1917 von den Frauen verlangte, keine Korsetts mehr zu kaufen. Anscheinend wurden so über 28000 Tonnen Metall eingespart. Zu seinem Verschwinden dürfte zur selben Zeit auch die Mode knabenhafter Figuren unter den jungen Mädchen beigetragen haben. Es gab auch britische Patente für Korsetts, etwa das komplizierte Patent GB 15690/1894 von Thomas Williams aus Landport in Hampshire. Es arbeitet mit »Rückenschlaufen im Korsett zum Zuziehen, um so der Figur der Trägerin zusätzlichen Halt zu geben«.

RUDOLF DIESEL in MÜNCHEN.

Vorrichtung zum Anlassen von Viertakt-Verbrennungskraftmaschinen durch Umwandlung derselben in Zweitakt-Druckluftmaschinen.

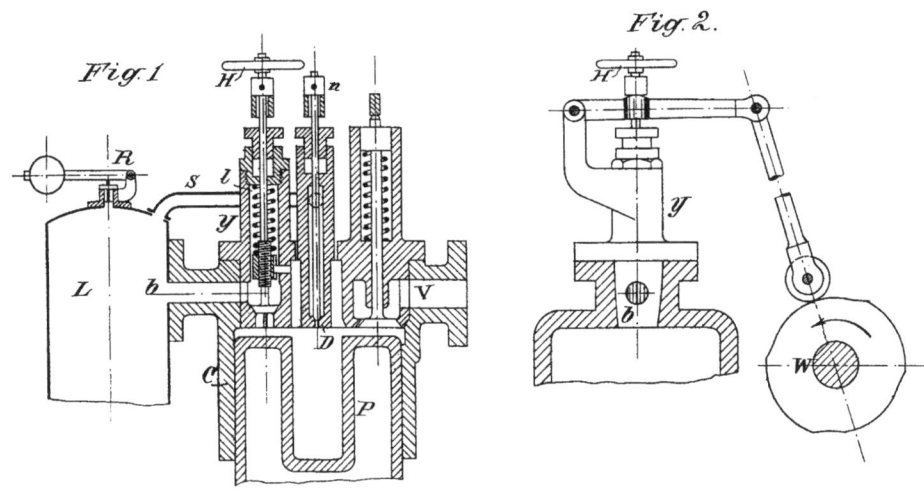

Fig. 1.   *Fig. 2.*

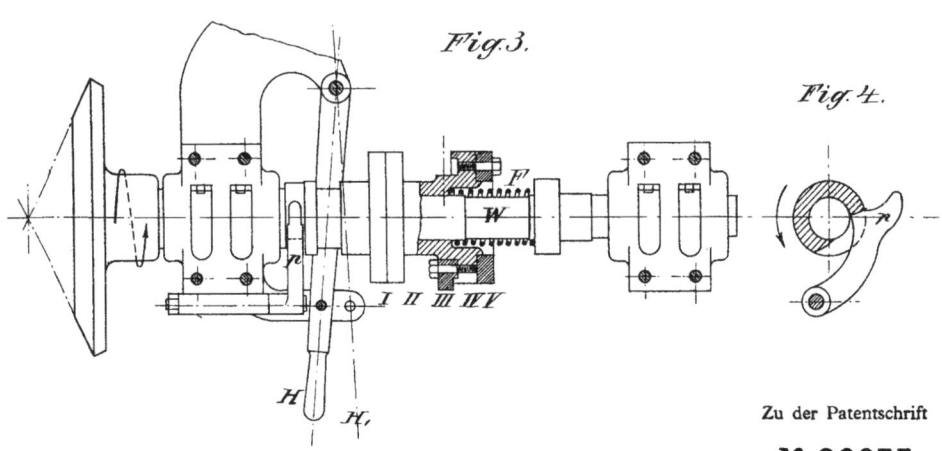

Fig. 3.   *Fig. 4.*

Zu der Patentschrift

№ 86633.

PHOTOGR. DRUCK DER REICHSDRUCKEREI

DER DIESELMOTOR

Rudolf Diesel, Berlin, Deutschland
Am 30. März 1895 als DE 86633, GB 4243/1895 und US 608845 veröffentlicht

Rudolf Diesel wurde 1858 in Paris als Sohn bayrischer Eltern geboren. Die Familie wurde nach Großbritannien abgeschoben, als der Deutsch-Französische Krieg von 1870/71 ausbrach. Später kehrten sie nach Deutschland zurück und Diesel schloss die Schule in Augsburg und München ab. Während seines Maschinenbau-Studiums an der Technischen Hochschule München hörte er eine Vorlesung von Professor von Linde über die Ineffizienz von Dampfmaschinen. Nur 12 % der produzierten Hitze wurde in nutzbare Energie verwandelt. Nach seiner Graduierung arbeitete Diesel zuerst in Paris, dann in Deutschland für von Lindes Kühlapparate-Firma.

Diesel begann sich mit dem Otto-Viertakt-Verbrennungsmotor zu beschäftigen. Er konstruierte einen Motor, der keine elektrische Zündung brauchte und mit einer Mischung aus Petroleum und Luft statt Benzin (raffiniertem Petroleum) und Luft lief. 1892, noch ehe der Motor gebaut war, veröffentlichte Diesel das Patent DE 67207. Das Patent und ein Buch bewegten zwei Firmen dazu, Diesel den Bau eines Motors zu finanzieren, der mit Kohlenstaub betrieben werden sollte. Der Motor explodierte beim ersten Probelauf, doch es bestand kein Zweifel, dass die Kompressionshitze ausreichte, um den Treibstoff zu entzünden. Diesel veränderte die Konstruktion und baute einen neuen Motor, der mit einfachem Petroleum lief und 1895 als die hier skizzierte Erfindung patentiert wurde. Verbrennungsmotoren funktionieren, indem ein Gemisch aus Luft und Treibstoff angesaugt, komprimiert und mit einer Zündkerze gezündet wird. Ein Dieselmotor komprimiert nur die Luft, und zwar in einem Verhältnis von 14:1 bis 22:1 statt bei einem Verbrennungsmotor von 8:1 bis 12:1, wobei die durch Kompression erzeugte Hitze zur Zündung ausreicht. Die Vorteile des Dieselmotors sind eine bessere Aus-

nutzung des Treibstoffs und die einfachere Bauweise, weil keine Zündkerzen und kein Vergaser erforderlich sind (und der Verschleiß geringer ist). Der schwerere Treibstoff macht den Motor umweltschädlicher als den Verbrennungsmotor, doch das hat damals wohl niemandem Sorgen bereitet.

Dieselmotoren funktionieren entweder nach dem Zweitakt- oder Viertaktprinzip. »Takt« bezeichnet hier die Anzahl der Abläufe, bei Viertaktmotoren also das Ansaugen, Verdichten, Zünden und Ausschieben. Die genaue Bauart, z. B. der Einspritzpumpe, ist jeweils unterschiedlich. Ein Zweitakt-Motor arbeitet nur mit Kompression und Ausstoß und hat deswegen eine andere Bauweise, wobei z. B. die Auslassventile die ganze Zeit offen stehen. Die US-Rechte für das Patent wurden an den deutsch-amerikanischen Brauer Adolphus Busch für $ 250000 verkauft. Ein einzelner Dieselmotor wurde 1898 für die »Anheuser Busch Brewery« in St. Louis, Missouri, gebaut und dort betrieben. Es war der erste kommerzielle Einsatz. Produktion und Betrieb von Dieselmotoren nahmen schnell zu.

Am 29. September 1913 ging Diesel in Antwerpen an Bord des Postdampfers »Dresden«, um in London an einem Treffen der »Consolidated Diesel Manufacturing Ltd.« teilzunehmen. Er schien guter Laune zu sein, wurde aber, nachdem er abends in seine Kabine gegangen war, nie wieder gesehen. Einige Wochen später übergaben deutsche Fischer den Behörden zwei Ringe, von denen sie behaupteten, sie stammten von der Wasserleiche eines gut gekleideten Mannes. Weil gerade ein Sturm aufgekommen sei, hätten sie die Leiche nicht mehr bergen können. Die Ringe erwiesen sich als die von Diesel. Sein Tod ist noch immer ein Rätsel und von Unfall über Suizid bis Mord ist über alle Ursachen spekuliert worden.

UNITED STATES PATENT OFFICE.

JOHN HARVEY KELLOGG, OF BATTLE CREEK, MICHIGAN.

FLAKED CEREALS AND PROCESS OF PREPARING SAME.

SPECIFICATION forming part of Letters Patent No. 558,393, dated April 14, 1896.

Application filed May 31, 1895. Serial No. 551,192. (No specimens.)

To all whom it may concern:

Be it known that I, JOHN HARVEY KELLOGG, of Battle Creek, in the county of Calhoun and State of Michigan, have invented a certain new and useful Alimentary Product and Process of Making the Same, of which the following is a full, clear, and exact description.

My invention relates to an improved alimentary product and to the process of making it; and the object of the improvement is to provide a food product which is in a proper condition to be readily digested without any preliminary cooking or heating operation, and which is highly nutritive and of an agreeable taste, thus affording a food product particularly well adapted for sick and convalescent persons.

To this end my invention consists in the new process and the new article of manufacture hereinafter described and claimed.

In carrying out my invention I use as a material from which to produce my improved alimentary product wheat, which is preferably in its natural state, although it may be slightly pearled without materially affecting the desired result, barley or oats prepared by the removing of a portion of the outer husks, corn, and other grains.

The steps of the process are as hereinafter described.

First. Soak the grain for some hours—say eight to twelve—in water at a temperature which is either between 40° and 60° Fahrenheit or 110° and 140° Fahrenheit, thus securing a preliminary digestion by aid of cerealin, a starch-digesting organic ferment contained in the hull of the grain or just beneath it. The temperature must be either so low or so high as to prevent actual fermentation while promoting the activity of the ferment. This digestion adds to the sweetness and flavor of the product.

Second. Cook the grain thoroughly. For this purpose it should be boiled in water for about an hour, and if steamed a longer time will be required. My process is distinctive in this step—that is to say, that the cooking is carried to the stage when all the starch is hydrated. If not thus thoroughly cooked, the product is unfit for digestion and practically worthless for immediate consumption.

Third. After steaming the grain is cooled and partially dried, then passed through cold rollers, from which it is removed by means of carefully-adjusted scrapers. The purpose of this process of rolling is to flatten the grain into extremely thin flakes in the shape of translucent films, whereby the bran covering (or the cellulose portions thereof) is disintegrated or broken into small particles, and the constituents of the grain are made readily accessible to the cooking process to which it is to be subsequently subjected and to the action of the digestive fluids when eaten.

Fourth. After rolling the compressed grain or flakes having been received upon suitable trays is subjected to a steaming process, whereby it is thoroughly cooked and is then baked or roasted in an oven until dry and crisp.

The finished product thus consists of extremely thin flakes, in which the bran (or the cellulose portions thereof) is disintegrated and which have been thoroughly cooked and prepared for the digestive processes by digestion, thorough cooking, steaming, and roasting. In this respect it differs from any similar alimentary article which has been heretofore produced.

The preliminary cerealin digestion converts a part of the starch into dextrin, and thus causes the grain to become somewhat glutinous, whereby I am enabled to apply a high pressure during the rolling process without any necessity of heating the rollers, and thus very thin flakes are produced which are not brittle and are readily roasted to assume a sweet flavor. The cooking before the rolling also assists in rendering the latter operation easier and more effective, and together with steaming or cooking after rolling brings the product into a condition in which it is readily soluble and digestible without any further cooking. The steaming or cooking and baking or roasting processes may be effected in the same apparatus, the product being first subjected to the action of steam, and, after the steam is cut off, to the action of dry heat.

The product being perfectly sterilized will keep indefinitely. It is a perfectly cooked food and ready to be eaten at once with no preparation whatever. It is very palatable, and hence

DAS CORNFLAKES-FRÜHSTÜCK

John Harvey Kellogg, Battle Creek, Michigan
Angemeldet am 31. Mai 1895 und als US 558393 veröffentlicht

Das erste Getreideflocken-Patent (US 502378) stammt von Henry Perky aus Denver, Colorado, und viele weitere folgten. John Harvey (»J. H.«) Kellogg wurde 1852 in Tyrone, Michigan, als Sohn eines Farmers geboren. Seine Eltern konvertierten im selben Jahr zu einer religiösen Gemeinschaft, deren Anhänger sich 1863 zu den »Seventh Day Adventists« zusammenschlossen. Sie zogen in die kleine Stadt Battle Creek, wo 1860 ihr Sohn Will (»W. K.«) geboren wurde. Die Sekte hielt nicht viel von Alkohol oder Fleisch und bevorzugte natürliche Produkte. Sie gründeten in Battle Creek eine »Gesundheitsfarm« und 1876 wurde der frisch promovierte J. H. gebeten, das Battle Creek-Sanatorium für ein Jahr zu leiten. Er blieb dort sein Leben lang. J. H. ergänzte die Behandlungsmethoden um ein paar eigene Ideen: Das Zählen von Kalorien, das Vermeiden von Zucker, regelmäßige Bewegung und das Trinken von 10 Glas Wasser am Tag. Tabak, Tee und Kaffee waren verboten. Er nannte sein Gesundheitsprogramm »biologic living« und ließ die Patienten jeden Tag um 7 Uhr mit Gymnastikübungen beginnen, gefolgt von kalten Bädern, Einläufen, Schwimmen, einer Elektroschock-Therapie und vegetarischer Diät. Der Tag endete oft mit einem Gesundheitsmarsch, den J. H. anführte. Trotz der harten Prozedur nahm die Zahl der Patienten ständig zu. J. H. wurde als Geschäftsführer von seinem schüchternen Bruder W. K. unterstützt. Er behandelte ihn herablassend und bestand darauf, von ihm als »Dr. Kellogg« angeredet zu werden.

Die Zubereitung und sogar das Erfinden von Nahrungsmitteln war immer wichtig für die Mission des Sanatoriums. J. H. glaubte, dass gekochtes Essen gut für die Verdauung sei, also backte er Kekse aus verschiedenen Getreidesorten, zerkrümelte sie und servierte sie so den Patienten, die das neue »Granola« aber nicht mochten. Manchmal half auch W. K. seinem Bruder. 1894 experimentierten sie mit Weizenteig, kochten ihn unterschiedlich lange und walzten ihn zu großen Blättern. Einmal ließ W. K. den Teig über Nacht stehen. Als er ihn auswalzen wollte, zerbrach er zu einzelnen Flocken. W. K. war verdutzt. Der Teig war über Nacht feucht geworden. Er hätte die Flocken wegschmeißen und neuen Teig anrühren können. Stattdessen brachte er sie seinem Bruder und schlug vor, sie zum Frühstück zu servieren. J. H. wollte sie in kleine Teile zermahlen, doch W. K. servierte sie ganz. Die Patienten aßen sie erfreut und verlangten nach mehr. Links die erste Seite des Patents.

Es folgten zahlreiche weiterer Patente, vor allem zu Lebensmittelprodukten, aber auch zu strahlungsbeheizten Bädern, Inhalationsgeräten und Bruchbändern, alle von J. H. Das Verfahren wurde bald auf Mais- und Reisflocken übertragen. W. K. war für die Herstellung verantwortlich und begann mit dem Verkauf des Produkts. Schnell kamen Imitate auf und viele ihrer Hersteller zogen nach Battle Creek und bauten Fabriken. Darunter auch Charles Post, einer von Kelloggs eigenen Patienten, der eine Firma zur Herstellung von Grape-Nuts® gründete. J. H. kümmerte das wenig, solange die Leute sich nur gesünder ernährten, aber W. K. war verärgert. Er wollte Geld verdienen. Zum Bruch kam es schließlich, als W. K. in J. H.s Abwesenheit ihrem Produkt Malzaroma, einen Zuckerstoff, beifügte – J. H. war außer sich. 1906 zahlte W. K. den Bruder aus und schuf, endlich sein eigener Herr, die berühmten Kellogg's®-Cornflakes. Das gesunde Leben scheint sich gelohnt zu haben, beide Brüder wurden sehr alt und starben in Battle Creek. J. H., der immer Weiß trug und gern im Rampenlicht stand, starb 1943; W. K., ein anerkannter Wohltäter, 1951.

No. 621,195.   Patented Mar. 14, 1899.

FERDINAND GRAF ZEPPELIN.
NAVIGABLE BALLOON.
(Application filed Dec. 29, 1897.)

(No Model.)   4 Sheets—Sheet 1.

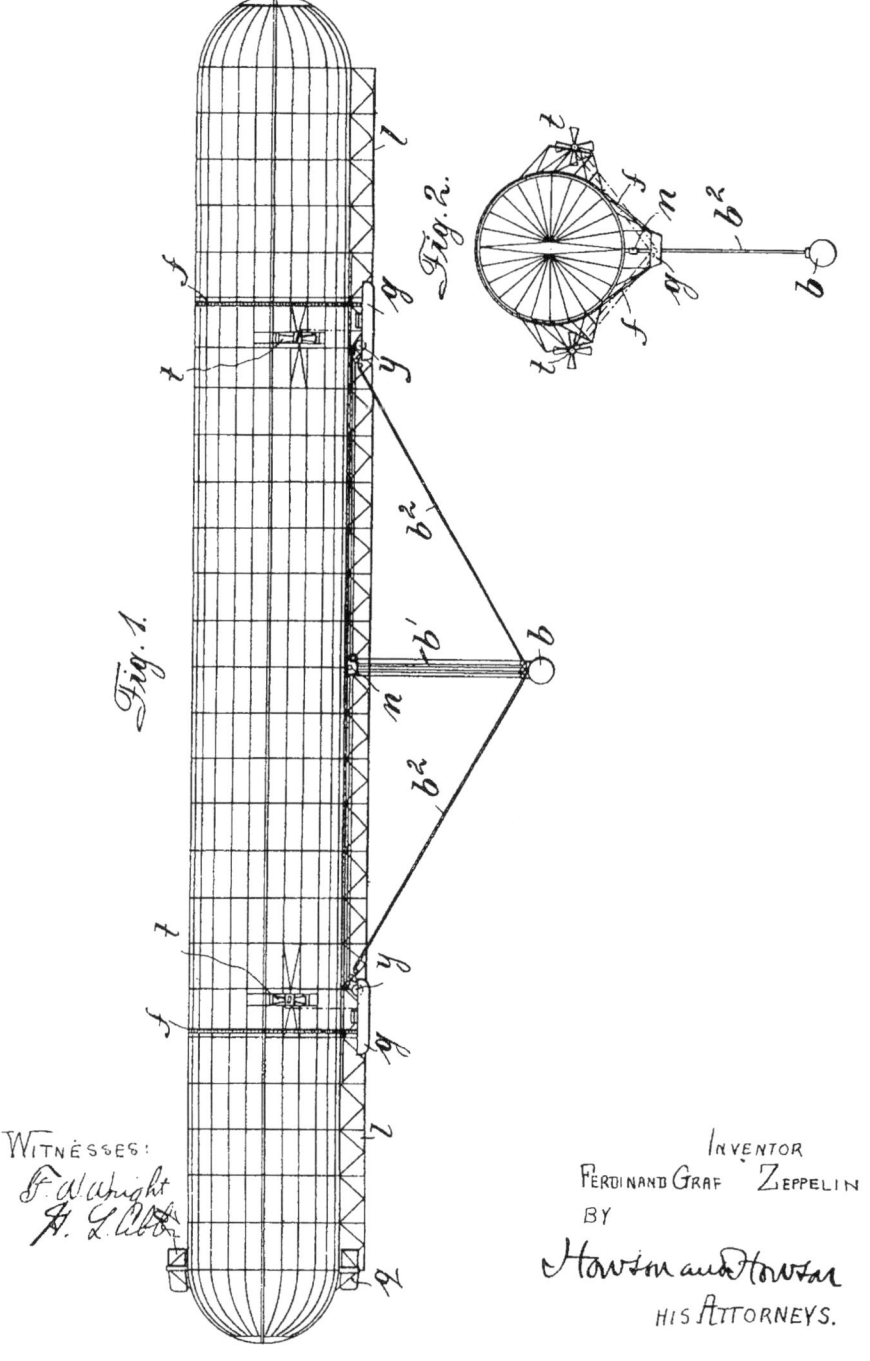

INVENTOR
FERDINAND GRAF ZEPPELIN
BY
Howson and Howson
HIS ATTORNEYS.

134

DER ZEPPELIN

Ferdinand Graf Zeppelin, Stuttgart, Deutschland
Angemeldet am 31. August 1895 und als DE 98580, US 621195 und GB 131/1898 veröffentlicht

Graf Ferdinand Zeppelin wurde 1838 in Konstanz geboren. Er schlug eine Laufbahn als Armee-Offizier ein und diente als Militärbeobachter der Unionierten im amerikanischen Bürgerkrieg und in den Kriegen gegen Österreich und Frankreich. 1890 ging er in den Ruhestand und widmete sich ganz der Idee des Luftschiffs. Seit 1874 zeigen seine Tagebücher Einträge dazu. Vor ihm hatten schon andere über die Idee eines Luftschiffs nachgedacht, doch er löste als erster die meisten Probleme – mit der Hilfe des Ingenieurs Theodor Kober. Heißluftballone waren den Launen des Winds ausgeliefert – Luftschiffe nicht. Zahlreiche Gaszellen wurden einzeln mit Wasserstoff gefüllt und in einem 128 m langen starren Gerippe eingeschlossen. Wasserstoff ist leichter als Luft, und die Massendifferenz zwischen Wasserstoff und Luft verleiht dem Luftschiff die Fähigkeit Lasten zu tragen. Der Entwurf zeigt zwei Gondeln für die Mannschaft (bei »g«), jede mit einem 12 kW starken Motor versehen, der jeweils zwei Propeller antrieb, die seitlich positioniert waren (Fig. 2). Die Propeller gaben Schub nach vorne. Seitenruder lenkten das Luftschiff in der Horizontalen. Das Gewicht »b« bewegte sich am Kiel entlang und sorgte so für die vertikale Bewegung. Der Bug wurde vor der Landung nach oben gezogen. Ein Laufgang an der Unterseite ermöglichte mit Hilfe von Strickleitern den Zugang zu allen Teilen des Luftschiffs.

Zeppelin legte die Pläne der deutschen Heereskommission vor, die aber kein Interesse zeigte und meinte, ein solches Schiff sei zu langsam und zerbrechlich. 1898 wurde eine Firma gegründet, die anhand der Patentpläne das erste Modell baute. Am 1. Juli 1900 startete das »LZ 1« von einem schwimmenden Hangar auf dem Bodensee aus zu seinem Jungfernflug. Zeppelin selbst steuerte das Luftschiff, das eine Sensation war, obwohl es beim Landen beschädigt wurde. Zum ersten Mal hatte ein Flug mit Motorkraft stattgefunden. Spenden flossen und durch die Erlaubnis zur Gründung einer Lotteriegesellschaft kam Zeppelin zu weiterem Kapital. Das dritte Modell von 1906, »LZ 3«, war ein Erfolg, führte aber auch zu Beunruhigung, wie etwa H. G. Wells Roman *Der Luftkrieg* (1908) über einen Angriff deutscher Luftschiffe auf die USA zeigt. Spätere Verbesserungen waren stabilisierende Leitwerke, der Wegfall des Laufgewichts und viel stärkere Motoren. Zwischen verschiedenen deutschen Städten fanden nun reguläre Fahrten statt mit 24 Passagieren, die mit großem Komfort reisten.

Bei Ausbruch des Ersten Weltkriegs drängte Zeppelin darauf, Luftschiffe und Riesenflugzeuge zur Bombardierung Großbritanniens einzusetzen. 100 Zeppeline wurden zum Bombenabwurf genutzt, einige konnten bis zu vier Tagen unterwegs sein. Doch sie waren ein leichtes Ziel für Flugabwehrgeschütze und gegnerische Flugzeuge. Ferdinand Zeppelin starb 1917 in Charlottenburg. Nach dem Krieg unternahmen die »Graf Zeppelin« und später die »Hindenburg« Fahrten über den Atlantik, 1929 sogar einmal um die Erde. Ihre große Schwäche war die Verwendung von Wasserstoff, der zwar nicht explodiert, aber brennt. Helium hat nur 92 % der Tragkraft, ist jedoch unbrennbar. Durch Stürme, Instabilität und Feuer verloren Großbritannien, Deutschland und die USA Luftschiffe, und Menschen starben. Wegen Planungsfehlern wurde sogar ein heliumgefülltes Luftschiff wie die US-»Shenandoah« 1925 in einem Sturm zerstört. Das Ende der starren Luftschiffe (nicht aber der unstarren) kam 1937 mit dem Brand des »Hindenburg« in Lakehurst, New Jersey.

J. C. BOYLE.
SALUTING DEVICE.

No. 556,248.

Patented Mar. 10, 1896.

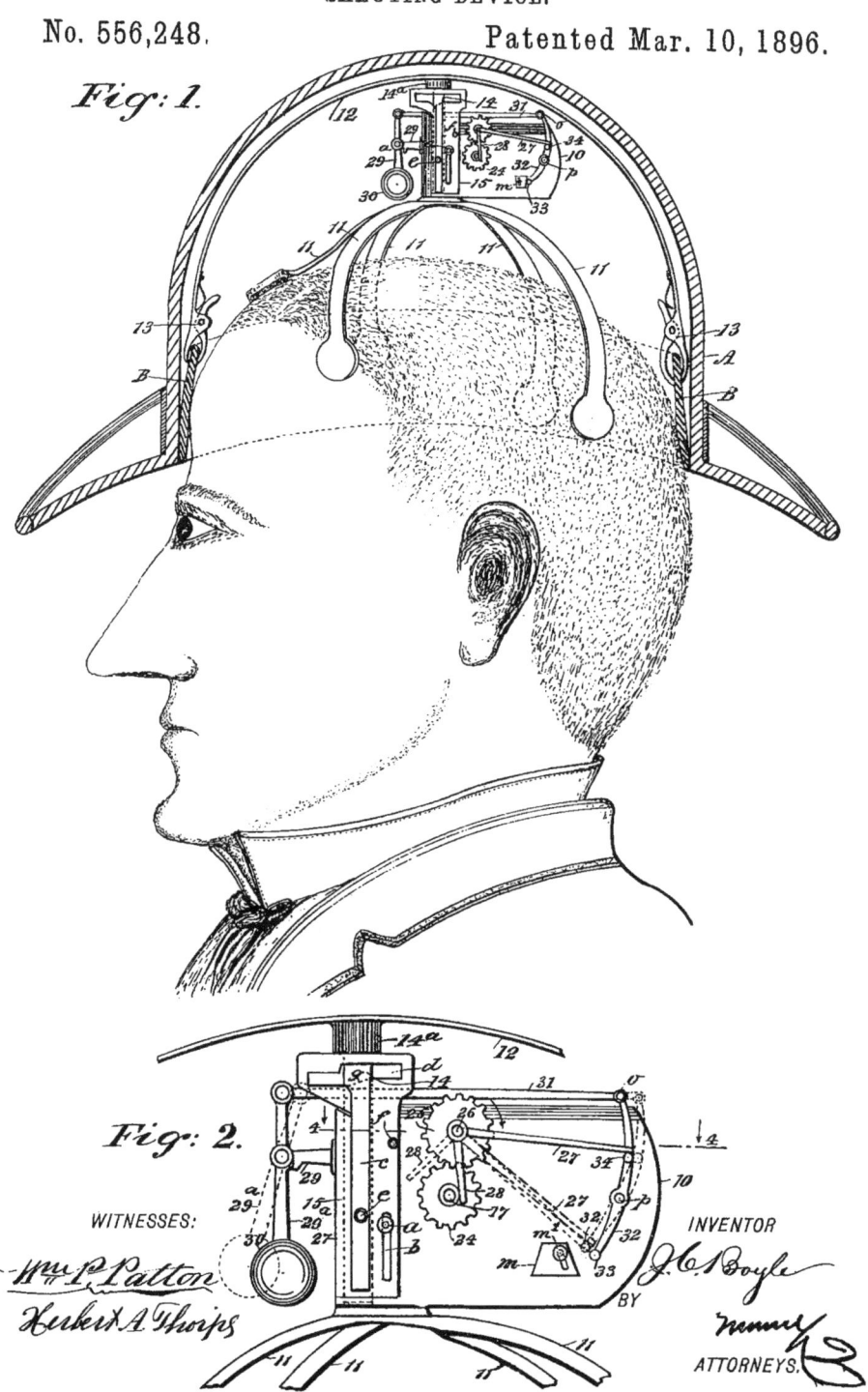

Fig: 1.

Fig: 2.

WITNESSES:

Wm P. Patton

Herbert A. Thorps

INVENTOR

J. C. Boyle

BY

ATTORNEYS.

DIE GRÜSSVORRICHTUNG

James Boyle, Spokane, Washington State
Angemeldet am 18. September 1895 und als US 556248 veröffentlicht

»Diese Erfindung bezieht sich auf eine neue Vorrichtung zur automatischen Hervorrufung höflicher Begrüßungen, indem dazu der Hut auf dem Kopf des Grüßenden angehoben und gedreht wird, wenn die besagte Person sich vor der zu grüßenden Person oder den zu grüßenden Personen verbeugt, wobei der Antrieb des Hutes durch einen in ihm angebrachten Mechanismus in Gang gesetzt wird, ohne dass dazu in irgendeiner Weise die Hände benutzt werden müssen.« James Boyles interessante Idee spiegelt sowohl die Bedeutung von Hüten zu einer Zeit wider, als Arbeiter und »feine Pinkel« sie gleichermaßen trugen, als auch die Höflichkeit gegenüber anderen Leuten. Vermutlich war der Hutträger entweder zu faul, um seinen Hut zu heben, oder er hatte seine Hände nicht frei. Die Idee war, dass durch das Kopfnicken der Mechanismus »den Hut heben, ihn vollständig herumdrehen und wieder korrekt auf dem Kopf des Trägers absetzen« würde, und zwar »jedes Mal dann, wenn die besagte Person sich verbeugt und wieder eine aufrechte Haltung einnimmt«. Jedes versehentliche Bücken jedoch, etwa beim Zubinden der Schuhe, hätte denselben Effekt gehabt und einen seltsamen Eindruck gemacht. Außer der hier abgebildeten Seite des Patents gibt es sieben weitere Zeichnungen und dazu drei eng beschriebene Seiten, auf denen der Mechanismus erklärt wird. Am Schweißband »B« zieht beim Nicken ein Bogenstück »12«, das den Drehmechanismus in Gang setzt, der auf dem Kopf aufliegt.

Boyle muss wenigstens ansatzweise klar gewesen sein, wie eigenartig seine Erfindung war. Zum Schluss schreibt er: »Man könnte ein Zeichen oder ein Schild am Hut anbringen, auf dem die Verbesserungen erklärt sind, wobei die Grußvorrichtung dazu benutzt werden könnte, um auf einer belebten Verkehrsstraße die Aufmerksamkeit der Öffentlichkeit auf diese Werbung am Hut zu lenken, sodass die Neuerung seiner offensichtlichen Eigenbewegung wiederum die Aufmerksamkeit auf den Hut und das Schild lenkt.« Die Hälfte der Rechte wurde auf John Neill übertragen, der also ebenfalls fest an den Erfolg der Erfindung glaubte und vielleicht die Patentgebühren bezahlte. Das Patentamt registrierte die Erfindung unter 2/209.13: »Kopfbedeckungen in Verbindung mit unterschiedlichen Artikeln.«

Die Erfindung gilt als einzigartig. Viele der zahlreichen britischen Patente zum Thema Hüte beschäftigen sich mit dem Plätten von Hüten (bei der Herstellung), viele mit ihrer Belüftung – darunter das Patent GB 2181/1855, eine »Übertragung« von einem Londoner Patentanwalt im Auftrag einer unbekannten Person (wahrscheinlich einem Ausländer), das sich auf eine bewegliche Krone bezieht, die sich »nach Belieben« öffnen und schließen ließ. Die zwei Teile der Krone waren durch einen Streifen aus perforiertem Material miteinander verbunden. Stäbe hoben die Krone an, wenn Belüftung gewünscht war, und legten den perforierten Streifen frei. Interessant auch das Patent GB 763/1870 von Paul de Ferrari aus Paris, einem Architekten. Es bezog sich auf einen Zylinder mit doppelter Krempe und sollte »das Gehirn des Trägers vor Sonnenhitze schützen«. Ein Mechanismus hob den äußeren Rand an und legte Lüftungslöcher am inneren frei. Noch seltsamer ist das Patent GB 762/1859 von William Redgrave aus London, einem Schneider. Es bezog sich auf eine Kappe, die die Wirkung von Schlägen abfangen sollte, und war für Reisende, Frauen, Kinder – und Geistesgestörte gedacht. Die Kappe bestand aus einem Rohrstück aus luftdichtem Material. Dass sie den Stoß auch beim Hinfallen dämpfte, erklärt ihre besondere Anwendung bei Geistesgestörten.

United States Patent Office.

FELIX HOFFMANN, OF ELBERFELD, GERMANY, ASSIGNOR TO THE FARBEN-
FABRIKEN OF ELBERFELD COMPANY, OF NEW YORK.

ACETYL SALICYLIC ACID.

SPECIFICATION forming part of Letters Patent No. 644,077, dated February 27, 1900.

Application filed August 1, 1898. Serial No. 687,385. (Specimens.)

To all whom it may concern:

Be it known that I, FELIX HOFFMANN, doctor of philosophy, chemist, (assignor to the FARBENFABRIKEN OF ELBERFELD COMPANY, of New York,) residing at Elberfeld, Germany, have invented a new and useful Improvement in the Manufacture or Production of Acetyl Salicylic Acid; and I hereby declare the following to be a clear and exact description of my invention.

In the *Annalen der Chemie und Pharmacie,* Vol. 150, pages 11 and 12, Kraut has described that he obtained by the action of acetyl chlorid on salicylic acid a body which he thought to be acetyl salicylic acid. I have now found that on heating salicylic acid with acetic anhydride a body is obtained the properties of which are perfectly different from those of the body described by Kraut. According to my researches the body obtained by means of my new process is undoubtedly the real acetyl salicylic acid

$$C_6H_4 \begin{cases} OCO.CH_3 \\ COOH. \end{cases}$$

Therefore the compound described by Kraut cannot be the real acetyl salicylic acid, but is another compound. In the following I point out specifically the principal differences between my new compound and the body described by Kraut.

If the Kraut product is boiled even for a long while with water, (according to Kraut's statement,) acetic acid is not produced, while my new body when boiled with water is readily split up, acetic and salicylic acid being produced. The watery solution of the Kraut body shows the same behavior on the addition of a small quantity of ferric chlorid as a watery solution of salicylic acid when mixed with a small quantity of ferric chlorid—that is to say, it assumes a violet color. On the contrary, a watery solution of my new body when mixed with ferric chlorid does not assume a violet color. If a melted test portion of the Kraut body is allowed to cool, it begins to solidify (according to Kraut's statement) at from 118° to 118.5° centigrade, while a melted test portion of my product solidifies at about 70° centigrade. The melting-points of the two compounds cannot be compared, because Kraut does not give the melting-point of his compound. It follows from these details that the two compounds are absolutely different.

In producing my new compound I can proceed as follows, (without limiting myself to the particulars given:) A mixture prepared from fifty parts of salicylic acid and seventy-five parts of acetic anhydride is heated for about two hours at about 150° centigrade in a vessel provided with a reflux condenser. Thus a clear liquid is obtained, from which on cooling a crystalline mass is separated, which is the acetyl salicylic acid. It is freed from the acetic anhydride by pressing and then recrystallized from dry chloroform. The acid is thus obtained in the shape of glittering white needles melting at about 135° centigrade, which are easily soluble in benzene, alcohol, glacial acetic acid, and chloroform, but difficultly soluble in cold water. It has the formula

$$C_6H_4 \begin{cases} OCOCH_3 \\ COOH \end{cases}$$

and exhibits therapeutical properties.

Having now described my invention and in what manner the same is to be performed, what I claim as new, and desire to secure by Letters Patent, is—

As a new article of manufacture the acetyl salicylic acid having the formula:

$$C_6H_4 \begin{cases} O.COCH_3 \\ COOH \end{cases}$$

being when crystallized from dry chloroform in the shape of white glittering needles, easily soluble in benzene, alcohol and glacial acetic acid, difficultly soluble in cold water, being split by hot water into acetic acid and salicylic acid, melting at about 135° centigrade, substantially as hereinbefore described.

In testimony whereof I have signed my name in the presence of two subscribing witnesses.

FELIX HOFFMANN.

Witnesses:
R. E. JAHN,
OTTO KÖNIG.

138

DAS ASPIRIN

Felix Hoffmann, Elberfeld, Deutschland, für die »Farbenfabriken of Elberfeld Company«, New York
Angemeldet am 1. August 1898 in den USA und als US 644077 und GB 27088/1898 veröffentlicht

Aspirin geht zurück auf den griechischen Arzt Hippokrates, der zur Schmerzbehandlung im 5. Jahrhundert v. Chr. ein bitteres Pulver aus Weidenrinde einsetzte. Die wirksame Substanz war Lalicylsäure. Im 19. Jahrhundert war Natriumsalicylat weit verbreitet. Die Abläufe hat erst in den 1970er Jahren der britische Wissenschaftler und spätere Nobelpreisträger John Vane beschrieben: Schmerzen werden dem Gehirn durch Prostaglandine signalisiert. Aspirin verhindert ihre Produktion und reduziert so die Empfindung von Schmerz. Charles Gerhardt, ein französischer Chemiker, synthetisierte schon 1853, was heute Aspirin heißt, hielt es aber nicht für bedeutend. Johann Kraut verbesserte 1869 die Formel. In den 1890er Jahren war Bayer eine schnell wachsende Chemiefirma. Das Labor wurde von Arthur Eichengrün geleitet, Felix Hoffmann war einer seiner Chemiker. Eichengrün suchte eine Lalicylsäure mit weniger Nebenwirkungen.

Zur Herstellung von Acetylsalicylsäure veränderte Hoffmann Krauts Arbeit, auf die er sich in seiner Patentschrift (links) bezog. Er fügte die Acetyl-Gruppe hinzu, um den Säure-Effekt zu vermindern. Das neue Produkt erhielt seine Namen nach der deutschen Bezeichnung »Acetylierte Spirsäure« plus der üblichen chemischen Endung »in«. Ein Jahr lang ignorierte die Firma die neue chemische Verbindung, weil man meinte, sie wäre herzschädigend (damals war es üblich, gewaltige Mengen Lalicylsäure einzunehmen, was zu Herzrasen führte). Bayer war an einem anderen Medikament mit angeblich geringen Nebenwirkungen interessiert, Heroin, das enorme Nachbestellungen einbrachte. Eichengrün bestand darauf, das neue Medikament an Patienten zu testen, und erkannte seine Vorteile. Schließlich verfasste der Bayer-Geschäftsführer Heinrich Dreser, der das neue

Medikament zunächst blockiert hatte, einen begeisterten Artikel, der die beiden Chemiker jedoch unerwähnt ließ.

Bald nach Beginn der Produktion schossen die Umsätze in die Höhe, obwohl man in Deutschland, wo Aspirin nicht als neu galt, gar kein Patent besaß. Dreser erhielt trotzdem Tantiemen, da das Produkt aus seinem Labor stammte. Die beiden Chemiker gingen leer aus, weil ihre Arbeitsverträge für Tantiemenzahlungen patentierte Produkte verlangten. Eichengrün fühlte sich übergangen, verbrachte 14 Monate (er war Jude) in einem Konzentrationslager und starb 1949 im selben Monat, als er seinen Anspruch auf die Entdeckung des Aspirins geltend machte. Mit einem so lukrativen Produkt investierte Bayer stark in ausländische Märkte, besonders in die USA (trotz Schmuggelware, die massenweise aus Kanada kam), wo das Bayer-Aspirin noch heute die am meisten verkaufte Marke ist. Das britische Patent ging 1905 wegen Krauts Arbeit in einem Gerichtsprozess verloren. Bis das amerikanische Patent auslief, war der Preis in den USA zehnmal höher als in Europa. Das Wort »Aspirin« wurde als Warenzeichen eingetragen (in einer verwirrenden Geschichte mit sehr viel Geld auf dem Spiel), doch die Rechte daran gingen wegen des Ersten Weltkriegs verloren. Weder in Großbritannien noch in den USA ist Aspirin heute als Warenzeichen erlaubt, weil es sich dort um einen Oberbegriff handelt, was für viele andere Länder einschließlich Deutschland nicht gilt. Die Verwendung des Medikaments ist nach wie vor weit verbreitet, wobei die jüngste ärztliche Empfehlung dahin geht, Patienten mit Herzproblemen jeden Tag ein Aspirin zu verabreichen. Auch wird es inzwischen als Krebsmittel empfohlen.

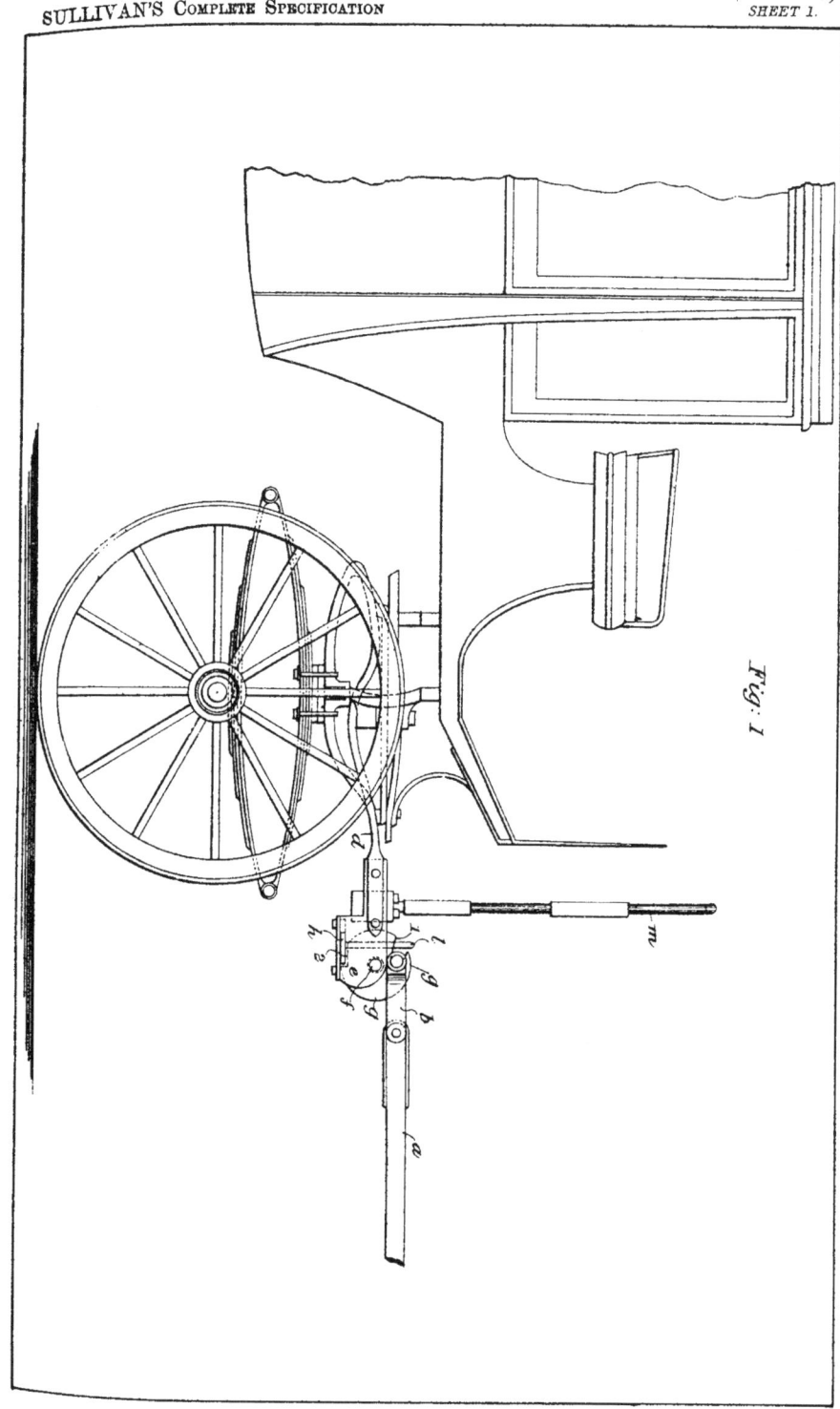

Fig: 1

Die Zugtierabspannvorrichtung

Sir Arthur Seymour Sullivan, London, England
Angemeldet am 16. Dezember 1898 und als GB 26624/1898 veröffentlicht

Sir Arthur Seymour Sullivan, der berühmte Komponist der Gilbert & Sullivan-Operetten, wurde 1842 als Sohn eines irischen Militärmusikers in London geboren. Von 1875 bis 1896 arbeitete er mit dem Lyriker Sir William Schwenk Gilbert zusammen. Das Thema von Sullivans Erfindung lag in der Luft. Zu einer Zeit, da man für kurze Strecken oder in abgelegenen Gegenden hauptsächlich per Kutsche unterwegs war, musste man über eine sichere, billige und praktische Methode zum Abspannen der Pferde verfügen, falls diese durchgingen oder fielen. Die Erfindung zielte darauf ab, »der üblichen Verzögerung und Gefahr zu begegnen, der man derzeit ausgesetzt ist«.

Außer der Deichsel, die die Pferde mit der Kutsche verband, gab es eine zweite »Bruchdeichsel«. Diese war mit der normalen Deichsel durch schwingende Haken verbunden, die von einer gekerbten Stange mit einem Hebel gehalten wurden, der sich in Reichweite des Kutschers befand. Im Fall eines Unfalls legte der Kutscher den Hebel um und die Pferde kamen frei. Dabei ging es nicht nur um die Sicherheit der Pferde: Durchgehende Pferde brachten auch Kutsche und Insassen in Gefahr. Der Hebel half auch, die Kutsche sicher zum Halten zu bringen, falls die Bremsen schlecht funktionierten. Die Deichsel »a« ist mit einem Rahmen »b« verbunden. Der Hebel »m« verbindet den Mechanismus mit der gekerbten Stange »h«. Weitere Details sind auf den übrigen Seiten des Patents dargestellt. Es gab viele Patentanmeldungen in diesem Bereich. Sullivans war 1898 nur eine von neun. Sie wurden im britischen Patentindex unter »Durchgegangene oder gefallene Pferde; Abspannen« geführt.

Die meisten Erfindungen arbeiteten mit solchen Abspann-Mechanismen. Ein anderes Verfahren wählten Charles Moore und Richard Blair aus Philadelphia mit ihrem Patent US 129358 von 1872. Zwischen den Augen des Pferdes war ein gefalteter Fächer an einem Längsriemen angebracht. Er »wird, wenn nicht in Gebrauch, das Pferd nicht wesentlich stören und braucht nicht viel Platz«. Falls das Pferd durchging, würde der Kutscher den Fächer plötzlich oder nach und nach öffnen und das Pferd würde stehen bleiben, weil es nun nichts mehr sah.

Sullivans Erfindung war nicht seine erste Begegnung mit der Idee des geistigen Eigentums. Er soll der Erste gewesen sein, der sich gegen den Diebstahl urheberrechtlich geschützter Noten zur Wehr setzte. Er kämpfte gegen britische »Bootlegger«, war aber vor allem über die amerikanischen Verleger empört, die die Tatsache ausnutzten, dass das amerikanische Urheberrechtsgesetz ausländische Urheber nicht schützte. Der zornige Sullivan strengte deswegen viele Gerichtsprozesse in den USA an, was dem Notenhandel selbst aber kaum schadete. Um den Diebstahl der Operette *The Pirates of Penzance* zu verhindern, weigerte er sich lange, die Partitur zu veröffentlichen. Rausschmeißer strichen in jeder Aufführung umher, um Musikdiebe am Aufschreiben der Melodien zu hindern. Als Sullivan den »Guerillakrieg«, wie er es nannte, satt hatte, bezahlte er amerikanische Musiker dafür, ihren Namen auf die Partitur mehrerer seiner Operetten, darunter auch *The Mikado*, zu setzen und ihm anschließend die Rechte zurückzugeben, um so den Erfordernissen des amerikanischen Urheberrechtsgesetzes Genüge zu tun. Trotzdem verklagte er amerikanische Theatergesellschaften, wenn diese die Partituren illegal verwendeten – und verlor. »Kein Engländer besitzt irgendwelche Rechte, die ein gebürtiger Amerikaner zu respektieren hätte«, sagte dazu angeblich ein Richter. Sullivan starb im Jahr 1900 in London.

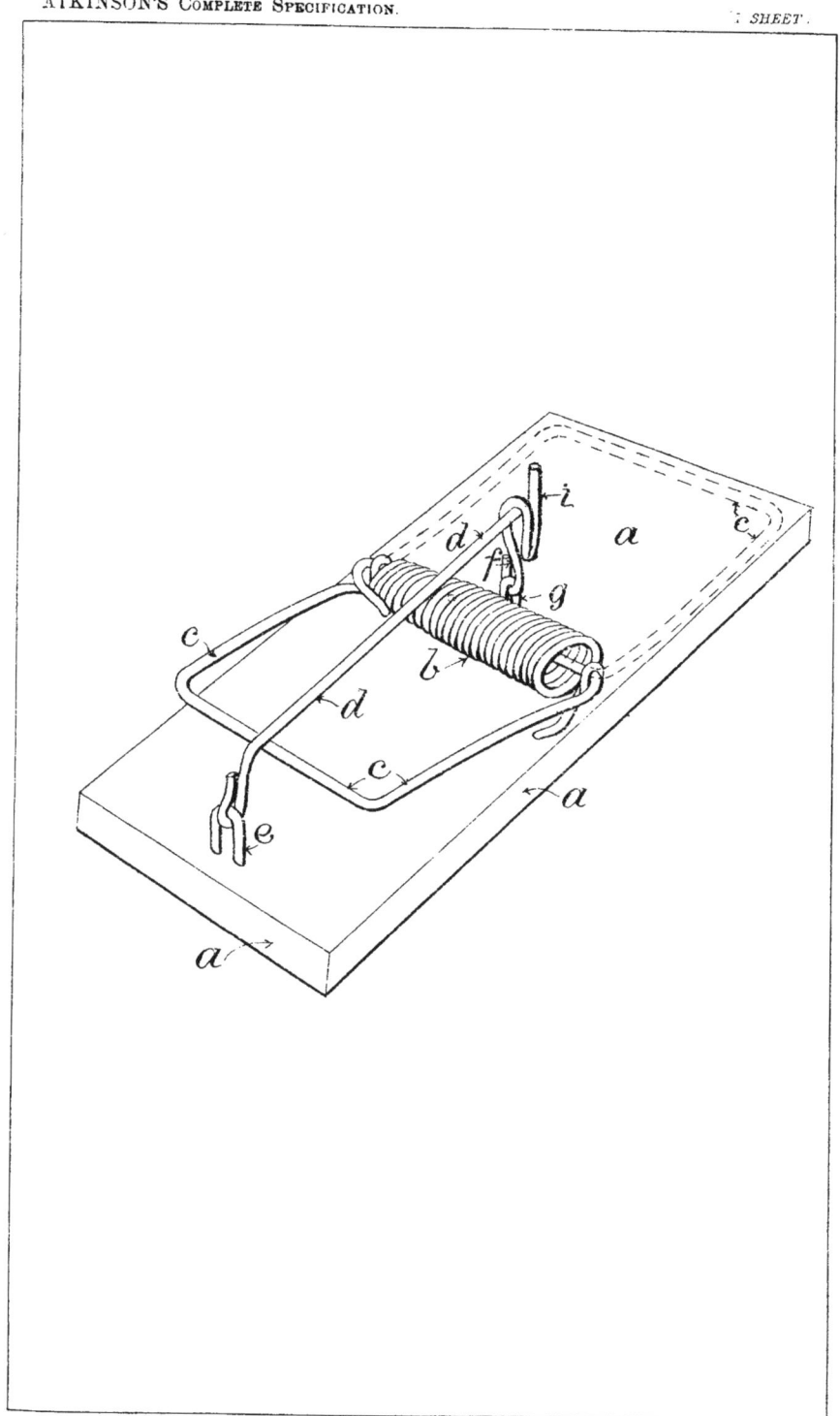

Die Mausefalle

James Henry Atkinson, Leeds, Yorkshire, England
Angemeldet am 27. Juni 1899 und als GB 13277/1899 veröffentlicht

Der Bedarf an Schädlingsfallen war im 19. Jahrhundert sehr groß. Hier geht es um die klassische Mausefalle. James Henry Atkinson wurde 1849 in Leeds geboren, bezeichnete sich in seinen Patenten zunächst als Eisenhändler, hier als »Modellbauer«. Er hatte ein Aufzugsystem für Rollläden (GB 14576/1886), ein Aschesieb für Kamine (GB 667/1893) und zwischen 1895 und 1897 Jalousiengurte und ein System zum Erhitzen von Bügeleisen erfunden, doch seine wahre Liebe galt dem Fangen von Mäusen.

Seine »Verbesserte Tretfalle für Mäuse, Ratten und dergleichen« wurde am 30. Dezember 1898 angemeldet und als GB 27488/1898 veröffentlicht. Es war fast schon die »klassische« Mausefalle, nur dass sie hier noch durch bloßes Darüberlaufen ausgelöst wird (deshalb »Tretfalle«), weil etwa in Lebensmittelgeschäften, wie er meinte, ein Köder gar nicht notwendig sei. Später verbesserte er sie zum hier abgebildeten Patent, das einen Köder vorsah. Die Falle war auf leichte Handhabbarkeit angelegt, »mit einem minimalen Risiko einer vorzeitigen ›Auslösung‹ beim Spannen und Einrichten«. In der Skizze ist »c« die Feder und »d« der Fanghebel, der an Klammer »e« eingehängt ist und die Feder beim Spannen unten hält. »f« ist die Köderklammer, die an »g« befestigt ist. Der Köder hängt an »i«; »c« wird ausgelöst, wenn die Maus daran zieht.

Zuerst stellte Atkinson die Fallen selbst her, später verkaufte er die Rechte an »Procter Brothers«, ein walisisches Unternehmen für Drahtverarbeitung. Die erste überlieferte Anzeige für die Falle ließ Procter am 10. Februar 1900 in dem Handelsmagazin *Ironmonger* erscheinen. Sie weist eine wichtige Veränderung auf: Die komplizierte Vorrichtung, um den Köder unten zu halten, war durch einen aufrecht stehenden Stift ersetzt worden, auf den der Köder gesteckt wurde. Das zeigt, dass eine Idee gar nicht kompliziert zu sein braucht, um praktikabel zu sein. Es handelte sich dabei um das heute übliche Modell, das die Gesellschaft noch immer in ihrer Fabrik in Bedwas bei Newport, Wales, herstellt. Atkinson beschäftigte sich weiter mit seiner Idee, doch das abgebildete Patent war seine größte Leistung. Sein Patent GB 2503/1900 war wieder eine Tretfalle, die als GB 13993/1902 dahingehend verändert wurde, dass sich das Brettchen in Schräglage befand, beweglich aufgehängt an einer zweiten Platte, die auf dem Boden auflag. Sein Patent GB 8317/1900 war bestimmt nicht das erste und mit Sicherheit nicht das letzte, das einen wassergefüllten Kasten verwendet. Die Mäuse sollten eine Leiter hinaufsteigen, in das Wasser fallen und ertrinken. Sein letzter Beitrag zu diesem Thema war 1938 eine Nagetierfalle (GB 465991), als er fast neunzig Jahre alt war. Er starb 1942 in Leeds.

Eine sehr ähnliche Erfindung wurde 1894 von William Hooker aus Abingdon in Illinois (US 528671) veröffentlicht. Das Modell wurde erfolgreich in Lititz, Pennsylvania, hergestellt, versehen mit dem Warenzeichen »Out O'sight«, das auf der Rückseite aufgedruckt war und bei dem eine Maus durch das mittlere O hindurchschaut. Mit Ausnahme einer Heckenschere bezogen sich alle 27 Patente von Hooker zwischen 1865 und 1908 auf Torkonstruktionen oder Tierfallen. Atkinsons Patent wäre wahrscheinlich abgelehnt worden, weil es gegenüber dem Hooker-Patent nichts Neues brachte. Britische Patente wurden jedoch erst ab 1905 auf ihren Neuigkeitswert geprüft. Es kann gut sein, dass Atkinson die Hooker-Falle zuvor in einem Geschäft oder einer Anzeige gesehen hatte.

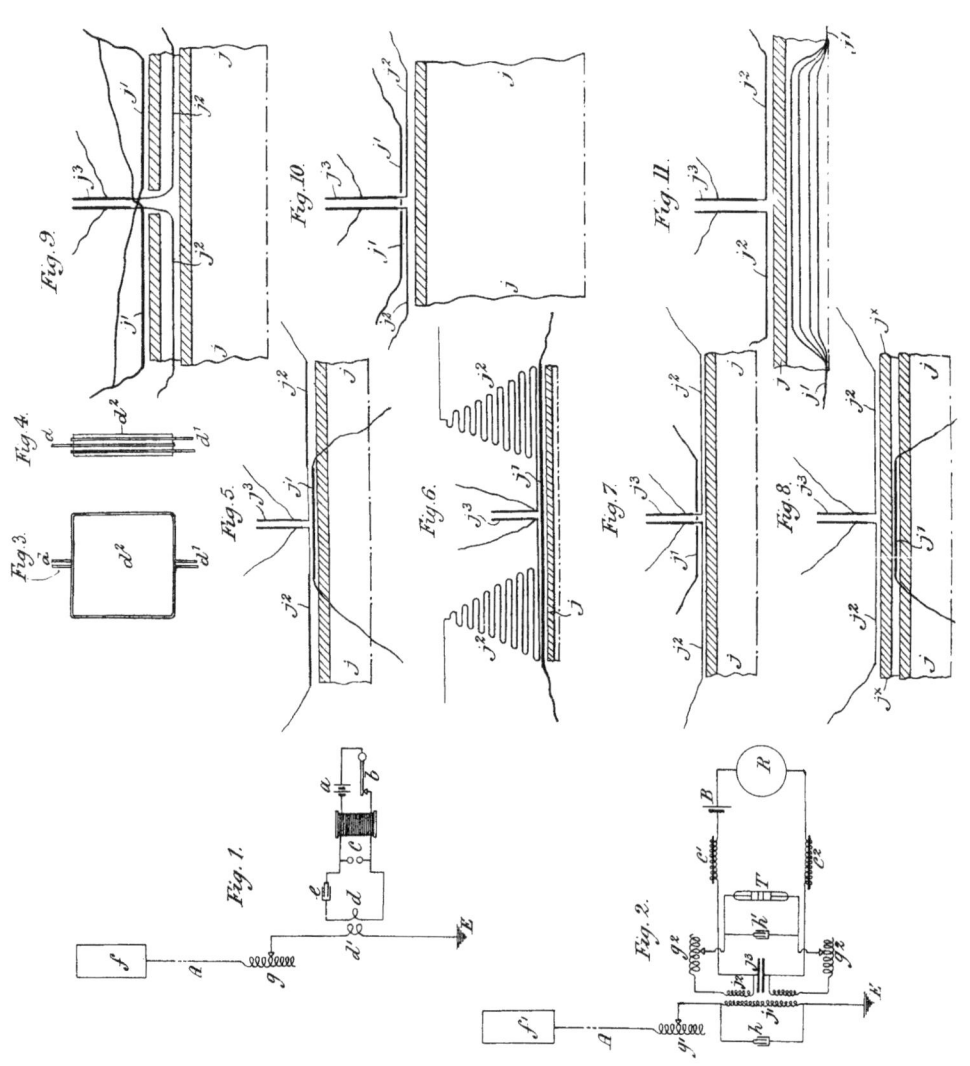

Fig. 9.
Fig. 10.
Fig. 11.
Fig. 4.
Fig. 3.
Fig. 5.
Fig. 6.
Fig. 7.
Fig. 8.
Fig. 1.
Fig. 2.

DAS RADIO

Guglielmo Marconi und die »Marconi's Wireless Telegraph Company«, London, England
Angemeldet am 26. April 1900 und als GB 7777/1900 und US 763772 veröffentlicht

Guglielmo Marconi wurde 1874 als Sohn eines italienischen Gutsbesitzers in Bologna geboren. Er studierte Naturwissenschaften. Nachdem er 1894 von Heinrich Hertz' Arbeit über elektromagnetische Wellen, die sich mit Lichtgeschwindigkeit bewegen, gelesen hatte, führte er auf dem Gut seines Vaters Experimente durch (über seinen Lebensunterhalt musste er sich keine Sorgen machen). Sein Traum war die kabellose Telegrafie. Am Anfang konnte er Morse-Signale nur über eine Entfernung von 10 m versenden, bald war es über 1 km. Sein älterer Bruder Alonso half ihm dabei, indem er meldete, wann die Nachrichten eingingen, zunächst mit einer weißen Flagge, später in den Bergen mit Gewehrschüssen. Als Marconis Idee 1896 von der italienischen Postbehörde abgelehnt wurde, ging er mit seiner Mutter nach England. Argwöhnische Zollbeamte, die ihn für einen Anarchisten hielten, ruinierten bei der Durchsuchung seine Ausrüstung. Kurz darauf meldete Marconi das Patent 12039/1896 für das Prinzip der Versendung von Radiomeldungen an und lernte den Chefingenieur des Hauptpostamts, William Preece, kennen, der ihn tatkräftig unterstützte, sowie den Ingenieur James Kemp, der sein lebenslanger Mitarbeiter wurde. Ende 1900 konnten sie Signale 50 km weit senden. Experten hatten vorausgesagt, dass die Nachrichten den Horizont nicht überschreiten könnten; sie wussten nicht, dass Radiowellen von der Ionosphäre zurückgeworfen werden.

Am 12. Dezember 1901 wurden zum ersten Mal drei kurze Signale über den Atlantik geschickt, von Cornwall nach St. John's auf Neufundland, wo sich Marconi und Kemp befanden: der Buchstabe S. Oliver Lodge, Physikprofessor in Liverpool, focht Marconis Patent an und behauptete, dass sein Patent GB 11575/1897 die Technologie bereits umfasse. Mit einer anderen (bald abgelösten) Vorrichtung hatte er schon 1894 Morsezeichen aus einer Entfernung von 50 m empfangen. Größere Entfernungen ließ er aus, weil er annahm, dass sein Verfahren dann nicht funktionierte. 1911 verlängerte ein wohlmeinendes Gericht die Laufzeit seines Patents um sieben Jahre mit der Begründung, dass er damit nichts verdienen konnte, weil ihm die Lizenz zur Anwendung nach dem »Wireless Telegraphy Act« von 1904 verweigert worden war.

Die Zeichnungen stammen von einem Patent, das nicht nur zum Versenden von Morsezeichen gedacht war. Es erlaubte mehreren Stationen, ohne elektrische Interferenzen auf verschiedenen Wellenlängen zu operieren, indem das gesamte Radiofrequenz-Spektrum entsprechend »gestimmt« wurde. Damit konnten mehrere Stationen zur selben Zeit senden – die Grundlage für den Betrieb von Radiostationen. Fig. 1 stellt den Sender und Fig. 2 den Empfänger dar (den Radioapparat). »A« ist die Antenne. Die erste experimentelle Radiostation übertrug 1906 von Massachusetts aus einige Sendungen. Regelmäßige Rundfunksendungen wurden jedoch erst ab 1920 von Detroit aus übertragen. 1909 erhielt Marconi zusammen mit dem Deutschen Carl Braun, einem weiteren Pionier, den Nobelpreis für Physik, beide »für ihren Beitrag zur Entwicklung der drahtlosen Telegrafie«. Marconi starb 1937 in Rom. Ihm zu Ehren unterbrachen Radiosender auf der ganzen Welt zwei Minuten lang ihr Programm. 1943 entschied der Oberste Gerichtshof der USA, dass Marconis Patent Vorläufer hatte, etwa die Arbeit von Nikola Tesla aus dem Jahr 1893 und dessen Patent US 645576, außerdem das amerikanische Patent von Oliver Lodge. Dennoch besteht kein Zweifel, dass es Marconi war, der das Radio bekannt gemacht und vermarktet hat.

A.D. 1901. Aug. 30. Nº 17,433.
BOOTH'S COMPLETE SPECIFICATION.

(2 SHEETS)
SHEET 1

Malby&Sons, Photo-Litho.

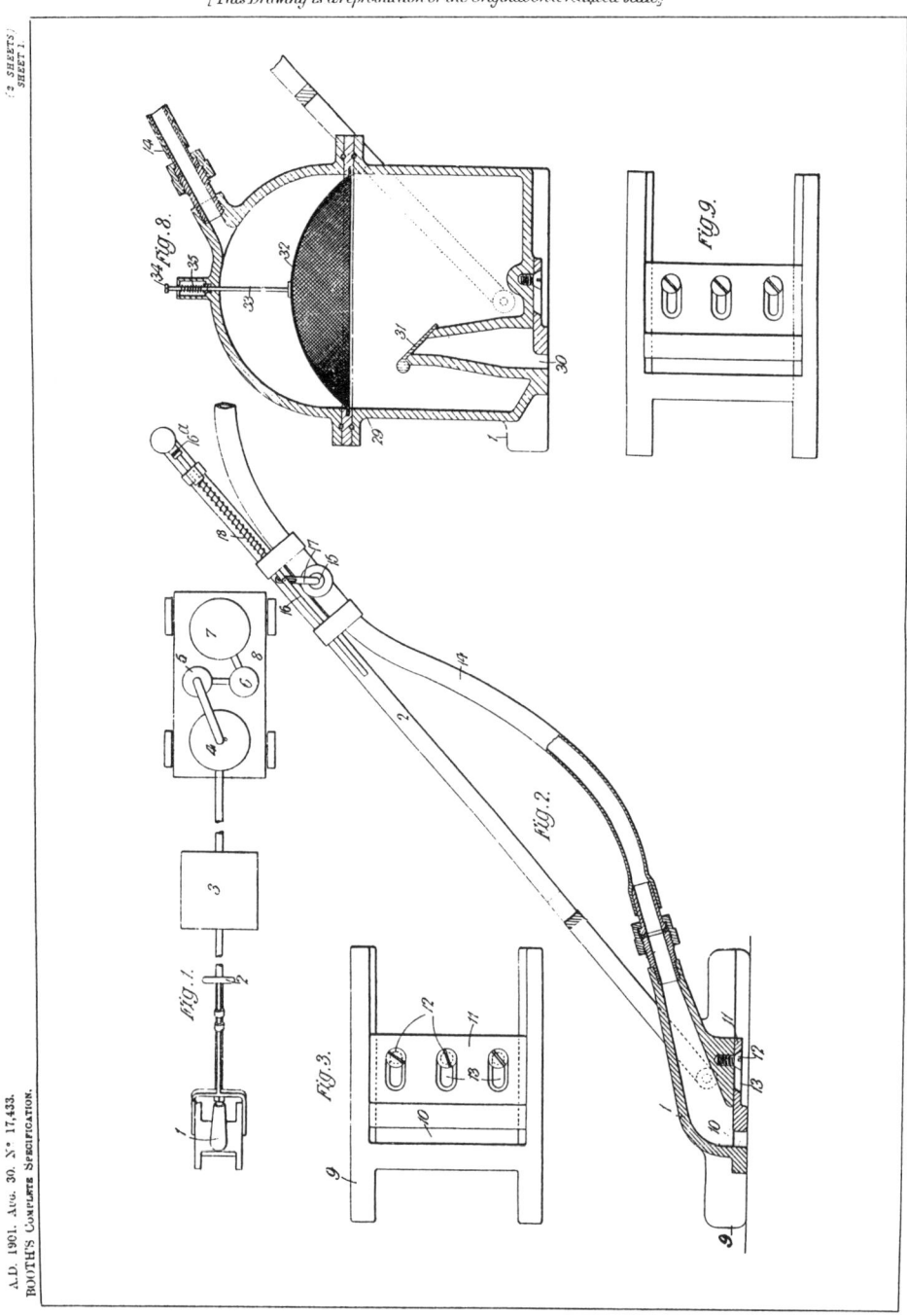

Fig. 1.
Fig. 2.
Fig. 3.
Fig. 8.
Fig. 9.

Der Staubsauger

Hubert Cecil Booth, London, England
Angemeldet am 30. August 1901 und als GB 17433/1901 veröffentlicht

Booth war ein Ingenieur, der einmal eine Vorführung in der »Empire Music Hall« in London besuchte. Ein Amerikaner präsentierte dort seine neue Reinigungsmaschine, die von selbst Staub in einen Auffangbehälter blies. Das Ergebnis war nicht sehr befriedigend. Booth fragte ihn, warum er das Gerät nicht in eine Saugmaschine umwandele, um den Schmutz wirksamer herauszuziehen und diesen dann einzukapseln. Der Antwort war, dass ein solches Gerät undenkbar sei. Ein paar Tage später speiste Booth mit Freunden in einem Restaurant. Er hatte sich Gedanken über das Reinigungsproblem gemacht, legte plötzlich sein Taschentuch über einen der Sesselschoner und saugte daran, so fest er konnte. Er erstickte fast – doch im Taschentuch befand sich anschließend ein Staubfleck, der zeigte, dass das Prinzip funktionierte.

Daraufhin entwarf Booth seine Maschine. Weil es innerhalb der Häuser selten Strom gab, stand die eigentliche Maschine auf der Straße. Motor und Pumpe waren auf einen »tragbaren Rahmen oder Wagen« montiert. Ein biegsamer Schlauch wurde von dort aus in das zu reinigende Zimmer geführt. Weiß gekleidete Arbeiter bedienten die Maschine. Die Pumpe war so groß, dass sie auf einem Pferdewagen bewegt werden musste. Sie war auch sehr laut, sodass die Pferde leicht erschreckten. Als man kurz vor der Krönung Eduards VII. im Jahr 1902 feststellte, dass die Teppiche unter den Thronen der Westminster Abbey verschmutzt waren, leistete der Staubsauger, mit dem diese gereinigt werden konnten, einen hervorragenden Dienst. Der König war so beeindruckt, dass er sowohl für den Buckingham Palace als auch für Windsor Castle Staubsauger bestellte. Unter diesem königlichen Siegel der Anerkennung veranstaltete man in besseren Kreisen *tea parties*, um sich das Staubsaugen vorführen zu lassen.

Wenn Booth für die Erfindung des Staubsaubers so wichtig war, warum heißt »staubsaugen« im Britischen Englisch dann meistens »to hoover«? James Murray Spangler hatte Asthma und arbeitete als Pförtner in einem Kaufhaus in Canton, Ohio. Er hasste es, den Staub mit einem Besen oder einer Teppichbürste zusammenzukehren. Also kombinierte er einen kleinen Motor mit einer rotierenden Bürste, einem Kissenbezug und einem Besenstiel und schuf so den ersten tragbaren, wenn auch immer noch recht primitiv anmutenden Staubsauger, der 1908 als US 889823 veröffentlicht wurde. Seine Erfindung zeigte er dann seiner Cousine, die zufälligerweise mit William Hoover verheiratet war, der eine kleine Firma zur Herstellung von Sätteln betrieb – ein rückläufiges Geschäft, als immer mehr Autos an die Stelle von Kutschen und Pferdefuhrwerken traten.

Zu jener Zeit wurden die amerikanischen Häuser nach und nach mit Strom versorgt, sodass eine wachsende Zahl von Haushalten zu potentiellen Käufern wurden. Hoover kaufte die Rechte, und seine Firma florierte, wobei das Prinzip ständig verbessert wurde. Booth selbst versuchte ihm mit seiner »British Vacuum Company« Konkurrenz zu machen, aber ohne großen Erfolg. Daher wird in Großbritannien mit dieser Erfindung heute der Name Hoover assoziiert, nicht Booth oder gar Spangler.

K. C. GILLETTE.
RAZOR.
APPLICATION FILED DEC. 3, 1901.

NO MODEL.

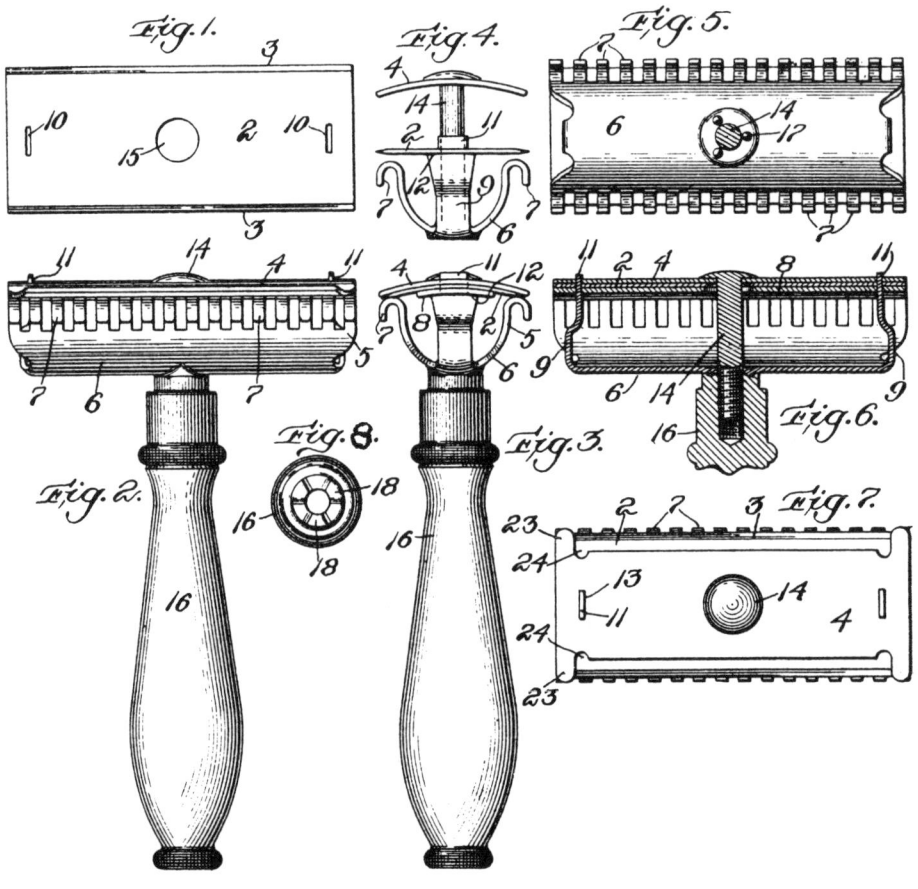

DER SICHERHEITSRASIERER

King Camp Gillette, Brookline, Massachusetts, für die »Federal Trust Company«
Angemeldet am 3. Dezember 1901 und als US 775134-5 und GB 28763/1902 veröffentlicht

Gillette wurde 1855 in Wisconsin geboren. Seine Familie zog bald nach Chicago, wo sie im großen Feuer von 1871 alles verlor. Der junge Gillette versuchte seinen Lebensunterhalt als Handelsreisender zu verdienen. Nebenher präsentierte er auch ein paar kleinere Erfindungen. Schließlich begann er korkgefütterte Flaschenverschlüsse, eine Neuheit am Markt, zu verkaufen und traf eines Tages ihren (erfolgreichen) Erfinder William Painter. Während sie sich unterhielten, machte Painter den Vorschlag, Gillette solle doch etwas erfinden, das man benutzen, wegwerfen und wieder neu kaufen muss – für einen Handelsvertreter das ideale Produkt.

Die Idee eines Rasierapparats mit einer billigen Wegwerfklinge kam ihm eines Morgens spontan beim Rasieren. Sich zu rasieren war eine riskante Angelegenheit, mit der ständigen Gefahr sich zu schneiden, wobei die Klinge selbst immer wieder geschärft werden musste – oder man musste extra zum Barbier gehen. Gillette machte sich auf und kaufte Messingblech, Stahlbänder für Uhrwerke, einen kleinen Schraubstock und ein paar Feilen. Damit baute er dann einen ersten primitiven Sicherheitsrasierer. Sechs Jahre lang arbeitete er an der Idee. Er musste eine billige Klinge aus einem Stahlblech herstellen, das sich gut härten und tempern ließ, um eine scharfe Schneide zu bekommen. Er verstand nichts von Stahl (und hatte in Wirklichkeit wenig Erfahrung als Ingenieur), war aber davon überzeugt, dass er ein verkäufliches Produkt schaffen könnte, auch wenn die Experten dies für unmöglich hielten.

Es gelang ihm Geldgeber zu finden. Eines der Mitglieder des Konsortiums war ein Erfinder namens William Nickerson, der vorschlug, den Griff des Rasierers möglichst schwer zu machen, um das genaue Einstellen der Klinge an der Schutzvorrichtung zu erleichtern. Endloses Experimentieren führte 1902 endlich zur Wahl der richtigen Größe, Form und Dicke der Klingen, zur Festlegung des Verfahrens zur Herstellung des passenden Stahls, zu einer T-förmigen Halterung, die zu beidseitiger Nutzung der Klinge umgedreht werden konnte, und zu den richtigen Maschinen zur Herstellung und zum Schärfen des Stahls. Bis dahin war die Firma verschuldet, doch zog der Verkauf schnell an. 1903 wurden 168 Klingen verkauft, 1904 schon über zwölf Millionen. Gillettes eigenes Gesicht war auf der Verpackung jedes Rasierers abgebildet.

Schnell wurde er zum Millionär und zog sich 1913 aus der aktiven Unternehmensführung zurück, blieb allerdings noch bis 1931 Vorsitzender. Er zog nach Kalifornien, um Obst anzubauen und endlich ausgiebiger seiner zweiten Leidenschaft zu frönen: der Etablierung einer neuen Wirtschaftsordnung. Seit 1894 hatte er darüber geschrieben, dass sinnloser Wettbewerb abgeschafft werden müsse und Ingenieure über die Welt herrschen sollten. Es sollte riesige gemeinschaftliche Speisehallen geben, damit nicht mehr jeder Haushalt seinen eigenen Abfall produzierte, und die Niagarafälle sollten die gesamte Industrie mit Strom versorgen. 1910 bot er dem Ex-Präsidenten Theodore Roosevelt $ 1 Million, damit dieser seiner Weltverwaltung auf dem damaligen Gebiet von Arizona vorstände. King Camp Gillette starb 1932 in Los Angeles.

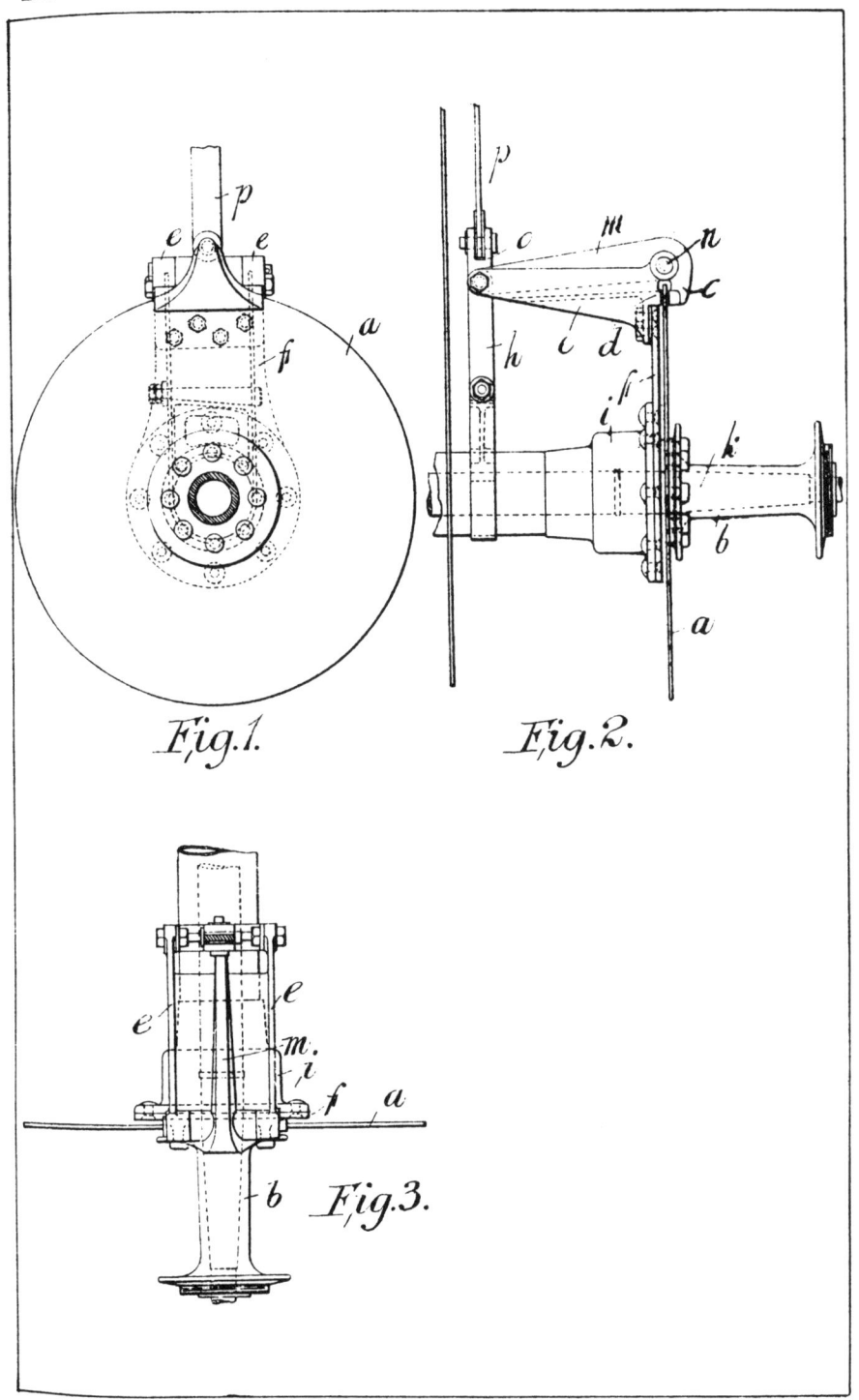

Fig.1.

Fig.2.

Fig.3.

Malby&Sons Photo-Litho

DIE SCHEIBENBREMSE

Frederick William Lanchester, Birmingham, Warwickshire, England
Angemeldet am 1. Dezember 1902 und als GB 26407/1902 veröffentlicht

Dies ist die Geschichte eines »unbesungenen Helden« der Automobilindustrie. Als die Autos aufkamen, gab es nur Bremsbacken, ähnlich denen, wie sie an Ziehwagen verwendet wurden, und das, obwohl Autos schwerer und schneller waren und daher bessere Bremsen brauchten. Ab 1899 wurden dann serienmäßig Trommelbremsen hergestellt, die mit einem Handhebel bedient wurden. Dazu gehörte eine Verbindung zu einer um die Radnabe gewundenen Bremsbacke, die bei ständiger Betätigung wegen der Hitzeentwicklung nach und nach an Leistung verlor.

Frederick Lanchester war ein britischer Pionier in der Flugzeug- und Automobilindustrie. Mit über 400 Patenten war er der schöpferischste Erfinder Großbritanniens. Er wurde 1868 in London geboren und baute 1896 das erste britische Auto. Er wurde Chefingenieur und Generaldirektor von »Lanchester Motor Co.«. Lanchester baute teure Autos, die kaum vibrierten, ruhig dahinglitten und den besonderen »Lanchester look« hatten. Sein Patent GB 7909/1900 vermittelt eine Vorstellung vom Aussehen eines solchen Autos, obwohl es sich lediglich auf die Aufhängung bezieht. Da seine Autos nicht die übliche lange Motorhaube hatten, sahen sie eher rundlich aus, denn der Motor war zwischen den Vordersitzen quer eingebaut, wobei sich der Benzintank unter dem Fahrersitz befand. Lanchester leistete Vorarbeiten für die Treibachse und den Schneckenantrieb, war der Erfinder eines zweiten Ganges und führte eine Schaltung ein, die fast einem Automatikgetriebe gleichkam, und das alles vor dem Jahr 1900. Er räumte ein, dass er als Erfinder besser gewesen sei denn als Manager; für seine Ideen fehlte es immer an Geld, so dass er am Ende relativ wenig erreichte.

Um sich abzulenken hielt Lanchester 1894 vor einer Gesellschaft in Birmingham einen Vortrag über die Vortex-Theorie des aerodynamischen Auftriebs. 1897 bot er der »Royal Society« und der »Physical Society« eine überarbeitete Fassung an, die jedoch beide Gesellschaften ablehnten. Erst später verstand man, dass er etwas sehr Wichtiges erkannt hatte, lange bevor der bemannte Flug Wirklichkeit geworden war. Erst 1907 wurden seine Ideen veröffentlicht. Beide Original-Texte sind verschollen. Er veröffentlichte auch Beiträge über Themen wie Radio, Akustik, Relativität, Musik, Dichtung, Unternehmensforschung und Militärstrategie.

Lanchester bezeichnet die Klemmbacken in seinem Patent als »Zahnarztzangen«. Fig. 1 zeigt eine Seitenansicht, Fig. 2 einen Aufriss und Fig. 3 eine Ansicht von oben. Die Bremsscheibe »a« ist mit der Radnabe »b« vernietet. Die Bremsbacken sind »c« und »d«. Wenn der Fahrer den Hebel »p« zieht, bewegt sich nur die Bremsbacke »c«, klemmt aber zwischen sich und der Bremsbacke »d« die Bremsscheibe »a« ein. Dies vermindert die normale Umdrehung der Bremsscheibe und führt schließlich zum Halt der damit verbundenen Radnabe. Moderne Scheibenbremsen basieren auf dem Patent GB 688282, das hydraulische Bremsen mit Kolben umfasst und 1950 von »Dunlop« angemeldet wurde. Scheibenbremsen wurden in den »Jaguar«-Modellen C und D verwendet, die mehrmals das Rennen von Le Mans gewannen; danach wurden die Scheibenbremsen in den Serienwagen der Firma eingesetzt. Scheibenbremsen neigen beim Überhitzen weniger stark zum Ausfall als Trommelbremsen. Doch erst ein halbes Jahrhundert nach der Patentierung von Lanchesters Original-Entwurf setzten sie sich überall durch. Lanchester selbst war 1946 in Birmingham gestorben.

No. 821,393. PATENTED MAY 22, 1906.

O. & W. WRIGHT.

FLYING MACHINE.

APPLICATION FILED MAR. 23, 1903.

3 SHEETS—SHEET 1.

FIG. 1.

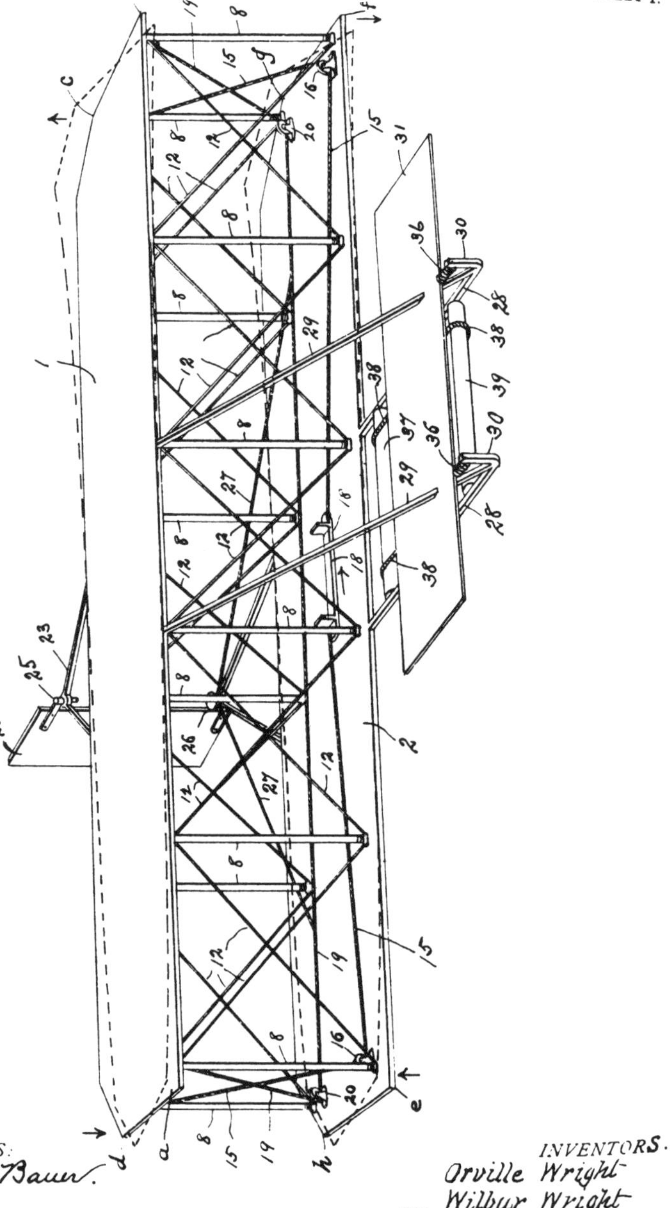

WITNESSES:

William F. Bauer.

Irvine Miller.

INVENTORS.

Orville Wright

Wilbur Wright

BY H. A. Toulmin.

ATTORNEY.

ANDREW B. GRAHAM CO., PHOTO-LITHOGRAPHERS, WASHINGTON, D. C.

Das Flugzeug

Wilbur Wright und Orville Wright, Dayton, Ohio
Angemeldet am 23. März 1903 und als US 821393 veröffentlicht

Wilbur Wright wurde 1867 und Orville Wright 1871 geboren. Die Brüder betrieben zusammen eine Druckerei, ehe sie zum Betrieb eines Fahrradreparaturladens und später zum Bau von Fahrrädern übergingen. Die Einkünfte daraus halfen ihnen, wenn sie mit luftfahrttechnischen Forschungen beschäftigt waren. Wilbur Wright begann sich für das Fliegen zu interessieren, als er las, dass Otto Lilienthal bei seinen Gleitflug-Experimenten 1896 tödlich verunglückt war. Zu jener Zeit wurde viel darüber geforscht, wie man den Flügelschlag der Vögel nachahmen könnte. 1899 beobachtete Wilbur Wright Bussarde beim Flug und stellte fest, dass sie, außer den Gleiteffekt auszunutzen, auch ihre Flügel verwanden, um sich zu einer Seite zu drehen. Neben dem Antrieb war vor allem die Steuerung beim Fliegen von entscheidender Bedeutung. Ein Flugzeug musste in Schräglage gehen, steigen oder sinken und nach links oder rechts steuern können. Zwei oder sogar alle drei dieser Bewegungen mussten gleichzeitig erfolgen.

Die Brüder beschlossen, zuerst die Probleme der Flugsteuerung zu lösen, ehe sie sich Gedanken über Propeller und einen leichten Motor machten. Sie schrieben an die »Smithsonian Institution« und baten um Material über die Forschung zur Luftfahrttechnik; sie lasen alles, was sie dazu bekommen konnten. 1899 bauten sie dann einen Doppeldecker-Drachen mit mechanisch zu verdrehenden Flügeln; so hatte ein Flügel mehr Auftrieb und der andere weniger. Zwischen 1900 und 1902 bauten sie drei Doppeldecker-Gleiter, wobei sie in Dayton einen Windkanal zur Unterstützung ihrer Forschungsarbeiten einsetzten.

Das eigentliche Fliegen erprobten sie an einem Strand namens Kitty Hawk in North Carolina. Ihre Wahl fiel auf diese Gegend, nachdem das Wetteramt sie mit einer Liste windreicher Landstriche versorgt hatte. Der Sand würde den Gleiter vor Schaden bewahren und in der Einsamkeit würden sie ungestört arbeiten können. Die endgültige Version des Gleiters hatte hinten ein Seitenruder, um nach links oder rechts zu steuern, vorn ein Höhenruder, um auf- oder abzusteigen, und die Flügel konnten verwunden werden. Als sie mit ihren Gleitern zufrieden waren, konstruierten sie einen Propeller und bauten einen eigenen Vierzylindermotor mit 12 PS. Neun Monate vor dem ersten (mit einer Münze ausgelosten) Flug von Orville Wright am 17. Dezember 1903 wurde das hier gezeigte Patent angemeldet. Der Start zu dem Zwölf-Sekunden-Flug wurde ebenso fotografiert wie zuvor viele Vorgänge bei ihren ersten Untersuchungen.

Die Brüder Wright versuchten ihr Flugzeug dann dem amerikanischen, französischen und britischen Militär zu verkaufen. Sie forderten hohe Beträge, boten aber keine Vorführung an und stießen auf Zweifel. Erst 1908 begannen sie mit Demonstrationsflügen (da sie bis dahin Angst gehabt hatten ausspioniert zu werden), und die Welt begriff, dass der bemannte Flug möglich war. Wenige Jahre später hatte die europäische Fliegerei ihre Leistungen bereits übertroffen. Wilbur Wright starb 1912 and Orville Wright 1948. Beide waren sie Junggesellen geblieben. Das Fliegen war ihre einzige Leidenschaft.

Fig. 2.

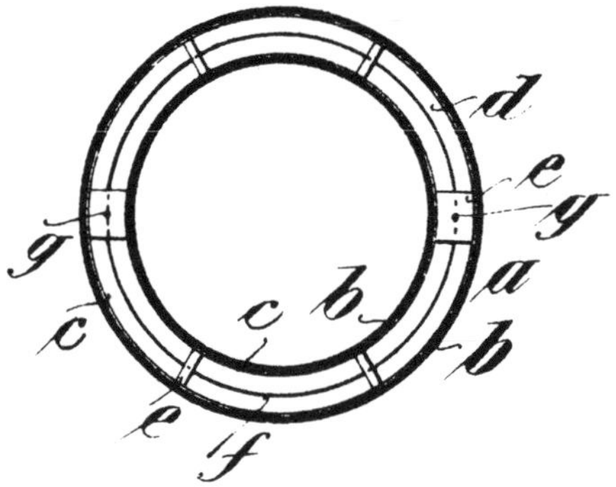

Fig. 1.

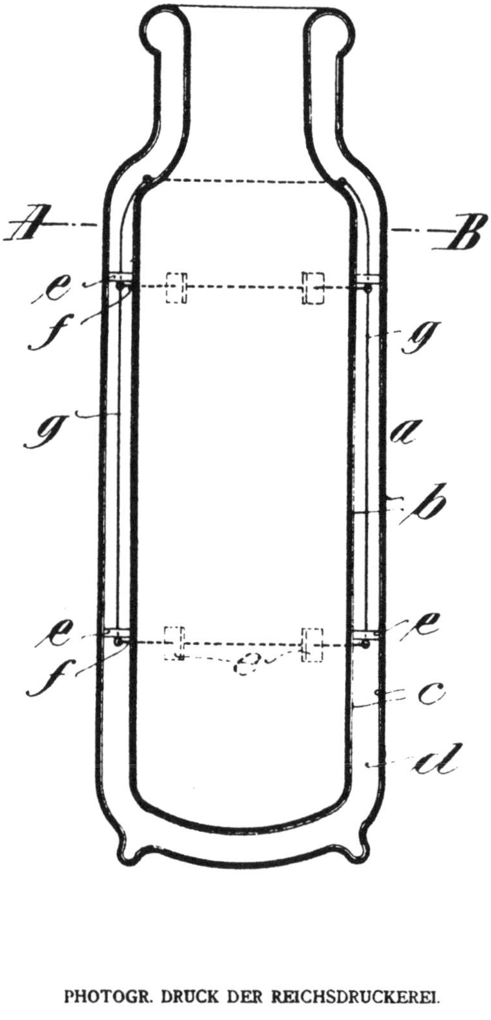

Zu der Patentschrift

№ 170057.

Die Thermosflasche

Reinhold Burger, Berlin, Deutschland

Angemeldet am 1. Oktober 1903 und als DE 170057, GB 4421/1904 und US 872795 veröffentlicht

Der eigentliche Erfinder der Thermosflasche war Sir James Dewar. Er war ein schottischer Chemiker, der an der Universität von Cambridge arbeitete. Als er 1893 die Eigenschaften sehr kalter Materialien erforschte, entwickelte er die Idee einer doppelwandigen Flasche, um Flüssigkeiten auf sehr tiefen Temperaturen zu halten. Es war eine bekannte Tatsache, dass ein Vakuum gut isoliert, doch indem er ein Vakuum herstellte und es als Isolationsschicht um einen Glasbehälter legte (Glas ist ein schlechter Wärmeleiter), zog er daraus besonderen Nutzen für seine Forschung. Ein solcher Behälter hielt den Inhalt natürlich genauso gut kalt wie auch heiß. Man musste ein Vakuum schaffen und dieses durch Verschmelzen des Glases an der Flaschenöffnung abschließen. Die Innenwände waren auf beiden Seiten mit Quecksilber beschichtet. Die Flasche war Wissenschaftlern, die damit arbeiteten, als Dewar-Gefäß bekannt.

Als Glasbläser zur Herstellung des Gefäßes, das er für seine Unterrichtsarbeit verwendete, stellte Dewar zwei Deutsche ein. Er beantragte zwar ein Patent, GB 439/1893, doch dieses Patent bezog sich lediglich auf die Idee, zur Schaffung eines Vakuums Luft zu entziehen, nicht auf die Verwendung dieses Vakuums in einem entsprechenden Behälter. 1903 meldete einer der deutschen Glasbläser, Reinhold Burger, das Patent dafür an. 1904 gründeten er und der zweite Glasbläser die »Thermos GmbH«. Der Ausdruck ging aus einem Wettbewerb zur Namensfindung der Flasche hervor, bei dem ein Einwohner aus München das griechische Wort »therme« für »heiß« vorschlug. Der Name Thermos® wurde als Warenzeichen eingetragen. Später verbesserte Burger das Konzept und beantragte dafür das Patent DE 183666.

Als die Rechte 1907 nach den USA, Großbritannien und Kanada verkauft wurden, wurde in jedem dieser Länder eine Firma gegründet. Das Warenzeichen ist in Großbritannien und vielen anderen Ländern immer noch eingetragen, ging aber 1962 in den USA nach einem Gerichtsstreit mit den »Aladdin Industries« verloren, einem kleineren Hersteller im selben Bereich. Der Grund dafür war, dass der Ausdruck »Thermos« von vielen Sprechern längst wie ein eigenständiges Substantiv gebraucht wurde und also zu einem Oberbegriff geworden war. Der gerichtlichen Auseinandersetzung der Firma war auch dadurch wenig gedient, dass sie selbst den Gebrauch des Wortes nur dürftig kontrollierte. In einem hauseigenen Katalog aus dem Jahr 1910 stand zum Beispiel: »Thermos ist jedem ein Begriff.«

1910 ging das britische Patent in einem Gerichtsverfahren gegen die Firma »Isola Ltd.« verloren, die eine ähnliche Flasche herstellte und die auf den Vorwurf der Patentverletzung reagierte, indem sie behauptete, dass es sich nicht um eine Neuheit handelte. Das Gericht entschied, dass die eigentliche Idee bereits im Dewar-Gefäß enthalten sei. Die Flaschen wurden auf zahlreichen Expeditionen eingesetzt, etwa der von Shackleton zum Südpol und der von Peary zum Nordpol, und auch die Wright-Brüder benutzten sie auf ihren ersten Flügen. Seit dieser Zeit ist das Produkt natürlich nach und nach verbessert worden.

W. H. CARRIER.
APPARATUS FOR TREATING AIR.
APPLICATION FILED SEPT. 16, 1904.

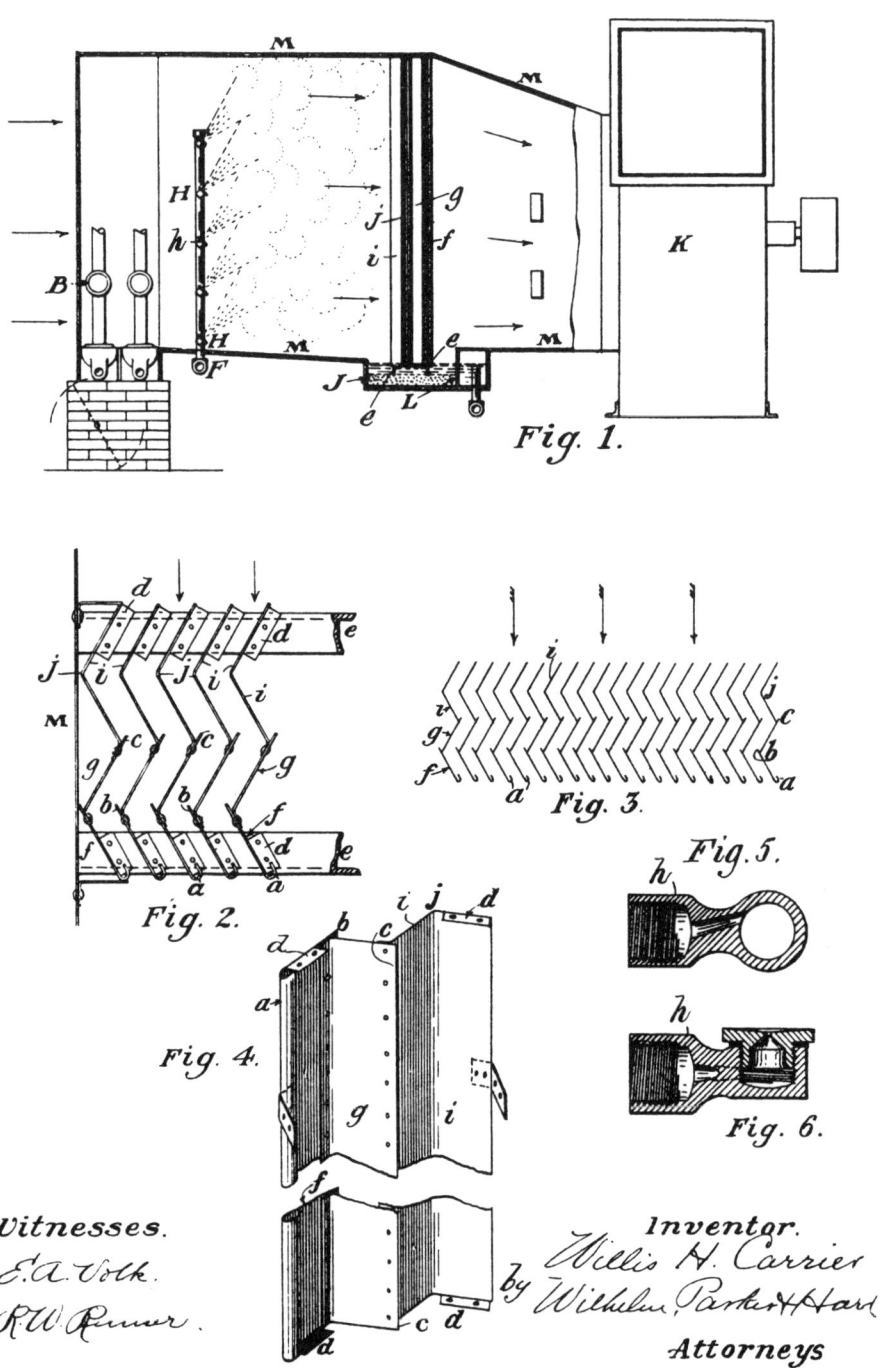

Fig. 1.

Fig. 2.

Fig. 3.

Fig. 4.

Fig. 5.

Fig. 6.

Witnesses.
E. A. Volk.
R. W. Renner.

Inventor.
Willis H. Carrier
by Wilhelm, Parker & Hart
Attorneys

Die Klimaanlage

Willis Carrier, Buffalo, New York, für die »Buffalo Forge Works«
Angemeldet am 16. September 1904 und als US 808897 veröffentlicht

Die Grundidee der Klimaanlage, nämlich Luft mit Wasser zu kühlen, war schon den alten Römern bekannt. Sie bemerkten, dass abgekühlter Dampf aufstieg, wenn sie Wasser auf heiße Steine gossen. Im 19. Jahrhundert wurden manchmal Ventilatoren benutzt, um Luft über Eis zu blasen. Außer der Temperatur sollte auch der Feuchtigkeits- und Staubgehalt der Luft reguliert werden.

Willis Carrier wurde 1876 in Angola, New York, geboren. Er arbeitete in der technischen Abteilung der »Buffalo Forge Company«. 1902 erzählte ihm ein Drucker aus Brooklyn, Sackett-Williams, dass er Probleme mit seinen Farben habe, weil sich bei Temperatur- und Feuchtigkeitsschwankungen das Papier ausdehnte oder zusammenzog und jede Farbe anders auftrug. Die erste Klimaanlage (die das Problem löste) wog 30 t und wurde patentiert. Den Begriff *air conditioning* hat 1906 Stuart Cramer geprägt, der einen Staubfilter für Baumwollmühlen anfügte.

Im Patent wird ausdrücklich darauf verwiesen, dass die Erfindung zur Belüftung von Gebäuden und zu anderen »kommerziellen« Zwecken genutzt werden könne. Tatsächlich kam sie jahrelang hauptsächlich in Fabriken zum Einsatz. 1906 gab es zum Beispiel ein Problem in einer Baumwollmühle in South Carolina, wo sich die 5000 Spindeln so schnell drehten, dass sie noch mehrere Minuten nach dem Abstellen so heiß waren, dass sie bei Berührung Verbrennungen verursachten. Eine andere Anwendung bestand im Trocknen von frisch hergestellten Makkaroni. In anderen Fällen als in Textilmühlen war es wichtig, die Luft von Verschmutzungen zu reinigen. Fig. 1 zeigt einen Ventilator »B«, der die Luft in den Schacht zieht, wobei eine Vorrichtung »H« Wasser in die Luft sprüht. Als nächstes trifft die Luft auf eine Reihe senkrecht angebrachter Umlenkbleche, wo Schmutzpartikel in der Luft durch die Fliehkraft auf die Bleche geschleudert werden. Das Wasser fließt durch Siebe an den Umlenkblechen hinunter in einen Behälter. In diesem Bereich fließt durch Rohrspiralen eine Substanz, die entsprechend abgestimmt werden kann, um nötigenfalls die Luft entweder zu erwärmen oder zu kühlen.

Carriers Firma ließ 1914 die technische Abteilung schließen, weil man anscheinend nicht an den Erfolg der neuen Erfindung glaubte. Carrier, sein zukünftiger Geschäftspartner Irvine Lyle und vier andere verlegten daraufhin ihren Arbeitsplatz in die neue »Carrier Engineering Corporation«. Während sie das Produkt weiter verbesserten, konzentrierten sie sich am Anfang noch auf ihre Erfinder- statt auf ihre Herstellerrolle. Erst nach dem Zweiten Weltkrieg fiel der Preis für Klimaanlagen weit genug, um sie als Standardeinrichtungen für Wohnungen zu verwenden, sodass heute z. B. über 70 % der Haushalte in den USA Klimaanlagen haben. 1965 wurden vier gewaltige »Carrier«-Anlagen zur Kühlung des »Houston Astrodome« installiert. Willis Carrier starb 1950 in New York mit über 80 Patenten zu Klimaanlagen auf seinen Namen.

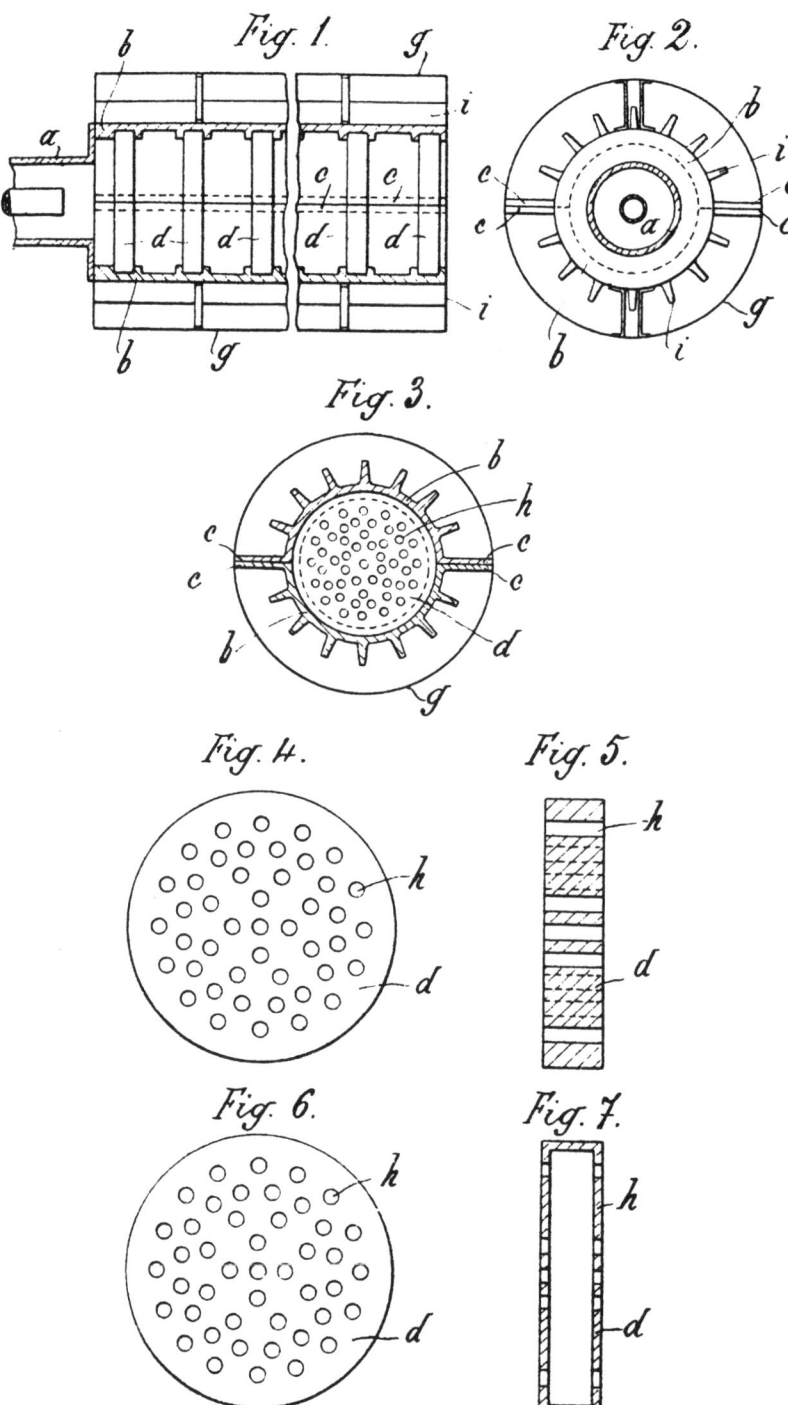

Fig. 1.

Fig. 2.

Fig. 3.

Fig. 4.

Fig. 5.

Fig. 6.

Fig. 7.

DER KATALYSATOR

Michel Frenkel, Paris, Frankreich
Angemeldet am 17. April 1909 und als FR 402173 und GB 9364/1909 veröffentlicht

Es wird so manchen überraschen, dass Katalysatoren bereits auf das Jahr 1909 zurückgehen, doch in jenem Jahr meldete ein französischer Chemiker das Patent dafür an. Es kann verschiedene Ausführungen geben wie etwa solche mit Isolierperlen, aber die normale Ausführung besteht aus einer Wabe aus Keramik oder Stahl in einem Metallgehäuse. Die Wabe ist mit einer sehr feinen Schicht aus Platin, Rhodium oder Palladium überzogen. Die Abgase gehen durch den Katalysator hindurch und werden dabei mit Luft angereichert, um auf diese Weise eine chemische Reaktion zwischen den Abgasen und den Katalysatoren auszulösen, damit sich zu den Schadstoffen Sauerstoff mischt. Kohlenmonoxid und Kohlenwasserstoffe werden größtenteils umgewandelt, sodass als Nebenprodukte Kohlendioxid und Wasserdampf anfallen. Um auch die Stickstoffoxide zu entfernen, kommt bei modernen Fahrzeugen manchmal noch eine zweite Kammer mit einem anderen Stoff als Katalysator hinzu. Dazu braucht man nicht mehr als drei Gramm der wertvollen Metalle.

Frenkels Erfindung deckt das Grundprinzip ab. Bei ihm besteht die Wabe aus Kaolin (Porzellanerde) mit einem Überzug aus 30 g Platin. Die Abgase sollen mit Hilfe von Luft, die von einem Ventilator eingeblasen wird, »deodorisiert« werden, wie er schreibt. Die Idee dahinter scheint zu sein, damit für eine bessere Verbrennung zu sorgen und die Abgase weniger unangenehm zu machen, was ganz so klingt, als wäre ihm die Schlüsselrolle des Sauerstoffs im Prozess der Katalysierung gar nicht bewusst gewesen. Fig. 1 zeigt das Gerät im Längsschnitt, Fig. 3 im Querschnitt. In Fig. 2 sieht man das Gerät von einem Ende her. Die Erfindung wurde seinerzeit nicht weiterverfolgt, vielleicht wegen des Bedarfs von immerhin 30 g Platin, vielleicht weil man den Nutzen einer solchen Erfindung einfach nicht begriff.

Das erste moderne Patent dazu ist vielleicht US 3441381 der »Engelhart Industries«, das 1965 angemeldet wurde. Heute wird für die Waben häufiger Metall statt Keramik verwendet, da es einige Vorteile hat wie etwa dünnere Wände der Wabe. Dem Konzept wurde in den USA großer Vorschub geleistet durch die Verabschiedung des Luftreinhaltegesetzes von 1970 (»Clean Air Act«). Plötzlich mussten die Abgasemissionen immer sauberer sein. Katalysatoren wurden in amerikanischen Autos zuerst 1975 eingesetzt. Ihre Anwendung ist jedoch mit einigen Schwierigkeiten verbunden. Blei zum Beispiel ruiniert den Katalysator, sodass zuerst bleifreies Benzin vonnöten war, um ihn zum Einsatz zu bringen. Ein anderes Problem besteht darin, dass Katalysatoren heiß sein müssen, um zu funktionieren. Das schränkt ihre Wirksamkeit in kalten Klimazonen ein und macht sie auf den vielen Kurzfahrten, die unternommen werden, wirkungslos, insbesondere da die Emissionen kurz nach dem Start am höchsten sind. Schätzungen nach funktioniert ein Katalysator erst nach einer Fahrt von 5 km. Außerdem fangen Katalysatoren an zu rosten und müssen alle paar Jahre ausgetauscht werden. Schließlich produzieren Katalysatoren, die mit Stickoxiden funktionieren, Stickstoffoxydul, einen Stoff, der stark zum Treibhauseffekt beiträgt. Da sich das Luftreinhaltegesetz auf Smog und nicht auf Treibhausgase bezieht, kann daran durch dieses Gesetz auch nichts geändert werden. Der Einsatz von Katalysatoren ist inzwischen in den meisten Industrieländern Pflicht. Die beste Lösung angesichts der Probleme mit Katalysatoren wäre natürlich, den Verbrennungsmotor ganz und gar zu ersetzen.

966,677.

FIG. 1.

Inventor
Alva J. Fisher.
by Poole & Brown
Attys

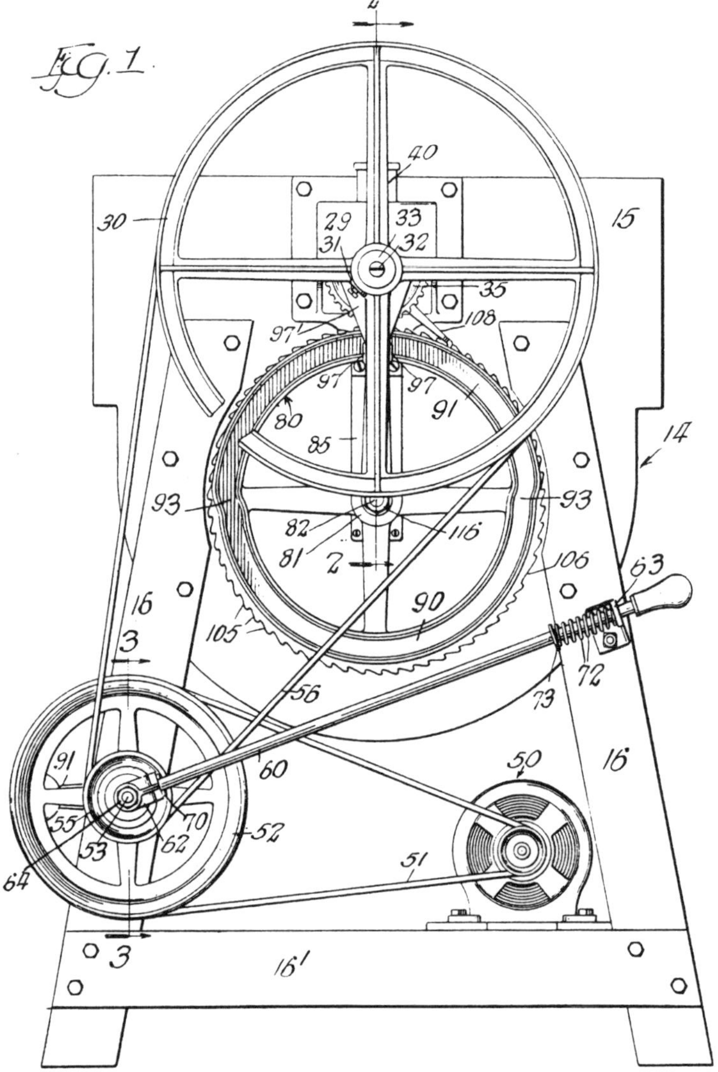

Witnesses:
F. H. Alfreds
G. R. Wilkins

160

Die elektrische Waschmaschine

Alva Fisher für die »Hurley Machine Company«, beide Chicago, Illinois
Angemeldet am 27. Mai 1909 und als US 966677 und GB 22114/1909 veröffentlicht

Ideen für eine Waschmaschine hatte es schon lange gegeben, aber es waren stets grobe mechanische Versuche gewesen, bei denen in Handarbeit eine Stange in einem Bottich bewegt wurde. Das war kein großes Vergnügen und auch der übliche Mangel an Hauspersonal half nicht wirklich weiter. In gewisser Hinsicht klingt die Beschreibung der hier gezeigten Maschine außerordentlich modern. Das Patent führt aus, dass »eine gelochte Trommel in einer mit dem Waschwasser gefüllten Wanne beweglich montiert ist«. Eine Reihe von Schaufeln hob die Kleidung an, während sich die Trommel drehte. Nach einer Anzahl von Umdrehungen in einer Richtung folgten weitere Umdrehungen in die andere Richtung. Damit sollte verhindert werden, dass die Kleidung sich »zu einer kompakten Masse verknäulte«, was eine gute Beobachtung war. Der äußere Aufbau, der die Trommel enthält, ist in der Zeichnung als »14« markiert, wobei dieser wiederum an eine Rückwand »15« montiert ist. Der Elektromotor »50« befindet sich rechts unten. Antriebsriemen führen vom Motor zu drei verschiedenen Rädern unterschiedlicher Größe und treiben die Maschine an, einschließlich einer Kupplung »53« (links unten), um »den Arbeitsgang der Maschine ein- und auszurücken«. Der lange Hebel »60« diente als Feststellbremse. Obwohl es aus dem Patent nicht deutlich hervorgeht, handelt es sich wohl um einen »Toplader«.

Die Maschine wurde als »Thor« vermarktet. Waschpulver wurde 1907 von Henkel in Deutschland gerade rechtzeitig erfunden, wobei Persil® das erste seiner Art war. Fisher patentierte im selben Bereich noch weitere Erfindungen, einschließlich zweier »Rührmechanismen«, Getrieben und einem Sicherheitssystem für Wäschewringmaschinen. Er patentierte auch einen Gasbrenner. Ehe der Markt expandierte, kam es bei den Waschmaschinen nur langsam zu Verbesserungen, weil es am Anfang in vielen Haushalten keinen Strom gab. 1929 waren z. B. 84 % aller amerikanischen Haushalte mit Strom versorgt; Großbritannien lag weit dahinter zurück.

1924 baute die »Savage Arms Corporation« aus New York die erste Wäscheschleuder. Schläuche für den Zu- und Ablauf kamen erst 1957 auf. Bei Waschmaschinen ist es zu einer entscheidenden Unterteilung gekommen, nämlich den Topladern, bei denen ein senkrechtes Schaufelblatt in der Mitte der Trommel steht und man die Wäsche von oben einfüllt, und den Frontladern, bei denen man die Wäsche in eine Trommel ohne Schaufeln steckt. Im Vergleich zu Topladern verbrauchen Frontlader nur etwas mehr als die Hälfte des Wassers und also auch weniger Waschmittel und Energie. Frontlader werden hauptsächlich in Großbritannien benutzt, während Toplader in den USA, Australien und weiteren Ländern die Norm sind.

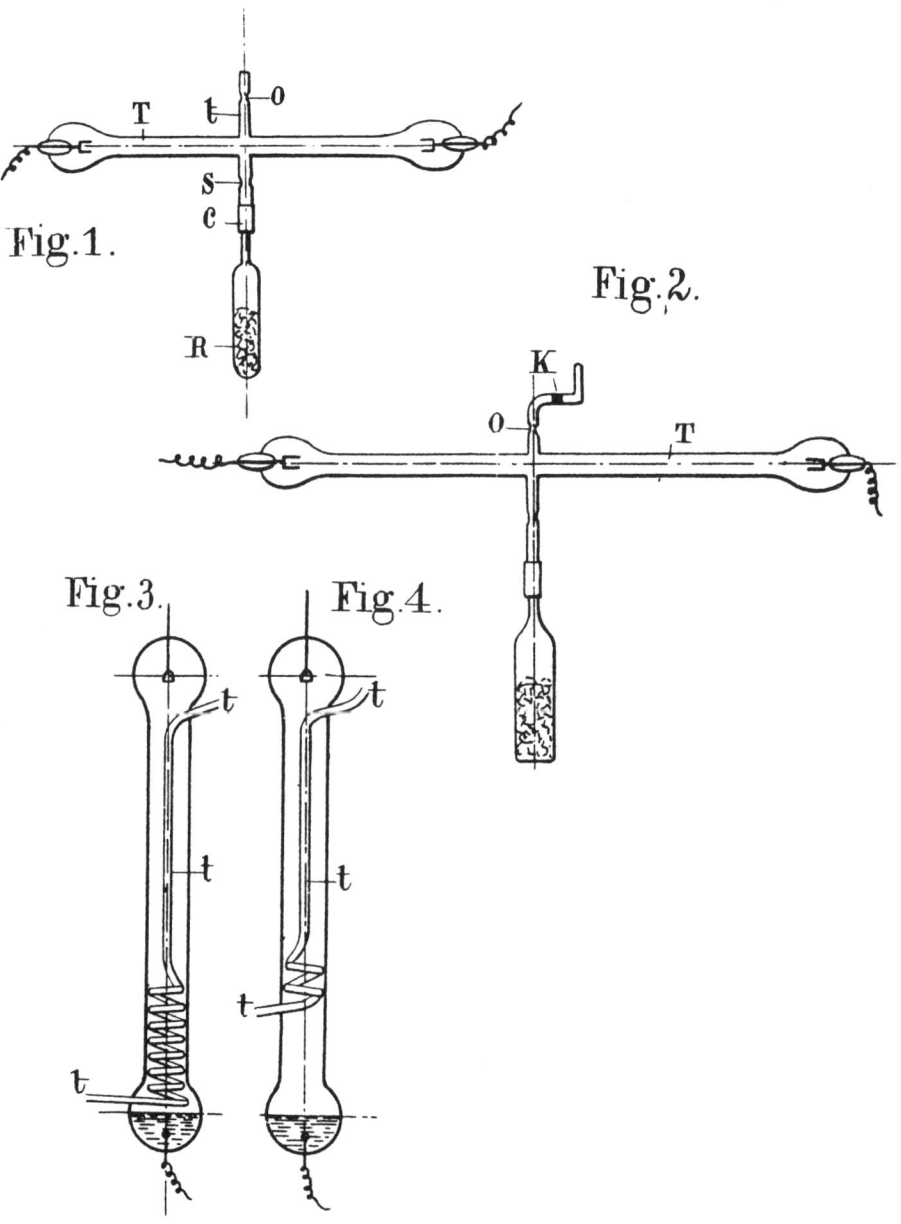

Fig.1.

Fig.2.

Fig.3.

Fig.4.

DIE NEONRÖHRE

Georges Claude, Departement Seine, Frankreich
Angemeldet am 7. März 1910 und als FR 424190 veröffentlicht

Neon, ein seltenes, in der Luft enthaltenes Element, wurde erst 1898 entdeckt. Benannt nach dem griechischen »neos« für »neu«, ist es ein reaktionsträger Stoff. Das heißt, dass es nicht reagiert, wenn man es mit anderen Elementen mischt.

Georges Claude war Naturwissenschaftler und arbeitete viel mit Gasen. Zur Verwertung seiner zahlreichen Patente hatte er sogar eine eigene Gesellschaft gegründet, die »Société l'Air Liquide«. Er führte ein Experiment durch, bei dem er durch Neongas Strom leitete, und stellte fest, dass es dabei zu einem hellen roten Leuchten kam. Das Patent arbeitet mit einer mit Neon oder einem anderen Edelgas gefüllten Glasröhre, an deren Enden Elektroden angebracht waren. Durch ein Ventil konnte in langen Abständen zusätzlich Gas nachgefüllt werden. »Neon« ist eigentlich die falsche Bezeichnung, weil zum Wechsel der Farben auch andere Gase hinzugefügt oder benutzt werden können. Argon, ein weiteres reaktionsträges Gas, ergibt zum Beispiel ein blasses Blau. Claude war sich dessen bewusst und sein Patent umfasst sowohl die Anwendung von Neon als auch die eines Gasgemisches oder einer winzigen Beigabe von Quecksilber. Er erwähnt, dass er Helium benutzte, um Gelb oder Weiß zu erhalten. Claude entwickelte auch ein Verfahren zur Gewinnung von Neon durch die Verflüssigung von Luft. Außerdem erfand er reaktionsunfähige Bauteile, die groß genug waren, um den Beschuss mit Ionen auszuhalten, ohne dass es dabei zu Hitzeentwicklung oder einem Flimmern kam. All dies war nötig, damit Neonröhren überhaupt funktionierten.

Die Röhren selbst werden einfach aus einem Glasstab hergestellt. Der Beschuss mit Hochspannungsstrom über die an beiden Enden angebrachten Elektroden lässt das Gas aufleuchten. Im Gegensatz zu den meisten Lichtquellen, die viel Hitze abstrahlen, sind die Röhren relativ kühl. Zur ersten kommerziellen Anwendung kam es 1910 auf einer Motorenausstellung in Paris. Es wurde schnell deutlich, dass Neonlicht wegen seiner leuchtenden Farben ideal wäre, um es zu Werbezwecken einzusetzen. Diese Idee wurde zum ersten Mal an einem Friseurladen auf dem Boulevard Montmartre umgesetzt. Erst 1923 eroberte das Neonlicht die USA, als Earle Anthony, ein »Packard«-Autohändler aus Los Angeles, zwei Neonröhren von einer Reise nach Paris mitbrachte. Die Kosten entsprachen denen eines kleinen Hauses. Die leuchtenden Farben brachten den Straßenverkehr augenblicklich zum Stillstand.

Neonröhren sind auch bei schlechten Wetterverhältnissen gut sichtbar, sie halten zwanzig Jahre oder länger und erfordern im Allgemeinen keine Wartung. Ihr Licht ist jedoch nicht gut zum Lesen geeignet. Die in Büros verwendeten Leuchtstoffröhren sind eine Variante der eigentlichen Neonröhre, da sie als Gase Argon und Krypton enthalten und sich daher besser zum Lesen eignen. Sie wurden 1935 eingeführt.

A.D 1911. OCT. 14. No 22,680.
RAWLINGS' COMPLETE SPECIFICATION.

(1 SHEET)

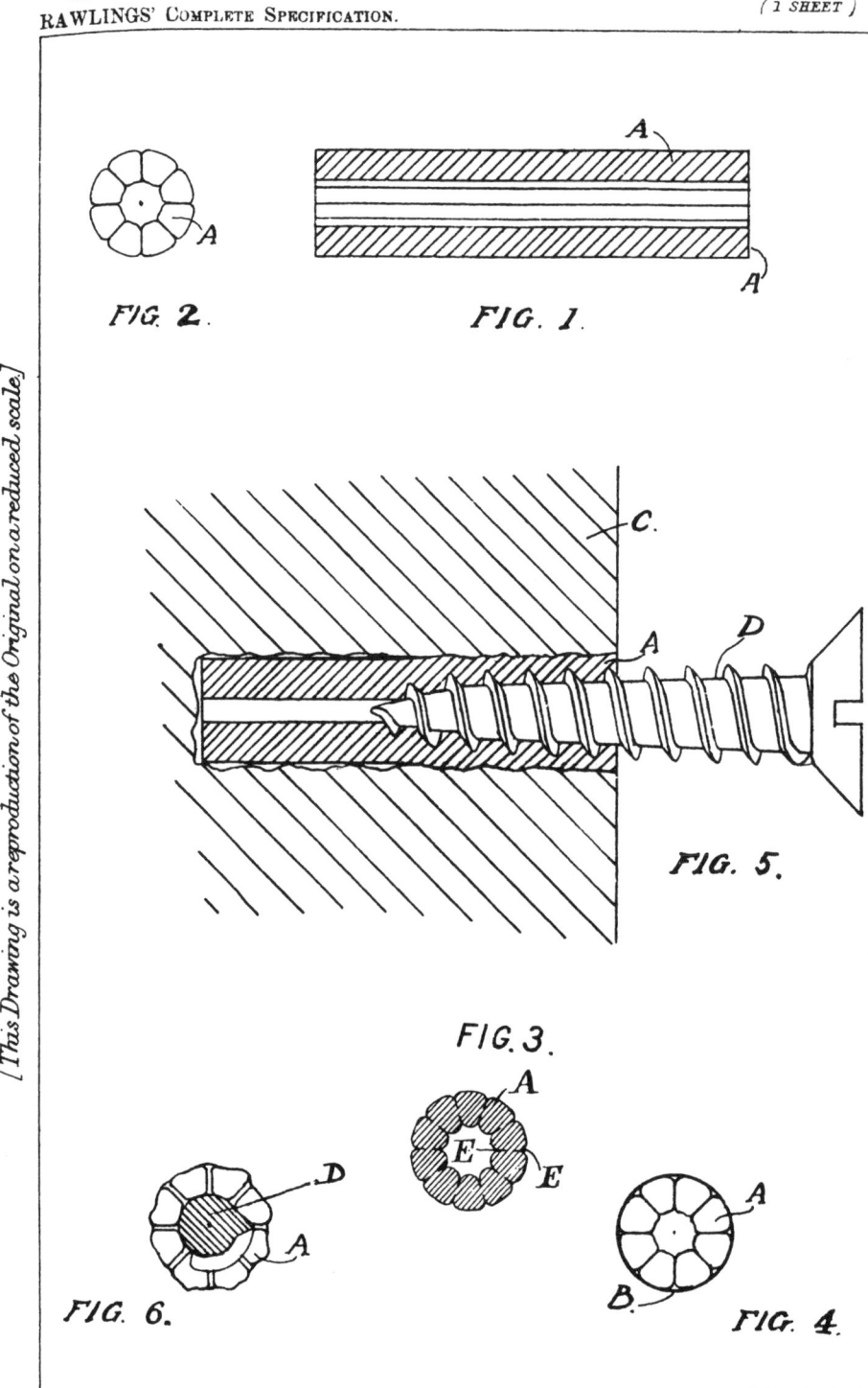

FIG. 2.

FIG. 1.

FIG. 5.

FIG. 3.

FIG. 6.

FIG. 4.

Malby & Sons, Photo-Litho.

[This Drawing is a reproduction of the Original on a reduced scale.]

DER DÜBEL

John Joseph Rawlings, London, England
Angemeldet am 14. November 1911 und als GB 22680/1911 veröffentlicht

Ein Mechanismus zur sicheren Befestigung von Schrauben in der Wand mag wie ein einfacher Gegenstand erscheinen, und doch musste irgendjemand erst einmal eine Methode finden, um dies so leicht zu bewerkstelligen, wie es heute ist. Laut einer oft erzählten Geschichte ist John Rawlings, ein Bauunternehmer, eines Tages darum gebeten worden, im Britischen Museum Elektroinstallationen so an der Wand anzubringen, dass sie nicht zu sehr ins Auge sprangen. Normalerweise wurde dazu ein Loch ausgestemmt, in das man einen Holzblock einpasste, in den dann eine Schraube gedreht wurde. Rawlings präsentierte nun ein Prinzip, bei dem »Ausdehnung Halt bedeutet«, den Dübel, der so konstruiert ist, dass er sich beim Eindrehen der Schraube spreizt, um ihr festen Halt in der Wand zu verleihen. Auch der Dübel brauchte natürlich ein Loch und leider ist nicht in Erfahrung zu bringen, wie dieses Loch – was heutzutage so leicht mit einem Elektrobohrer geschieht – damals gebohrt wurde. Fig. 1 und 2 zeigen den Dübel im Längs- und Querschnitt vor dem Gebrauch. Er bestand aus einem Röhrchen, das in Längsrichtung eingeschnitten und damit instabil gemacht wurde, indem man das Rohrkabel von der Rolle aus über ein Schneideisen laufen ließ. Ein Überzug aus Klebstoff oder Gummi hielt die einzelnen Elemente zusammen. Fig. 6 zeigt (im Querschnitt) einen solchen Dübel im Gebrauch, wobei der Dübel durch das Eindrehen der Schraube außen aufgebrochen wird. Die Dübel konnten aus einer Reihe von geeigneten Materialien angefertigt werden, etwa aus Jute.

Zur Herstellung der Dübel wurde nur eine einzige Maschine in der Firma »Rawlings Brothers«, dem Familienunternehmen, installiert und 1912 wurde das britische Warenzeichen »Rawlplug®« eingetragen – in England kein schlechter Name für einen Dübel, der zu Rawlings Glück zugleich auf ihn selbst, auf seinen Zweck und den Ort seiner Verwendung verwies (englisch »plug« heißt Stecker, Stöpsel und zugleich (ein Loch) ver- oder zustopfen). Kurz darauf änderte die Firma ihren Namen zu der heutigen Bezeichnung »Rawlplug Ltd.«. Der Verkauf zog schnell an und eine zusätzliche Fabrik musste übernommen werden. Die Nachfrage wurde durch eine große Anzeigenkampagne unterstützt, wozu auch eine ganze Seite in der *Daily Mail* geschaltet wurde – heute etwas Alltägliches, aber zu jener Zeit eine Sensation. Auch wurden Vorführungen veranstaltet, um einem zweifelnden Publikum zu demonstrieren, dass ein kleiner Dübel besseren Halt bieten konnte als einer jener früheren großen Holzblöcke. Das Patent hätte eigentlich nach der üblichen Schutzfrist von 14 Jahren auslaufen sollen, jedoch gewährte man ihm eine weitere Schutzfrist von vier Jahren, vermutlich weil die Firma es während des Ersten Weltkriegs nicht verwerten konnte.

Eine spätere Entwicklung war der so genannte Rawlbolt®, der 1934 als Patent GB 444623 angemeldet wurde. Er bestand aus einer Metallhülle, die sich nach außen drückte, wenn ein schmaler Gewindebolzen (englisch »bolt«) im Inneren festgezogen wurde. Der Rawlbolt® war zur Anwendung in Beton oder Mauerwerk bestimmt. In den 1960er Jahren begann man, den Rawlplug® aus stranggepresstem Plastik herzustellen, und der Dübel wurde mit einigen Verbesserungen versehen: Typisch wurden ein Schlitz an der Spitze, sodass er sich leicht nach außen biegen konnte, vier Schlitze im Schaft und außerdem drei Zähnchen, um an der Spitze auf jeder Seite Halt zu bieten. Hand- und Heimwerker benutzen diese praktische kleine Erfindung weiterhin jeden Tag.

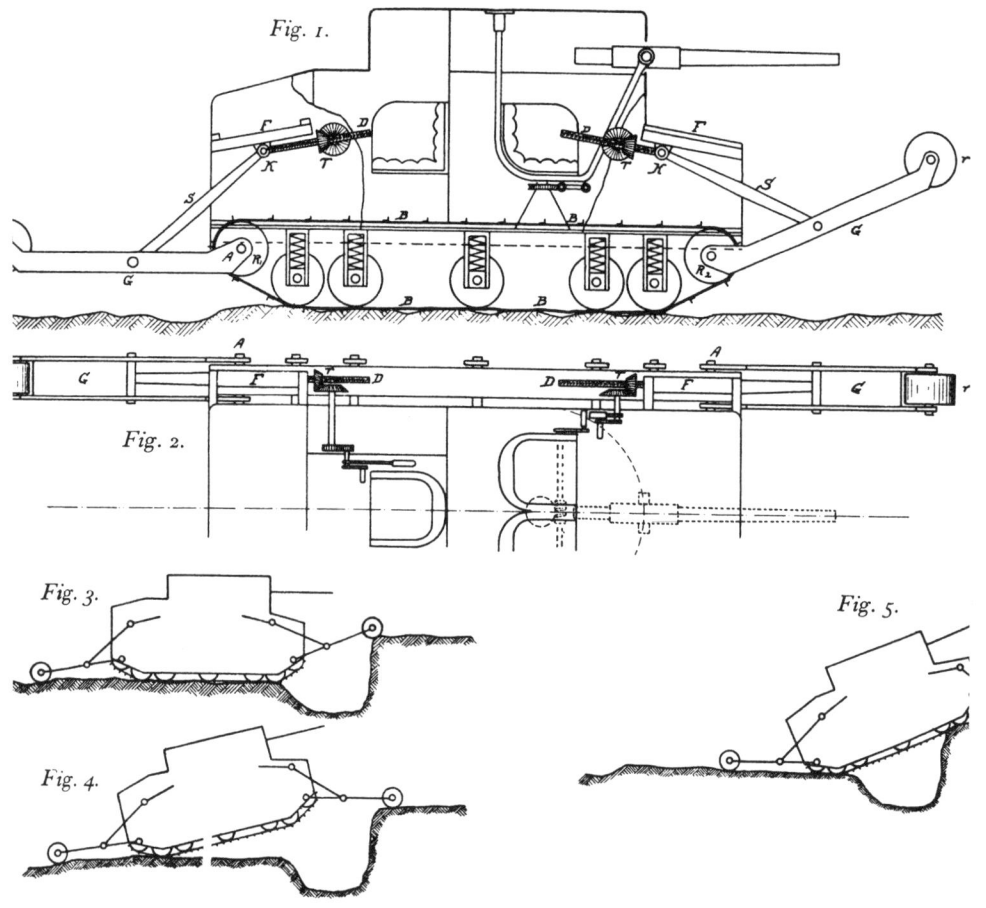

Fig. 1.

Fig. 2.

Fig. 3.

Fig. 4.

Fig. 5.

DER PANZER

Günther Burstyn, Korneuburg, Österreich
Angemeldet am 28. Februar 1912 und als DE 252815 veröffentlicht

Die Ursprünge des Panzers sind in Dunkel gehüllt. Normalerweise wird die Erfindung den Briten zugeschrieben, aber die hier gezeigte Erfindung scheint den britischen Arbeiten vorausgegangen zu sein, die außerdem keine Ausführungen zum Mechanismus der Endloskette enthalten. Die übliche Geschichte zum Einsatz von Panzern zur Kriegsführung lautet, dass zu Weihnachten 1914 Sir Ernest Swinton Lord Kitchener die Idee eines gepanzerten Fahrzeugs mit beweglichen Ketten vorschlug, um so dem Grabenkrieg zu entgehen. Denn Maschinengewehre verhinderten den Vormarsch der Infanterie und Schützengräben, Granattrichter und Schlamm blockierten das Vordringen von Fahrzeugen. Im Februar 1915 wurde von der Admiralität ein Ausschuss eingesetzt, das »Landships Committee«. Die Mitglieder baten um Vorschläge für ein gepanzertes, mit schweren Waffen bestücktes Fahrzeug, das Schützengräben und andere Hindernisse überwinden könnte. Ein Marinepilot schlug (erfolglos) drei 12,2 m hohe Räder zum Antrieb einer riesigen Maschine vor, die ein wahres Ungeheuer abgegeben hätte.

Bald darauf begann William Tritton, Generaldirektor einer Landwirtschaftsgerätefirma in Lincoln (»William Foster's«), sich mit der Angelegenheit zu befassen. Ab Mai 1916 reichte er dazu verschiedene Anmeldungen ein, von denen insgesamt acht patentiert wurden (das erste Patent war GB 125105). Sie alle umfassten die Idee von Endlos- oder »Raupen«-Ketten, die heute für einen Panzer selbstverständlich erscheinen, jedoch erwähnte er ihren Einsatz nicht für gepanzerte Kampfwagen. Das erste Modell vom September 1915, »Tritton No. 1«, verlor seine Ketten zu leicht. Erst eine modifizierte Version funktionierte besser und wurde als Versuchsmodell zur Planung von Änderungen eingesetzt. Sein Spitzname war »Willie«. Der Militäringenieur Walter Wilson begleitete von nun an die weitere Arbeit, bis im Dezember 1915 das Modell »Mother« fertiggestellt war, jenes bekannte Ungetüm, das man häufig auf alten Aufnahmen sehen kann und das mit riesigen Ketten auf jeder Seite ausgestattet ist. Mit diesem Gerät konnten drei Meter breite Schützengräben überwunden werden. Die Armee bestellte 100 Exemplare und bezeichnete sie aus Sicherheitsgründen als »Wassertanks«. Im Englischen hat sich der Name »tank« bis heute gehalten.

Im März 1916 gründete die Armee eine spezielle Truppenabteilung, aus der später das »Tank Corps« wurde. Panzer wurden erstmals am 15. September 1916 in einer kleineren Aktion eingesetzt. Ihren ersten großen Einsatz hatten sie dann in der Schlacht von Cambrai am 20. September 1916, als 474 davon verwendet wurden. Sie lösten Bestürzung aus, und es wurden viele Gefangene gemacht, gleichzeitig versagten aber auch zahlreiche Fahrzeuge oder wurden von Artilleriefeuer zerschossen. Der Panzer war im Krieg selbst nicht wirklich erfolgreich, doch war er nützlich für die Propaganda. Tritton und Wilson erhielten nach dem Ersten Weltkrieg für den Gebrauch ihrer Erfindung eine Ausgleichszahlung. Renault baute einige Panzer für die Franzosen, während die Amerikaner Nachbauten der Renault-Panzer von Ford verwendeten. Die Deutschen bauten den A7V-Panzer, aber glaubten nicht an das Konzept. Vielleicht hätte sich der Kriegsverlauf geändert, wenn sie frühzeitig Burstyns Idee übernommen hätten.

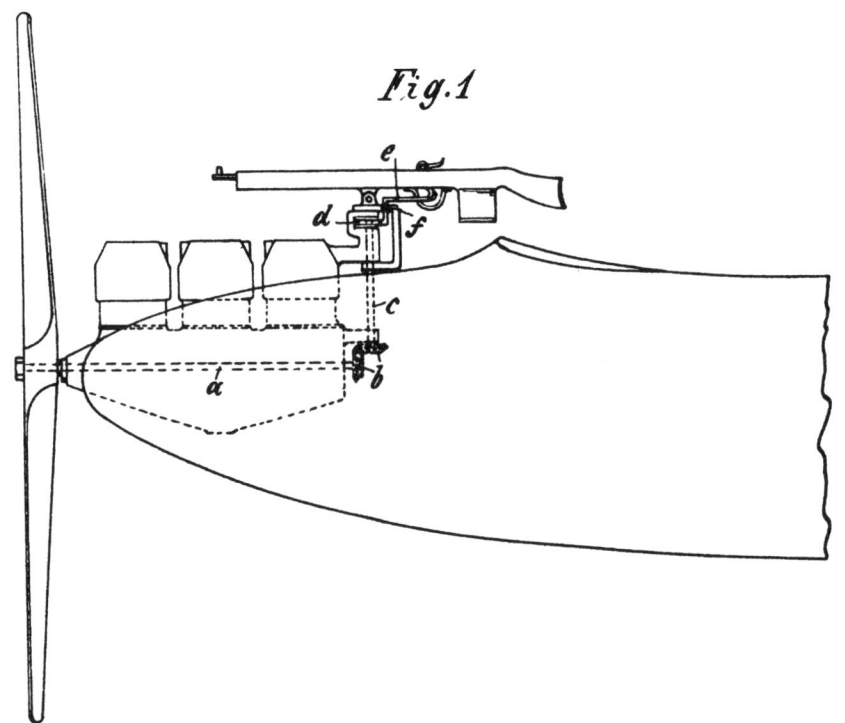

Fig. 1

Fig. 2

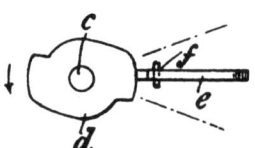

PHOTOGR. DRUCK DER REICHSDRUCKEREI.

Das synchronisierte Flugzeugmaschinengewehr

Franz Schneider, Berlin, Deutschland

Angemeldet am 15. Juli 1913 und als DE 276396 und GB 16726/1913 veröffentlicht

Diese Erfindung hatte einen gewaltigen Einfluss auf die Luftkämpfe im Ersten Weltkrieg und hätte für Deutschland den Sieg bedeuten können. Doch weder die Deutschen noch die Briten wussten, dass die Idee in beiden Ländern bereits patentiert war und das Patent nur darauf wartete, aus den Aktenregalen gezogen und konsultiert zu werden.

Die Kampffliegerei steckte 1914 noch in den Anfängen. Einen gegnerischen Piloten konnte man nur abschießen, indem man ihn mit Gewehr oder Pistole beschoss. Einige Flugzeuge führten einen Beobachter hinter dem Piloten mit, der ein schweres Maschinengewehr bediente, was aber schwierig war, wenn er den Schoß voller Bomben hatte. Kurz vor dem Krieg hatte der französische Fabrikant Raymond Saulnier an einem Unterbrechergetriebe gearbeitet, um mit einem Maschinengewehr durch den Propellerkreis zu schießen. Da er zu keiner Lösung kam, befestigte er stählerne Ablenkungsplatten am Propeller, die diesen schützen sollten (den Piloten aber gefährdeten). Als der Krieg begann, verlor das Militär das Interesse an seiner Idee. Nach einigen Monaten jedoch forderten die Piloten selbst vehement fest montierte, vorwärts gerichtete Maschinengewehre, um in Flugrichtung zugleich zielen und schießen zu können. Der französische Pilot und Kunstflieger Roland Garros ging zu Saulnier und erhielt die stählernen, vor den Propellerblättern befestigten Ablenkungsplatten und ein vor dem Cockpit fest installiertes Maschinengewehr. Innerhalb von zwei Wochen schoss Garros damit fünf deutsche Flugzeuge ab. Von einem Gewehrschuss getroffen, stürzte er jedoch selbst am 19. April 1915 über Courtrai ab. Der Versuch, sein Flugzeug in Brand zu stecken, scheiterte, und so gelangte es in dieser modifizierten Form schnell in die Werkhalle von Anthony Fokker, dem großen holländischen Flugzeugingenieur, der für die Deutschen arbeitete.

Am Flugzeug wurden Tests durchgeführt, doch die schwereren deutschen stahlummantelten Kugeln zerstörten den Propeller. Innerhalb von zwei Tagen fand Fokker eine Lösung, indem er mit Hilfe von Getriebewellen die Kurbelwelle des Motors mit der Schussfolge des Maschinengewehrs so in Übereinstimmung brachte, dass die Kugeln den Propeller nicht mehr treffen konnten. Sein Patent DE 299770 vom 28. Juni 1916 wurde ihm wahrscheinlich für eine ausgefeiltere Variante dieser Idee zugesprochen. Franz Schneider verklagte ihn prompt wegen der Verletzung seines Patents, das allerdings statt eines MG nur ein einfaches Gewehr zeigt. Es ging nur von zwei Propellerblättern aus, sodass mit jeder Umdrehung auch nur zwei Unterbrechungen nötig waren. Die einzige frühere Ausführung, das Patent FR 463601, vergeben im Januar 1913, war nicht zu verwirklichen. Es zeigt ein sehr modern aussehendes Kampfflugzeug, das ein Luftschiff abschießt. Der Gewehrlauf ist in der Propellermitte montiert statt dahinter oder an den Tragflächen. Das Patent stammte von Louis Blériot, der als erster Mensch den Ärmelkanal überflogen hatte.

Fokker-Eindecker waren mit synchronisierten Spandau-Maschinengewehren bewaffnet und durchflogen für eine Zeit, die als »Fokkerplage« bekannt ist, den Luftraum praktisch ohne Gegenwehr. Im April 1916 fiel den Alliierten eine Fokker in die Hände, sodass sie das Geheimnis entdeckten. Sie brachten bald ihre Version des neuen Systems an die Front. Die Deutschen verbesserten den Mechanismus weiter und eine Vielzahl von deutschen und britischen Patenten wurde dazu nach dem Krieg veröffentlicht.

1,219,881.

Patented Mar. 20, 1917.

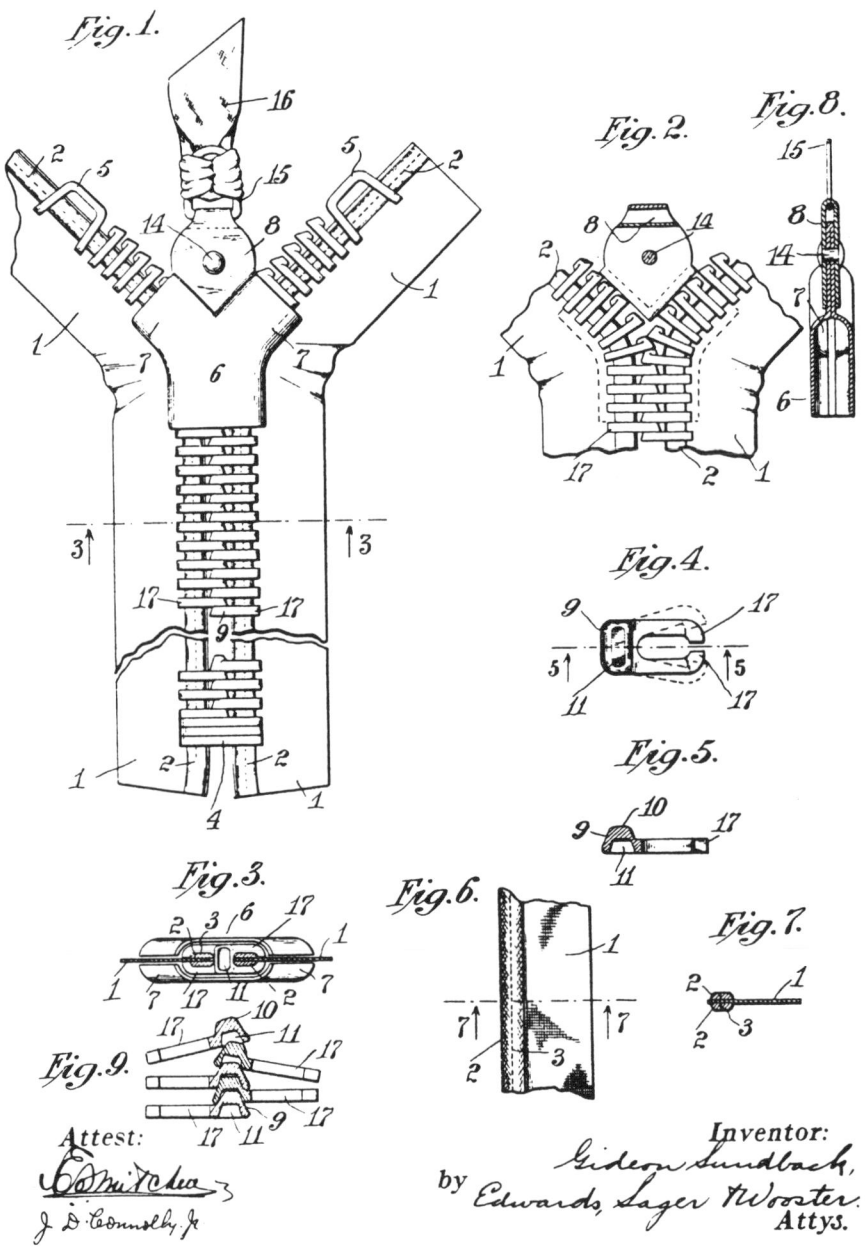

Attest:

Inventor:
Gideon Sundback,
by Edwards, Sager & Wooster.
Attys.

DER REISSVERSCHLUSS

Gideon Sundback, Meadville, Pennsylvania, für die »Hookless Fastener Company«
Angemeldet am 27. August 1914 und als US 1219881 und GB 12261/1915 veröffentlicht

Traditionell wurden zum Verschließen von Kleidungsstücken, Taschen usw. überall dort entweder Knöpfe oder irgendwelche Haken und Ösen verwendet, wo man heute oft Reißverschlüsse benutzt. Das erste Patent für das Konzept einer Kette von Schnallen, die man durch das Bewegen eines Schiebers entlang des Saums öffnen oder verschließen konnte, wurde 1893 mit US 504037-38 an Whitcomb Judsons vergeben. Das System war für Schuhe konstruiert und daher grob und unhandlich und für einfache Massenproduktion ungeeignet. Außerdem neigte es dazu, in unpassenden Momenten aufzuspringen. Mit Unterstützung durch »Oberst« Lewis Walker, einen Anwalt, arbeitete Judson weiter an der Idee. Sein Patent US 1060378 galt dann hinsichtlich des »Aufspring-Problems« als narrensicher, allerdings benutzte der Geschäftsführer des Unternehmens dann doch lieber zusätzlich eine Sicherheitsnadel, als er den Verschluss eines Abends ausprobierte. Die Forschungsarbeit ging bis 1908 weiter.

Dann trat Gideon Sundback auf den Plan. Er wurde 1880 in Schweden geboren, erhielt eine Ausbildung als Elektroingenieur und wanderte 1905 in die USA aus. Er hatte die Firma wegen eines Vorstellungsgesprächs besucht, blieb dann dort und heiratete die Tochter von Peter Aronson, einem der Mechaniker. Später wurden alle ausländischen Rechte für sämtliche Patente der Firma ihm zugesprochen.

Bis dahin hatte sich die Forschungsarbeit auf Haken und Ösen beschränkt. Sundback folgte diesem Weg (während unterdessen seine Frau im Kindbett verstarb), hatte aber keinen Erfolg damit und entschloss sich, etwas ganz anderes auszuprobieren. Die Idee war, auf einer Seite Haken und auf der anderen Wulstketten einzusetzen. Ein Schieber würde sie zusammendrücken, sodass diese entweder zuschnappten oder sich öffneten. Das System

stimmte noch nicht ganz (die Wulstketten nutzten sich leicht ab), aber es wurde doch deutlich, dass man sich damit auf dem richtigen Weg befand. Schließlich verfügte eine zweite Version über Metallhaken auf einer Kette, die links oder rechts in gleiche Metallhaken auf der anderen Kette griffen, wieder mit Hilfe eines Schiebers. Da die beiden Ketten identisch und untereinander austauschbar waren, war das Konzept zur Massenproduktion geeignet, und trotz einiger Verbesserungen, um es billiger und leichter zu machen, war damit die grundlegende Idee des Reißverschlusses geboren. Sundback selbst entwickelte die Maschinen zum Ausstanzen der Teile und zum Befestigen der Reißverschlüsse auf Bändern.

Die Firma hatte Schwierigkeiten, das Interesse der Hersteller zu wecken, die den Reißverschluss in großen Mengen für ihre Produkte kaufen sollten. Der Erste Weltkrieg sorgte für Nachfrage, weil Reißverschlüsse für Geldkatzen, Fliegermonturen und Rettungswesten verwendet wurden. Dann bestellte die »Goodrich Company«, die Gummi-Produkte herstellte, eine große Menge und brachte den »Mystik boot« auf den Markt. Als die Handelsvertreter meldeten, dass der Name keinen Anklang finde, soll der Direktor der Firma gesagt haben: »Was wir brauchen, ist ein Wort der Bewegung … etwas, das dem Vorgang Dramatik verleiht!« (»Something that will dramatize the way the thing zips.«) Nachdem er spontan diesen wortmalerischen Neologismus benutzt hatte, merkte er, dass damit das passende Wort bereits gefunden war. 1925 ließ die Firma den »Zip fastener boot« als Warenzeichen eintragen, aber der Ausdruck wurde so populär, dass die meisten ihn als Gattungsnamen verwendeten, womit er schließlich seinen Schutz verlor. Erst ab 1935 setzte sich die Idee durch, Reißverschlüsse auch für die Kleidung zu verwenden.

UNITED STATES PATENT OFFICE.

HARRY BREARLEY, OF SHEFFIELD, ENGLAND.

CUTLERY.

1,197,256.   Specification of Letters Patent.   **Patented Sept. 5, 1916.**

Drawing. Continuation of application Serial No. 17.856, filed March 29, 1915. This application filed March 6, 1916. Serial No. 82,301.

To all whom it may concern:

Be it known that I, HARRY BREARLEY, residing at Sheffield, Yorkshire, England, have invented a certain new and useful Improvement in Cutlery, of which the following is a full, clear, and exact description.

My invention relates to new and useful improvements in cutlery or other hardened and polished articles of manufacture where non-staining properties are desired and has for its object to provide a tempered steel cutlery blade or other hardened article having a polished surface and composed of an alloy which is practically untarnishable when hardened or hardened and tempered. This alloy is malleable and can be forged, rolled, hardened, tempered and polished under ordinary commercial conditions.

The invention results from the discovery that the addition of certain percentages of chromium and carbon to iron will produce a steel capable of taking a polish and having the characteristics above referred to. I have discovered that the addition to iron of an amount of chromium anywhere between nine per cent. (9%) and sixteen per cent. (16%), and also an amount of carbon not greater than seven tenths per cent. (.7%) will result in a product which, when made into knife blades, has the said characteristics.

I have further found from experiments that steels containing less than eight per cent. (8%) of chromium are relatively tarnishable whatever the amount of carbon that they contain up to the limit at which they cease to be malleable and capable of being hardened and tempered. I have also found that when the amount of carbon exceeds seven tenths per cent. (.7%) the polished steel is tarnishable whatever the amount of chromium it may contain and that this condition corresponds with the appearance in the steel of free carbids, which are distinguishable microscopically on polished and etched specimens.

A typical composition for the untarnishable steel blades embodying my invention would be as follows: carbon .30 per cent.; manganese .30 per cent.; chromium 13.0 per cent.; iron 86.4 per cent. In producing such steel I preferably use an electric arc melting furnace. It can be readily made in such furnace. It forges easily into sheets or strips such as are required for knife blades and can be hardened and tempered by ordinary commercial processes.

Knife blades embodying my invention are made from the steel above referred to being formed, hardened and polished by grinding or buffing in the ordinary manner, the product being a polished cutlery blade similar in appearance to other polished blades but possessing the remarkable quality of being practically untarnishable when subjected to the ordinary uses to which knife blades are subjected, because made from the alloy above described. My blades are tempered so as to be sufficiently resilient for ordinary requirements.

Small amounts, up to say one or two per cent. of nickel, copper, cobalt, tungsten, molybdenum and vanadium appear to be without influence on the untarnishable property of the steel.

In practice it is best not to attempt to obtain an alloy containing above .4% of carbon, but rather to try to obtain an alloy containing an amount of carbon less than .4% thus leaving a wider margin for variations from the alloy sought to be produced since the desired result is attained when considerably less carbon is present.

This application is a continuation of my application Serial No. 17,856, filed March 29th 1915.

As is evident to those skilled in the art, my invention permits of various modifications without departing from the spirit thereof or the scope of the appended claims.

What I claim is,

1. A hardened and polished article of manufacture composed of a ferrous alloy containing between nine per cent. (9%) and sixteen per cent. (16%) of chromium and carbon in quantity less than seven tenths per cent. (.7%).

2. A hardened, tempered and polished cutlery blade composed of a ferrous alloy containing between nine per cent. (9%) and

DER ROSTFREIE STAHL

Harry Brearley, Sheffield, Yorkshire, England
Angemeldet am 29. März 1915 und als US 1197256 veröffentlicht

Die Geschichte der Entwicklung von rostfreiem Stahl (oder Edelstahl) ist verworren und kompliziert. Deshalb kann es hier auf der Grundlage der Arbeit von Harry Brearley nur um eine Zusammenfassung gehen. Brearley wurde 1871 in Sheffield, Yorkshire, geboren, wo sein Vater als Hochofenarbeiter bei dem Stahlwerk-Konzern »Firth's« beschäftigt war. Er fing mit 12 Jahren als Laufbursche an zu arbeiten und ging später im Labor der Firma in die Lehre. Die Weiterbildung an der Abendschule brachte ihn so weit, dass er 1907 zum Leiter des Forschungslabors bestimmt wurde, das die beiden größten Stahlfirmen Sheffields, »Firth's« und »Brown Bayley«, zusammen betrieben.

1912 führte er Untersuchungen zur Korrosion anhand rostender Gewehre durch. Es war auf diesem Gebiet schon geforscht worden. Legierungen setzen sich aus unterschiedlichen Metallen zusammen, wobei jedes Metall der Legierung eine spezifische, dem späteren Zweck angepasste Eigenschaft verleiht. Rostfreier Stahl enthält Chrom. Doch damit die rostfreien Eigenschaften dieser Legierung zum Tragen kommen, muss der Stahl aus mindestens 12 % Chrom bestehen. Entscheidend ist auch, dass der Anteil von Kohlenstoff nicht mehr als 15 % beträgt. Der Franzose Léon Guillet veröffentlichte 1904 eine eingehende Untersuchung solcher Legierungen, vernachlässigte allerdings die Eigenschaft der Korrosionsbeständigkeit. In einer Arbeit von 1909 beachtete auch Albert Portevin sie nicht, während ein Aufsatz von W. Giesen aus diesem Jahr exakt dieselben Mischungsverhältnisse anführte, die Brearley seinem Patent zugrunde gelegt hatte. Erst Philipp Monnartz und Wilhelm Borchers aus Deutschland entdeckten und beschrieben die Eigenschaften der Korrosionsbeständigkeit. Für eine Legierung mit 10 % Chrom und 2–5 % Molybdän erhielten sie das Patent DE 246035.

In einem Elektro-Schmelzofen stellte Brearley eine Legierung mit 12,8 % Chrom her. Nach einer Hitzebehandlung war das so entstandene Metall korrosionsbeständig. Der Staat zeigte sich an dem neuen Metall jedoch nicht interessiert. Daraufhin schlug Brearley seiner Firma vor, es für Besteck zu verwenden, und bat eine ortsansässige Messerschmiede, ihm aus dem Metall Messer herzustellen (Stahlmesser, die beim Abwaschen anfingen zu rosten, waren ein großes Problem). Er nannte sein neues Metall »rostfreien Stahl« (»rustless steel«), doch einer der Leiter der Messerschmiede taufte es »stainless steel« (»fleckenfreien Stahl«), nachdem er bemerkt hatte, dass selbst Essigtropfen keine Flecken darauf hinterließen. »Firth's« legte auf ein Patent keinen Wert, vereitelte aber gleichzeitig Brearleys Wunsch nach einer Patentierung auf seinen Namen, was erklärt, warum es kein britisches Patent darauf gibt. Brearley ging dann als Werksleiter zur Konkurrenzfirma »Brown Bayley«.

Unterdessen forschte auch Elwood Haynes aus Indiana auf demselben Gebiet. Seine Frau hatte ihn gefragt, ob er nicht rostfreies Besteck herstellen könne. Unabhängig von der Arbeit anderer entdeckte auch er die Chrom-Stahl-Legierung und meldete vor Brearley ein Patent darauf an. Der Antrag wurde jedoch mit der Begründung abgewiesen, dass »diese Chrom-Eisen-Legierungen nichts Neues darstellen«. 1919 erhielt er dann doch ein Patent, US 1299404, und zwar für einen »schmiedeeisernen Artikel«. An einer anderen Variante dieser Legierung forschten auch Eduard Maurer und Benno Strauß bei Krupp in Deutschland; sie stellten 1912 eine solche her. Durch die Zugabe von Nickel konnten sie dem Stahl noch weitere nützliche Eigenschaften hinzufügen. Harry Brearley starb 1948 in Torquay, Devon.

C. SAUNDERS.

SELF SERVING STORE.

APPLICATION FILED OCT. 21, 1916.

1,242,872. Patented Oct. 9, 1917.

3 SHEETS—SHEET 1.

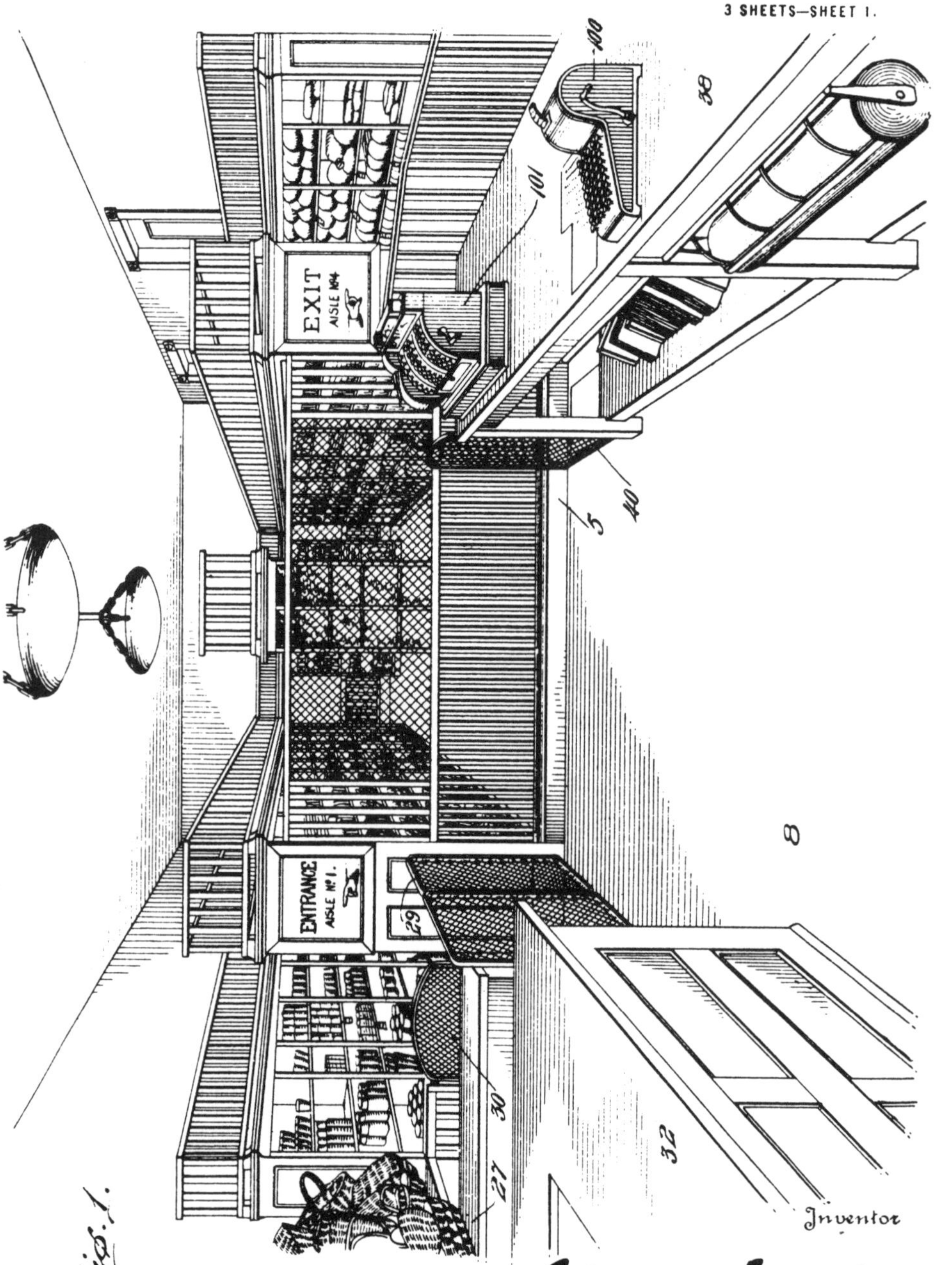

Fig. 1.

Inventor

Clarence Saunders,

By Bradford & Doolittle

Attorneys

DER SELBSTBEDIENUNGS-SUPERMARKT

Clarence Saunders, Memphis, Tennessee
Angemeldet am 21. Oktober 1916 und als US 1242872 veröffentlicht

Es mag seltsam klingen, aber die Idee eines Supermarkts wurde tatsächlich patentiert und also gab es auch jemanden, der sich den Supermarkt ausgedacht hat. Clarence Saunders war ein extravaganter und innovationsfreudiger Mensch, der über die Verschwendung von Platz und menschlicher Arbeitskraft in den gewöhnlichen Läden jener Zeit nachdachte, wo die Kunden das Personal hinter der Theke noch darum bitten mussten, alles Gewünschte aus den Regalen herüberzureichen. Saunders Patente sind nicht darauf angelegt, den Kunden Zeit sparen oder ihnen »bummeln« zu helfen, sondern den Betrieb eines Ladens für die Besitzer wirtschaftlicher zu gestalten.

Saunders eröffnete den ersten nach seinen neuen Prinzipien betriebenen Laden am 6. September 1916 in der Jefferson Street 79 in Memphis. Das Patent wurde ein paar Wochen später angemeldet. Die hervorragende Zeichnung auf der gegenüberliegenden Seite zeigt den Eingangsbereich des Ladens. Der Kunde betritt den Lebensmittelbereich links durch ein Tor unter dem Schild »Entrance. Aisle No. 1«, folgt dann durch insgesamt vier Gänge (zwei davon sind hinter dem Wandschirm sichtbar) einem vorgeschriebenen Rundweg und kommt, nach Durchschreiten des letzten Gangs, rechts von »Exit« wieder heraus. Vor der Kasse geht er einmal vor und zurück und verlässt den Einkaufsbereich durch eine zweite Schranke gegenüber der ersten. Im Patent ist angeführt, dass der Kunde vor dem Hinausgehen »das gesamte vorrätige Warensortiment besichtigen soll«, nachdem er »dem Laden eine große Menge der üblichen Unkosten oder der zum Betrieb erforderlichen laufenden Geschäftskosten abgenommen hat«. Saunders gibt an, dass mit der gleichen Menge an Personal drei oder vier Mal soviel Ware verkauft werden kann.

Er nannte die neue Ladenkette »Piggly Wiggly®« und konzessionierte das Schema für Läden mit hohem Umsatz und niedrigen Gewinnspannen. Die Handelskette betreibt noch heute etwa 600 Läden, vor allem im Süden der USA. Auf den etwas ungewöhnlichen Namen soll Saunders gekommen sein, als er einmal vom Zug aus mehrere Ferkel beobachtete, die unter einem Zaun hindurchkriechen wollten (englisch »pig« = Schwein; »wiggle« = wackeln). Besser jedoch ist die folgende Erklärung. Auf die Frage, warum seine Kette so heiße, antwortete er: »Damit die Leute genau diese Frage stellen.«

In den nächsten Jahren patentierte Saunders sowohl eine Reihe von Verbesserungen am Konzept des Selbstbedienungsladens als auch Ideen wie Preisschilder (in seinen Läden wurden zum ersten Mal alle Artikel ausgezeichnet), ein Lichtsystem für Supermärkte und Farbbänder für Rechenmaschinen. Er war so erfolgreich, dass er mit dem Bau eines riesigen Hauses in Memphis begann. Leider musste er nach einem Streit mit der New Yorker Börse über eine Reihe von Aktiengeschäften Konkurs anmelden und hat dieses Haus daher nie bewohnt. Es beherbergt heute das so genannte »Pink House Museum« mit einem Nachbau seines ersten Supermarkts. Saunders erholte sich finanziell so weit, dass er unter seinem Namen eine neue Handelskette gründen konnte, doch sie ging in der Großen Depression bankrott. Daraufhin begann er sich mit einem noch wirtschaftlicheren Laden zu beschäftigen, der völlig automatisch betrieben werden sollte, aber die Technik war noch nicht ausgereift. Trotzdem wurden Patente zu dieser Idee als US 2661682 und US 2820591 veröffentlicht, was allerdings erst nach seinem Tod 1953 bekannt wurde. Die Idee der Internetshops hätte Saunders sicherlich gefallen.

Nov. 20, 1923. 1,475,024

G. A. MORGAN

TRAFFIC SIGNAL

Filed Feb. 27. 1922 2 Sheets-Sheet 1

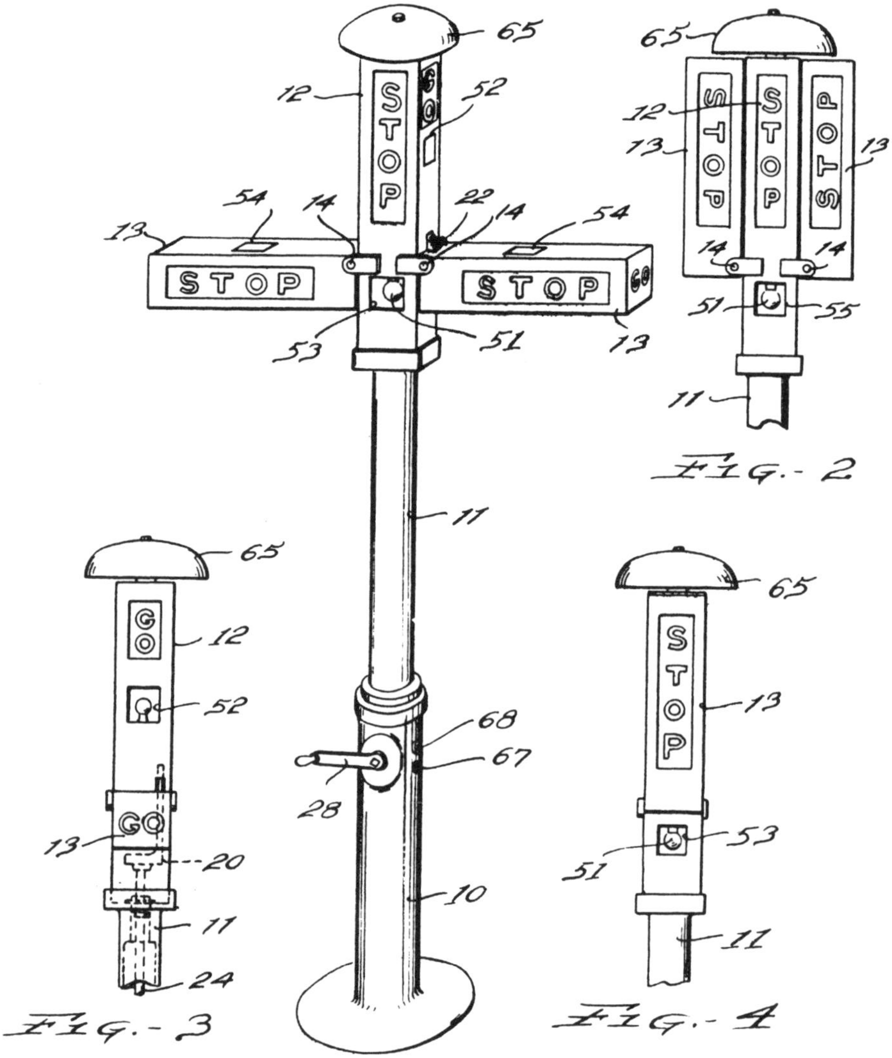

FIG.-2

FIG.-3

FIG.-4

FIG.-1

INVENTOR
Garrett A. Morgan,
BY Baker & Macklin,
ATTORNEYS

Die Verkehrsampel

Garrett Augustus Morgan, Cleveland, Ohio
Angemeldet am 27. Februar 1922 und als US 1475024 veröffentlicht

Garrett Morgan wurde als Sohn ehemaliger Sklaven in Kentucky geboren. Er hatte kaum eine formale Ausbildung, experimentierte jedoch gern mit irgendwelchen Apparaten, wobei er zu seinem Lebensunterhalt Nähmaschinen reparierte. 1895 zog er nach Cleveland und konnte dort 1907 seine eigene Reparaturwerkstatt eröffnen. Später kam noch ein gutgehendes Schneidergeschäft hinzu. 1914 patentierte Morgan zwei Sicherheitshauben zur Verwendung in rauchhaltiger Luft, die als US 1090936 und US 1113675 für die »National Safety Device Company« veröffentlicht wurden. Obwohl sie in den Zeichnungen aussehen wie aus einem Science-Fiction-Film, waren sie anscheinend effektiv. Einmal konnte er sie zur Rettung mehrerer Menschen einsetzen, die am 25. Juli 1916 in einem Tunnel eingeschlossen waren, was landesweit Schlagzeilen machte. Sein kleiner Laden wurde von Bestellungen überschwemmt und im Ersten Weltkrieg wurde die Ausrüstung von den amerikanischen Truppen als Gasmaske benutzt.

Morgans zweite wichtige Erfindung war die Verkehrsampel. Immer mehr Automobile teilten sich die Straßen mit Pferdekutschen und Fahrrädern. Eines Tages sah Morgan einen Zusammenstoß zwischen einem Automobil und einer Pferdekutsche, wobei ein kleines Mädchen schwer verletzt wurde. Zu jener Zeit behalf man sich noch mit einem »Stop and Go«-Mechanismus, den ein Polizist mit der Hand bediente. Abgesehen von den hohen Kosten für die Arbeitskraft konnte man damit keinen vollständigen Verkehrsstopp bewirken; außerdem setzte der Mechanismus voraus, dass sich der Verkehr immer nur in die eine oder die andere Richtung bewegte. Morgan hatte dann die Idee, mit grünen und roten Signallampen zu arbeiten, die mit einem warnenden Summton kombiniert waren, und es gelang ihm, diese Ampelanlage am 5. August 1914 von der »American Traffic Light Company« an der Kreuzung 105th Street und Euclid Avenue in Cleveland aufstellen zu lassen. Sie wurde nicht patentiert. Es soll auch andere Versionen von anderen Erfindern gegeben haben, einschließlich einer in New York von 1918 mit einem roten, grünen und gelben Licht, aber auch diese scheinen nicht patentiert worden zu sein.

Morgans Erfindung sah elektrisch betriebene Kurbeln vor, mit denen die Arme der Ampel so gedreht wurden, dass sie den Verkehr entweder anhielten oder die Vorfahrt anzeigten. Das Patent arbeitet aber immer noch mit den zu seiner Zeit üblichen Bezeichnungen »Stop« und »Go«. In Fig. 1 wird der auf die Ampel zukommende Verkehr mit »Stop« angehalten und der Querverkehr mit »Go« (sichtbar am Ende des rechten Arms und auf der oberen rechten Seite des Ampelmasts) hindurchgelassen. Fig. 2 zeigt die beiden Seitenarme hochgeklappt, um den Verkehr zu stoppen, da alle Seiten der Arme mit »Stop« beschriftet sind; damit war für einen vollständigen Verkehrsstopp gesorgt, sodass die Fußgänger die Straße überqueren konnten. Fig. 3 ist eine Seitenansicht von Fig. 1 und Fig. 4 eine Seitenansicht von Fig. 2. Mit einem Stoßdämpfer sollte der Mechanismus für den Fall, dass er umstürzte, vor Schaden geschützt werden.

1926 wurde eine manuell betätigte Verkehrsampel in London errichtet, 1927 stellte man in Wolverhampton erstmals ein automatisches System auf. Morgans Erfindung war in ganz Nordamerika weit verbreitet, ehe es durch moderne Ampeln ersetzt wurde. Er verkaufte seine Rechte schließlich für die damals beträchtliche Summe von $ 40000 an »General Electric«. Er starb 1963, kurz nachdem er von der amerikanischen Regierung eine Auszeichnung für Verkehrssicherheit bekommen hatte.

PATENT SPECIFICATION

Application Date: *June 13, 1922.*   No. 16,360/22.   **203,778**

Complete Accepted : *Sept. 13, 1923.*

COMPLETE SPECIFICATION.

A Method of Preparing Extracts of Pancreas, suitable for Administration to the Human Subject.

I, Victor Fallon Feeny, of 73a, Queen Victoria Street, London, E.C. 4, a British subject, do hereby declare the nature of this invention (a communica-
5 tion to me from Frederick Grant Banting, James Bertram Collip and Charles Herbert Best, all of the University of Toronto, City of Toronto, County of York, Province of Ontario,
10 Dominion of Canada, and all British subjects), and in what manner the same is to be performed, to be particularly described and ascertained in and by the following statement :—
15 This invention relates to a method of preparing, for use in the treatment of diabetes, a pancreas extract which contains the anti-diabetic principle or hormone.
20 Many years ago it was proposed to prepare an injection for the treatment of diabetes, from the pancreatic gland taken from an animal, in which process the gland was left to self-digestion ; it
25 was stated that the albuminous bodies were precipitated by alcohol and the filtrate was finally evaporated *in vacuo*. In that process there was a predisposition of the pancreas by selecting the condi-
30 tions of its removal from a narcotised animal. In another process it was proposed to obtain a digestive medical compound comprising pancreatin, which compound was formed by taking sweet-
35 breads, chopping them up finely, digesting them with alcohol, and pressing drying and pulverising them.

The communicators have ascertained by experiment that for the pancreas
40 extract to be suitable for the treatment of diabetes by way of intravenous or subcutaneous administration, it is essential that the anti-diabetic principle or hormone should be purified from the
45 enzymes, proteins, lipoids and salts which have been extracted from the pancreas.

The communicators have reason to believe that any step which involves self-digestion of the finely divided pancreas, would allow the enzymes to destroy or to 50 affect injuriously the active principle or hormone.

According to the present invention the pancrease is first treated with a solvent, such as alcohol, which inhibits the 55 deleterious action of the enzymes on the hormone ; the proteins and salts are then removed as far as possible from the solution by precipitation, and finally separating by precipitation any substances which 60 may be still present with the hormone. A suitable method of carrying out this invention consists in finely dividing the pancreas and mixing it with alcohol, straining or filtering the mixture to 65 separate inert gland tissue from the substances dissolved in the alcohol, treating the filtrate with additional alcohol, removing the precipitate by filtration and concentrating the filtrate, treating the 70 latter with ether, eliminating the ether, adding alcohol, centrifuging the mixture to cause it to form into layers so that the uppermost one consists of alcohol holding the hormone in solution, the lower 75 layer or layers consisting of flocculent protein, salt solution and salt crystals, subsequently removing the uppermost layer and treating the same with several volumes of 95% ethyl alcohol to separate 80 by precipitation any substances which may be still present with the hormone, the alcohol being thereafter distilled off and the hormone dissolved in distilled water, and in concentrating the aqueous 85 solution, sterilising it and adding a preservative.

It is well known that carbohydrate, such as the starches, taken in the food, is converted into simple sugars, such as 90 glucose. In this form it is absorbed by the intestine and carried to the liver

[*Price 1/-*]

178

DAS SYNTHETISCHE INSULIN

Frederick G. Banting, Charles H. Best und James B. Collip für die Universität von Toronto, Kanada
Angemeldet am 15. Januar 1923 und als CA 234336, GB 203778 und US 1469994 veröffentlicht

Frederick Banting wurde 1891 auf einer Farm in Ontario geboren. Er erwarb einen akademischen Grad im Fach Medizin und arbeitete als praktischer Arzt. Mit der Zeit begann er sich für das Problem zu interessieren, wie man den Blutzuckerspiegel kontrollieren könnte. Ein zu hoher Wert bedeutet Diabetes, was zu furchtbaren Nebenwirkungen führen kann, weil die schwächsten Organe angegriffen werden. Ein zu niedriger Blutzuckerspiegel ist ironischerweise bedeutend seltener. 1889 hatten Forscher festgestellt, dass die Bauchspeicheldrüse den Blutzuckerspiegel regelt. Eine Art von chemischem Botenstoff – nämlich Insulin, wie sich herausstellte – wird von den »Langerhansschen Inseln« in der Bauchspeicheldrüse abgesondert und übernimmt diese Funktion. Es war wichtig, diesen Stoff zu identifizieren, weil dann (hoffentlich) eine Methode gefunden werden konnte, den Blutzuckerspiegel zu regulieren, falls dieser unter einen bestimmten Level fiel. Die Frage war, ob nicht sogar ein synthetisches Produkt entwickelt werden könnte, um denselben Effekt zu erzielen.

Banting war kein geschulter Forscher, entschied sich 1920 aber trotzdem zur Arbeit an diesem Problem. Er wusste nichts von der riesigen Menge an Forschungsliteratur, die über die Bereitstellung eines wirksamen Bestandteils verfasst worden war, und räumte später ein, dass er mit seiner Arbeit nie angefangen hätte, wenn er davon gewusst hätte. Banting fand heraus, dass Insulin durch Fermente inaktiviert wird, solange es in der Bauchspeicheldrüse verbleibt. Indem er diese Tatsache mit der bekannten Beobachtung verknüpfte, dass durch das Abschnüren des Kanals, der die Bauchspeicheldrüse mit dem Darm verbindet, diese unversehrt bleibt, war es möglich, brauchbares Insulin zu extrahieren. Doch dauerte es Monate, ehe die Bauchspeichel-drüse degenerierte, und nur sehr wenig Insulin konnte gewonnen werden. Mit seinem Kollegen Best suchte Banting nach einer chemischen Methode, um das Insulin zu extrahieren. Sie fanden heraus, dass eine niedrige Temperatur und eine geringe Konzentration aus Äthyl- und Methylalkohol das Ferment verlangsamen würde, sodass Insulin extrahiert werden konnte. Diese Experimente wurden an Hunden und Ochsen durchgeführt.

Am 11. Januar 1922 wurde Insulin zum ersten Mal einem Patienten des »Toronto General Hospital« verabreicht (er wurde gesund). Die Herstellung erfolgte in den »Connaught Laboratories«, einer Abteilung der dortigen Universität. Dort verbesserte Best in Zusammenarbeit mit zwei anderen Kollegen die Technik, später mit Hilfe der Firma »Eli Lilly«. Banting erhielt 1923 den Medizin-Nobelpreis. Er war so verärgert, dass Bests Arbeit nicht gewürdigt worden war, dass er ihm die Hälfte des Preisgeldes überreichte. Dr. Hagedorn aus Kopenhagen entwickelte dann zwischen 1933 und 1935 das Protamin-Insulin, das aus Fischdrüsen gewonnen wurde. Es verlängerte die Wirkung, sodass fortan statt vieler kleiner Dosen mit einer einzigen Injektion die Menge für einen ganzen Tag verabreicht werden konnte. Das Patent wurde in Großbritannien als GB 456191 veröffentlicht. Banting wurde 1934 geadelt. Als Rüstungsarbeiter starb er 1941 bei einem Flugzeugabsturz auf Neufundland.

[This Drawing is a reproduction of the Original on a reduced scale]

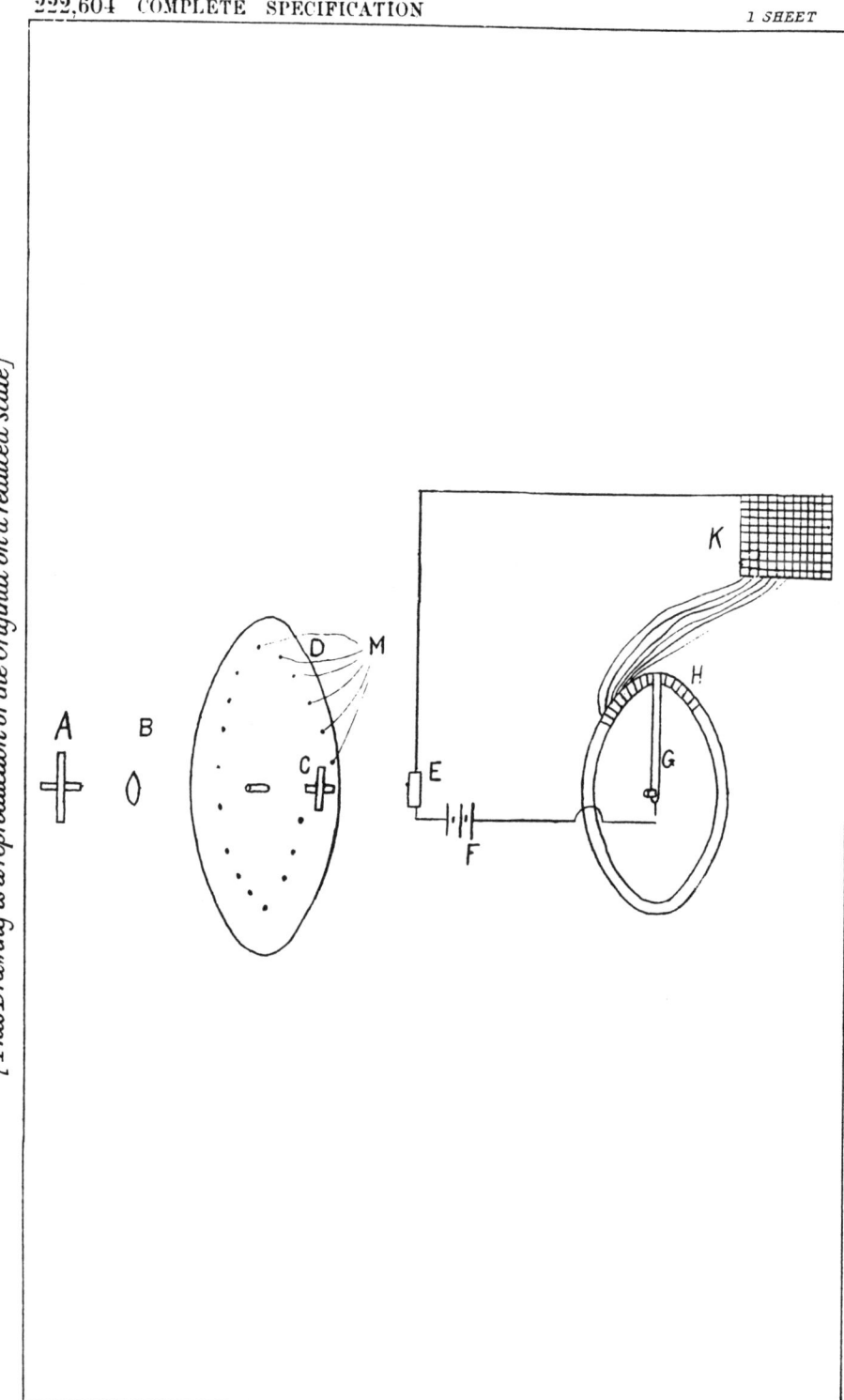

DAS FERNSEHEN

John Logie Baird, Helensburgh, Schottland, und Wilfred Day, London, England
Angemeldet am 26. Juli 1923 und als GB 222604 veröffentlicht

John Logie Bairds Patent für ein »System zur Übertragung von Bildern, Portraits und Szenen durch Telegrafie oder drahtlose Telegrafie« war das erste für ein funktionsfähiges Fernsehsystem. Es handelte sich allerdings um eine mechanische, nicht um eine elektronische Version. Es basierte auf dem Patent DE 30105, das Paul Nipkow aus Berlin 1884 veröffentlicht hatte. Dieses »elektrische Teleskop« umfasste zwei identische Drehscheiben, eine im Sender, die andere im Empfänger. Jede Scheibe hatte 24 quadratisch geformte Löcher, wobei Fotozellen das Bild übertrugen. Die Idee ist die gleiche wie bei einem Daumenkino, wie Kinder es basteln, das heißt unter Ausnutzung derselben Trägheit des Sehens werden lediglich einzelne, unbewegte Bilder schnell genug übertragen, um Bewegung vorzutäuschen. Dies ist das Prinzip des Fernsehens (und des Kinos).

Baird wurde 1888 geboren. Als Geschäftsmann war er so erfolglos, dass er im Laufe seiner frühen Forschungsarbeit fast vollständig verarmte und seine ersten Fernsehgeräte aus allem hergestellt waren, was gerade zur Hand war: Teekisten, Keksdosen, Stopfnadeln und so weiter. Die Drehscheiben bestanden aus Pappe. Die Bilder setzten sich von oben nach unten aus 30 Zeilen zusammen und wurden zehn Mal pro Sekunde übertragen. 1924 wurde das winzige Bild eines Malteserkreuzes auf einer Entfernung von einigen Metern erfolgreich übertragen. Der erste Mensch, der jemals im Fernsehen zu sehen war, war am 2. Oktober 1925 William Taynton, ein Bürogehilfe. Am Anfang war kein Bild zu sehen, weil er sich aus Angst vor der Hitze der primitiven Kamera bewegt hatte. Man musste ihn erst bestechen, um ihn ins Fernsehen zu bringen. Ab 1926 hatte Baird dann zunehmend Erfolg mit Vorführungen bei »Selfridge's« (für £20 pro Woche) und vor der »Royal Institution«.

1928 begann Baird mit regelmäßigen Übertragungen und experimentierte sogar mit dem Farbfernsehen. Seine mechanische Methode erwies sich jedoch als technische Sackgasse. Obwohl er die Qualität verbesserte, war diese nie besonders zufriedenstellend. Die flackernden Bilder führten bei Zuschauern zu Kopfschmerzen und zum Filmen war es nötig, die Szene grell auszuleuchten, was für die Schauspieler sehr anstrengend war. Andere forschten an einer elektronischen Methode zur Aufnahme und Wiedergabe von Bildern. Viele Forscher betätigten sich auf diesem Feld, so auch der aus Russland stammende Amerikaner Vladimir Zworykin mit seinem Patent US 2141059 (1923 angemeldet, doch erst 1938 veröffentlicht) und Philo Farnsworth mit dem 1930 veröffentlichten Patent US 1773980. Großbritanniens EMI arbeitete in Lizenz an Zworykins Ideen.

1936 entschloss sich die »British Broadcasting Corporation« (BBC), die Radiosendungen machte, zur ersten Fernsehübertragung. Beide Systeme, das von EMI und das von Baird, wurden im »Alexandra Palace« im Norden von London installiert; es hieß, sie sollten sich im wöchentlichen Wechsel miteinander messen, um festzustellen, welches die besseren Resultate lieferte. Die elektronische Methode erwies sich als so überlegen, dass Baird nach drei Monaten bedeutet wurde, sein System abzubauen. Er starb 1946 in Bexhill, Sussex.

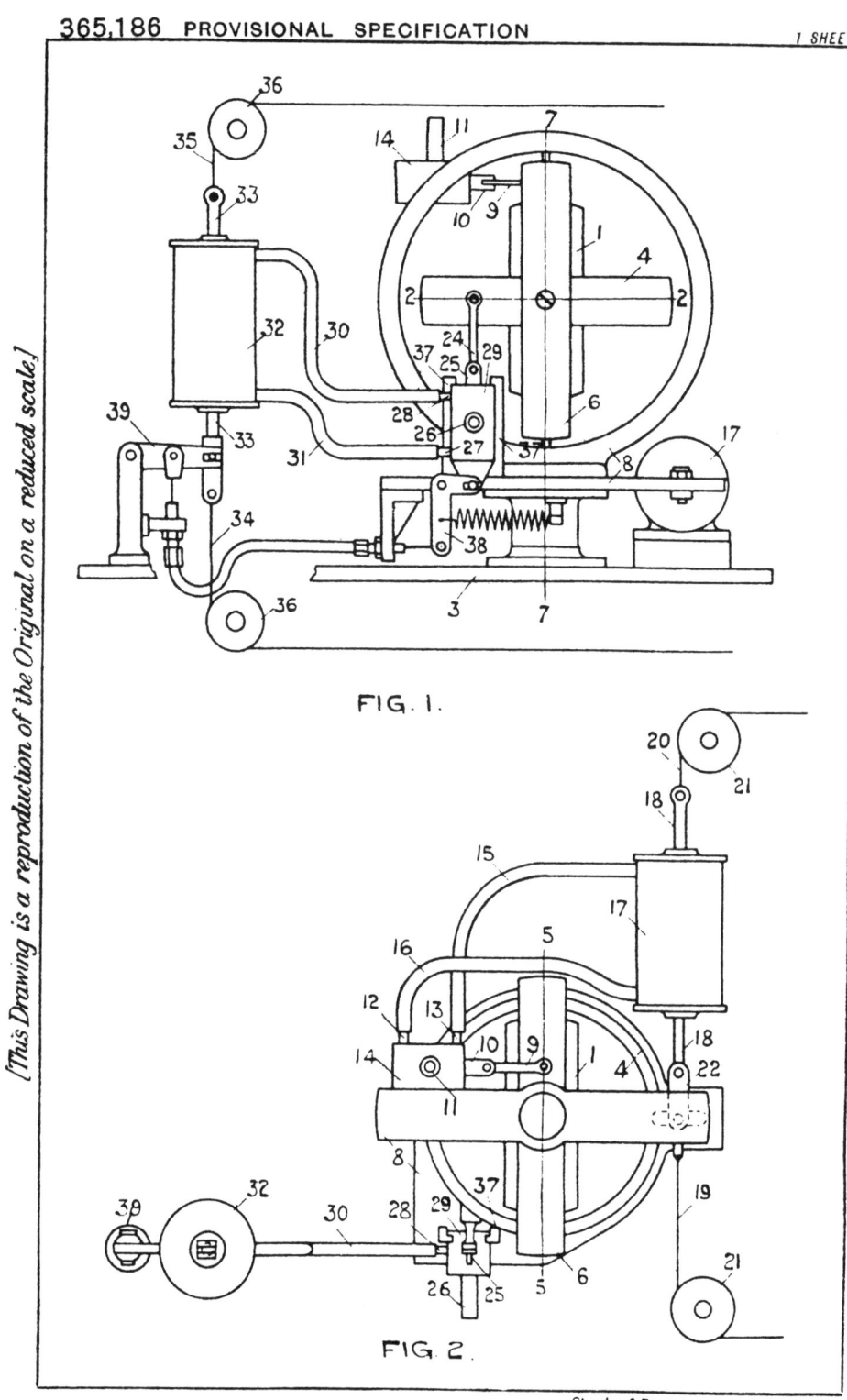

FIG. 1.

FIG. 2.

DER AUTOPILOT

Frederick William Meredith für das »Royal Aircraft Establishment«, Farnborough, Hampshire, England
Angemeldet am 18. Juli 1925 und als GB 365186-7 und 365189-90 veröffentlicht

Die Geschichte der Erfindung des Autopiloten steckt voller Geheimnisse, und zahlreiche Erfinder haben Anspruch auf einen maßgeblichen Beitrag erhoben. Elmer Sperry wird als derjenige angesehen, der um das Jahr 1910 den ersten funktionierenden Autopiloten erfunden und um 1912 in einem Curtiss-Flugboot eingesetzt hat, doch scheint dieser nicht patentiert worden zu sein. Ein anderer früher Anspruch bezieht sich auf den »Aveline stabiliser«, mit dem im Januar 1921 ein »Handley Page«-Transportflugzeug ausgerüstet wurde. Frederick Meredith leitete eine Arbeitsgruppe beim »Royal Aircraft Establishment«, die sich mit dem Problem beschäftigte, wie ein Flugzeug stabil in der Luft zu halten wäre, ohne dass der Pilot eingreifen müsste. Ursprünglich bestand dabei die Hoffnung, dass der Autopilot der wichtigste Teil eines Systems von unbemannten Bombern würde.

Kreiselkompasse wurden als Schlüssel für ein jegliches solcher Systeme angesehen. Es handelt sich dabei um Drehkörper, die in kardanischen Aufhängungen montiert sind, die aufgrund dreier Bewegungsachsen sofort auf jede Änderung des Kurses oder der Höhe reagieren. Dabei werden jeweils zwei Kreiselkompasse eingesetzt, einer zur Kontrolle der Richtungssteuerung, der andere zur Einhaltung des Horizontalflugs. Jegliche Änderung wird vom Kreiselkompass registriert, wobei ein Kolbenschieber Druckluft an einen Servomotor leitet; dieser Kolbenschieber ist über Kabel mit dem Leitwerk verbunden, das dann zur Fehlerkorrektur reagiert. In der Praxis konnte dieses Modell jedoch nur bei ruhigem Wetter verwendet werden.

Wegen des möglichen Einsatzes im Luftkrieg wurden die Patente mehrere Jahre lang geheim gehalten. Dann wurde eine Pressemitteilung verschickt und die Zeitschriften *Illustrated London News* und *Graphic* gebeten, dazu einen Artikel zu schreiben. Dieser erschien im August 1930. Die Illustration zu dem Artikel zeigte einen luxuriösen Luftkreuzer mit zwei Piloten, die in aller Ruhe rauchen und trinken, während das Flugzeug von selbst fliegt. Die Idee war, dass die Patente veröffentlicht und dann sofort ausländische Patente angemeldet würden. Doch tatsächlich wurden die Patente erst im Dezember 1931 veröffentlicht und erst im Juli 1932 weltweit beantragt. Leider zeigen die Unterlagen, dass die Beantragung der ausländischen Patente mehr kostete, als dann an Tantiemen damit verdient wurde, weil die Welt (oder die Flugzeugindustrie) zu einer ausgedehnten Zivilluftfahrt noch nicht bereit war.

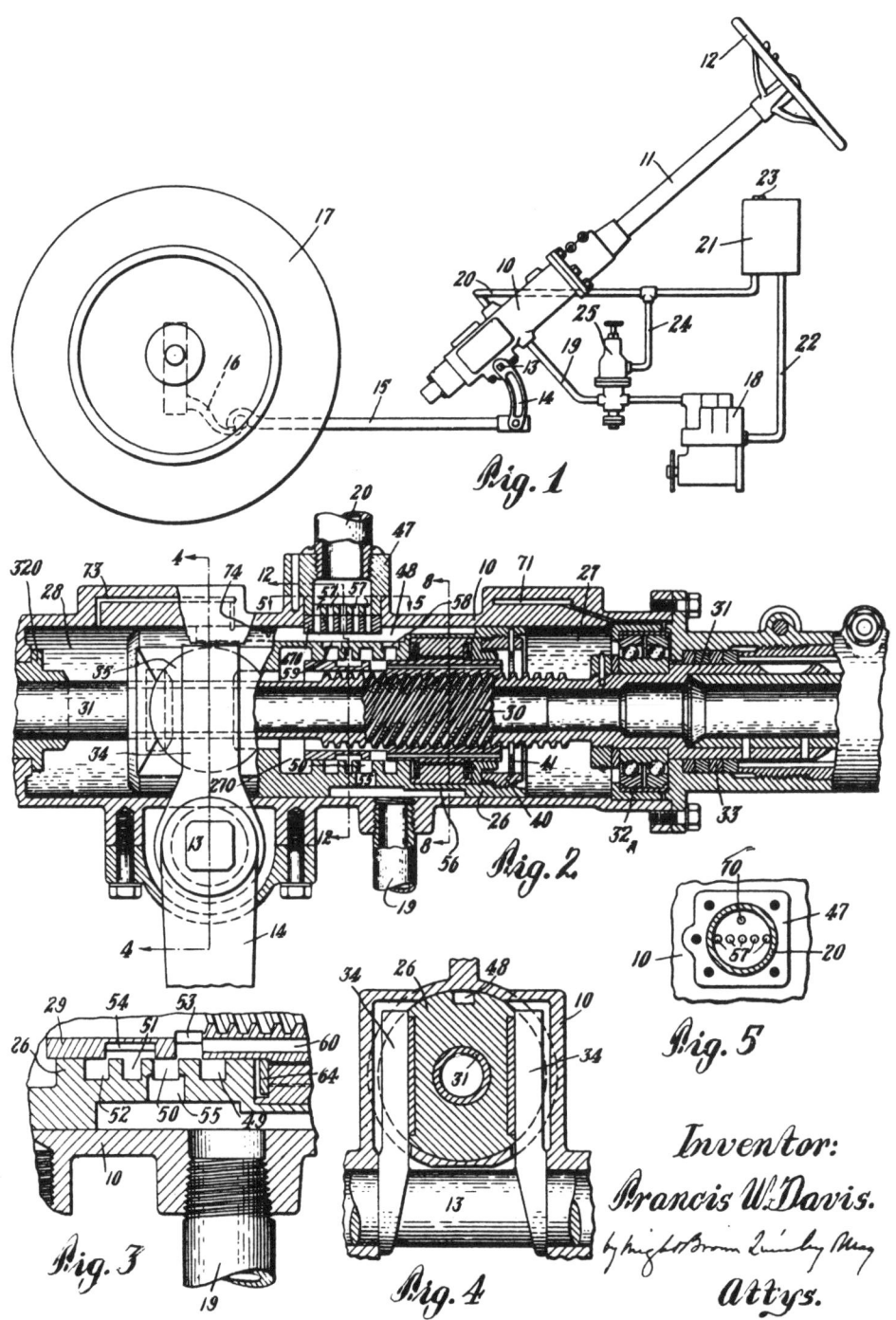

Fig. 1

Fig. 2

Fig. 5

Fig. 3

Fig. 4

Inventor:

Francis W. Davis

by Knight Brown Quinby Meny

Attys.

DIE SERVOLENKUNG

Francis Davis, Waltham, Massachusetts
Angemeldet am 11. Mai 1927 und als US 1790620 veröffentlicht

Als Automobile und andere Motorfahrzeuge aufkamen, machte man sich hin und wieder Gedanken darüber, wie man den Fahrer beim Drehen des Lenkrads unterstützen könnte, doch wurde diese Frage erst wichtig, als in den 1920er Jahren schwere Lastwagen und Busse gebaut wurden. Das Lenken war ermüdend, weil das Drehen des Lenkrads viel Kraft erforderte, besonders bei einem Parkmanöver. Francis Davis war Chefingenieur der Lastwagenabteilung der »Pierce Arrow Motor Car Company«. Er kannte diese Schwierigkeiten, und da mit der Ausweitung der Automobilindustrie daraus ein immer größeres Problem werden würde, hielt er es für profitabel, dafür eine Lösung zu finden. Er studierte die sachdienliche Literatur zu diesem Thema und kam zu der Überzeugung, dass ein Hydraulik-System das beste sei. Da er den Profit nicht der Firma überlassen, sondern für sich allein wollte, kündigte er und mietete eine kleine Werkstatt, um zusammen mit einem Werkzeugmacher an dem Problem zu arbeiten. Wertvolle Ratschläge gab ihm außerdem ein Professor vom »Massachusetts Institute of Technology«.

Im April 1926 reichte Davis seine erste Anmeldung ein, die er jedoch revidierte, sodass zwischen 1931 und 1933 insgesamt fünf Patente auf seinen Namen veröffentlicht wurden. Das System hatte er schon im Oktober 1926 öffentlich vorgeführt. Die erste Seite des illustrierten Patents ist eine Erörterung der zu überwindenden Probleme. Außer dem Problem des »ermüdenden Kraftaufwands« für den Fahrzeugführer erwähnt Davis zusätzliche Schwierigkeiten, die von der Mode der großen Ballonreifen herrührten, die das Lenken noch schwieriger machten. Außerdem erörtert er die von ihm so genannte »Umstoßbarkeit«: Man müsse sicherstellen, dass die durch schlechte Straßen hervorgerufenen Erschütte-

rungen sich über das Lenkrad nicht so stark auf den Fahrer selbst übertrügen, dass sie zu einem »Radkampf« führten. Vollständige »Unumstoßbarkeit« wäre jedoch auch keine gute Idee, weil dann der Fahrer jedes Gefühl für die Straße verlöre.

Der Grundgedanke war, zum Lenken der Räder ein Hydrauliksystem zu verwenden. Ein flüssigkeitsgetriebener Kolben (hier Öl) ist mit den Rädern verbunden und greift in eine Mutter, die eine Gewindeverbindung mit der Lenksäule hat. So erledigt der Kolben bei leichtem Drehen des Lenkrads die schwere Arbeit des Drehens der Räder. Fig. 1 bildet die gesamte Anlage ab. Fig. 2 zeigt die Antriebseinheit »10« im Längsschnitt, Fig. 3 ist ein vergrößerter Ausschnitt derselben. Fig. 4 zeigt den Querschnitt »4-4«, den eine durchgezogene Linie links in Fig. 2 andeutet. Das Ventil ist offen, wobei der Mechanismus nicht in Betrieb ist. Die anderen Patente umfassen den Servomotor, ein Hilfssystem zur Servolenkung und kleinere Verbesserungen des Mechanismus wie etwa die Montage eines Abflussrohrs zur Ableitung überschüssiger Flüssigkeit. Nach der Vorführung stimmte »General Motors« der Übernahme einer Lizenz auf die Technik zu. Die Große Depression führte jedoch zur Aufgabe der Pläne, bis die USA 1941 in den Zweiten Weltkrieg eintraten und die Pläne wieder aufgenommen wurden. Nach dem Krieg führte die große Nachfrage nach Autos bei dem Unternehmen zu neuen Überlegungen, doch erst 1951 übernahm Chrysler die Technik für Personenwagen.

Fig. 1

186

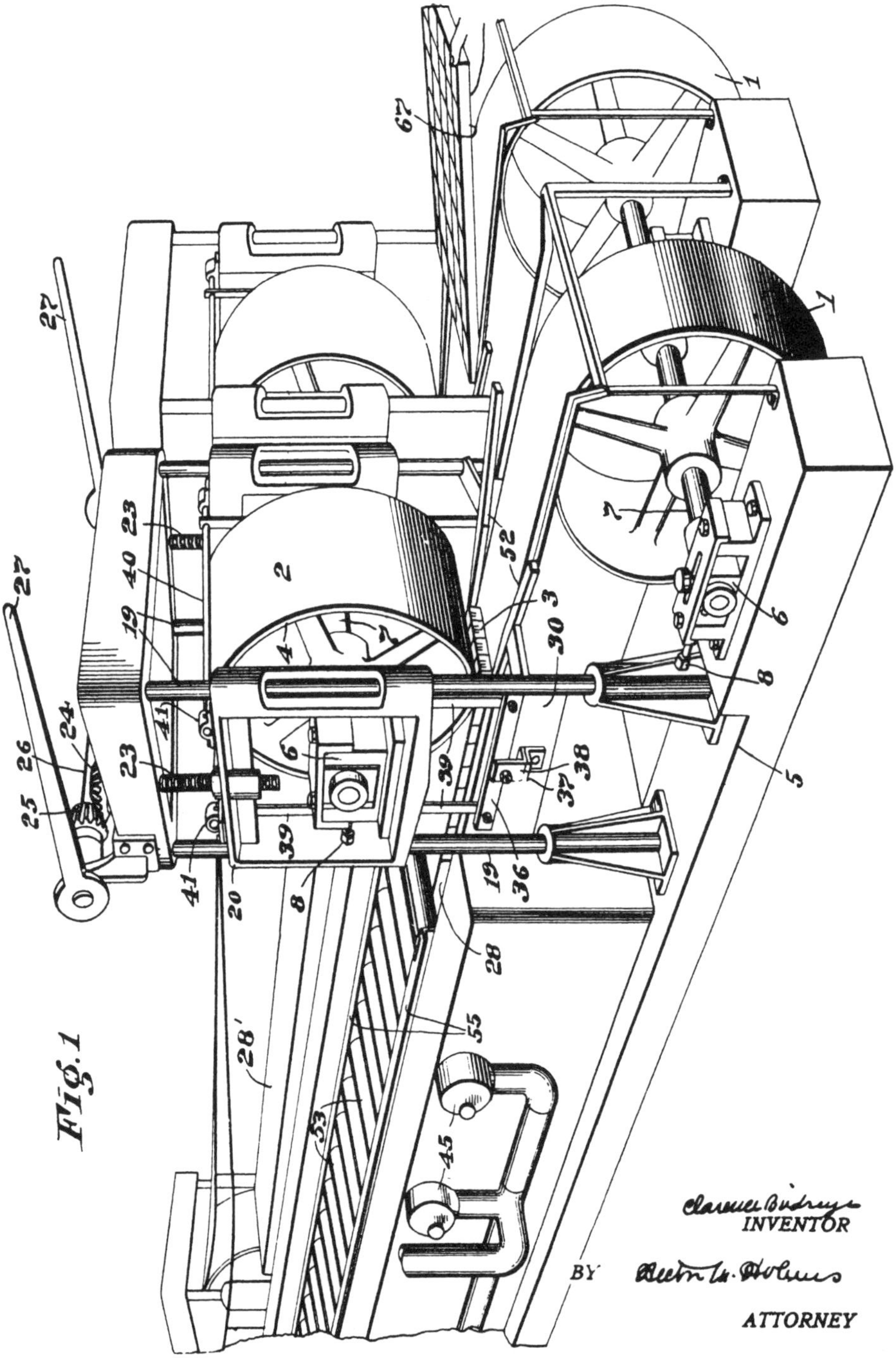

DAS SCHNELLKÜHLEN VON LEBENSMITTELN

Clarence Birdseye, Gloucester, Massachusetts, für die »Frosted Food Company«
Angemeldet am 18. Juni 1927 und als US 1773081 und GB 292 457 veröffentlicht

Clarence Birdseye wurde 1886 in Brooklyn geboren. Er arbeitete zuerst als Botaniker und dann von 1912 bis 1917 in Labrador als Pelzhändler. Dort sah er, dass die Eskimos Fische, die sie gefangen hatten, auf ein Stück Eis legten. Im eisigen Wind des nordischen Winters gefroren die Fische fast augenblicklich, doch war diese Methode weniger effektiv, je weniger kalt es war, und der schneller gefrorene Fisch schmeckte eindeutig besser; er konnte noch Monate später gegessen werden. Birdseye konnte den Fischern stundenlang zusehen. Schnellkühlen bedeutet, dass sich dabei nur winzige Eiskristalle bilden können. Die Zellwände werden nicht geschädigt, und die gefrorenen Lebensmittel behalten ihren Geschmack, ihre Konsistenz und ihre Farbe.

Birdseyes erstes Patent US 1511824, das er 1924 anmeldete, war mit »Die Zubereitung von Fischereiprodukten« überschrieben. Er dachte also noch immer lediglich an Fisch. Er führt darin aus, dass das Vorhandensein von Luft – wie etwa in Fässern mit eisbedecktem Fisch – den Prozess des Einfrierens behindert und sich außerdem Bakterien erneut ausbreiten, sobald die Temperatur wieder ansteigt. Das Patent umfasst eine isolierte Kammer mit einer Vielzahl von Zellen oder »Gestellen« zur Aufnahme der Fische, wobei die Zwischenräume mit Lake als Kühlmittel ausgefüllt sind. Es war eine mühsame, arbeitsaufwendige Methode, um Lebensmittel einzufrieren. Birdseye zeichnete außerdem für das Patent US 1608832 verantwortlich, das überraschenderweise mit der Erfindung von Fischstäbchen aufwartet (jedoch ohne Panade).

Er gründete eine Firma, die allerdings bald Insolvenz anmelden musste. Allgemein bekannt waren damals schon Kühlräume, in denen die Lebensmittel aber nur langsam heruntergekühlt und gefroren wurden und die deshalb lediglich dazu führten, dass das Ge-friergut später nicht mehr schmeckte. Birdseye zog nach Gloucester, einem Fischereihafen, und gründete dort mit Hilfe von Geldgebern eine neue Firma. Das hier abgebildete Patent zeigt die verbesserte Technik. Der »Riemenfroster« verfügt über zwei vereiste Metallriemen, zwischen denen die Lebensmittelpackungen entlanglaufen. Die Lebensmittel werden unter hohem Druck schockgefrostet. Verkaufen konnte Birdseye das Produkt leider immer noch nicht, deshalb entschied er sich, einen Teilhaber in der Lebensmittelindustrie zu suchen, der beim Vertrieb helfen sollte. Schließlich willigte die »Postum Company«, ein getreideverarbeitendes Unternehmen, ein, als Teilhaber zu fungieren. Die noch bestehenden Rechte verkaufte Birdseye später an dieses Unternehmen. Das schloss auch den Gebrauch seines Namens ein, den man – zweigeteilt – als Warenzeichen behielt. »Birds Eye®« wurde 1931 eingetragen. »Postum« setzte dann Propagandisten ein, die in Läden Probepackungen anboten, sowie eigene Redner, die vor örtlichen Organisationen sprachen. Langsam zog der Verkauf an. Es kam zu einer Diversifizierung in andere Bereiche wie etwa dem Angebot von Fruchtsäften. Nur Gemüse blieb ein Problem, bis Donald Tressler erkannte, dass man es vor dem Gefrieren blanchieren musste. Clarence Birdseye starb 1956 mit über 350 Patenten auf seinem Namen.

ADHESIVE TAPE

Filed May 28, 1928

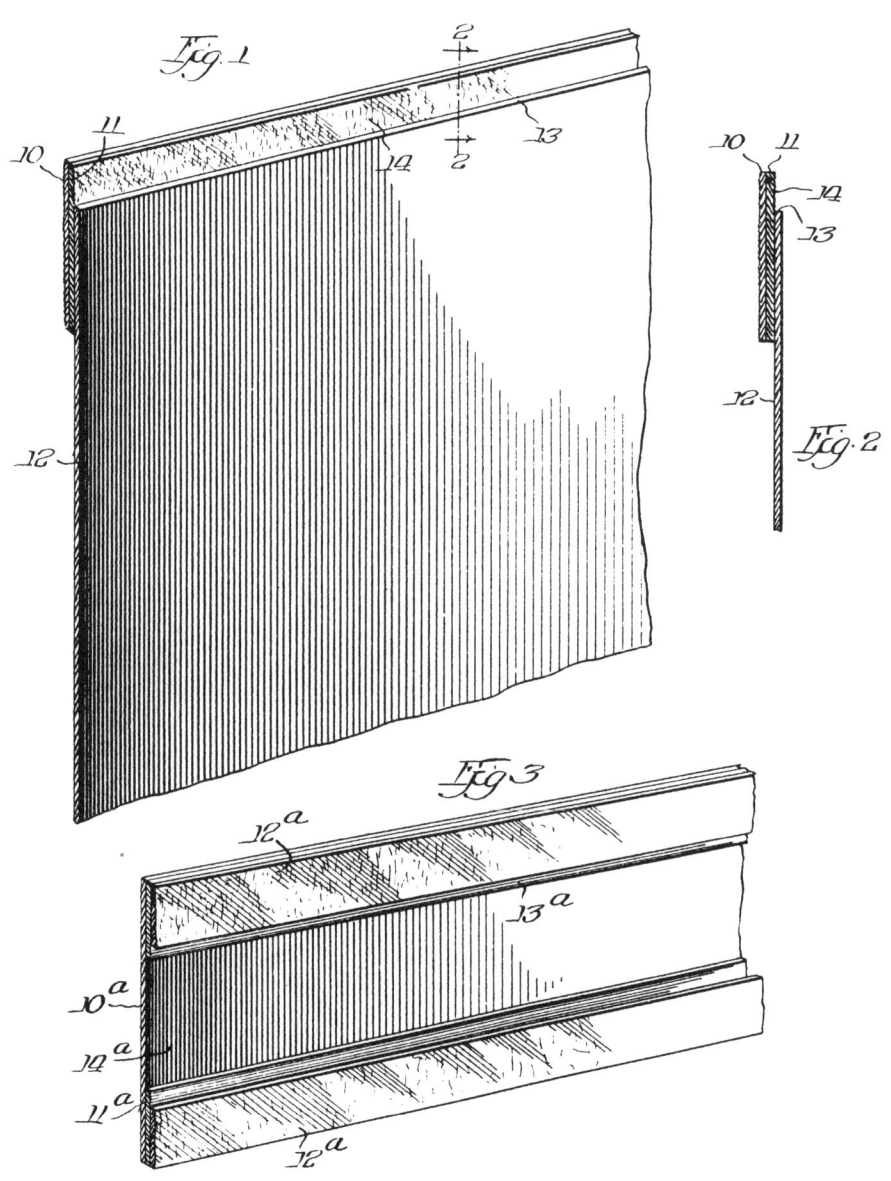

Fig. 1

Fig. 2

Fig. 3

Witness:

Inventor
Richard Gurley Drew
by attorney
Pane Carpenter

Das Klebeband

Richard Drew, St. Paul, Minnesota, für die »Minnesota Mining and Manufacturing Company«
Angemeldet am 30. Mai 1928 und als US 1760820 und GB 312610 veröffentlicht

Richard Drew wurde 1886 geboren. 1923 fing er an für die »Minnesota Mining and Manufacturing Company« (später 3M) zu arbeiten, als sie noch eine kleine Firma war, die Sandpapier herstellte. Er hatte mit einer neuen Art von Sandpapier experimentiert und erkundigte sich bei Autowerkstätten, ob sie es ausprobieren wollten. Dort hörte er, dass die Beschäftigten Probleme hätten, Autos in zwei verschiedenen Farben zu lackieren. Wenn sie schweres Kreppband benutzten, um die schon lackierten Teile zu schützen, löste sich oft die Farbe, wenn das Kreppband abgezogen wurde. Drew begriff, dass Sandpapier, wenn man die Schleifschicht entfernte, bereits ein entsprechendes Produkt abgeben würde, da ein Papierstreifen mit Klebeschicht zurückbliebe. Er entwickelte daraufhin ein Kreppband, das aus einem 5 cm breiten, gelbbraunen Papierstreifen bestand und mit einer leichten, druckempfindlichen Klebeschicht versehen war.

Der Prototyp hatte Klebstoff entlang den Rändern, aber nicht in der Mitte. Als es zum ersten Mal in einer Autowerkstatt ausprobiert wurde, löste sich das Band vom Auto. Der Lackierer sagte zu Drew: »Bringen Sie dieses Band Ihren schottischen Chefs (›Scotch bosses‹) zurück und sagen Sie ihnen, sie sollen mehr Kleber draufmachen!« Mit »Scotch« meinte er natürlich knickerig (und im Englischen heißt Klebeband »Scotch tape«). Drew verbesserte die Klebeschicht auf dem Band entsprechend. Zur selben Zeit stellte er Nachforschungen zu einer wasserdichten Folie an, die er anstelle des Papierstreifens benutzen und die zur Abdichtung der kompletten Fracht eines Eisenbahn-Kühlwagons dienen konnte. Du Pont hatte kurz zuvor das Zellophan erfunden. Es war zwar wasserdicht, aber auch hitzeempfindlich und resistent gegen Klebstoff. Drew begann verschiedene Experimente durchzuführen, um das Zellophan für seine Zwecke nutzbar zu machen. Mittlerweile hatten viele Verpackungsfirmen von seinem Klebeband für Autos gehört und erkundigten sich nach einem wasserdichten Verpackungsmaterial für Lebensmittel.

Von seinem Chef erhielt Drew die Anweisung, die Arbeit an dem Projekt zu stoppen und sich wieder mit Sandpapier zu beschäftigen, aber Drew nahm keine Notiz davon. Außerdem manipulierte er sein Ausgabenlimit von $100, indem er ohne Befugnis immer gleich $99 auf einmal ausgab. Schließlich präsentierte er ein Klebeband, das aus einem Zellophanband mit einer Mischung aus Gummi, Öl und Harz als Klebebeschichtung bestand. Er erinnerte sich an die spöttische Bemerkung über die »Scotch bosses« und nannte es »Scotch® Tape«.

Zuerst wurde es an Lebensmittelproduzenten verkauft, die damit einzelne Zellophantüten für Lebensmittel versiegelten; doch bald entwickelte Du Pont eine Methode, solche Tüten zu verschweißen. Das Augenmerk lag nun darauf, die Produkte direkt an die Kunden zu verkaufen. Die Armut während der Großen Depression ließ zahllose Verwendungsmöglichkeiten für das Klebeband aufkommen, vom Flicken von Kleidungsstücken bis hin zum Versiegeln angebrochener Eier. Der bekannte Abroller für das Klebeband wurde ein paar Jahre später von John Borden, einem der Verkaufsleiter der Firma, erfunden und ab den 1940er Jahren wurden sämtliche Produkte mit Plaid-Motiven bedruckt, um dem Thema ›Schottland‹ gerecht zu werden. Die Firma wechselte ständig zwischen der Produktion von Schleifmitteln, Verpackungsmaterialien und Beschichtungen und entwickelte gleichzeitig das Klebeband weiter. Zu Beginn der 1940er Jahre war das Klebeband so populär, dass die Firma Anzeigen veröffentlichen musste, um sich für Lieferengpässe zu entschuldigen. Richard Drew starb 1956.

FIG 1.

FIG. 2

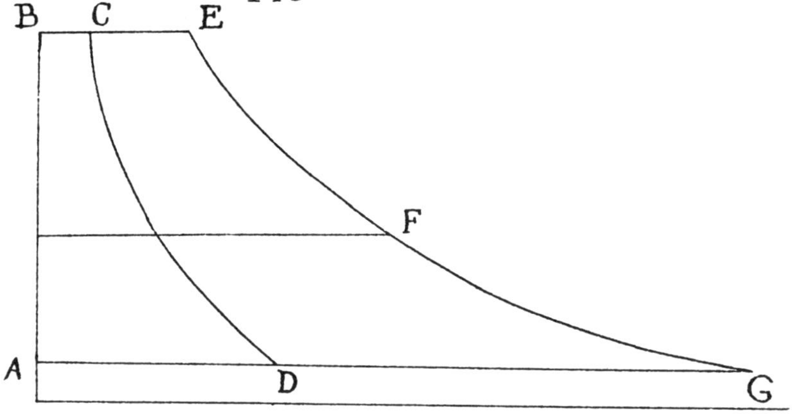

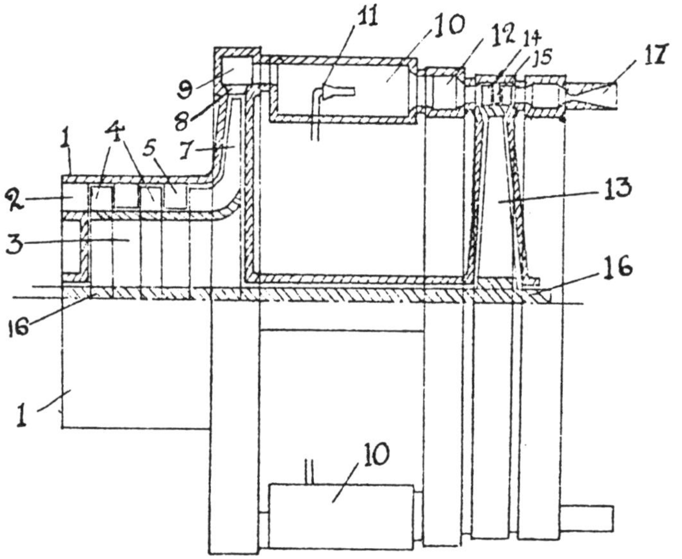

DAS STRAHLTRIEBWERK

Frank Whittle, Coventry, Warwickshire, England
Angemeldet am 16. Januar 1930 und als GB 347206 veröffentlicht

Frank Whittle wurde 1906 in Coventry geboren. Er fing 1923 als Flugschüler an und wurde 1926 zur Offiziersausbildung in der »Royal Air Force« zugelassen. 1928 unterbreitete er in einer Semesterarbeit Konzepte für einen Raketenantrieb und den Einsatz von Gasturbinen (allerdings nicht zusammen). Erst später dachte Whittle daran, die beiden Konzepte in einer einzigen Maschine zusammenzuführen, und meldete dies als Patent an. Fig. 1 zeigt das Energiediagramm und Fig. 2 das Projekt (wobei die Proportionen nicht stimmen). Ein Kompressor »1« zieht Luft an und drückt diese in eine ummantelte Verbrennungskammer »10«. Die Gase dehnen sich in einer Turbine »13« aus und werden durch Düsen »17« ausgestoßen. Probleme bereiteten u. a. gebrochene Schaufeln, unregelmäßig laufende Motoren und Überhitzung. Zahlreiche Versuchsreihen waren nötig, um diese Schwierigkeiten zu überwinden. Whittles Patente waren ungewöhnlich wegen ihrer Klarheit im Ausdruck.

Aus Geldmangel musste Whittle 1935 den Patentschutz verfallen lassen. Er hatte die Sache mehr oder weniger aufgegeben, als ihm im selben Jahr zwei ehemalige »RAF«-Offiziere ihre Unterstützung anboten, während er gerade mit Hilfe eines Stipendiums einen Ingenieursgrad in Cambridge erwarb. 1936 gründete er mit Unterstützung einer Anlagebank eine Firma (»Power Jets«), um seine Ideen zu verwerten. Von 1937 bis 1946 beschäftigte ihn die »Royal Air Force« im Sondereinsatz; das bedeutete, dass er die ganze Zeit an seinen Ideen forschen konnte, obwohl das Luftfahrtministerium erst 1939 einräumte, dass diese interessant seien. Der erste Probelauf der Maschine fand 1937 statt, aber die Vorführung war mit Problemen verbunden und besseres Material musste gefunden werden. Obwohl mit Turbinen schon seit Jahrzehnten gearbeitet worden war, löste Whittle ein bis dahin unbekanntes Problem mit den Turbinenschaufeln: Man hatte nicht erkannt, dass es mit einer wachsenden Zahl von Schaufeln zu einer Änderung des Luftstroms kam; die Konstruktion musste umgestaltet werden. Zu Versuchszwecken wurde schließlich ein Düsenjäger gebaut, die »Gloster E 28/39«, und zum ersten Mal am 15. Mai 1942 geflogen. Ein ausgefeilteres Modell, die »Gloster Meteor«, wurde 1944 im Luftkampf eingesetzt, als einziges Düsenflugzeug auf Seiten der Alliierten.

Die »Gloster« war nicht das erste Düsenflugzeug, das tatsächlich flog. Seit 1933 hatte in Deutschland Hans von Ohain in ähnlicher Richtung geforscht. Beide wussten nichts von der Arbeit des anderen, jedenfalls nicht in den frühen Jahren, obwohl Whittles Patent bereits 1931 veröffentlicht worden war. Von Ohains »Heinkel He 178« flog zum ersten Mal am 27. August 1939. Hitler sah einem der ersten Flüge zu und bemerkte: »Warum ist es nötig schneller als der Schall zu fliegen?« Auch andere deutsche Wissenschaftler beschäftigten sich mit dem Problem. Seltsamerweise war weder in Deutschland noch in England an den frühen Forschungsarbeiten ein Flugzeughersteller beteiligt. Unterdessen arbeitete daran auch »General Electric« in den USA, und zwar seit 1941 auf der Grundlage von Plänen, die man von den Briten bekommen hatte. 1944 wurde »Power Jets« von der britischen Regierung verstaatlicht. Die zahlreichen Patente der Firma wurden für £100000 aufgekauft. 1948 wurde Whittle geadelt. Sowohl von Ohain als auch Whittle wanderten in die USA aus, von Ohain nach Florida und Whittle nach Maryland. Whittle starb 1996 und von Ohain 1998.

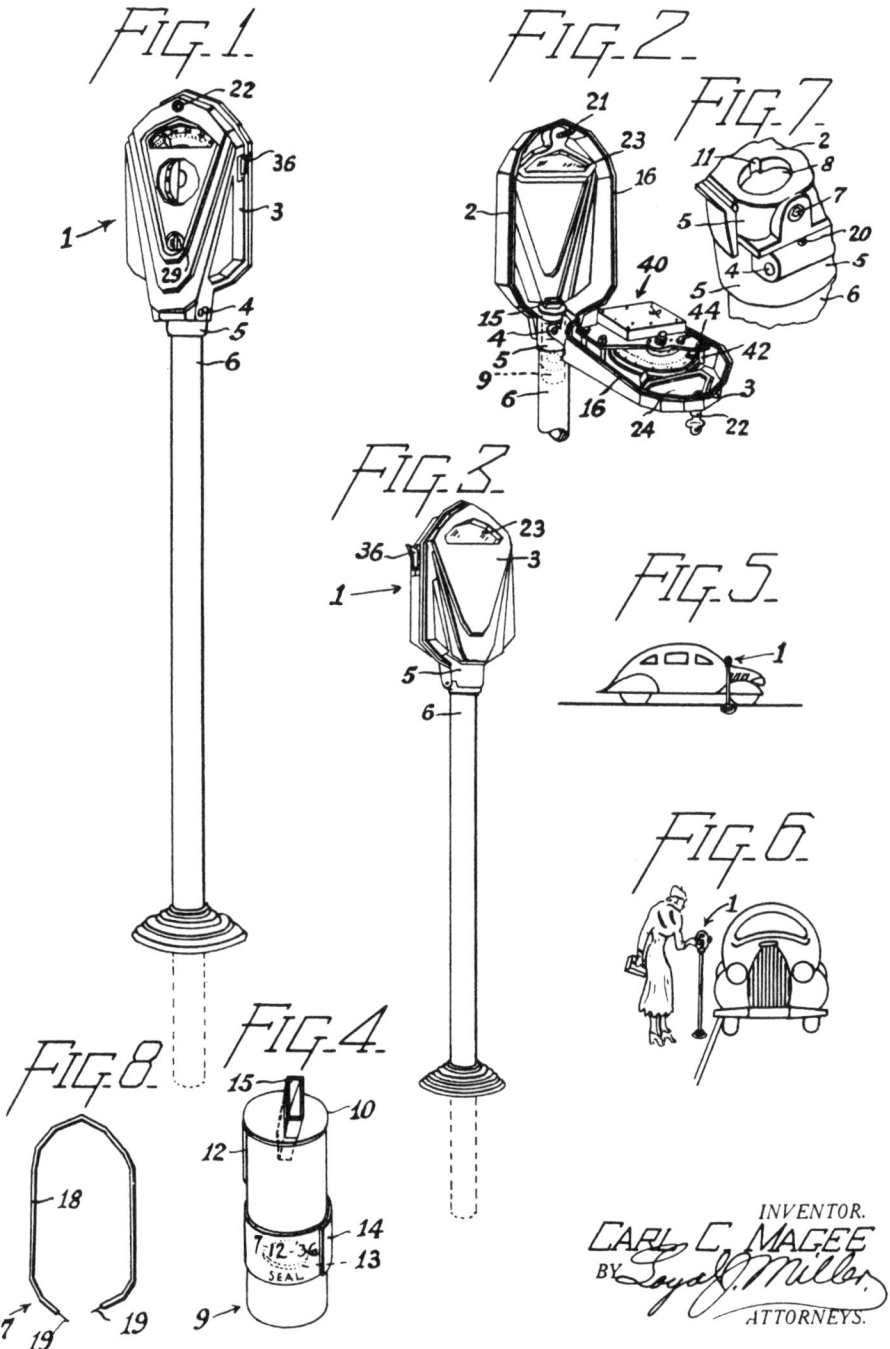

INVENTOR.
CARL C. MAGEE
BY Loyal J. Miller
ATTORNEYS.

DIE PARKUHR

Carl Magee für die »Dual Parking Meter Company«, beide Oklahoma City, Oklahoma
Angemeldet am 13. Mai 1935 und als US 2118318 veröffentlicht

Carl Magee war Chefredakteur einer Zeitung in Oklahoma City. Man machte sich damals Sorgen wegen der Schwierigkeit, in den verkehrsreichen Straßen der Städte zu parken, weil die arbeitende Bevölkerung dort auch den ganzen Tag lang ihr Auto abstellte und damit diejenigen vom Parken abhielt, die einkaufen wollten. Die übliche Methode der Polizei, Langparker ausfindig zu machen und ihnen Geldstrafen aufzuerlegen, bestand damals darin, die Reifen mit Kreide zu markieren und dann nachzusehen, ob die Markierungen nach ein paar Stunden noch da waren. Diese Methode erforderte natürlich zahlreiche Arbeitskräfte, ganz abgesehen von dem Risiko, dass ein Fahrer die Markierungen abwischte (oder dass Delinquenten die Autos zum Spaß markierten).

Magee wurde in die »Kammer des Handelsverkehrsausschusses« berufen, um festzustellen, ob das Problem gelöst werden könne. Ob richtig oder falsch, er scheint sich entschlossen zu haben, damit Geld zu verdienen, indem er zur Lösung des Problems eine eigene Gesellschaft gründete. 1932 meldete er ein Patent für eine »Parkuhr« an, das als US 2039544 veröffentlicht wurde. Es war ein primitives Gerät: eine rechteckige Schachtel, die auf einem Pfeiler thronte. Die Rechte wurden auf Magees »Dual Parking Meter Company« übertragen – »dual« deswegen, weil die Gesellschaft die Aufgabe hatte, die Stadt mit Einkünften zu versorgen und den Verkehr zu kontrollieren. Die Gesellschaft gibt es immer noch und heißt heute »POM Inc.«

Die klassische Parkuhr wurde mit dem Patent US 2118318 verbessert. Magee schreibt, dass es beim Parken wünschenswert sei, dass für eine bestimmte Zeit eine Anfangsgebühr gezahlt werde. Die ersten Parkuhren sahen bereits so modern aus wie die in Fig. 1 gezeigte. Auf fünf Seiten wird erklärt, wie der Mechanismus zur Messung der abgelaufenen Zeit funktioniert, dargestellt in Fig. 2 und noch viel detaillierter auf weiteren Abbildungen (die hier fehlen). Das System funktioniert mit einer Feder und zwei Zahnrädern, sobald es nach dem Einwurf von Geld durch das Drehen eines Hebels in Gang gesetzt worden ist. Da sich der Stundenanzeiger kaum bewegt, ist dazu tatsächlich wenig Energie nötig. Die Mechanismen des Geräts sind noch heute mehr oder weniger dieselben.

Die städtischen Behörden bestellten zunächst 150 Geräte und die erste Parkuhr wurde am 16. Juli 1935 installiert. Es dauerte einen Monat, ehe der erste Autofahrer, ein gewisser Reverend North, mit einem Bußgeld belegt wurde. Die Produktion lief in Oklahoma City und in Tulsa bis 1963 weiter. In Großbritannien gab es die ersten Parkuhren erst 1958 in Mayfair, London. Parkuhren haben unter der autofahrenden Bevölkerung für viel Unruhe gesorgt und, um es milde auszudrücken, einiges Interesse auf sich gezogen. Es gab Versuche, den Geldschlitz zu blockieren, um sie funktionsuntüchtig zu machen (blockierte Parkuhren bedeuteten, dass man zumindest für eine Weile frei parken konnte, bis die Behören begriffen, was vor sich ging), und die Geräte wurde aufgebrochen, um an das Geld zu kommen. Die Münzen mussten regelmäßig entnommen werden; außerdem war es nötig, die abgelaufenen Parkuhren zu überwachen. Seit einiger Zeit gibt es Bestrebungen, Verkehrsbeeinträchtigungen durch Prepaid-Karten, Anwohnerparkausweise und Park-and-Ride-Systeme zu kontrollieren. An einigen Orten gibt es nur ein einziges Gerät, aus dem Papierstreifen entnommen werden, die dann sichtbar in das Auto gelegt werden. Eine spezielle Art von Parkuhren fotografiert sogar diejenigen Autos, die die gewährte Gastfreundschaft überstrapaziert haben.

Dec. 31, 1935.

C. B. DARROW

2,026,082

BOARD GAME APPARATUS

Filed Aug. 31, 1935

7 Sheets—Sheet 1

Fig.1.

Fig.2.

Fig.3

Fig.4.

Fig.5.

Inventor:
Charles B. Darrow.
by *Emery, Booth, Townsend, Meddin and Voorhees*
Attys.

Das Monopoly®-Spiel

Charles Darrow, Philadelphia, Pennsylvania, für »Parker Brothers«, Salem, Massachusetts
Angemeldet am 31. August 1935 und als US 2026082 veröffentlicht

Einer oft erzählten Darstellung zufolge war Charles Darrow ein Handelsvertreter, der sich dieses Spiel ausdachte, als er zur Zeit der Großen Depression arbeitslos war. Er hatte oft Urlaub in Atlantic City, New Jersey, gemacht. Deshalb tragen die Felder der amerikanischen Version des Spiels Straßennamen aus dieser Stadt. Er malte das Spielfeld auf ein Tischtuch und baute aus Abfallresten winzige Häuser, Hotels und andere Spielfiguren. Freunde von ihm, die ebenfalls arbeitslos waren, kamen häufig zusammen, um dieses Fantasie-Geldspiel zu spielen, und baten ihn schließlich, ob nicht auch sie ein paar Spieldecken und Figuren haben könnten; so fing er an, die Spiele für jeweils $ 4 zu verkaufen.

Darrow schrieb an den Spielzeughersteller »Parker Brothers« und erkundigte sich, ob die Firma Interesse habe, das Spiel zu vertreiben, doch die Antwort lautete, das sei nicht möglich, weil das Spiel 52 grundlegende Fehler aufweise, unter anderem dauere es zu lange, ehe man damit zum Schluss kommt, außerdem sei es zu kompliziert und habe kein richtiges Ziel (dieser letzte Vorwurf zumindest ist sicherlich falsch). Darrow wandte sich daraufhin an verschiedene Kaufhäuser, und so erfuhr schließlich die Ehefrau des Geschäftsführers von »Parker Brothers« davon. Robert Barton hörte sich an, was seine Frau ihm dazu erzählte, kaufte ein Spiel – und später die Rechte. Das Warenzeichen wurde 1935 in den USA und 1952 in Großbritannien eingetragen.

Darrow war der erste Spiele-Erfinder, der es zum Millionär brachte. In Atlantic City ist in der Nähe des Park Place ihm zu Ehren eine Gedenktafel angebracht. Die Versionen in anderen Ländern weisen Straßen von London, Paris und so weiter auf. Dies ist also die normale Lesart über die Erfindung des Spiels, aber sie ist auch in Frage gestellt worden. In anderen Darstellungen wird auf Lizzie Magie aus Maryland und ihr 1905 veröffentlichtes Patent US 748626 verwiesen. Dieses Brettspiel hatte keine Straßennamen, weist aber doch große Ähnlichkeiten mit Monopoly® auf, z. B. gibt es auch hier Kauf- und Mietpreise für jedes Feld. Lizzie Magie wollte das Spiel als Angriff auf den Kapitalismus verstanden wissen, da sie grundsätzlich gegen das Mietsystem und eine Unterstützerin des radikalen Henry George war. Sie nannte es »Das Grundbesitzer-Spiel«.

Dann hörte Dan Layman aus Indiana von diesem Spiel, nahm einige Veränderungen vor und nannte seine Version »Finance«. Auch dieses Spiel ging durch die Hände einer Reihe von Leuten, die ihrerseits weitere Veränderungen vornahmen, bis schließlich die Straßennamen von Atlantic City wieder auftauchten, die ein Ortsansässiger hinzugefügt hatte. In dieser Version wurde das Spiel dann Charles Darrow gezeigt. Um einen Rechtsstreit zu verhindern, soll »Parker Brothers« die Rechte an all diesen Spielen gekauft haben. Um 1974 kehrte Ralph Ansbach mit seinem Anti-Monopoly® zu den früheren Versionen zurück und wurde wegen Verletzung des Warenzeichens angeklagt. Ansbach gewann den Prozess 1984 vor dem Obersten Gerichtshof.

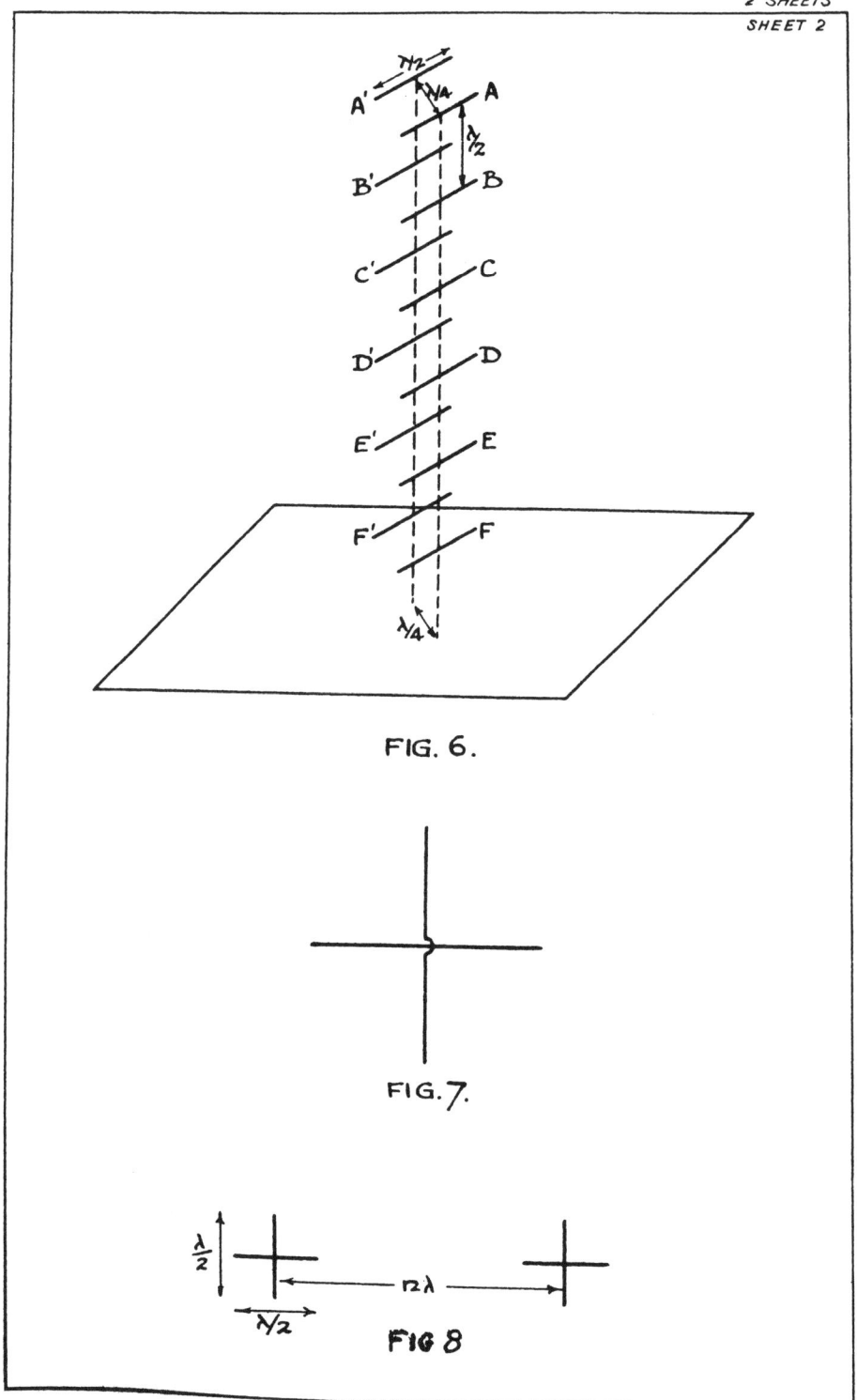

FIG. 6.

FIG. 7.

FIG 8

Das Radar

Robert Alexander Watson-Watt für das »National Physical Laboratory«, Teddington, Middlesex, England
Angemeldet am 17. September 1935 und als GB 593017 veröffentlicht

Robert Watson-Watt wurde 1892 geboren. Er war der Aufsichtsbeamte des »Radio Research Laboratory« in Großbritannien. Das neugeschaffene »Committee for the Scientific Survey of Air Defence« (Ausschuss zur wissenschaftlichen Prüfung der Luftverteidigung) bat um Auskunft darüber, ob Funkwellen als »Todeswellen« zur Zerstörung von Flugzeugen einzusetzen wären. Die Antwort erfolgte als Mitteilung von Watson-Watt am 12. Februar 1935. Die dafür benötigte Energie würde dies unmöglich machen, aber es wäre das Aufspüren von Flugzeugen möglich, indem man Funkwellen von diesen reflektieren ließe und dann die Zeit bis zum Empfang messen würde. So könnte sowohl deren Flugrichtung als auch ihre Entfernung berechnet werden.

Das hier abgebildete Patent stammt von dem ersten betriebsfähigen Modell. Tatsächlich nahmen die Deutschen die britische Erfindung vorweg. Rudolph Kühnold von der deutschen Kriegsmarine begann 1933 mit seinen Forschungen und führte am 20. März 1934 im Kieler Hafen ein Experiment mit Schiffen statt Flugzeugen durch. Sie wählten jedoch im September 1935 nur die Impuls-Übertragung zur Entfernungsberechnung, was die Briten schon einige Monate vorher als unbedingt notwendig erkannt hatten. Die Briten führten am 26. Februar 1935 einen Test durch, bei dem ein Heyford-Bomber auf einer Höhe von etwa 2000 m in der Nähe einer Übertragungsstation in Daventry kreiste. Er wurde in 13 km Entfernung auf dem Bildschirm eines Kathodenstrahl-Oszillographen geortet, der im hinteren Teil eines Transporters untergebracht war. Für dieses Experiment wurde lediglich die gerade verfügbare, einfache Ausrüstung benutzt.

Als nächstes wurde eine speziell auf diesen Zweck ausgerichtete Installation an der Küste von Orford Ness in Suffolk errichtet. Es stellte sich heraus, dass damit Flugzeuge bis zu einer Entfernung von 64 km geortet werden konnten. Im Dezember 1935 beschloss die Regierung den Bau von fünf Stationen, um die Strecke entlang der Themse bis nach London abzudecken. Weitere Stationen kamen hinzu und Anfang 1939 waren von der Isle of Wight bis Dundee 20 Stationen in Betrieb. Die Deutschen hatten eine ähnliche Einrichtung entlang der Nordseeküste. Obwohl die Stationen alle groß und eindeutig zu identifizieren waren, wussten beide Seiten nichts von der Arbeit der anderen.

Den Namen »Radar« prägten 1940 die Amerikaner für den Ausdruck »Radio detection and ranging«. Es wurde an Stelle des früheren »RDF« (»Radio direction finding«) 1943 offiziell von den Briten übernommen. Radar war 1940 bei der Abwehr von Bombern im »Battle of Britain« von entscheidender Bedeutung, weil damit die relativ kleine »Royal Air Force« ihre Kampfflugzeuge direkt zu den strategisch wichtigsten Gebieten dirigieren konnte. Watson-Watt wurde 1942 geadelt. Aus Sicherheitsgründen wurde sein Patent allerdings erst 1947 veröffentlicht. Er starb 1999.

UNITED STATES PATENT OFFICE

2,130,948

SYNTHETIC FIBER

Wallace Hume Carothers, Wilmington, Del., assignor to E. I. du Pont de Nemours & Company, Wilmington, Del., a corporation of Delaware

No Drawing. Application April 9, 1937,
Serial No. 136,031

56 Claims. (Cl. 18—54)

This invention relates to new compositions of matter, and more particularly to synthetic linear condensation polyamides and to filaments, fibers, yarns, fabrics, and the like prepared therefrom.

The present application is a continuation-in-part of my application Serial Number 91,617, filed July 20, 1936, which is a continuation-in-part of application Serial Number 74,811, filed April 16, 1936, which is a continuation-in-part of abandoned application Serial Number 34,477, filed August 2, 1935, which in turn is a continuation-in-part of application Serial Number 181, filed January 2, 1935; and of U. S. Patent 2,071,251, filed March 14, 1933; and of U. S. Patent 2,071,250, filed July 3, 1931.

Products obtained by the mutual reaction of certain dibasic carboxylic acids and certain organic diamines have in the past been described by various investigators. For the most part, these products have been cyclic amides of low molecular weight. In a few cases they have been supposed to be polymeric, but they have been either of low molecular weight or completely infusible and insoluble. In all cases, they have been devoid of any known utility. These statements may be illustrated by the following citations: Ann. 232, 227 (1886); Ber. 46, 2504 (1913); Ber. 5, 247 (1872); Ber. 17, 137 (1884); Ber. 27 R, 403 (1894); Ann. 347, 17 (1906); Ann. 392, 92 (1912); J. A. C. S. 47, 2614 (1925). Insofar as I am aware, the prior art on synthetic polyamide fibers, and on polyamides capable of being drawn into useful fibers, is non-existent.

This invention has as an object the preparation of new and valuable compositions of matter, particularly synthetic fiber-forming materials. Another object is the preparation of filaments, fibers, and ribbons from these materials. A further object is the manufacture of yarns, fabrics, and the like from said filaments. Other objects will become apparent as the description proceeds.

The first of these objects is accomplished by reacting together a primary or secondary diamine (described comprehensively as a diamine having at least one hydrogen attached to each nitrogen) and either a dicarboxylic acid or an amide-forming derivative of a dibasic carboxylic acid until a product is formed which can be drawn into a continuous oriented filament. The second object is attained by spinning the polyamides into filaments, and preferably, subjecting the filaments to stress ("cold drawing") thereby converting them into oriented filaments or fibers.

The third of these objects is accomplished by combining the filaments into a yarn and knitting, weaving, or otherwise forming the yarn into a fabric.

The term "synthetic" is used herein to imply that the polyamides from which my filaments are prepared are built up by a wholly artificial process and not by any natural process. In other words, my original reactants are monomeric or relatively low molecular weight substances.

The term "linear" as used herein implies only those polyamides obtainable from bifunctional reactants. The structural units of such products are linked end-to-end and in chain-like fashion. The term is intended to exclude three-dimensional polymeric structures, such as those that might be present in polymers derived from triamines or from tribasic acids.

The term "polyamide" is used to indicate a polymer containing a plurality of amide linkages. In the linear condensation polyamides of this invention the amide-linkages appear in the chain of atoms which make up the polymer.

The terms "fiber-forming polyamide" is used to indicate that my products are capable of being formed directly, i. e., without further polymerization treatment, into useful fibers. As will be more fully shown hereinafter, fiber-forming polyamides are highly polymerized products and for the most part exhibit crystallinity in the massive state.

The term "filament" as used herein refers to both the oriented and unoriented filaments or threads which are prepared from the polyamides regardless of whether the filaments or threads are long (continuous) or short (staple), large or small, while the term "fiber" will refer more specifically to the oriented filaments or threads whether long or short, large or small.

The expression "dibasic carboxylic acid" is used to include carbonic acid and dicarboxylic acids. By "amide-forming derivatives of dibasic carboxylic acids" I mean those materials such as anhydrides, amides, acid halides, half esters, and diesters, which are known to form amides when reacted with a primary or secondary amine.

The following discussion will make clear the nature of the products from which my filaments and fibers are prepared, and the meaning of the above and other terms used hereinafter. If a dicarboxylic acid and a diamine are heated together under such conditions as to permit amide formation, it can readily be seen that the

Das Nylon

Wallace Hume Carothers, Wilmington, Delaware, für »E.I. du Pont de Nemours«
Angemeldet am 9. April 1937 und als US 2130948 und GB 461236-7 veröffentlicht

Du Pont nannte Nylon »die erste von Menschen geschaffene organische Textilfaser, die vollständig aus neuen Materialien des Tierreichs stammt«. Wallace Carothers betrieb im Labor von Du Pont Grundlagenforschung. Er entwickelte also nicht aktiv eine bestimmte Art von Produkt, sondern erforschte so viele unterschiedliche Dinge wie möglich, um festzustellen, ob sich daraus irgendetwas entwickeln ließ.

Er wurde beauftragt Polymere zu untersuchen, was ein neues Forschungsgebiet war. Polymere sind lange Molekülketten, die in Gummi und Seide vorkommen. Wenn die Firma herausfand, wie Polymere aufgebaut sind, ließen sich vielleicht aus Rohstoffen wie Kohle oder Öl Fasern gewinnen – statt sie aus pflanzlichen Stoffen oder von Seidenspinnerraupen zu übernehmen. Carothers beschloss, synthetische Polymere zu schaffen, um den Prozess ihrer Verkettung zu verstehen. Bis 1930 hatten er und sein Forscherteam festgestellt, dass das Besondere an Polymeren nur darin bestand, dass sie länger sind als andere Strukturen. Bis 1933 sah die weitere Entwicklung düster aus. Obwohl sie über ein synthetisches Polymer verfügten, das wie Seide aussah, konnte es nicht zu Fasern versponnen werden, weil es zu leicht schmolz – und Hitze war in dem Prozess nötig. Dieses Polyamid war in Wirklichkeit Nylon.

Die Forscher wandten sich einer anderen Art von Plastik zu: Polyester. Julian Hill, ein Kollege, probierte es mit einem Glasstab, den er in einen Becher mit Polyester tauchte, ließ etwas davon fest anhaften und löste es wieder. Als er den Stab aus dem Becher herauszog, blieben lange Fäden daran haften wie bei einer Spinnwebe. Man nennt diesen Vorgang »Kaltziehen«. Es heißt, dass die Forscher so lange warteten, bis Carothers, ihr Chef, aus dem Haus war, um das Kaltziehen im Korridor auszuprobieren. Zu ihrem Erstaunen waren sie in der Lage, ein Stück Polyester über die gesamte Länge des Korridors zu ziehen. Man stellte dann fest, dass der Vorgang des Kaltziehens die Substanz verfestigte, weil die Moleküle sich aneinander reihen statt sich zusammenzuballen. Dasselbe Experiment wurde dann mit dem fast schon wieder vergessenen Nylon durchgeführt, und man fand heraus, dass die Fäden fester waren als Seide.

Du Pont beschloss, das Nylon auf dem Strumpfwaren-Markt zu verkaufen, weil bei Strümpfen oft die Maschen liefen. Dieser Versuch war so erfolgreich, dass diese Strümpfe »Nylon« genannt wurden und im Zweiten Weltkrieg zu einem wertvollen Handelsartikel wurden. Carothers selbst bekam Depressionen. Man hat den Grund dafür in seiner Befürchtung gesehen, dass Du Pont das Produkt nicht zu einem Erfolg machen wollte. Allerdings neigte er immer schon zu Depressionen und außerdem war gerade eine seiner Schwestern plötzlich verstorben, die er sehr geliebt hatte. Am 29. April 1937 nahm Carothers Zyankali in einem Hotelzimmer in Philadelphia, drei Wochen nachdem das Patent angemeldet worden war. Er war 41 Jahre alt.

Nov. 19, 1940.

C. F. CARLSON

2,221,776

ELECTRON PHOTOGRAPHY

Filed Sept. 8, 1938

2 Sheets—Sheet 1

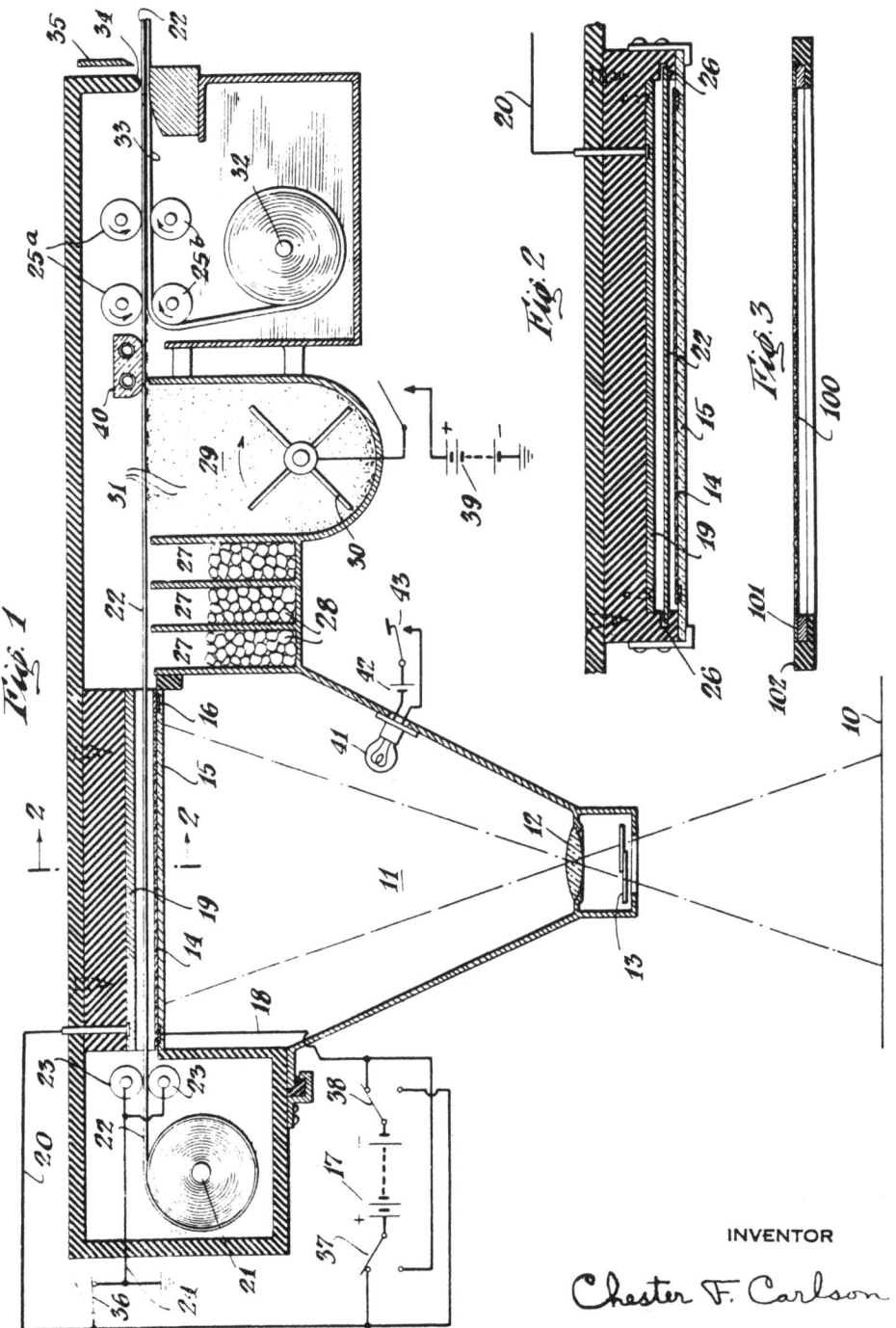

Fig. 1

Fig. 2

Fig. 3

INVENTOR

Chester F. Carlson

200

DER FOTOKOPIERER

Chester Carlson, Jackson Heights, New York City, New York
Angemeldet am 8. September 1938 und als US 2221776 veröffentlicht

Chester Carlsons Arbeit bestand darin, für eine Elektrizitätsgesellschaft, »P. R. Mallory«, veröffentlichte Patente zu prüfen. Oft mussten von den Beschreibungen Kopien gemacht werden, was durch Abschreiben erfolgte. Es war die Zeit der Großen Depression und Carlson konnte keine andere Arbeit finden. Er wollte eigentlich Erfindungen machen, weil er meinte, das sei der beste Weg zum Geldverdienen. Er war überzeugt, dass es eine bessere Methode des Kopierens geben müsste, und entschloss sich Nachforschungen in der »New York Public Library« anzustellen. Er sah technische Zeitschriften durch und suchte Informationen zur Reproduktion von Fotografien. Doch die entsprechende Methode bedeutete den Einsatz zahlreicher Chemikalien und sie dauerte Stunden.

Carlson fragte sich, ob es möglich wäre, eine elektrische Methode anzuwenden. Es war bekannt, dass elektrisch geladene Teilchen an einer gegensätzlich geladenen Oberfläche anhaften. Der Trick würde nun darin bestehen, die Teilchen in der gleichen Anordnung zu der eines aufleuchtenden Bildes sich zusammensetzen zu lassen. Eine Metallplatte mit fotoelektrischer Leitfähigkeit sollte aufgeladen und darauf ein Bild projiziert werden. Das Bild würde in einem Pulver aufgenommen und dann durch Hitze auf ein Blatt Papier gebrannt. Carlson hatte die Idee – aber konnte er sie auch zum Funktionieren bringen?

In der Küche seiner Wohnung in Long Island beschäftigte er sich intensiv damit und experimentierte mit verschiedenen Chemikalien und Substanzen. Es wird erzählt, dass die Tochter der Vermieterin zu ihm geschickt wurde, um sich über den Gestank seiner Experimente zu beschweren – zu guter Letzt heiratete sie ihn 1934. Irgendwie fand Carlson außerdem Zeit, auf die »New York Law School« zu gehen, weil er meinte, er würde seine Erfindung schützen müssen. Er graduierte dort 1939.

Er meldete ein Patent auf das grundlegende Konzept der »Elektrofotografie« an, hatte bis dahin jedoch nicht einmal einen richtigen Trockendruck gemacht. Dann kam der Durchbruch. Eine Zinkplatte wurde mit Schwefel beschichtet. Die Platte wurde mit einem Baumwolltuch abgerieben, um ein elektrostatisches Feld zu erzeugen. Eine beschriftete Glasscheibe wurde gegen diese Platte gehalten und dann beide zusammen der Hitze einer Lampe ausgesetzt. Die Scheibe wurde entfernt und die Platte mit Moossporen abgestaubt. Dann wurde Wachspapier auf das Pulver gedrückt, Hitze hinzugefügt und das Papier wieder abgezogen. Die Worte, die Carlson geschrieben hatte, kamen tatsächlich wieder zum Vorschein: »10.-22.-38 ASTORIA.« Astoria war der Vorort, wo er hinter dem Schönheitssalon seiner Schwiegermutter arbeitete.

Carlson war überglücklich, konnte aber keine Firma zur Weiterentwicklung dieser Technik gewinnen. 1944 besuchten Vertreter des »Battelle Memorial Institute«, einer privaten, gemeinnützigen Organisation, die Firma »P. R. Mallory« zur Besprechung weiterer Patente und Carlson bat sie um Unterstützung. Ein Abkommen wurde getroffen, das beträchtliche Tantiemen für Carlson vorsah, falls spätere Verbesserungen zu einer verkäuflichen Erfindung führten. »Battelle« selbst hatte dann Probleme und suchte nach anderen Geldgebern. So beteiligte sich auch die »Haloid Corporation« (später Xerox). Der erste wirklich praktikable Fotokopierer, der »914«, erschien jedoch erst 1958. Carlson starb 1968 als steinreicher Wohltäter.

UNITED STATES PATENT OFFICE

2,230,654

TETRAFLUOROETHYLENE POLYMERS

Roy J. Plunkett, Wilmington, Del., assignor to
Kinetic Chemicals, Inc., Wilmington, Del., a corporation of Delaware

No Drawing. Application July 1, 1939,
Serial No. 282,437

3 Claims. (Cl. 260—94)

A. This invention relates to new compositions of matter, being polymers of exceptional properties.

B. At the present time there are no totally satisfactory materials for handling certain corrosive agents, such as hydrofluoric acid, or for protecting workers against the fumes which arise from such reagents. Goggles having glass disks are attacked by the fumes, and shortly become unserviceable.

C. It is an object of the invention to provide a new composition of matter which is highly resistant to corrosive influences and to oxidation, and which can be molded and spun and put to a wide variety of uses where its peculiar properties would be advantageous.

D. The objects of the invention are accomplished by the compositions of matter which may be formed by the polymerization of tetrafluoroethylene. Other objects of the invention are accomplished by the process of polymerizing the fluoroethylene herein set forth.

E. I have discovered that tetrafluoroethylene will polymerize at ordinary temperatures when subjected to super-atmospheric pressure. I have also discovered that the rate of polymerization may be quickened by carrying out the polymerization under pressure in the presence of a catalyst. Furthermore, I have discovered that the polymerization of tetrafluoroethylene can be carried out advantageously in the presence of a solvent.

F. The following examples, which are summarized in the table, illustrate but do not limit the invention.

time the unpolymerized tetrafluoroethylene was removed, leaving a residue of 0.6 part of white solid polymer. The yield was 7.1% or a polymerization rate of 0.71% per day.

Example II

Tetrafluoroethylene (7.8 parts) was placed in a container under pressure at 20° C. The yield of polymer after 21 days was 0.05 part or 0.64%.

Example III

Tetrafluoroethylene (7.3 parts) was placed in a container with 0.1 part of zinc chloride, under pressure and maintained at a temperature of 20° C. The yield of polymer after 21 days was 0.1 part or 1.37%.

Example IV

Tetrafluoroethylene (5.4 parts) was placed in a container with 0.1 part of silver nitrate, under pressure at 25° C. After three days the container was completely filled with spongy white polymer. This material was partially polymerized tetrafluoroethylene, and had a very high vapor pressure. Yield of completely polymerized material was 0.05 part or 0.93%.

Example V

Tetrafluoroethylene (6.8 parts) was placed in a container with 0.1 part of silver nitrate under pressure at 25° C. The container was completely filled with partially and completely polymerized tetrafluoroethylene. Yield of completely polymerized product was 0.3 part or 4.4% in 10 days.

Table

Example	Parts C_2F_4	Time, days	Temp., °C.	Catalyst. and solvent for monomer	Yield, parts	Yield, percent
I	8.5	10	25	None	0.6	7.1
II	7.8	21	20	do	0.05	0.64
III	7.3	21	20	0.1 pt. ZnCl₂	0.1	1.37
IV	5.4	3	25	0.1 pt. AgNO₃	0.05	0.97
V	6.8	10	25	0.1 pt. AgNO₃	0.3	4.4
VI	7.0	21	25	0.1 pt. AgNO₃	2.3	33
VII	4.0		25	0.1 pt. AgNO₃, 2.5 methyl alcohol.	Jelly	
VIII	4.5	3	25	0.1 pt. AgNO₃, 2.2 methyl alcohol.	1.3	29
IX	7.4		25	0.1 pt. AgNO₃, 3.3 methyl alcohol.	2.0	27
X	8.8	21	25	0.1 benzoyl perox	0.05	0.57
XI	3.5		50	None		

Example I

Tetrafluoroethylene (8.5 parts) was placed in a steel cylinder under pressure and allowed to stand for 10 days at 25° C. At the end of this

Example VI

Tetrafluoroethylene (7 parts) and 0.1 part silver nitrate were placed in a container under

DAS TEFLON

Roy Plunkett, Wilmington, Delaware, für »Kinetic Chemicals« (eine Tochtergesellschaft von »Du Pont«)
Angemeldet am 1. Juli 1939 und als US 2230654 und GB 625348 veröffentlicht

Auch wenn es immer wieder behauptet wird: Das Material, um das es im Folgenden geht, wurde nicht im Zusammenhang mit dem Apollo-Raumfahrt-Programm erfunden. Roy Plunkett arbeitete als Chemiker für »Du Pont« und wurde gebeten, ein ungiftiges Kühlmittel zu finden, ein Gas also, das in Kühlschränken zur Ableitung der Wärme benutzt werden konnte. Er überlegte sich, eine bestimmte Menge von Tetrafluoräthylen zu mischen, das auch als Freon® bekannt war. Das hätte eigentlich ein Gas ergeben müssen. Als sein Mitarbeiter Jack Rebook am nächsten Morgen das Ventil der Gasflasche öffnete, strömte aber kein Gas aus. Sie wogen die Flasche und es bestand kein Zweifel, dass sie irgendetwas enthielt, denn sie wog mehr als die leere Gasflasche. Das Ventil war offen, da ein Draht genau hindurchging.

Sie mussten die Flasche aufsägen, um festzustellen, was sie enthielt. Es war ein schmieriges weißes Pulver. »Na toll, es ist schiefgegangen!«, sagte der verblüffte Plunkett. Da er gern wissen wollte, was er vor sich hatte, unterzog er die geheimnisvolle Substanz den üblichen Tests: Er rieb sie zwischen den Fingern, schmeckte daran, roch daran, versuchte sie zu verbrennen, tropfte Säure darauf. Es war Teflon®, einer der ersten Plastikstoffe. Wie Nylon ist es ein Polymer mit den dafür charakteristischen langen Molekülketten. Es stellte sich als reaktionsträge heraus, sodass also nichts damit reagierte und Hitze, Strom und Säuren den Stoff nicht angriffen. Es war auch sehr glatt. Bei »Du Pont« sah man mehrere Anwendungsmöglichkeiten für eine solche Substanz.

Teflon® wurde bis 1946 geheim gehalten, da man es für etwas so Außergewöhnliches hielt. Zu einem ersten praktischen Einsatz kam es, als Ingenieure, die an dem Atombombenprogramm »Manhattan Project« arbeiteten, Dichtungen vor dem sehr ätzenden Uranhexafluorid schützen mussten, das zur Herstellung von Uran 235 diente. Teflon® wurde in nur wenigen Produkten erst in den späten 1950er Jahren auf den Markt gebracht. Es dauerte einige Zeit, um Methoden zu erarbeiten, es billiger herzustellen und es in bestimmten Produkten zu verarbeiten. Eine der ersten Anwendungen bestand in »Muffin«-Pfannen für Bäckereien. Bratpfannen mit Antihaft-Beschichtung waren in den USA erst 1960 erhältlich.

Diese ersten Pfannen hatten ein Problem: Sie zerkratzten sehr leicht. Sie wurden verbessert, indem man das Teflon® mit dem Metall verband. Weitere aus Teflon® hergestellte Produkte umfassen Kleidungen, elektronische und (da es vom Körper nicht abgestoßen wird) medizinische Teile. Anscheinend erhielt Plunkett keine Tantiemen. Der Name wurde als Warenzeichen 1946 in den USA und 1954 in Großbritannien eingetragen.

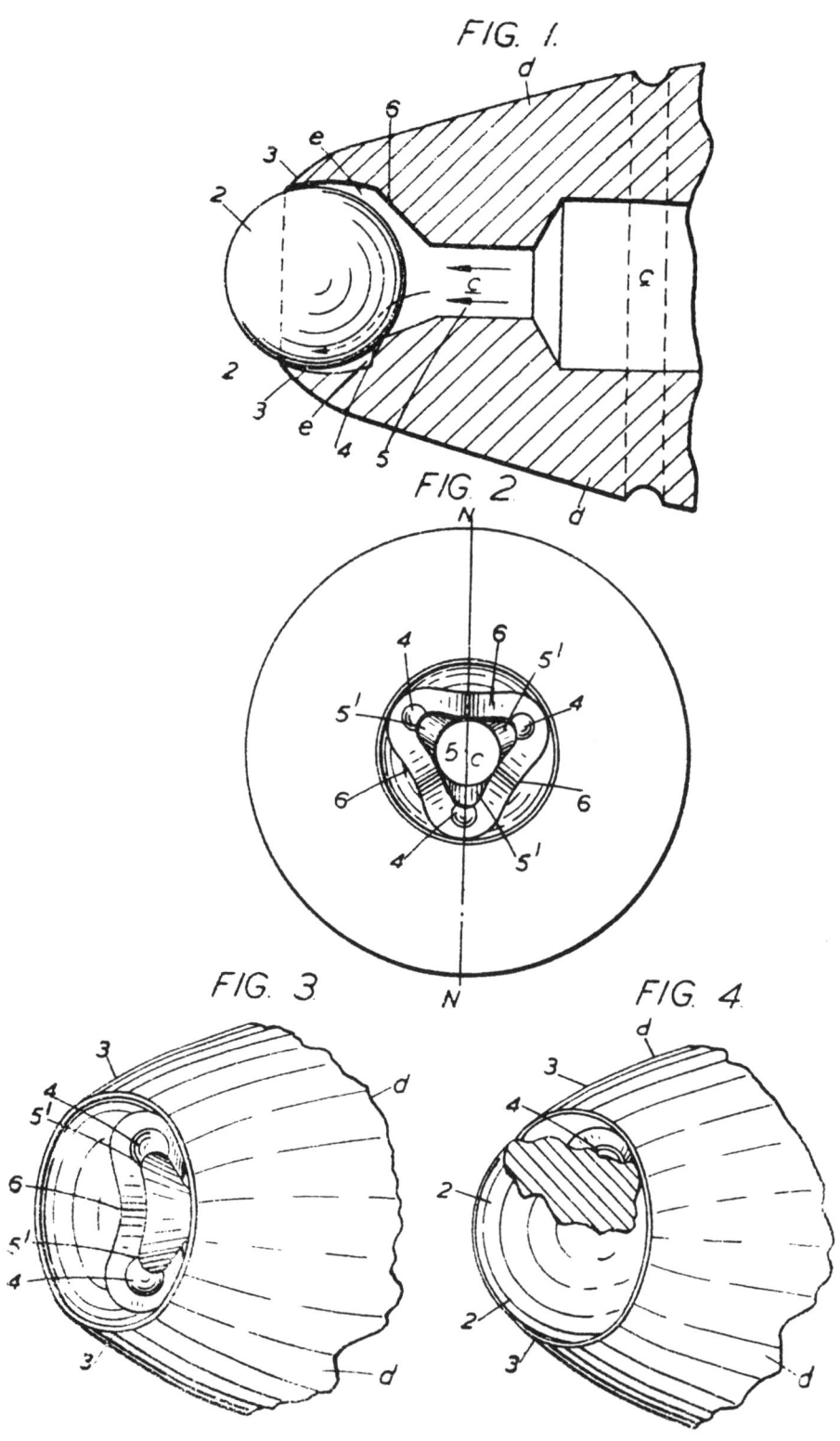

FIG. 1.

FIG. 2

FIG. 3

FIG. 4.

DER KUGELSCHREIBER

Laszlo Josef Biro, Buenos Aires, Argentinien
Angemeldet am 10. Juni 1943 und als GB 564172 veröffentlicht

Das Prinzip des Kugelschreibers geht zurück auf John Loud aus Massachusetts mit seinem Patent US 392046 von 1888 und schließt Biros eigenes Patent GB 498997 ein. Das hier gezeigte bezieht sich jedoch auf den ersten wirklich verwendbaren Kugelschreiber. Laszlo Biro war ein ungarischer Journalist (und auch Bildhauer und Hypnotiseur). Bei der Vorführung einer Zeitungsdruckmaschine im Jahr 1938 bemerkte er, dass die dabei benutzte Farbe schnell trocknete und nicht verschmierte. Die Farbe war dicker als die von Füllfederhaltern (die leicht kleksten) und sie würde nicht aus deren Spitze herausfließen. Er forschte dann an einer Methode, um eine solche Farbe in Schreibstiften zu verwenden. In der Zwischenzeit waren er und sein Bruder George, ein Chemiker, 1940 nach Argentinien ausgewandert.

Die Idee eines Schreibstifts mit frei beweglicher Kugel als Spitze war bereits bekannt, aber man hatte es nie geschafft, das Problem der Tintenzufuhr befriedigend zu lösen. Nach Jahren des Experimentierens präsentierten die beiden Brüder einen Stift, bei dem sich die Kugel während des Gebrauchs dreht und der Tintenfluss über eine Kapillar-Konstruktion erfolgt. Die Tinte fließt an Rillen hinunter zur Kugel, wenn Druck ausgeübt wird, also wenn jemand schreibt. Der Sinn dieser Konstruktion war, dass die Tinte nicht auslief. Man musste den Stift auch nicht regelmäßig nachfüllen.

Bald nachdem sie die Patente angemeldet hatten, stattete ein britischer Staatsbeamter, Henry Martin, Buenos Aires einen Besuch ab. Er hörte von dem Stift und kaufte die britischen Lizenzrechte. Flugzeugbesatzungen würden ihn bei ihrer Arbeit für nützlich halten, weil solche Stifte anders als Füllhalter in großen Höhen nicht auslaufen würden. Die Herstellung begann 1944 in einem ungenutzten Hangar bei Reading in Südengland.

Inzwischen begann auch die »Eterpen Company« in Argentinien mit der Herstellung. Die Kugelschreiber wurden für umgerechnet £ 27 pro Stück verkauft. Im Juni 1945 war Milton Reynolds, ein Geschäftsmann aus Chicago, in Buenos Aires. Er sah das Produkt in einem Laden und kaufte gleich einige davon zur Anschauung. William Huenergardt, den er extra zu diesem Zweck einstellte, wurde beauftragt, eine Imitation dieses Kugelschreibers, den »Reynolds' Rocket«, herzustellen. Im September 1945 reichten sie dafür eine Patentanmeldung ein, ließen diese jedoch wieder fallen und meldeten das Produkt drei Monate später erneut als verbessertes Patent US 2462453 an. Dieser Kugelschreiber funktionierte etwas anders. Das Produkt kam im Oktober 1945 für $ 12,50 auf den Markt, und pro Tag wurden 10000 Stück davon verkauft.

Biro war im Begriff sein eigenes Produkt über »Eversharp« zu lancieren. Es heißt, Biro habe es versäumt das amerikanische Patent zu veröffentlichen, obwohl er die Patente US 2390636 (1943 angemeldet) und US 2400679 besaß, die vielleicht frühere Formen waren. Ein Gerichtsverfahren schlug fehl und der Verkauf lief für beide Produkte an. Trotzdem gab es bei beiden Produkten Probleme mit dem regelmäßigen Fluss der Tinte, besonders bei dem von Reynolds. Da beide Firmen sich bereit erklärten, fehlerhafte Produkte zurückzunehmen, stiegen die Verluste schnell an. 1951 ging Reynolds Firma bankrott, während »Eversharp« noch ein paar Jahre durchhielt. 1953 führte »Baron Pic« den Wegwerf-Kugelschreiber auf den europäischen Märkten ein. In den USA kam 1954 der »Jotter Pen« von »Parker« auf den Markt. Beide verkauften sich schnell millionenfach.

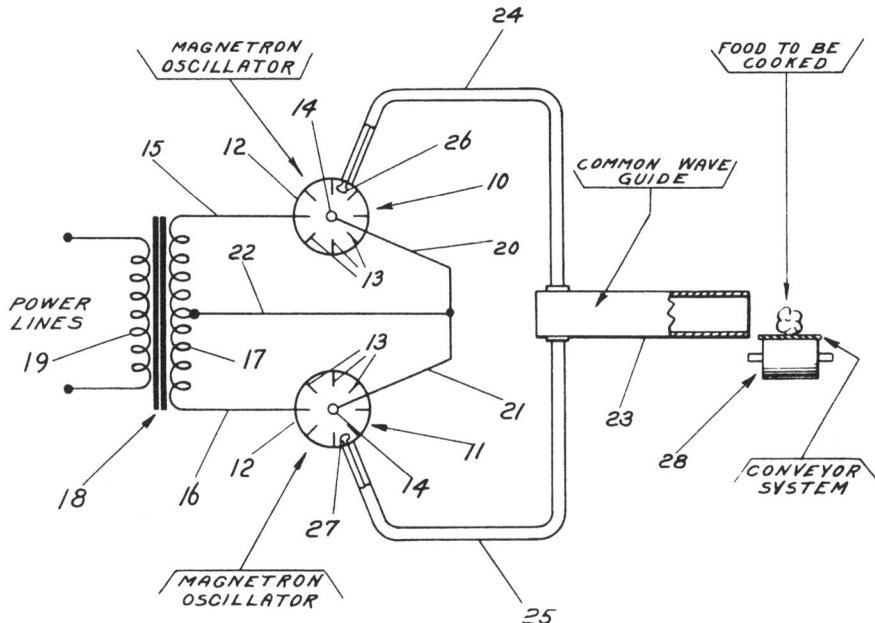

INVENTOR.
PERCY L. SPENCER,
BY Elmer J. Gorm
ATTY.

DER MIKROWELLENHERD

Percy Spencer, West Newton, für die »Raytheon Manufacturing Company«, Newton, beide Massachusetts
Angemeldet am 8. Oktober 1945 und als US 2495429 veröffentlicht

Zu Beginn des Zweiten Weltkriegs war »Raytheon« noch eine kleine Firma, die Elektronikteile für das Militär herstellte. Als die Briten das Magnetron erfanden, das Herzstück des Radars, hielten sie es für schwierig, daran weitere Verbesserungen vorzunehmen. »Raytheon« gelang es, zu vertraulichen Gesprächen mit britischen Experten eingeladen zu werden. Percy Spencer erzählte diesen Experten, dass ihre Methoden zur Herstellung der Röhren »umständlich und unpraktisch« seien. Er überredete sie, ihn eine davon mit nach Hause nehmen zu lassen, und über das Wochenende präsentierte er Vorschläge zur Vereinfachung ihrer Herstellung und verbesserte nebenher noch ihre Leistung. Die Firma erhielt zuerst nur einen kleinen Auftrag, produzierte am Ende des Kriegs jedoch 80 % aller Magnetrons.

1945 ging Spencer eines Tages an einem angeschalteten Magnetron vorbei und stellte plötzlich fest, dass sich ein Schoko- und Erdnussriegel in seiner Tasche in einen klebrigen Brei verwandelt hatte. Er spürte keine Hitze und ihm wurde klar, dass die Mikrowellen des Magnetrons den Riegel gekocht hatten. Er ließ sich eine Tüte Popcorn kommen und legte sie vor das Magnetron – das Popcorn platzte und flog durch das ganze Labor. Am nächsten Tag legte er ein rohes Ei in einen Kessel, der an einer Seite aufgeschnitten war, und stellte ihn vor das Magnetron. Ein ungeduldiger Kollege schaute in dem Augenblick neugierig in das Loch an der Seite des Kessels, als das Ei zersprang (das Innere hatte sich schneller erhitzt als die Schale). Normalerweise wird beim Kochen Energie von außen zugeführt (Konvektion). Mikrowellenherde hingegen versetzen die Wassermoleküle in der Speise in Bewegung – und solche Bewegung ist ein normales Zeichen für Hitze. Ihre Funktionsweise bedingt, dass mehr Essen länger braucht, um heiß zu werden (der Herd muss mehr Masse bewegen), und dass das Essen zur gleichen Zeit innen wie außen gekocht wird.

Das Patent zeigt eine Maschine, bei der das Essen am eigentlichen Herd noch über ein Transportsystem (in der Zeichnung rechts) vorbeigeführt wird. Die Geschwindigkeit dieser Bewegung sollte die Kochdauer festlegen. Die Firma »Raytheon« war bis dahin auf dem Verbrauchermarkt nicht vertreten, entschied sich aber, die Vermarktungsmöglichkeiten für ein Produkt zu testen, das am Anfang »Radarange« hieß. Die ersten Mikrowellenherde waren zwei Meter hoch und kosteten £ 3000. Ein Prototyp wurde in der Küche einer der Firmenleiter aufgestellt – seine Köchin, die über die schwarze Magie der Maschine entsetzt war, kündigte. Angesichts eines solch hohen Preises wurde das Gerät nur an Lieferfirmen für Speisen und Getränke, Krankenhäuser, Feldküchen und ähnliche Einrichtungen verkauft, wo in großem Umfang gekocht werden musste. 1965 übernahm »Raytheon« die »Amana Refrigeration Unit«, eine Firma aus Iowa. Diese begann 1967 kleinere Modelle auf den Markt zu bringen, die man direkt auf eine Arbeitsplatte oder die Anrichte stellen konnte. Der Umsatz stieg. Spencer, ein Autodidakt aus Maine, hat über 200 Patente angemeldet.

Nov. 8, 1949

E. S. TUPPER
OPEN MOUTH CONTAINER AND NONSNAP
TYPE OF CLOSURE THEREFOR

2,487,400

Filed June 2, 1947

2 Sheets—Sheet 1

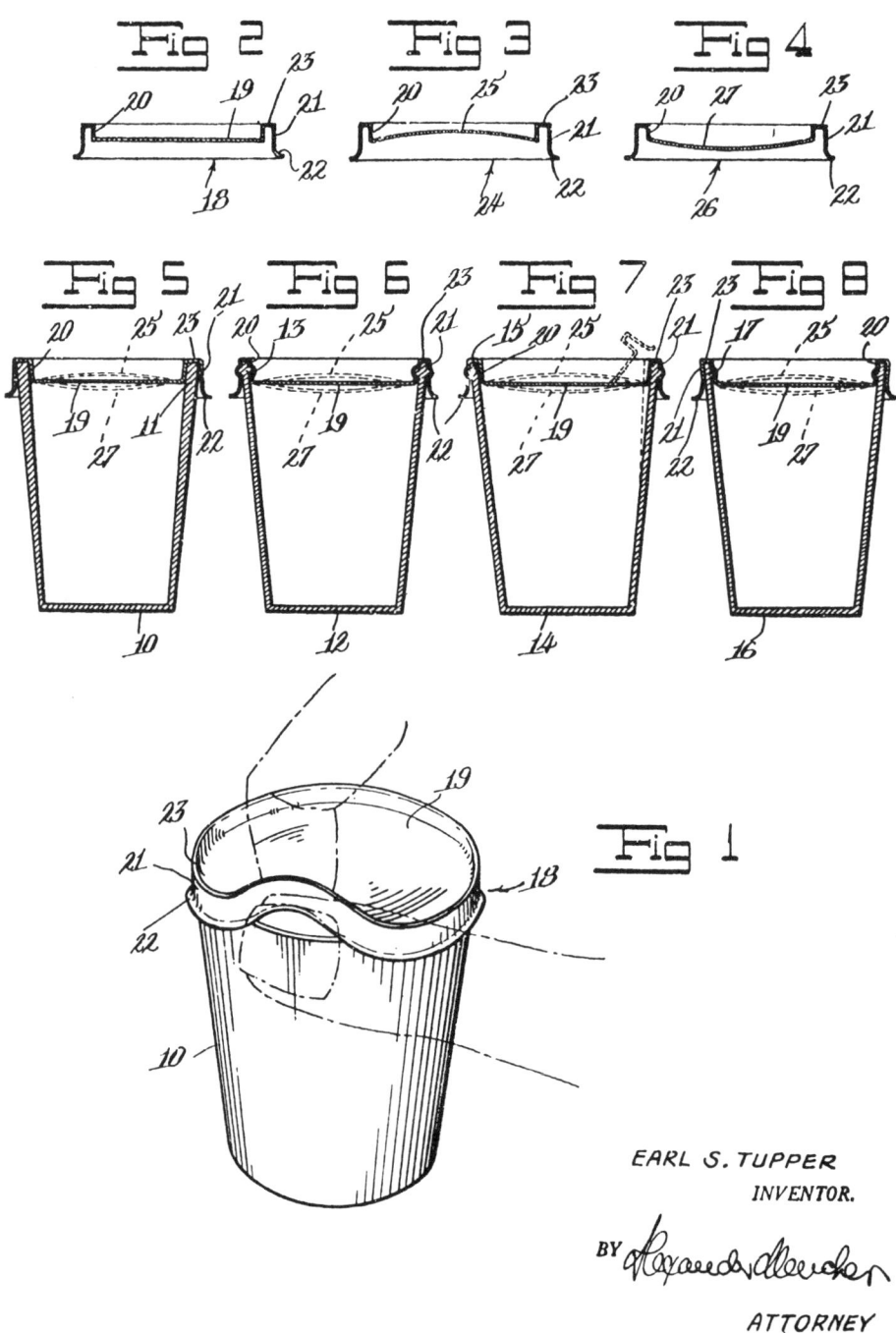

EARL S. TUPPER
INVENTOR.

BY

ATTORNEY

DIE TUPPERWARE®

Earl Silas Tupper, Upton, Massachusetts
Angemeldet am 2. Juni 1948 und als US 2487400 und GB 662219 veröffentlicht

Earl Tupper war Ingenieur und arbeitete in einer Chemiefabrik von »Du Pont«. Er war davon überzeugt, dass Plastik das Material der Zukunft wäre und kündigte seine Stelle, um 1938 die »Tupper Plastics Company« zu gründen. Er bat »Du Pont« um Material, mit dem er experimentieren konnte. Man gab ihm Polyäthylen-Schlacke, ein Abfallprodukt beim Raffinieren von Erdöl. Es war ein schwarzes, hartes Material. Tupper raffinierte es und konnte daraus eine halbdurchsichtige Substanz herstellen, die mit Maschinen gegossen werden konnte, ohne zu brechen oder zu reißen. Er dachte über Produkte nach, die daraus hergestellt werden konnten. Schuhabsätze waren eine Möglichkeit, außerdem Tassen und Schüsseln und überhaupt Behälter. Kunden waren von seinen Produkten allerdings weniger beeindruckt, weil Plastik ein schlechtes Image hatte, obwohl die Produkte seines Sortiments von hoher Qualität, stabil und einfach waren. Zu jener Zeit wurden Gläser oder Töpferwaren benutzt, doch diese waren weder luftdicht noch bruchsicher.

Tupper begriff, dass sich seine Behälter bestens zur Aufbewahrung von Lebensmitteln eignen würden, ohne dass diese austrockneten, falls es ihm gelänge, dafür einen luftdichten Verschluss herzustellen. Das Patent bezieht sich auf den Verschluss: Der Rand des Behälters ist leicht nach außen gebogen und der Deckel, der dieselben Abmessungen aufweist wie der Behälter, schnappt sicher ein, wenn die Luft im Inneren herausgedrückt wird. Nur Plastik bot die passenden Eigenschaften, um trotz wiederholten Verschließens seine Form zu bewahren und nicht durch das ständige Ziehen zu brechen. Das Ergebnis war ein Produkt, das nicht leckte oder brach, auch wenn man es fallen ließ, und das Lebensmittel über eine lange Zeit frisch hielt.

Trotzdem ließen sich die Behälter in den normalen Geschäften noch immer nicht gut verkaufen, oft deswegen, weil die Leute einfach nicht wussten, wie sie mit diesem neuen Deckel umgehen sollten. Durch Zufall erhielt dann eine Frau namens Brownie Wise von einem Freund einen dieser Behälter geschenkt. Es dauerte drei Tage, bis sie endlich herausfand, wie sie die Luft richtig herauszudrücken hatte. Auf dem Weg zum Kühlschrank ließ sie den Behälter fallen und freute sich, dass dieses neue Produkt nicht zerbrach. Wise war Vertreterin für eine andere Firma und erkundigte sich, ob sie das Produkt auf häuslichen Feiern vorführen könne, zu denen sie zum Testen des Behälters in ein Privathaus einlud. Zwei Stunden lang führte sie dann jeweils dieses spezielle Herausdrücken der Luft vor (im Englischen jener unsterbliche »burb«) – in der Hoffnung natürlich, dass die Gäste am Ende lautstark danach verlangen würden, es endlich kaufen zu dürfen. Dies war der Anfang der berühmten »Tupperpartys«. Auf diese Art machte Wise Umsätze von bis zu $ 1500 pro Woche. Der Aufruhr entging auch Earl Tuppers Aufmerksamkeit nicht. Er stoppte den Verkauf über die Läden und stellte stattdessen eine Vielzahl von Beraterinnen an. Das Produkt war auf dem Weg.

Das Warenzeichen Tupperware® wurde 1951 in den USA und erst 1965 in Großbritannien eingetragen. Mittlerweile hält man die Tupperdosen für so außergewöhnlich und attraktiv, dass einige davon sogar im New Yorker »Museum of Modern Art« und in der »Smithsonian Institution« in Washington ausgestellt werden.

FLOOR PLAN   Fig.1.

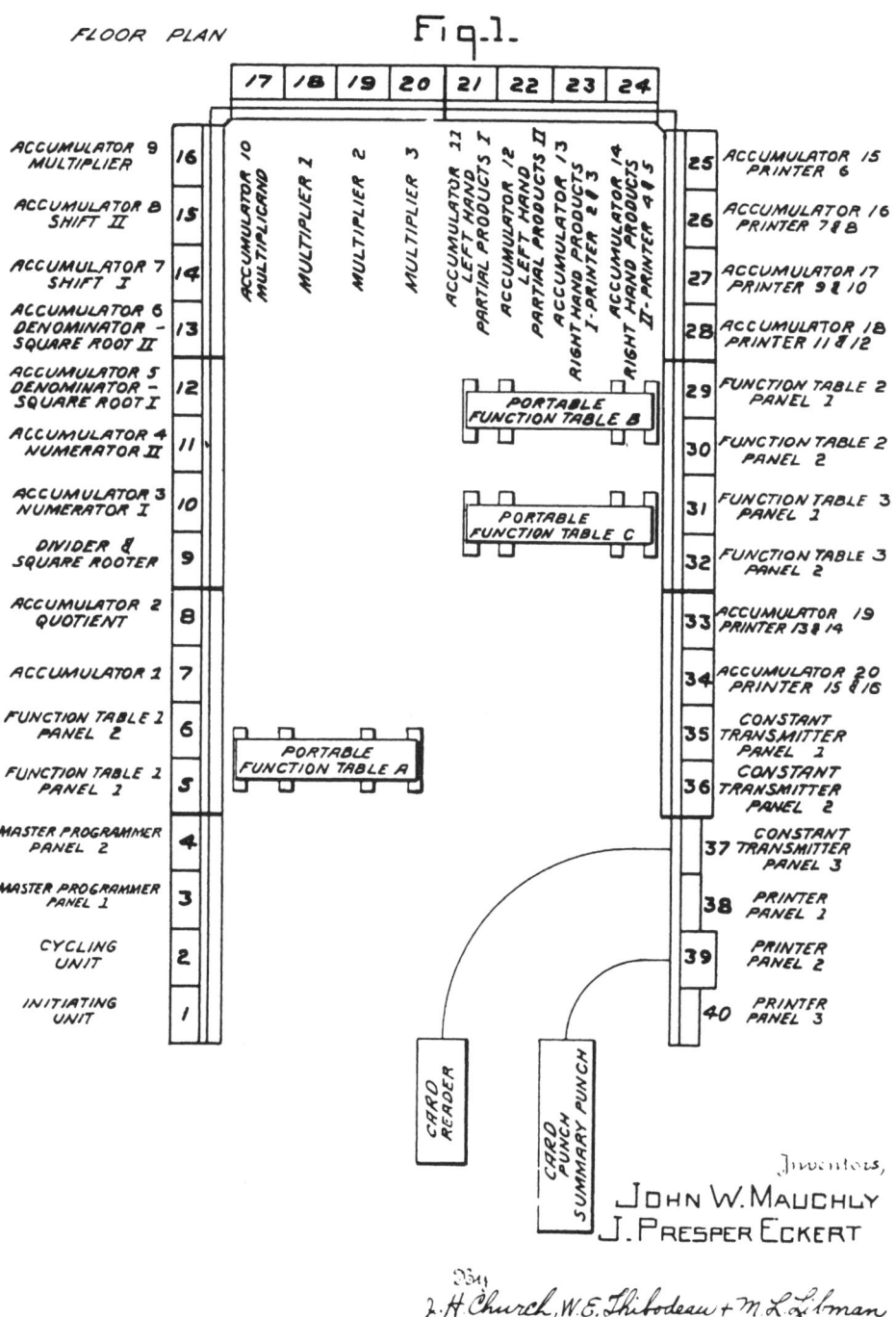

Inventors,

JOHN W. MAUCHLY
J. PRESPER ECKERT

By
J. H. Church, W. E. Thibodeau + M. L. Libman
Attorneys

DER COMPUTER

John Eckert jun. und John Mauchly, beide aus Philadelphia, Pennsylvania, für die »Sperry Rand Corporation«
Angemeldet am 26. Juni 1947 und als US 3120606 und GB 709407 veröffentlicht

Wer den Computer erfunden hat, ist heute kaum mehr zu sagen, weil es davon abhängt, was man unter einem Computer versteht. Der Ausdruck stammt von der Bezeichnung für Mathematiker, die geschickt rechnen konnten. Die Geschichte dieser Erfindung ist so komplex, dass hier nur ein kurzer Überblick gegeben werden kann. Interessant ist, dass sich die meisten frühen Arbeiten mit mathematischen Kalkulationen beschäftigen, die leichter zu programmieren sind als andere mit dem Computer mögliche Vorgänge. Es gab frühe Pioniere wie Herman Hollerith, den amerikanischen Volkszählungsbeauftragten, dessen Patente von 1889 und 1890 dazu dienten, die Karten mit den Angaben der Volkszählung von 1890 automatisch zu sortieren. 1931 baute der deutsche Ingenieur Konrad Zuse seinen »Z 1«-Computer, der Berechnungen mit Hilfe des Binärcodes durchführte (Nullen und Einsen, dargestellt durch das Ein- und Ausschalten von Strom). Genauso funktionieren moderne Computer. Zuse verwendete damals noch elektromechanische Relais statt elektronischer Schaltungen, die er 1940 selbst vorschlug. Die Entwicklung seiner Ideen und Maschinen wurde jedoch von der deutschen Führung im Zweiten Weltkrieg nicht aktiv unterstützt, weshalb er lange Zeit kaum voran kam.

Unterdessen entwickelte 1939 in Iowa John Vincent Atanasoff, assistiert von Clifford Berry, den »ABC«-Computer. Bei diesem wurden sowohl Vakuumröhren als auch Binärcodes für die Rechenvorgänge eingesetzt. Das System wurde nicht patentiert. 1941 führte Atanasoff seine Arbeit John Mauchly und John Eckert von der »University of Pennsylvania« vor. Von 1942 bis 1946 bauten sie die »ENIAC«-Maschine, die 30,5 Tonnen wog und über 18000 Vakuumröhren verfügte. Im Schnitt konnte sie sieben Minuten lang rechnen, ehe eine Röhre durchbrannte. Sie besaß einen Speicher von 16 kB und jedes Mal, wenn ein neues Programm betrieben werden sollte, musste die Maschine neu verdrahtet werden. Um sie auf einer Pressekonferenz eindrucksvoller aussehen zu lassen, schnitt man Tischtennisbälle in Hälften und befestigte diese, um sie zum Leuchten zu bringen, über den Lampen der Maschine.

Harvards »Mark 1«-Maschine war die erste, die Befehle auf Lochstreifen speicherte. Hin und wieder musste sie für Reparaturen gestoppt werden, wobei einmal eine Motte in einem der Relais gefunden wurde. Danach sprach man fast nur noch von »debugging« (Englisch »bug« = Insekt), wenn wieder einmal Reparaturen anstanden – es heißt, dies sei der Ursprung für diesen Ausdrucks. Während all dieser Entwicklungen hatten die Briten 1943 die »Colossus«-Maschine gebaut. Der bei der Post beschäftigte Thomas Flower hatte sie konstruiert, um damit nachrichtendienstliche Informationen der Deutschen zu entschlüsseln. Dies wurde bis 1976 geheim gehalten. Manche vertreten die Meinung, dass eigentlich die »Colossus« als der erste Computer angesehen werden muss. 1950 brachte »Remington Rand« den »Univac 1«-Computer auf den Markt, das erste kommerzielle Modell. 46 Stück wurden davon gebaut, obwohl er nie Geld einbrachte. Sie wurden in der Volkszählung von 1950 eingesetzt. Das hier abgebildete Patent wurde erst 1964 veröffentlicht, obwohl das entsprechende britische Patent bereits 1954 veröffentlicht wurde. Dort wird als Antragsteller die »Eckert-Mauchly Computer Corporation« genannt.

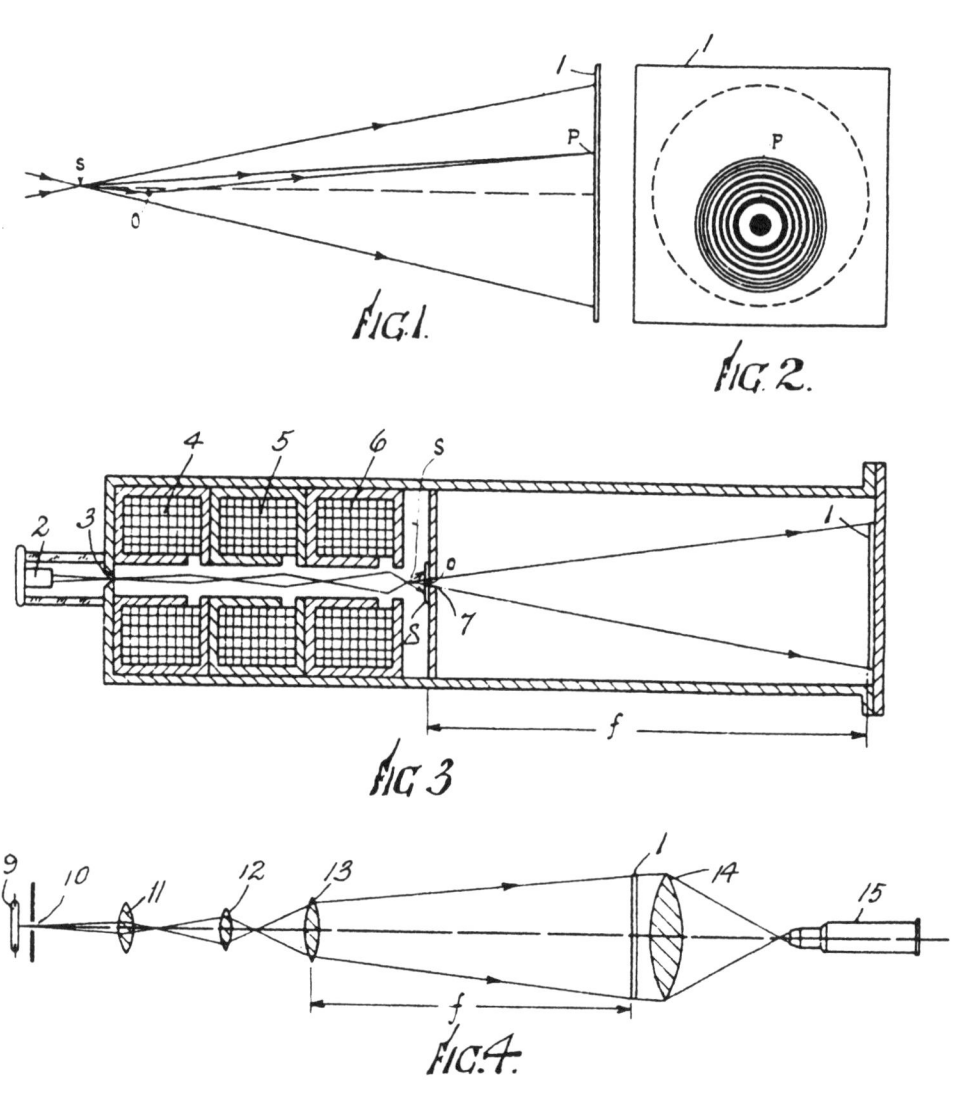

FIG.1.

FIG. 2.

FIG 3

FIG.4.

Das Hologramm

Dennis Gabor für die »British Thomson-Houston Company«, London, England
Angemeldet am 17. Dezember 1947 und als BG 685286 veröffentlicht

Dennis Gabor wurde im Jahr 1900 in Budapest geboren. Als Elektroingenieur ging er 1927 nach Deutschland und arbeitete für »Siemens & Halske«, floh aber nach der Machtergreifung durch die Nazis nach England. Er interessierte sich vor allem für das »Sehen« einzelner Atome. Die Elektronenmikroskope jener Zeit waren noch nicht in der Lage, scharf aufgelöste Bilder zu liefern. 1947 saß er angeblich gerade auf der Bank eines Tennisvereins, als er an eine Elektronenabbildung dachte, die durch optische Abbildungen verändert werden könnte – ein »Hologramm«, Griechisch für »holos« = ganz und »graphein« = schreiben.

Sein Modell war in Wirklichkeit nur von geringem Nutzen, weil dafür eine starke und strahlenbündelnde Lichtquelle nötig war, die erst später von Lasern erzeugt wurde, normalerweise mit Hilfe von Dauerstrichlasern. Das System funktioniert wie folgt: In einem abgedunkelten Raum wird ein kohärenter Laserlichtstrahl auf ein Bild geworfen, das zurückgeworfen wird und auf einer Fotoplatte ein Abbild erzeugt. Gleichzeitig wird ein Teil des Laserstrahls mit einem Spiegel auf dieselbe Platte reflektiert. Die beiden Bilder führen untereinander zu einer »Interferenz«, bilden also ein Interferenzmuster aus hellen und dunklen Strukturen. Die helle Struktur entsteht dort, wo die beiden Bilder zugleich Licht reflektieren und sich gegenseitig verstärken, während die dunkle Struktur dort entsteht, wo die Bilder nicht übereinstimmen.

Das Bild wird für das Hologramm wieder aufgebaut, indem dieser Vorgang umgekehrt wird, sodass man ein dreidimensionales Bild erhält, das sich durch die Bewegung der Augen verändert. Hologramme mit ihren buntglänzenden Bildern werden sehr oft in der Werbung und Unterhaltungsindustrie eingesetzt. Emmett Leith und Juris Upatnieks verwendeten mit ihrem 1970 veröffentlichten Patent US 3506327 Laserstrahlen für Hologramme. Gabor gehörte seit 1949 zur Fakultät des »Imperial College of Science and Technology« in London, wo er angewandte Elektrophysik lehrte. Er besaß über 100 Patente. 1971 erhielt er den Nobelpreis für Physik und starb 1979.

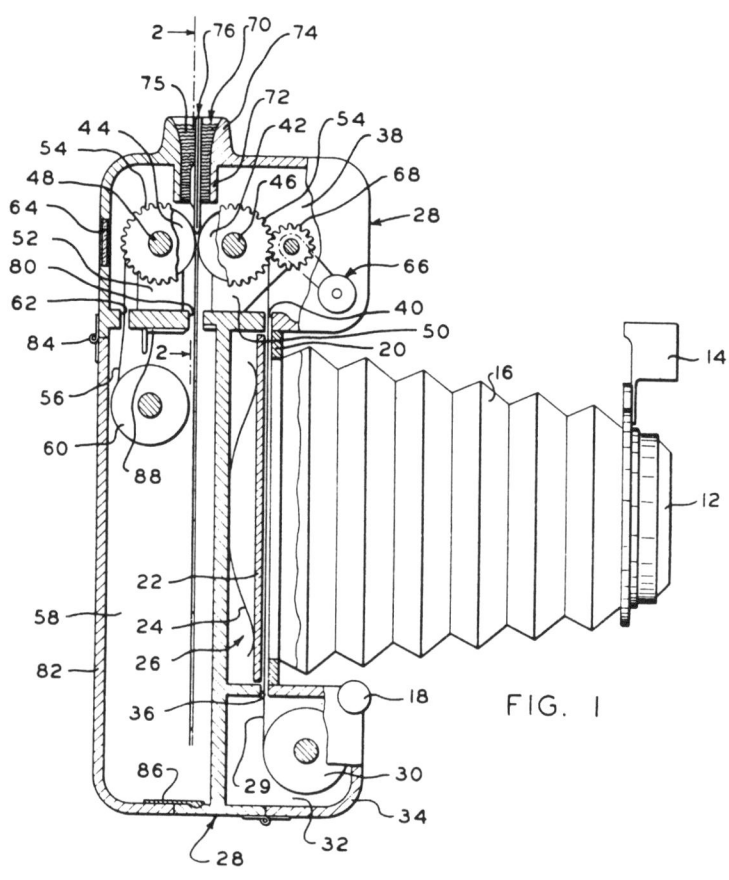

FIG. 1

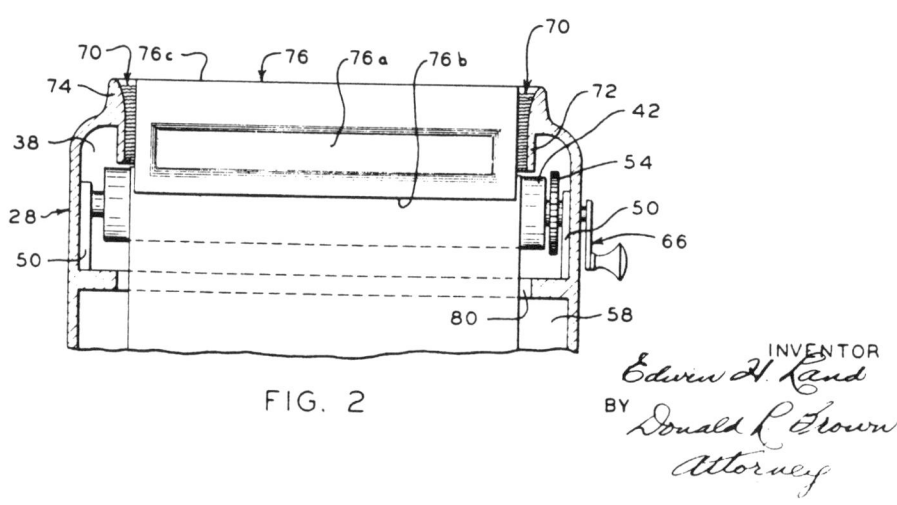

FIG. 2

INVENTOR

Edwin H. Land

BY Donald L. Brown

Attorney

DIE SOFORTBILDKAMERA

Edwin Herbert Land, Cambridge, Massachusetts, für die »Polaroid Corporation«
Angemeldet am 3. Februar 1948 und als US 2543180 veröffentlicht

Edwin Land war noch Physik-Student in Harvard, als es ihm gelang, die ersten modernen Filter zum Polarisieren von Licht zu bauen. Man braucht diese Filter etwa für Sonnenbrillen und Scheinwerfer, aber auch sonst überall dort, wo grelles Licht abgemildert werden muss. 1937 gründete Land die »Polaroid Corporation«, die ein sehr umfangreiches Forschungsprogramm für optische Geräte unterhielt. Eines Tages fragte ihn seine dreijährige Tochter, warum sie das Bild, das er gerade von ihr gemacht hatte, nicht sofort sehen könne. Land entwickelte daraufhin sowohl die hier abgebildete Kamera als auch den dafür benötigten Spezialfilm (angemeldet am 11. Dezember 1948 und als US 2543181 veröffentlicht).

Als »Polaroid Land Instant Camera« wurde das neue Produkt erstmals 1948 zu einem Preis von $ 89,50 in einem Kaufhaus in Boston verkauft. Es war ein großer Erfolg und bis 1956 gingen eine Million Sofortbildkameras über den Ladentisch. Die neue Kamera konnte in etwa einer Minute einen Schwarz-Weiß-Abzug entwickeln. Der Film musste von einer Unterlage abgezogen werden. Sie funktionierte, indem das durch die Linse aufgenommene Bild direkt auf einer Oberfläche reproduziert wurde, die sowohl der Film als auch das fertige Produkt war. Im Laufe der Jahre wurden zahlreiche Verbesserungen daran vorgenommen. 1965 hatte die Firma einen großen Erfolg mit der »Swinger«, die ein kleines Schwarz-Weiß-Bild lieferte und nur $ 19,95 kostete.

Den Film für diese Kameras stellte die »Kodak Corporation« her, die aber gleichzeitig selbst ein ähnliches Produkt auf den Markt bringen wollte. 1969 stellte »Kodak« die Lieferung der Filme ein. »Polaroid«, mit dem Marktinteresse von »Kodak« vertraut, kam daraufhin 1972 mit der »SX-70« heraus, die zum ersten Mal einfach Bilder machte, ohne dass man diese von irgend einem Untergrund noch hätte abziehen müssen.

1976 führte »Kodak« eine Sofortbildkamera ein. Die Firma wurde von »Polaroid« wegen der Verletzung von insgesamt zehn Patenten angeklagt. Den überwiegenden Umsatz machte »Polaroid« zu dieser Zeit mit ihren Sofortbildkameras und den entsprechenden Filmen. Es war deshalb von entscheidender Bedeutung für die Gesellschaft, ihren Marktanteil zu halten. Jede Kamera war so konstruiert, dass nur die Filme der eigenen Firma verwendet werden konnten. Eine erste Entscheidung fiel 1985, als sieben der zehn Patente als verletzt erklärt wurden. Per einstweiliger Verfügung musste »Kodak« die Produktion von Sofortbildkameras einstellen. Erst 1991 wurde der Gerichtsstreit endgültig beigelegt. »Kodak« leistete $ 925 Millionen Schadenersatz, damals eine Rekordsumme. Land selbst starb 1991. Er hatte über 500 Patente veröffentlicht.

Oct. 3, 1950

J. BARDEEN ET AL

2,524,035

THREE-ELECTRODE CIRCUIT ELEMENT UTILIZING
SEMICONDUCTIVE MATERIALS

Filed June 17, 1948

3 Sheets—Sheet 1

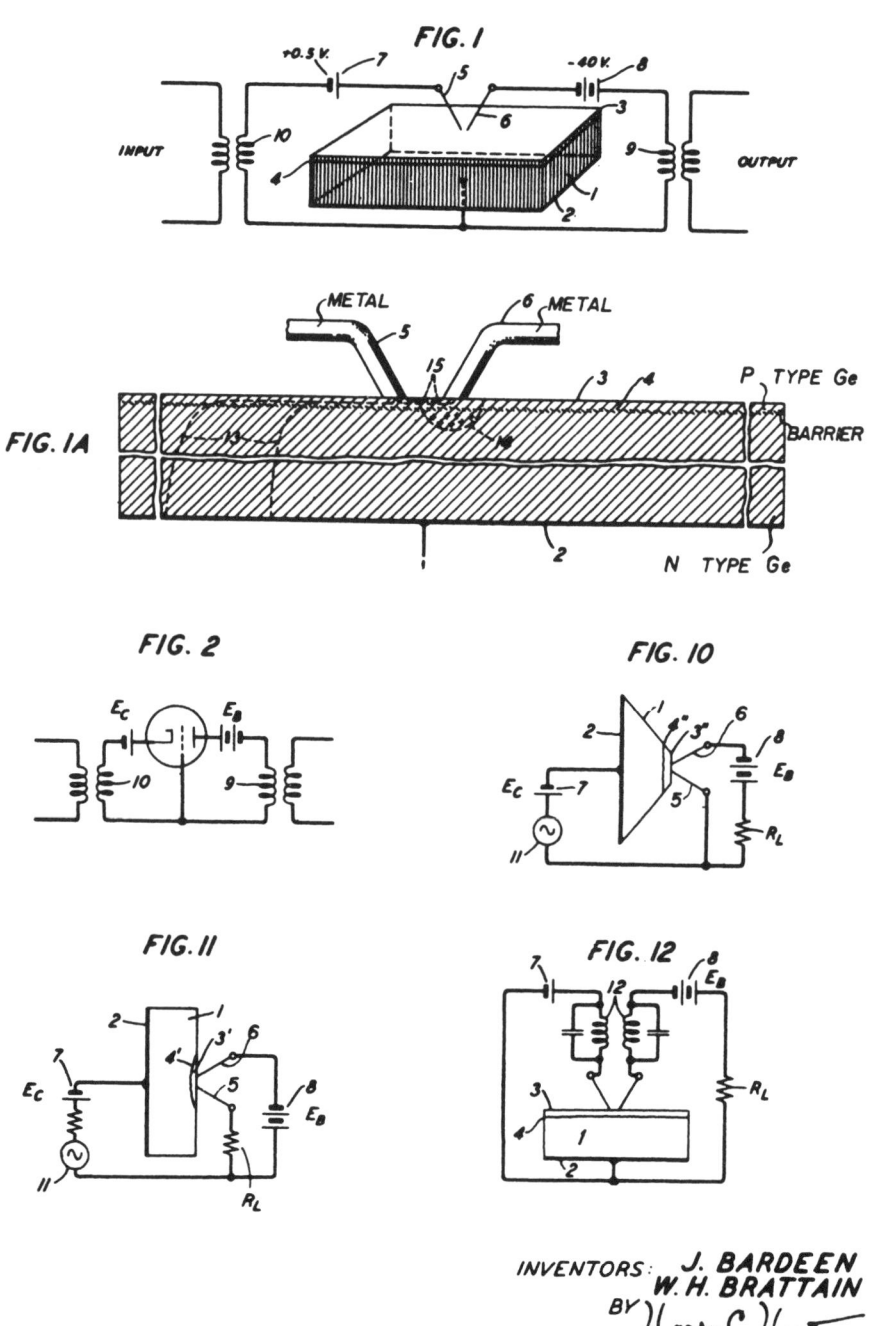

FIG. 1

FIG. 1A

METAL   METAL

P TYPE Ge

BARRIER

N TYPE Ge

FIG. 2

FIG. 10

FIG. 11

FIG. 12

INVENTORS: J. BARDEEN
W. H. BRATTAIN
BY Harry C. Hart

ATTORNEY

DER TRANSISTOR

John Bardeen, Summit, und Walter Brattain, Morristown, beide New Jersey, für »Bell Telephone«, New York
Angemeldet am 17. Juni 1948 und als US 2524035 und GB 694021 veröffentlicht

Die alten Radioapparate und viele andere elektronische Geräte waren groß, weil sie Vakuumröhren enthielten, welche die Elektroströme regelten. Sie waren unhandlich und funktionierten nur mit Hilfe von Wärme, für die wiederum eine Wärmequelle erforderlich war. Für kleine Elektrogeräte war deshalb eine einfachere Lösung vonnöten, die ohne eine Wärmequelle auskam. Vor dem Zweiten Weltkrieg wandte sich »Bell Telephone« der Erforschung der Festkörperphysik zu, besonders den Halbleitern. Halbleiter waren bekannt und bis zu einem gewissen Grad bereits im Einsatz – es sind Materialien, die schwache Elektroströme leiten. William Shockley sagte voraus, dass eine von außen wirkende elektrische Ladung die Elektronen in einem Halbleiter bewegen könnte, sodass dieser als Verstärker wirkt. Der Krieg unterbrach die Forschungsarbeiten, doch wurden während des Krieges andere Entdeckungen gemacht. So fand man an der »Purdue University« z. B. heraus, dass Germanium für diese Zwecke ein nützliches Material wäre.

Sobald der Krieg vorbei war, baute Shockley sein Team auf. Er fand heraus, dass seine Theorie nicht funktionierte: Der elektrische Strom konnte den Halbleiter nicht durchdringen. John Bardeen, ein Vertreter der theoretischen Physik, hatte eine Theorie über die Oberflächenbeschaffenheit der Halbleiter, die dies erklären konnte. Ein Versuch mit Trennschichten zeigte, dass der Strom durch den Halbleiter floss, wenn er über ein mit der Oberfläche in Verbindung gebrachtes Elektrolyt übertragen wurde. Das funktionierte aber nicht mit dem gewünschten Germanium. Der Effekt war das Gegenteil dessen, was man vorausgesagt hatte. Nach zahlreichen weiteren Experimenten gelangte man zu einem Punktkontakt-Transistor, bei dem Strom, der zu einem Kontakt fließt, von Strom geregelt wird,

der von einem anderen Kontakt fließt. All dies wurde mit ziemlich einfachen Mitteln erreicht. Der erste Transistor war laut, konnte keine hohen Stromstärken regeln und war nur begrenzt einsetzbar. Shockley kam dann auf die Idee des Flächentransistors, mit dem die meisten Probleme überwunden wurden. Andere Verbesserungen umfassten den Ersatz von Germanium durch Silizium.

Ein heftiger Streit entbrannte um die Frage, wer nun als der Erfinder zu gelten habe. Shockley glaubte, dass ihm allein das gesamte Verdienst gebühre, da er die ursprüngliche Idee gehabt hatte. Er rief Bardeen und Brattain einzeln zu sich ins Büro, um sich das jeweils bestätigen zu lassen. Bardeen stürmte aus dem Zimmer, während Brattain ihm ins Gesicht sagte: »Zum Teufel, Shockley, hier gibt es genug Ehre für uns alle!« »Bell« plante, ein Patent in Shockleys Namen anzumelden, doch fand die Firma heraus, dass der sehr produktive Julius Lilienfeld eine Idee patentiert hatte, die mit der von Shockley praktisch identisch war. Deshalb gründete man das Patent für den ursprünglichen Punktkontakt-Transistor auf die Arbeit von Bardeen und Brattain, während Shockley das Patent US 2569347 für seinen verbesserten Flächentransistor bekam. Alle drei erhielten 1956 den Nobelpreis für Physik. Bardeen erhielt ihn 1972 noch einmal für Supraleitungen (aber auch da nicht allein). Ende der 1960er Jahre wurden die Transistoren nach und nach von integrierten Schaltkreisen abgelöst, die auf einem einzelnen Mikroplättchen viele Transistoren und andere Komponenten umfassen.

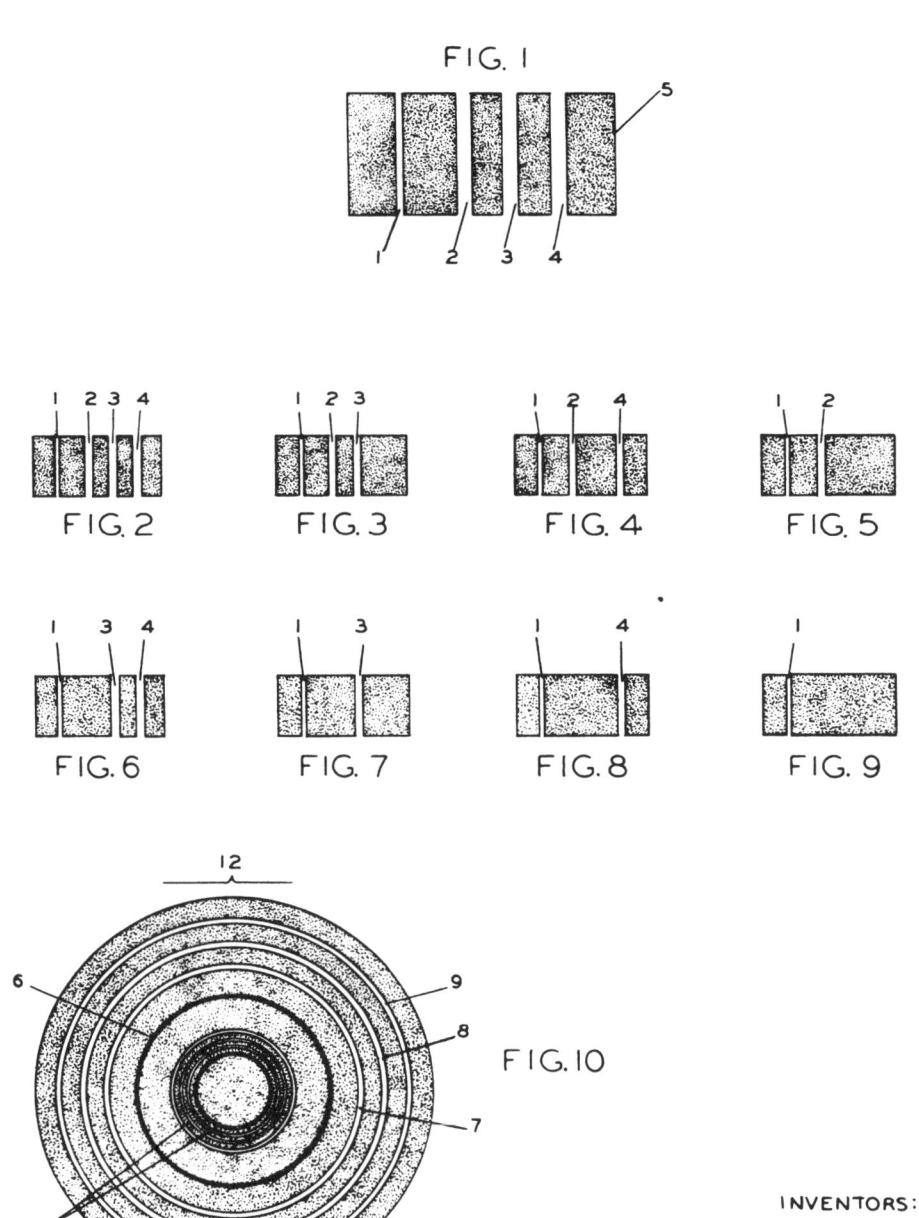

FIG. 1

FIG. 2   FIG. 3   FIG. 4   FIG. 5

FIG. 6   FIG. 7   FIG. 8   FIG. 9

FIG. 10

NOTE: LINES 6, 7, 8, AND 9 ARE LESS
REFLECTIVE THAN LINES 10.

INVENTORS:
NORMAN J. WOODLAND
BERNARD SILVER
BY THEIR ATTORNEYS
Howson &
Howson

DER STRICHCODE

Norman Woodland, Ventnor, New Jersey, und Bernard Silver, Philadelphia, Pennsylvania
Angemeldet am 20. Oktober 1949 und als US 2612994 veröffentlicht

Bernard Silver war Student am »Drexel Institute of Technology« in Philadelphia. Eines Tages hörte er zufällig, wie der Vorsitzende einer örtlichen Lebensmittelkette einen der Dekane fragte, ob das Institut eine Methode entwickeln könne, um an der Kasse automatisch Produktinformationen zu erfassen (was er verneinte). Silver wurde neugierig und erzählte seinem Studienkollegen Norman Woodland davon. Woodland war begeistert und nahm die Forschungen in die Hand. Zuerst versuchte er es mit Mustern aus Tinte, die unter ultraviolettem Licht leuchten sollte, doch die Tinte hielt dieser Bestrahlung nicht stand und zur Etikettierung war die Methode zu teuer. Er verkaufte seine Aktien, ging von der Hochschule ab und zog in die Wohnung seines Großvaters in Florida, um ein paar Monate über das Problem nachzudenken.

Schließlich entschloss er sich, eine Idee aus der Filmtechnik zu übernehmen, um Linienraster einzulesen, die eigentlich aus den Punkten und Strichen des Morsecodes bestanden, die jeweils zu dicken oder dünnen Linien gestreckt wurden. Vier weiße Linien auf einem dunklen Untergrund würden sieben Kombinationsmöglichkeiten ergeben – zehn Linien bereits 1023. Er übertrug die Idee später auf eine Scheibe, wie in der gegenüberliegenden Zeichnung Fig. 10 dargestellt, weil man so die Artikel nicht in einer Reihe ausrichten musste und aus jedem Winkel einlesen konnte. Im Patent wird erklärt, dass der Strichcode in Supermärkten eingesetzt werden könne, doch war die Anwendung keinesfalls darauf beschränkt. Ein Strichcode war ohne einen billigen und verlässlichen Scanner jedoch nutzlos. Woodland fand eine Anstellung bei IBM. Er und Silver arbeiteten dann in ihrer Freizeit an einem solchen Scanner. Sie konstruierten einen Scanner in Tischgröße mit einer 500-Watt-Lampe und einem Wachstuch, mit dem dieser zur Abdunklung bedeckt wurde. Als sie ihn testeten, fingen die Papierproben in der großen Hitze an zu schwelen. Aber er funktionierte.

IBM erklärte sich zweimal zum Kauf des Patents bereit, aber das Angebot wurde abgelehnt, weil das Unternehmen zu wenig bot. 1962 kaufte die Firma »Philco« die Rechte, die sie später an RCA weiterverkaufte. Silver starb im folgenden Jahr, ohne dass er die Umsetzung seiner Idee erlebt hätte. Mit der schnellen Steigerung der Computerleistung wurden einige Testmodelle ausprobiert und das Interesse nahm stark zu. IBM neidete RCA die Forschung an den Scheiben-Strichcodes, obwohl diese Version später aufgegeben und durch die modernen parallelen Strichcodes ersetzt wurde, weil die Tinte zwischen den verschiedenen Datenfeldern verschmieren konnte. Dann ließ jemand verlauten, dass Woodland immer noch zu den Mitarbeitern der Firma gehöre. Er half dann bei der Gestaltung des »Universal Product Code« von 1973, der die Anwendung der Ziffernstellen standardisierte und den Scanner anwies, wie diese einzulesen waren.

Obwohl Scanner, die mit Hilfe von Lasern die Strichcodes einlesen, noch relativ teuer waren, sahen große Kaufhäuser und Lebensmittelketten darin den Nutzen, die Zeit an der Kasse zu reduzieren und eine bessere Kontrolle des Inventars zu ermöglichen. Außerdem würden wahrscheinlich wesentlich weniger Fehler auftreten. Noch vor der Einführung des Strichcode-System in den Geschäften kam man 1970 auf die Idee des »Universal Grocery Products Identification Code« und gab damit jedem Artikel eine einmalige Nummer. Am 26. Juni 1974 wurde in Troy, Ohio, in einem Supermarkt der erste Artikel eingescannt – eine Packung Kaugummi.

1

2,744,122

Δ⁴-19-NOR-17α-ETHINYLANDROSTEN-17β-OL-3-
ONE AND PROCESS

Carl Djerassi, Birmingham, Mich., and Luis Miramontes
and George Rosenkranz, Mexico City, Mexico, assign-
ors, by mesne assignments, to Syntex S. A., Mexico
City, Mexico, a corporation of Mexico

No Drawing. Application November 12, 1952,
Serial No. 320,154

Claims priority, application Mexico November 22, 1951

4 Claims. (Cl. 260—397.4)

The present invention relates to cyclopentanophenan-
threne derivatives and to a process for the preparation
thereof.

More particularly the present invention relates to
Δ⁴-19-nor-androsten-17β-ol-3-one compounds, having 17α-
methyl or ethinyl substituents and to a process for producing these compounds.

In United States application of Djerassi, Rosenkranz
and Miramontes, Serial Number 250,036, filed October 5,
1951, there is disclosed a novel process for the production
of 19-norprogesterone. As set forth in this application,
19-norprogesterone has been found to be even stronger
in its progestational effect than progesterone itself.

In accordance with the present invention, it has been
found that the method described in detail in the afore-
mentioned application may be applied to produce compounds of the androsten series, namely, Δ⁴-19-norandro-
sten-3,17-dione. By protecting the 3-keto group of this
compound, as by the formation of a suitable enol ether
as hereinafter set forth in detail and reacting the resultant
3 enol ether with suitable reagents, there may then be
produced Δ⁴-19-nor-17α-methylandrosten-17β-ol-3-one or
Δ⁴-19-nor-17α-ethinylandrosten-17β-ol-3-one. The first
of these compounds exhibits more pronounced androgenic
effects than its homologue methyltestosterone and the
second of these compounds exhibits more pronounced
progestational effects than its homologue ethinyltestoster-
one.

Certain of the novel compounds of the present invention may therefore be represented by the following structural formula:

In the above formula X is selected from the group consisting of C≡CH and CH₃.

Compounds as exemplified by the foregoing formula

2

may be produced in accordance with the process outlined
by the following equation:

In the above equation R represents a lower alkyl radical, as for example methyl or ethyl, and R¹ represents a
lower alkyl radical such as ethyl or methyl or a benzyl
radical or any of the other groups which are customarily
used as part of an enol ether customarily used for the
protection of the 3-keto group of steroids. Thus, in the
alternative rather than an alkyl or benzyl enol ether as
shown benzyl thioenolethers may be utilized in the present
reaction or other thioenolethers.

In practicing the process of the present invention, a
suitable 3 lower alkyl ether as for example 3-methoxy-
estrone is dissolved in a suitable solvent such as anhydrous
dioxane. Thereafter anhydrous liquid ammonia and an
alkali metal, such as lithium or sodium metal, are added
to the mechanically stirred solution. The stirring is con-
tinued for a short period, as for example one hour, and
a quantity of ethanol is then added. When the reaction
is complete and the blue color produced disappears, water
is then added. The ammonia is then evaporated on a
steam bath and the product collected with 2 l. of water.
Extraction with a suitable solvent, such as ether, and ethyl
acetate followed by evaporation to dryness under vacuum,
produced a yellow oil. The oil thus obtained was then
dissolved in a suitable solvent, such as methanol, and re-
fluxed with a mineral acid, such as hydrochloric acid, for
approximately one hour. After purification, extraction
and so forth, the product obtained was a yellow oil having
an ultraviolet absorption maximum characteristic of a
Δ⁴-3-ketone. The last-mentioned yellow oil was then
oxidized as by adding chromic acid in acetic acid to a

Die oralen Kontrazeptiva

Carl Djerassi, Birmingham, Michigan, und Luis Miramontes und George Rosenkranz, beide aus Mexiko Stadt, für »Syntex SA«, Mexiko Stadt, Mexiko. Angemeldet am 5. Oktober 1951 und als US 2744122 veröffentlicht.

Orale Kontrazeptiva, Verhütungsmittel zum Schlucken, sind besser bekannt unter dem Namen »die Pille«. Befürworter der Geburtenkontrolle hatten schon lange ein verlässliches Mittel zur Empfängnisverhütung gefordert. Seit den 1920er Jahren war bekannt, dass Hormone bei der Schwangerschaft eine Rolle spielen, und so wurde an ihnen geforscht. Die Forschung umfasste auch die Herstellung einer Anzahl von Progesteron-Hormonen aus mexikanischen Süßkartoffeln. Russel Marker führte diese Forschungen zwischen 1939 und 1949 durch, ehe er nach einem Geschäftsstreit aufgab. Markers Arbeit über Hormone wurde unabhängig von Carl Djerassi in Mexiko und von Frank Colton in Chicago weitergeführt. Beide wurden 1923 geboren, Djerassi in Österreich, Colton in Polen. Beide arbeiteten an dem erklärten Ziel, eine durch den Mund einzunehmende Pille zu entwickeln, die den unter Menstruationsschmerzen leidenden Frauen helfen sollte. Die Idee, dass es auch ein Mittel zur Geburtenkontrolle werden könnte, kam anscheinend beiden nicht in den Sinn. Djerassi arbeitete für die »Marker's Company« in Syntex.

Ungefähr zur gleichen Zeit suchte Katherine McCormick, die Erbin eines Vermögens aus dem Verkauf der »McCormick«-Getreidemäher, nach einer Möglichkeit zur Anlage ihres Geldes. Sie erkundigte sich bei Margaret Sanger, der Verfechterin der Geburtenkontrolle, die ihr erzählte, dass in ihrem Bereich ein sicheres und verlässliches, durch den Mund einzunehmendes Mittel zur Schwangerschaftsverhütung am dringendsten benötigt würde. Gregory Pincus, ein Endrokinologist aus Massachusetts, erhielt von ihr dann finanzielle Unterstützung bei der Suche nach einem Verhütungsmittel, wobei schließlich $ 2 Mill. in seine Arbeit flossen. Pincus arbeitete mit dem Gynäkologen John Rock zusammen (dessen Hauptinteresse in Wirklichkeit darin bestand, die Fruchtbarkeit zu erhöhen) und gemeinsam wählten sie Coltons späteres Konkurrenzprodukt ab 1954 für Feldversuche in Puerto Rico aus. Coltons Arbeit wurde als US 2691028 und US 2725389 patentiert und beide Patente wurden 1953 angemeldet. Seine Version wurde von Coltons Firma »G. D. Searle« eingesetzt und als »Enovid« 1960 in den USA und 1962 in Großbritannien auf den Markt gebracht.

Orale Kontrazeptiva verhindern den Eisprung durch eine künstliche Synthese der natürlich gebildeten Hormone Progesteron und Östrogen. Östrogen wird im Anfangsstadium des Menstruationszyklus gebildet und fördert das Wachstum der Gebärmutterschleimhaut, während Progesterone zu einem späteren Zeitpunkt hinzutreten und hauptsächlich den Aufstieg der Samen verhindern. In Wirklichkeit wird der Körper überlistet und zu der Annahme gebracht, dass schon eine Schwangerschaft vorläge. Trotz der einheitlichen Bezeichnung »die Pille« gibt es in Wirklichkeit verschiedene chemische Formulierungen. Heute weiß man, dass die früheren Dosierungen viel zu hoch waren und 5 % davon ausreichen. Die Pille hat unter religiösen und ethischen Aspekten zu heftigen Widerständen geführt und viele verweisen auf die medizinischen Risiken von Herzkrankheiten bis zum Herzinfarkt. Andere verweisen darauf, dass mit der Pille einige Krankheiten weniger wahrscheinlich sind und dass Schwangerschaft und Geburt ganz eigene Risiken in sich bergen. Es hat zwischen Djerassi und Colton ziemlichen Streit um die Frage gegeben, wem eigentlich der Ruhm für die Erfindung der Pille gebührt. Viele stellen dabei Pincus heraus. Den Ausdruck selbst prägte 1958 Aldous Huxley in seinem Buch *Wiedersehen mit der Schönen neuen Welt*.

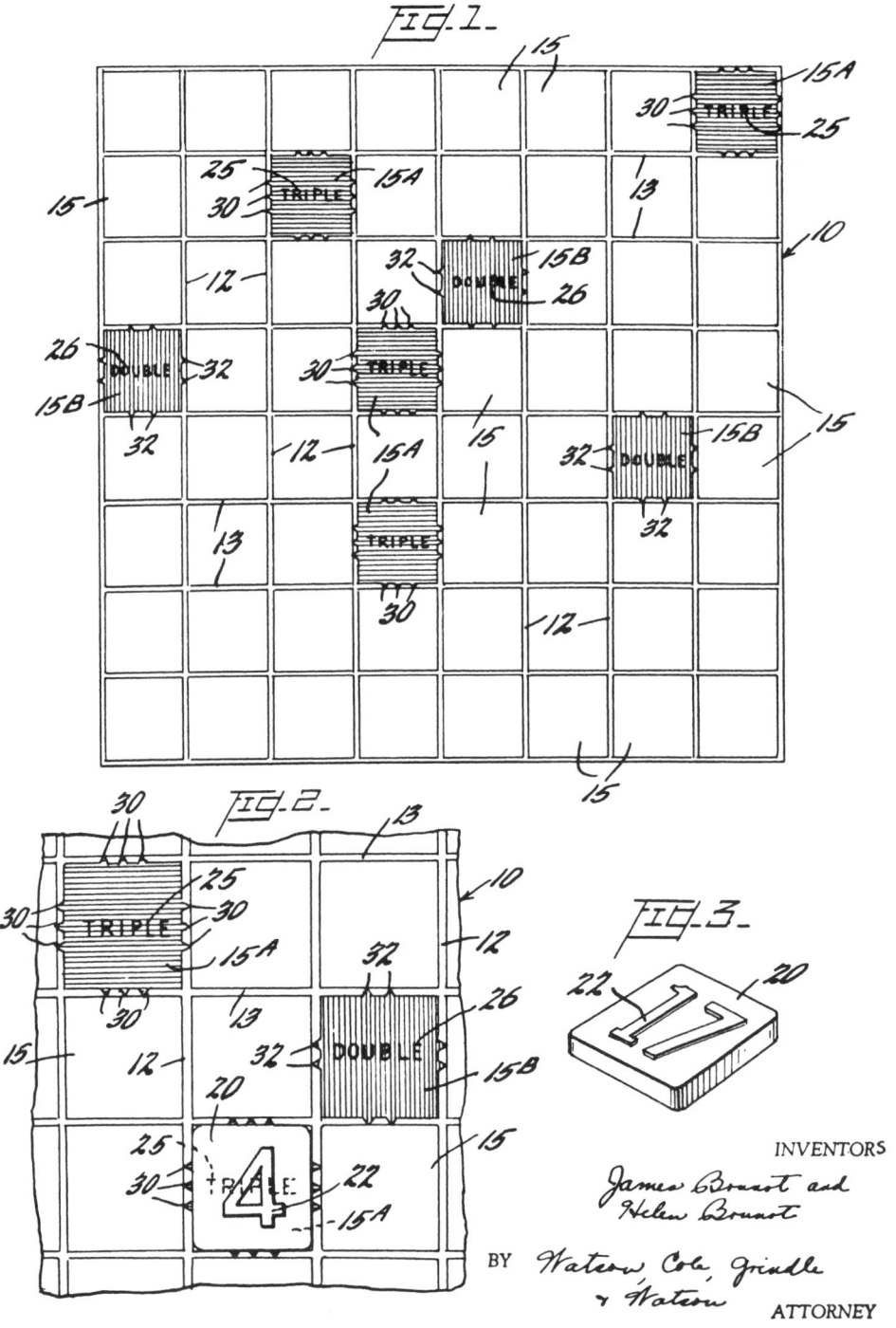

FIG. 1.

FIG. 2.

FIG. 3.

INVENTORS

James Brunot and
Helen Brunot

BY   Watson, Cole, Grindle
   & Watson

ATTORNEY

Das Scrabble®

James Brunot und Helen Brunot, Newtown, Connecticut
Angemeldet am 11. Juni 1954 und als GB 747598 und US 2752158 veröffentlicht

Das Brettspiel Scrabble® wurde eigentlich nicht von den Brunots entwickelt, sondern von Alfred Butts, einem Architekten aus Poughkeepsie im Staat New York. Es war im Jahr 1931 und wie vielen anderen auch, die gerade arbeitslos geworden waren, wurde ihm die Zeit lang. Er entschloss sich ein Spiel zu entwickeln, das zur Hälfte Glück und zur Hälfte Geschicklichkeit erforderte. Er studierte die Titelseite der *New York Times*, um herauszufinden, wie oft bestimmte Buchstaben in der englischen Sprache vorkommen (reduzierte aber das Vorkommen des Buchstabens »s«, weil er meinte, dass das Spiel sonst zu leicht würde) und gab jedem Buchstaben in Abhängigkeit zur Häufigkeit seines Vorkommens einen Wert. Es war dazu kein Brett nötig, weil die Steine wie bei einem Kreuzworträtsel aneinander gelegt wurden. Er nannte das Spiel »Lexico«.

Seine Patentanmeldung wurde jedoch zurückgewiesen und die Spielzeughersteller zeigten kein Interesse. 1938 änderte er das Spiel, indem er ein Brett mit 15 mal 15 Feldern hinzufügte, von denen einige Bonusfelder waren, und außerdem eine kleines Display für sieben Buchstabensteine (beide Bestandteile zeichnen noch das heutige Scrabble® aus). Der Name änderte sich zu »Criss-Crosswords«. Abermals wollten weder das Patentamt noch die Spielzeugindustrie davon etwas wissen. Er stellte ein paar Spiele davon her, kehrte im übrigen aber zu seinem Beruf als Architekt zurück.

1948 erklärte dann James Brunot, glücklicher Besitzer eines der wenigen »Criss-Crosswords«-Spiele, die überhaupt existierten, dass er versuchen wolle, das Spiel zu vermarkten. Als Gegenleistung für die Tantiemen kaufte Brunot die Rechte. Er änderte die Bonusfelder, vereinfachte die Regeln und änderte den Namen in Scrabble®, der dann im selben Jahr in den USA als Warenzeichen eingetragen wurde (1953 in Großbritannien). Er stellte die Spiele zuhause her und verkaufte 1949 über 2000 Sätze. Bis 1952 sprach sich das Spiel herum und der Verkauf stieg an, gerade als Brunot aufgeben wollte.

Jack Strauss, Geschäftsführer des großen New Yorker Kaufhauses »Macy's«, spielte Scrabble® im Urlaub. Als er zurückkam, bat er die Spielwarenabteilung, ihm einige Sätze davon zu schicken, aber das Lager war leer. »Macy's« fing dann an, Werbekampagnen zu unterstützen. Brunot war mit dem steigenden Verkauf überfordert, sodass er die Produktion an »Selchow & Righter« in Lizenz vergab. Die Rechte außerhalb der USA, Kanadas und Australiens wurden an »J. W. Spears« verkauft, eine britische Firma. Die erste Patentanmeldung erfolgte erst 1954 und zwar in Großbritannien.

Für die verschiedenen Sprachen waren verschiedene Versionen nötig, da die Buchstabenhäufigkeit und manchmal sogar die Buchstaben selbst unterschiedlich sein können (zum Beispiel im Spanischen, wo »ll« und »ch« vorkommen). Über 100 Millionen Spielsätze in 29 Sprachen sind davon mittlerweile verkauft worden. James Brunot starb 1984 und Alfred Butts 1993.

DBP 1 012 309
KL. 14 b   11/03
INTERNAT. KL.   F 01 c

Abb. 3

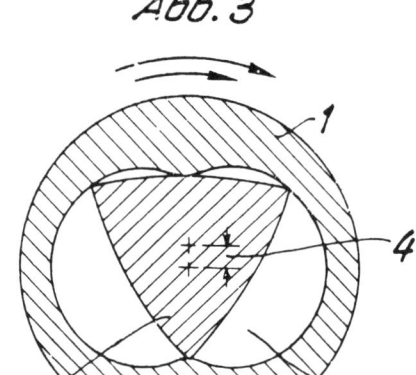

Drehzahlverhältnis
Innenläufer: Aussenläufer
2 : 3

Abb. 4

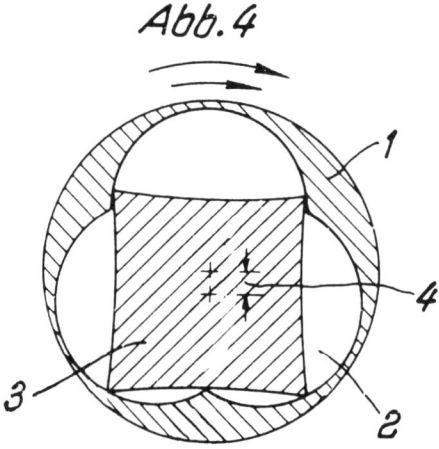

Drehzahlverhältnis
Innenläufer: Aussenläufer
3 : 4

709 823 80

DER WANKEL-ROTATIONSKOLBENMOTOR

Felix Wankel, Lindau, Deutschland, für die »NSU Werke«
Angemeldet am 7. Februar 1956 und als DE 1012309, GB 791689 und US 2988008 veröffentlicht

Felix Wankel wurde 1902 in Lahr am Rand des Schwarzwalds geboren. Nach der Schule ging er nicht auf die Universität, sondern arbeitete im Vertrieb eines Wissenschaftsverlages. Er verlor seine Stelle und verbrachte die Zeit dann mit irgendwelchen Arbeiten in seiner Autowerkstatt. Ab 1926 dachte er verstärkt über eine Alternative zum Verbrennungsmotor nach, der viel Energie schlichtweg in Wärme verwandelt anstatt auch diese zum Antrieb des Wagens zu nutzen. 1936 erhielt er ein Patent für einen Motor, bei dem ein Rotor um eine feste zentrale Welle rotiert. Allerdings musste zum Wechseln der Zündkerze der gesamte Motor auseinandergenommen werden. Erst ein späteres Modell arbeitete mit dem Prinzip des echten Wankel-Rotationskolbenmotors: dem Kreiskolben. Zuerst dachte er an eine rotierende Kammer mit einem inneren Rotor, der mit halb so hoher Geschwindigkeit rotiert.

Erst 1951 war Wankel in der Lage, zur Entwicklung seiner Ideen eine eigene Werkstatt zu betreiben, unterstützt von der Maschinenfabrik NSU. Der erste Test des hier abgebildeten Motors wurde am 1. Februar 1957 durchgeführt, also erst nach der Beantragung des ursprünglichen Patents. Die obere Zeichnung Abb. 3 zeigt das Prinzip eines Körpers, der sich in einer Kammer um sich selbst dreht. Es handelt sich um einen Viertaktmotor, das heißt, der Bewegungsablauf besteht aus einem Zyklus von vier Arbeitstakten. Während sich der Rotor in der Mitte der Kammer um sich selbst dreht, verändert sich die Raumgröße zwischen Rotor und Kammerwand. Der Treibstoff wird durch eine Öffnung hineingesaugt, durch die Bewegung des Motors verdichtet, entzündet und dann aus einer zweiten Öffnung wieder ausgestoßen. Die Öffnungen sind nicht eingezeichnet. Die Kammer bewegt sich ebenso wie der Rotor,

und zwar in einem Verhältnis von 3 zu 2. Spätere Entwürfe wiesen einige Veränderungen auf: Anders als die hier gezeigte Kammer war die neue Kammer eher elliptisch geformt und der Rotor sah aus wie ein ausgebauchtes Dreieck (ähnlich wie in Abb. 3). Außerdem wurde eine feststehende Kammer gewählt. Die Idee eines Rotationskolbenmotors war nicht neu. Neu waren Wankels Arbeiten an der geometrischen Form der den Kolben umschließenden Kammer, die dicht war und keine Ventile erforderte.

Die Konzeption dieses Motors ist einfach, aber sehr überzeugend. Die Vorteile gegenüber dem Verbrennungsmotor liegen unter anderem darin, dass Größe und Gewicht, Vibration, Geräusch und Produktionskosten geringer sind. Die Nachteile waren immer schon der hohe Benzinverbrauch und Schadstoffausstoß. Außerdem ist der Verschleiß der äußeren Kanten des Rotors beträchtlich. Wankel hatte die Patentschriften nicht überprüft, sondern sich einfach eine Vielzahl von Entwürfen ausgedacht und viele davon ausprobiert. Er entdeckte erst später, dass viele an den gleichen Ideen gearbeitet hatten, doch wiesen ihre Entwürfe kein so hohes Kompressionsverhältnis auf. Der Wankelmotor wurde zuerst im »Wankel Spyder« von 1963 eingesetzt. 1974 verwendete ihn »Suzuki« in einem Motorrad. Die Anwendung des Motors ist natürlich nicht nur auf Autos beschränkt; auch im Bereich der Industrie, Seefahrt und Aeronautik wurde an Anwendungsmöglichkeiten gearbeitet. Wankel selbst starb 1988, doch die »Wankel GmbH« und Mazda führten sein Werk fort und verbessern weiterhin den Motor. Mazdas RX-8 scheint die vorherrschende Meinung zu widerlegen, dass dem Konzept kein wirklicher Erfolg beschieden sei.

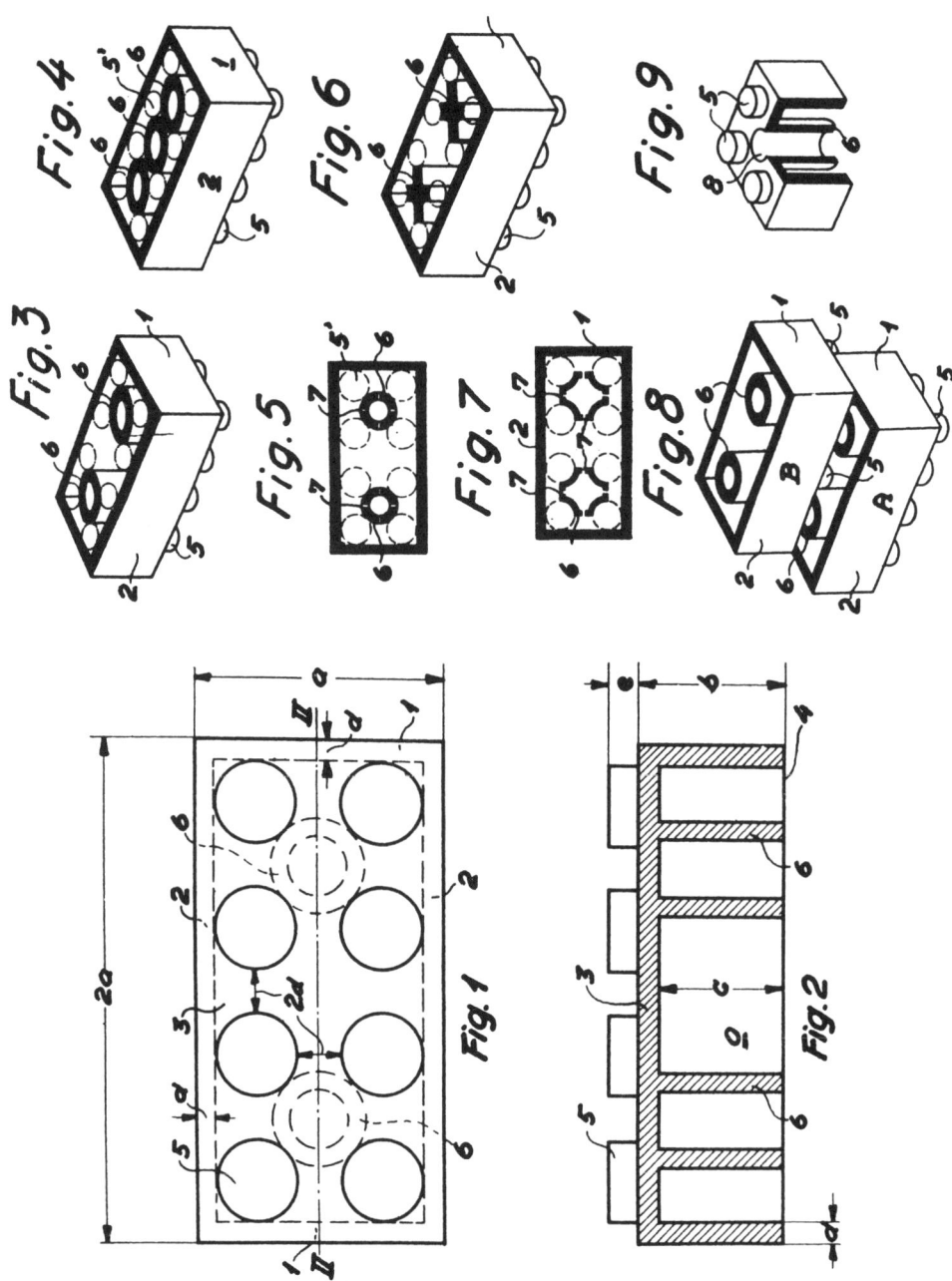

Fig.4

Fig.6

Fig.9

Fig.3

Fig.5

Fig.7

Fig.8

Fig.1

Fig.2

Die Lego®-Steine

Godtfred Christiansen, Billund, Dänemark. Angemeldet am 28. Januar 1958 und als DK 92863, GB 935308 und US 3034254 veröffentlicht (alle diese Patentbeschreibungen unterscheiden sich etwas voneinander)

1932 gründete Ole Kirk Christiansen, ein Schreiner aus Billund in Dänemark, ein kleines Unternehmen zur Herstellung von Trittleitern, Bügeleisen und Holzspielzeug. Er fuhr in der Gegend herum und verkaufte die Produkte an der Haustür. Von 1934 an nahm das Unternehmen den Namen »Lego« an, ein Zusammenschluss der dänischen Wörter für »Spiel gut« (»LEg GOdt«). Erst später erkannte man, dass »lego« auch die lateinische Entsprechung für »ich lese«.

Nach dem Zweiten Weltkrieg wurde Plastik für viele Zwecke eingesetzt und 1947 kaufte das Unternehmen die erste Spritzguss-Maschine Dänemarks. 1949 brachte es »automatische Verbindungssteine« heraus, die oben bereits die bekannten Noppen hatten, aber unten noch nicht die Röhren zu deren Aufnahme. 1954 besuchte der Sohn Godtfred eine örtliche Spielzeugmesse. Ein Käufer beschwerte sich darüber, dass alle Produkte gleich zu sein schienen und dass es ein Sortiment von Spielzeug geben müsste, das ineinander zu stecken wäre. Er ging nach Hause und listete zehn Punkte für ein qualitätsvolles Spielzeugsortiment auf. Dazu gehörte, dass das alte und neue Sortiment zusammenpassen musste, damit beide auch zusammen benutzt werden konnten. Er entschloss sich, das Sortiment auf selbstbindende Bausteine zu gründen. Jeder Stein sollte mit allen anderen zu verbinden sein. Das hier abgebildete dänische Patent zeigt die Röhren für die dort hineinzudrückenden Noppen, was zusätzliche Stabilität verschafft. Es ist daher ein Fortschritt gegenüber früheren Patenten wie etwa dem von Harry Page, das 1944 als GB 587206 veröffentlicht wurde und dessen Idee jener der selbstbindenden Bausteine ähnelt.

Ab 1960 gab das Unternehmen (inzwischen die »Interlego AG«, eine Schweizer Firma) Holzspielzeuge völlig auf und richtete seine gesamte Energie auf die Produktion von Plastikbausteinen und dem entsprechenden Zubehör. Eine Vielzahl an Sortimenten ist seither eingeführt worden. Da es in schätzungsweise 80 % der europäischen und 70 % der amerikanischen Haushalte Legosteine gibt, besteht die Herausforderung darin, den Verkauf immer weiterer Produktvarianten zu fördern. Zuerst waren Dächer, Böden, Räder und so weiter zusätzliche Bestandteile. Eisenbahnzüge erschienen zuerst 1966. 1967 wurden dann die »Duplo®-Steine« eingeführt, die doppelt so lang, hoch und breit sind und mit denen kleinere Kinder leichter umgehen können; auch erschienen verschiedene Figuren. Ab 1997 tauchten die »Mindstorms®« auf, mit Software versehene Spielsteine, die zur Ausführung verschiedener Aktionen programmiert werden können. In allen diesen Fällen passten die Steine noch immer mit allen anderen Komponenten aller Sortimente zusammen.

1998 existierten 600 verschiedene Bausätze mit 2069 Elementen. Es gab acht Hauptsortimente mit Themen wie Weltraum, Burgen, Piraten usw. Das Unternehmen ist einer der Hauptexporteure Dänemarks. Der Eröffnung eines aus Legosteinen gebauten Themenparks, »Legoland®« in Billund, folgte ein weiterer in Windsor, England, und einer in Carlsbad, Kalifornien. Die Patente sind seit langem erloschen und die Gesellschaft hat sich große Mühe gegeben, durch den Einsatz von Design und Urheberrechten Konkurrenten fernzuhalten. Dies hat zu Gerichtsverhandlungen geführt, besonders in Australien und Hongkong gegen »Tyco Toys«, die 1984 billigere »Super Blocks« eingeführt haben, die als größte Konkurrenz angesehen werden.

SAFETY BELT

Filed Aug. 17, 1959

FIG 1

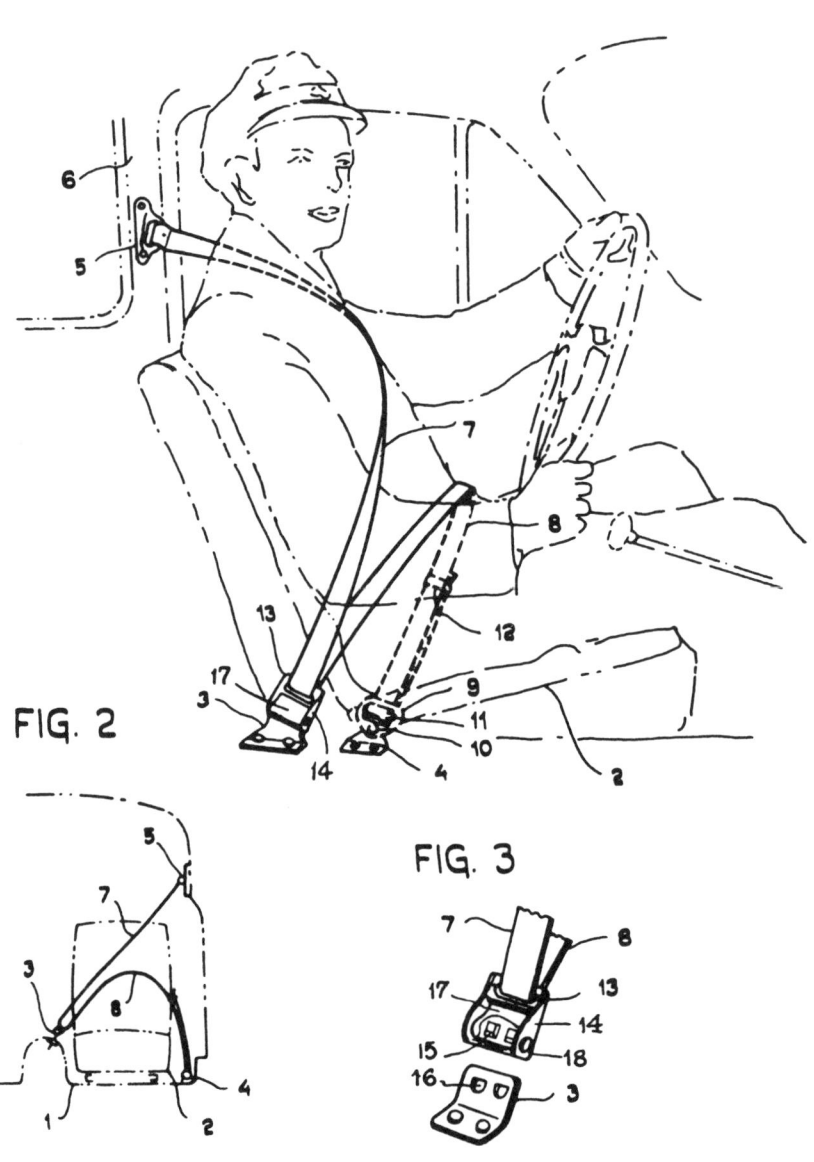

FIG. 2

FIG. 3

DER SICHERHEITSGURT

Nils Ivar Bohlin für »Volvo AB«, beide Göteborg, Schweden
Angemeldet am 29. August 1958 und als US 3043625 und GB 870423 veröffentlicht

Die Erfindung des diagonal über den Körper laufenden Dreipunkt-Sicherheitsgurts ist als der wichtigste Beitrag zur Sicherheit in der Automobilgeschichte überhaupt gefeiert worden.

Nils Bohlin arbeitete als Ingenieur für »Svenska Aeroplan AB«, eine schwedische Flugzeugfirma, für die er Erfindungen im Zusammenhang mit Schleudersitzen entwickelte und patentierte. 1958 stellte ihn das Automobilunternehmen Volvo als Sicherheitsingenieur an (er war der Erste, der mit dieser Rolle betraut wurde). Als solcher war er ausschließlich dafür zuständig, beim Design und Bau der Autos die Sicherheitsaspekte zu beachten. Seine erste Aufgabe bestand darin, den herkömmlichen, über die Hüfte laufenden Zweipunkt-Sicherheitsgurt zu verbessern. Die Konstruktion dieses Gurtes ist bei einem plötzlichen Halt oder einem Zusammenstoß gefährlich, weil der Kopf ungehindert auf das Lenkrad oder gegen die Windschutzscheibe stoßen kann und der Unterleib eingeschnürt wird. Er ist außerdem unbequem und unhandlich, weil der Fahrer damit nur schwer nach etwas greifen kann. Statt sich also – wie er es bisher getan hatte – zu überlegen, wie man Menschen aus Flugzeugen herausbekäme, ging Bohlin dazu über, sich zu fragen, wie man Menschen am sichersten in Fahrzeugen beließe.

Der Dreipunkt-Gurt war die Lösung. Obwohl dieser noch immer nicht von jedem Fahrer oder Mitfahrer benutzt wird, hat inzwischen so gut wie jedes Auto einen solchen. Indem der Gurt von einer Schulter bis hinunter auf die andere Seite läuft, gibt es zum Ausgreifen mehr Spielraum, was den Gurt komfortabel und praktisch macht. Bei Volvo kam es dann als einzige große Veränderung außer einigen Komfortverbesserungen 1968 zur Einführung des Automatikgurts.

Die verbesserte Ausführung des Gurtes mit einem verschiebbaren Schnappschloss bremst die Bewegung des Fahrers vor dem vollständigen Blockieren zuerst ab, was bei einem Unfall die Rückhaltekraft noch optimiert. Volvo verwendete diese Version sofort für die Vordersitze seiner neuen Fahrzeugmodelle; ab 1963 gab es sie bei Volvo dann in allen Modellen. Einige Hersteller widersetzten sich dieser Technik, obwohl Volvo mit Absicht nicht auf den Patentrechten bestand, um so andere Hersteller zur Übernahme dieser lebensrettenden Vorrichtung zu bewegen. Niemand kann genau sagen, wie viele Menschenleben der Gurt bisher gerettet hat, aber die Zahl ist sicher sehr hoch, und das ungeachtet der Tatsache, dass viele den Gurt noch immer nicht anlegen. Vor nicht allzu langer Zeit sind sie auch für die Rücksitze eingeführt worden.

In Großbritannien wurde der Sicherheitsgurt 1983 Pflicht. In den USA ist die Angelegenheit den einzelnen Bundesstaaten überlassen worden, wobei er nur in New Hampshire nicht zur Pflicht gemacht wurde. In beiden Ländern gab es dafür umfassende Werbekampagnen. Das deutsche Patentamt erklärte den Sicherheitsgurt 1985 zu einer der acht wichtigsten Erfindungen der vergangenen 100 Jahre. Bohlin ist inzwischen pensioniert, nachdem er weiter am Sicherheitsgurt und an Methoden zum Schutz der Fahrgäste vor einem Seitenaufprall geforscht hatte. Er sagt: »Manchmal ruft mich jemand an, aus Dankbarkeit, weil der Sicherheitsgurt ihm das Leben gerettet hat. Es tut mir gut und zeigt mir, dass ich wirklich etwas für die Menschen tun konnte.«

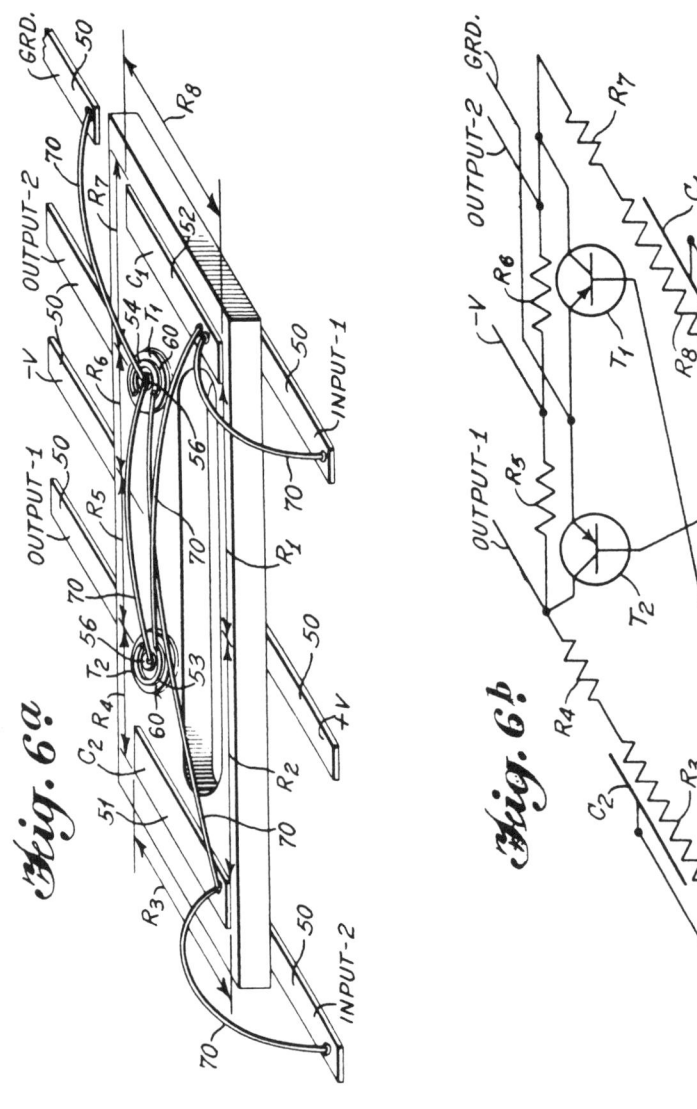

Fig. 6a.

Fig. 6b.

INVENTOR

Jack S. Kilby

BY
Stevens, Davis, Miller & Mosher
ATTORNEYS

230

DER MIKROCHIP

Jack Kilby für »Texas Instruments«, beide Dallas, Texas. Angemeldet am 6. Februar 1959 und als US 3138743, 3138747, 3261081 und 3434015 und als GB 945734 und 945737-49 veröffentlicht.

Der Mikrochip ist wegen seiner geringen Größe, seines verschwindenden Gewichts und seiner Zuverlässigkeit die Grundlage der modernen Elektronik. Mikrochip heißt, dass mit einem Stück Halbleitermaterial von der Größe eines Fingernagels eine riesige Menge an kleineren und größeren kompakten elektronischen Geräten betrieben werden kann. Jack Kilby wurde 1923 in Missouri geboren. Als ausgebildeter Elektroingenieur wurde er im Mai 1958 bei »Texas Instruments« angestellt. Seine Aufgabe bestand darin, bei der Verkleinerung bereits bestehender elektronischer Komponenten behilflich zu sein. Er war gerade mit irgendeiner Arbeit an diesen bestehenden, vom Unternehmen hergestellten Komponenten beschäftigt, als für alle Fabrikangestellten ein langer Urlaub begann. Da Kilby neu angestellt war und noch keinen Urlaubsanspruch hatte, war er allein und hatte Zeit, über die Herstellung bestimmter Produkte in der Industrie nachzudenken. Bis dahin hatte man die Komponenten aus verschiedenen Materialien hergestellt und, falls nötig, zur Verbindung miteinander per Hand zusammengesetzt. Er fragte sich, warum Widerstände und Kondensatoren nicht aus demselben Material hergestellt werden könnten wie die aktiven Bauteile. Sie könnten dann zu einem kompletten Schaltkreis zusammengeführt werden.

Er fertigte ein paar Skizzen an und zeigte sie seinem Chef, Willis Adcock, als dieser aus dem Urlaub zurückkam. Adcock war skeptisch und forderte einen Beweis, dass ein ganz aus Halbleitern hergestellter Schaltkreis funktionieren würde. Kilby musste improvisieren und setzte etwas zusammen, das im August 1958 vorgeführt werden konnte. Dann begann er an einem Halbleiter-Mikroplättchen aus Silizium zu forschen, an dem sich bereits Kontakte befanden, und erfand einen Schaltkreis, der diese Kontakte nutzte: den Phasenkettenoszillator. Dieser wurde zwei Wochen später vollendet. Fig. 6a zeigt nicht, wie der Chip wirklich aussieht, sondern ist nur ein Schema dafür, wie die verschiedenen Komponenten zusammenarbeiten, in diesem Fall bei einer Multivibrator-Schaltung. Der Schaltplan für dieses Beispiel ist in Fig. 6b dargestellt. Die im Patent US 3138743 festgehaltenen Grundprinzipien gelten bis heute. Es umfasst sieben Schritte (heute normalerweise acht) für das Auftragen der einzelnen Schichten, das Erhitzen oder andere Vorgänge, um alle oder einzelne Bestandteile eines Mikrochips herzustellen. Der wichtigste Schritt besteht darin, eine Isolationsschicht aufzutragen, in die der Stromkreis hineingeschnitten wird, wobei die Art dieser Ausführung davon abhängt, wofür der Mikrochip bestimmt ist. Gegebenenfalls werden Transistoren benutzt.

Der erste Hersteller von Mikrochips war 1961 »Fairchild Semiconductors« in der heute als Silicon Valley bekannten Gegend in Kalifornien. Ihre Arbeit beruhte auf den Forschungen von Robert Noyce für dieses Unternehmen vom Beginn des Jahres 1959, noch ehe Kilbys Arbeit auf einer Konferenz öffentlich bekannt gemacht wurde. Am 30. Juli 1959 meldete »Fairchild« ein Patent für einen integrierten Schaltkreis an. Nach einem Gerichtsverfahren, das ein Jahrzehnt andauerte, wurde entschieden, dass »Fairchild« Rechte an einer Zusammenschalt-Technik besaß, dass aber »Texas Instruments« den integrierten Schaltkreis erfunden hatte. Kilby verließ die Gesellschaft 1970, um als freischaffender Erfinder und Berater zu arbeiten. Er besitzt über 60 Patente und arbeitet zurzeit auf dem Gebiet der Solarenergie.

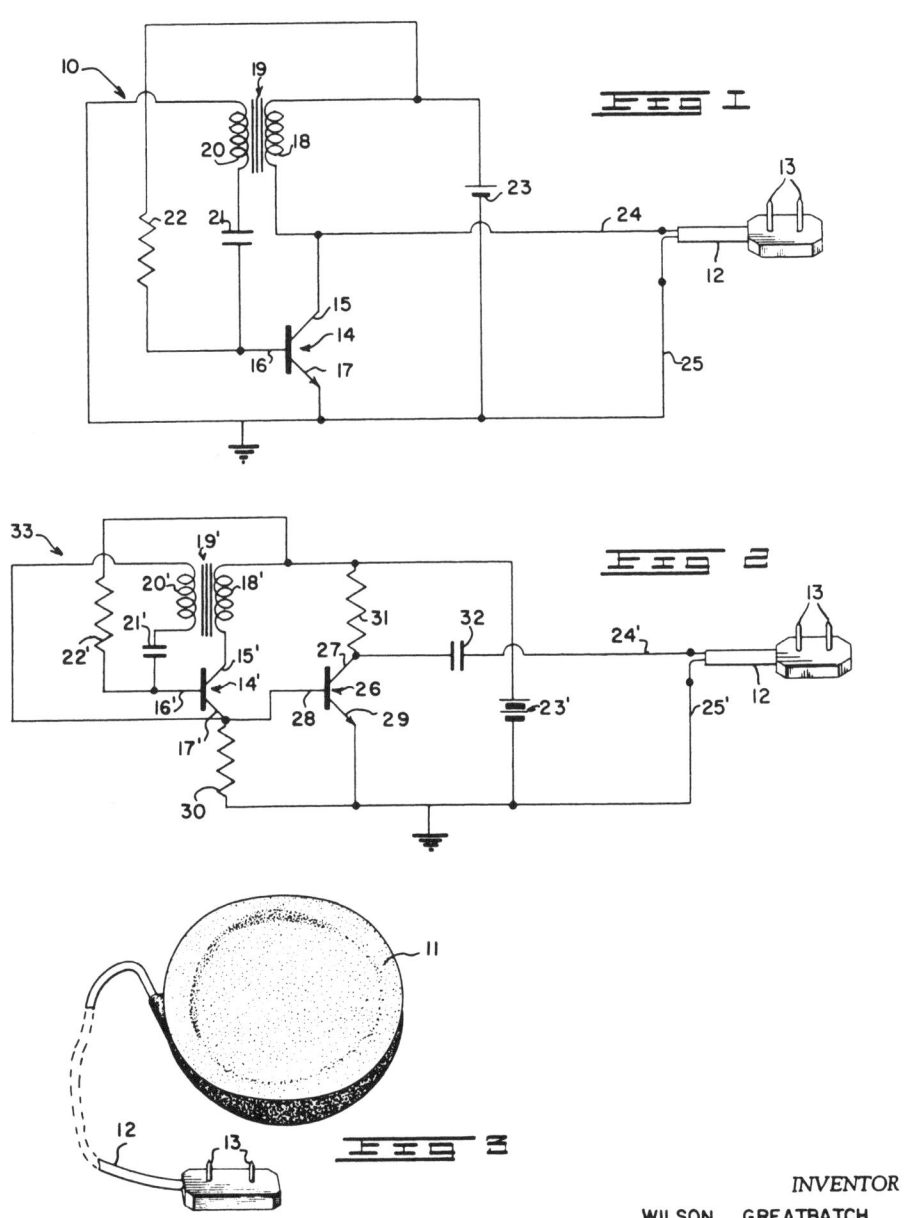

INVENTOR

WILSON   GREATBATCH

BY   _Harmon & Kurz_

ATTORNEY

DER HERZSCHRITTMACHER

Wilson Greatbatch, Clarence, New York, für »Wilson Greatbatch, Inc.«
Angemeldet am 22. Juli 1960 und als US 3057356 veröffentlicht

Die Erkenntnis, dass ziemlich weitgehende chirurgische Eingriffe auch am Herzen vorgenommen werden können, ist relativ neu. Lange Zeit war man der Meinung, dass jeder Eingriff an diesem Organ den Tod bedeuten würde. Ein zentrales Problem war die Behandlung des so genannten »Herzblocks«, wenn das Signal für den Herzschlag nicht mehr bis zur Herzkammer gelangt. Der Ausdruck »Schrittmacher« stammt vom Sinusknoten, der den Herzschlag mit 72 elektrochemischen Nervensignalen pro Minute steuert und der manchmal selbst »Schrittmacher« genannt wird. Der Einsatz eines Sicherheitsmechanismus, der bewirkt, dass ein vereinzelter Herzschlag erzeugt wird, führt kaum zu befriedigenden Ergebnissen und hat vor allem bei Menschen, die am Stokes-Adams-Syndrom leiden, Hirnschäden oder den Tod zur Folge.

Paul Zoll, ein Kardiologe aus Boston, erfand 1952 den ersten Herzschrittmacher, obwohl er ihn nicht patentierte. Ein Herzschrittmacher registriert, wenn das Herz nicht schlägt, und stimuliert elektrisch einen neuen Herzschlag. Das Gerät war an der Brust befestigt und funktionierte, indem es Stromstöße durch die Brustmuskeln aussandte. Dies war zum einen schmerzhaft (es führte nach etwa einem Tag zu Verbrennungen) und bedeutete zum anderen, dass der Patient mit dem Gerät verkabelt bleiben musste. Erst die Erfindung des Transistors machte einen implantierten Herzschrittmacher möglich, denn das Gerät musste entsprechend klein sein. Auch die Frage des Energieverbrauchs war von Bedeutung. 1958 erfanden Ake Senning und Rune Elmquist aus Schweden den ersten implantierbaren Herzschrittmacher, der erfolgreich funktionierte. Er war jedoch kein in sich geschlossenes System, sondern wurde von außen über ein Kabel mit Strom versorgt, was

außerdem zu Hygieneproblemen führte. Dieser Herzschrittmacher funktionierte mit Strom, was für uns heute auf der Hand zu liegen scheint, doch arbeiteten andere Forscher an Konzepten wie dem Einsatz von Funksignalen oder radioaktiven Isotopen.

Wilson Greatbatch steckte gerade mitten in seiner Ausbildung zum Elektroingenieur an der Cornell University in der Nähe von Syracuse, New York. Während seiner Arbeit in der Abteilung für Tierverhalten kam er mit zwei Gehirnchirurgen ins Gespräch. Sie erläuterten ihm die Schwierigkeiten des Herzblocks und Greatbatch begriff, dass ein künstlicher Herzschrittmacher das Problem lösen würde. Transistoren waren erst seit den späten 1950er Jahren erhältlich und nach einem Gespräch mit William Chardack von der »Veterans Administration« fuhr Greatbatch nach Hause und entwarf innerhalb von drei Wochen einen Herzschrittmacher. Diesen gegen Körperflüssigkeiten und vor Abstoßungsreaktionen zu schützen, stellte sich in Tierversuchen als eines der Hauptprobleme heraus. Die Prototypen zu Versuchszwecken wurden aus Epoxidharz gegossen (heute bestehen sie aus Metall).

Fig. 3 zeigt den oblatenartigen Herzschrittmacher »11«. Er hatte einen Durchmesser von 6 cm und wog 113 g. Er wurde direkt unter der Haut implantiert, damit die Batterien ausgetauscht werden konnten. Fig. 3 zeigt bei »13« auch die Elektrode, die in die Herzkammer eingepflanzt wurde. Der Schrittmacher wurde von zehn Quecksilber-Zink-Zellen angetrieben und funktionierte mit zwei Transistoren. Greatbatch arbeitete weiter an seiner Verbesserung, beschäftigte sich aber auch mit Biomasse, der Genetik von Pflanzen und der Behandlung von Krankheiten. Die Implantation eines Herzschrittmachers ist heute fast ein Routine-Eingriff.

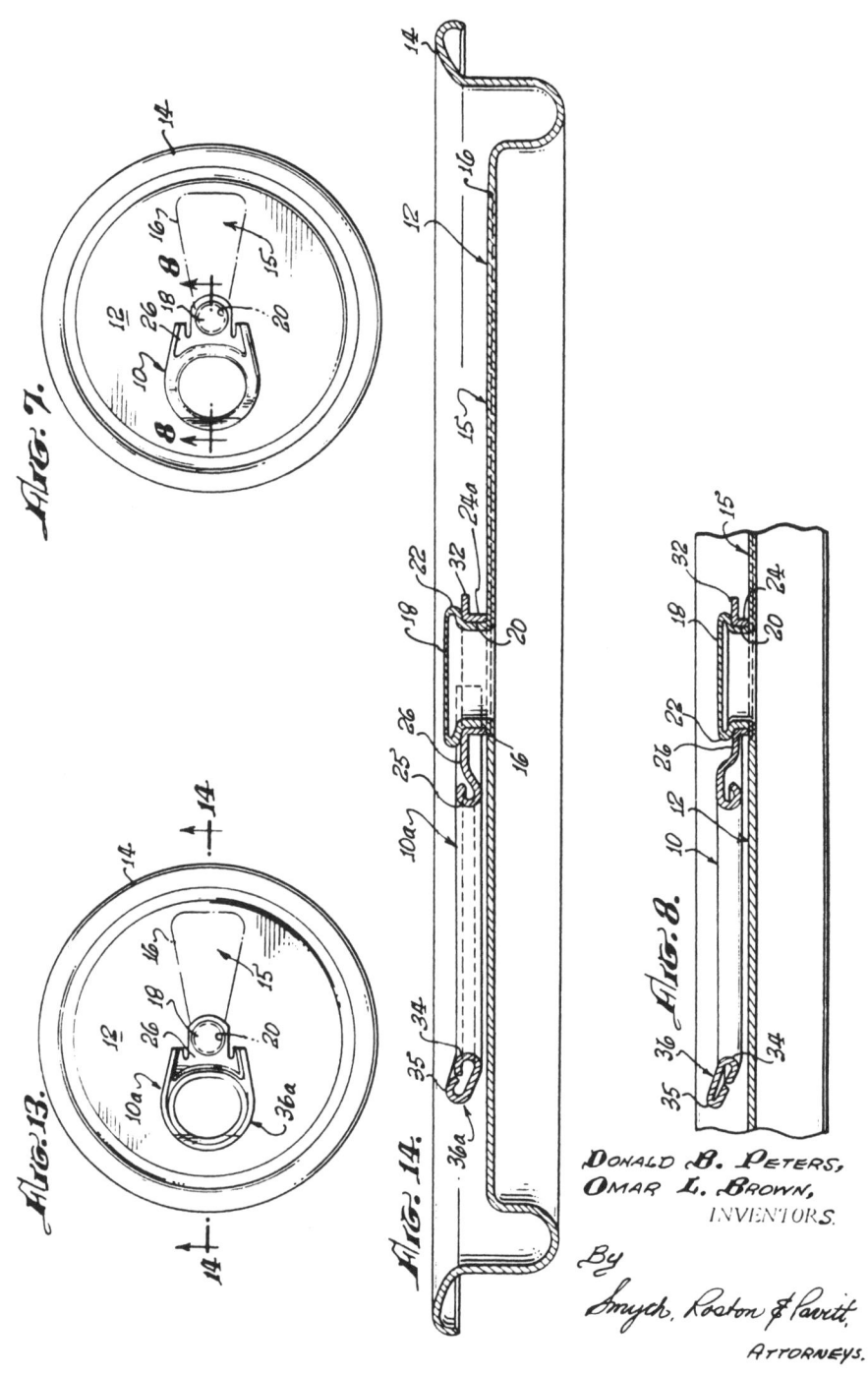

DONALD B. PETERS,
OMAR L. BROWN,
INVENTORS.

By

Smyth, Roston & Pavitt,

ATTORNEYS.

234

DIE ZUGRING-DOSE

Omar Brown und Don Peters, Dayton, Ohio, für Ermal Fraze
Angemeldet am 6. Juli 1965 und als US 3349949 veröffentlicht

Ermal oder »Ernie« Fraze gründete 1949 in Dayton, Ohio, seine eigene Werkzeugmacher-Gesellschaft, die »Dayton Reliable Tool & Manufacturing Company« oder kurz »DRT«. Im Jahr 1959 nahm er eines Tages zufällig an einem Picknick teil und wollte eine Getränkedose öffnen. Keiner hatte einen passenden Dosenöffner dabei. Es ging nicht um einen Öffner, der um den Deckel einer Weißblechdose herumschneidet, sondern um das Gerät mit der dreieckigen Schneidespitze am Ende (»Kirchenschlüssel«), mit dem man ein Loch in jede Seite des Dosendeckels drückt (in jede Seite, denn wenn man nur ein Loch hineindrückt, spritzt einem das Getränk in die Nase). Also öffnete er seine Dose an einer Autostoßstange, doch das Ergebnis dieser Aktion war lediglich eine Menge Schaum.

Fraze erklärte, dass es einen einfacheren Weg geben müsse – nämlich einen Mechanismus zum Öffnen der Dose, der in dieser selbst integriert wäre und dabei den Inhalt zugleich auslaufsicher und hygienisch verschloss. Getränkedosen wurden inzwischen mehr und mehr aus Aluminium statt aus Weißblech hergestellt. Deshalb kooperierte er mit »Alcoa«, einem Hersteller solcher Dosen. Eines Abends trank er zuviel Kaffee und konnte nicht schlafen. Fraze ging hinunter in die Werkstatt und bastelte mit seinen Werkzeugen herum. Bis Sonnenaufgang hatte er dann die wesentlichen Prinzipien der Zugring-Dose ausgearbeitet. Fraze hatte den Vorteil, dass er sich wegen seiner Arbeit im Formen und Schneiden von Metall auskannte. Die Idee klingt so einfach: Ein Ring, der wie ein Hebel funktioniert, wird genau über dem höchsten Punkt der Dose angebracht und dort an einem vorgestanzten Streifen vernietet. Durch Ziehen wird der Verschluss aufgebrochen und die Lasche kann abgezogen werden. Das Loch ist mit Absicht so groß, damit es beim Trinken nicht ganz mit Flüssigkeit ausgefüllt wird (und keine Luft mehr in die Dose kann), weil man sonst das gleiche Problem wie mit dem oben erwähnten einfachen Loch hätte. Das Patent weist ausdrücklich darauf hin, dass der Zugring fest mit der Lasche verbunden sein sollte, um Unfälle zu vermeiden, und schlägt außerdem vor, ihn so zu konstruieren, dass auch kleine Kinder ihn sicher benutzen können.

Der neue Verschluss wurde erstmals von der »Iron City Brewery«, einem Unternehmen aus Pennsylvania, kommerziell angewendet. Zuerst gab es Widerstand von Seiten der führenden amerikanischen Brauereien, bis »Schlitz« sich bereit erklärte, ihn für seine Getränkedosen zu verwenden. Nach und nach setzte sich das System durch, bis der Zugring schließlich die übliche Methode zum Öffnen von Getränkedosen wurde. 1998 beschrieb das *Time Magazine* den Zugring als »eins der hundert großartigsten Dinge«. Das klassische »push-in fold-back«-System (erst eindrücken, dann nach hinten umklappen) wurde 1977 eingeführt. Ein Problem war, dass die abgezogenen Zugringe manchmal dazu benutzt wurden, um Parkuhren zu verklemmen. Das war zu Zeiten, als eine funktionsunfähige Parkuhr noch freies Parken bedeutete (siehe unter »Parkuhr«). Viel wichtiger aber war, dass die Einführung des nicht abtrennbaren Zugrings durch die »Continental Car Company« Ende der 1970er Jahre zu weniger Müll führte und außerdem weniger Verletzungsgefahr für nackte Füße und Haustiere bestand. Nicht abtrennbare Zugringe sind in Australien und den USA vorgeschrieben, nicht aber in Großbritannien.

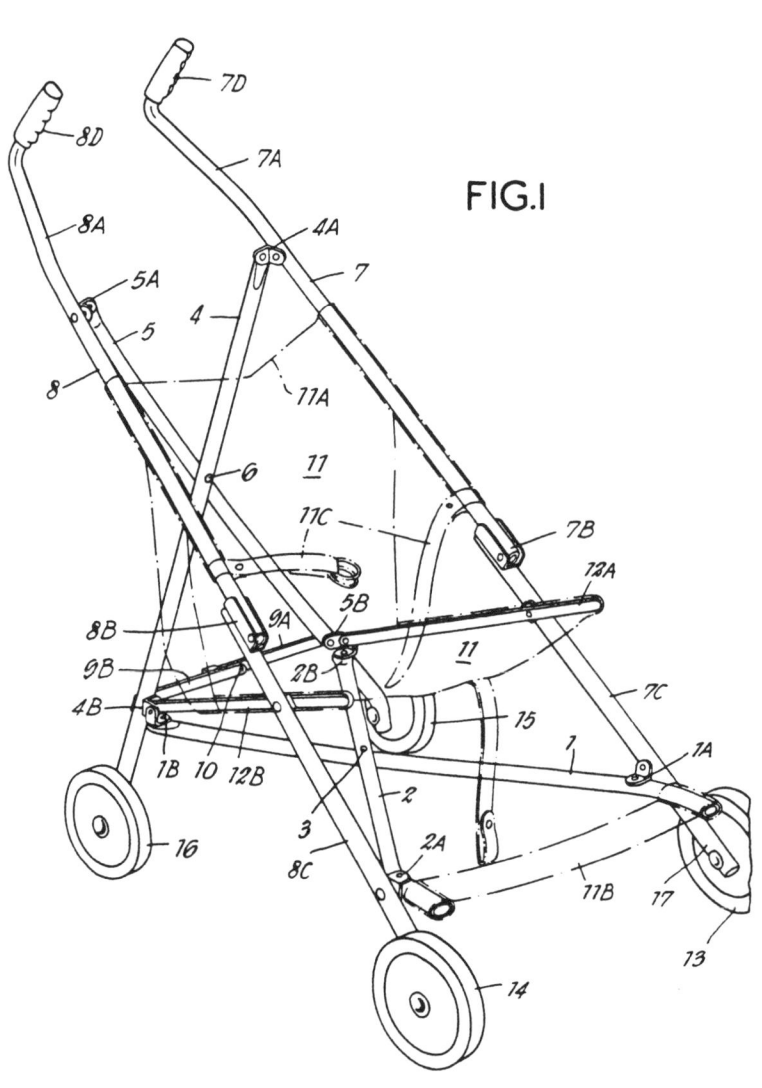

FIG.I

Der Baby-Buggy

Owen Finlay Maclaren, Barby, Warwickshire, England
Angemeldet am 20. Juli 1965 und als GB 1154362 veröffentlicht

Owen Finlay Maclaren war ein pensionierter Flugzeugkonstrukteur und Testpilot. Er hatte im Laufe seiner Karriere unter anderem das Fahrgestell der »Spitfire« entworfen. Diese Erfahrungen wandte er auf den Entwurf des ersten einfach zu nutzenden Kinderwagens an. Bis dahin mussten Eltern schwere und nicht zusammenklappbare Apparate durch die Gegend schieben. Sein neuer Kinderwagen wog nur drei Kilogramm, weil er aus Aluminium gebaut war, einem leichten, doch sehr stabilen Metall, und mit Hilfe des speziellen Klappmechanismus konnte man ihn, zum Beispiel beim Einsteigen in einen Bus, an der Sitzfläche leicht zusammenfalten. Das geht mit einem Arm, während man mit dem anderen das Baby hält: Mit einem Fußtritt löst man den Sperrmechanismus »9A-9B«, faltet den Wagen mit der freien Hand quer zum Sitz an »7A-8B«, drückt ihn nach unten zu einer Art Spazierstock zusammen und hebt ihn hoch. Maclaren bezeichnete dieses Konzept in seinem Patent als »stick folding«. Ein Chefkonstrukteur der Firma sagte dazu später: »Er löste ein sehr schwieriges dreidimensionales Klapp-Problem. Heute benutzen wir computergestützte Konstruktionsprogramme, um zu solchen Lösungen zu kommen.«

Maclaren gründete die Firma »Maclaren Ltd.«, begann in den eigenen umgebauten Ställen mit der Produktion und verkaufte von dort aus im ersten Jahr 1000 Kinderwagen. Bald wurde in Ling Buckby, Northamptonshire, ein neues Firmengelände bezogen, da der Verkauf allmählich auf über 500000 Stück pro Jahr anstieg, wovon die Hälfte exportiert wurde. Ständig wurde an Verbesserungen gearbeitet. Dazu gehörten: verstellbare Rückenlehnen, weil Babys unter sechs Monaten nicht sitzen sollen; »Ballon«-Schaumreifen, die ein weicheres Rollen ermöglichen (deren Verarbeitung und Herstellung wurde zusammen mit ICI ausgearbeitet); außerdem drehbare Fronträder und aus Sicherheitsgründen miteinander verbundene Bremsen, die 1981 eingeführt wurden. Die Produkte der Firma sind von der »Consumers' Association«, der britischen Verbrauchervereinigung, für die in die Modelle integrierten Sicherheitsmerkmale ausgezeichnet worden.

Auch Varianten des Grundmodells sind hergestellt worden, etwa ein Wagen für leichtgewichtige Behinderte, der »E-type« von 1983 (der Bestseller des Unternehmens) oder der 1991 eingeführte »Duette«, der auf nebeneinanderliegenden Sitzen Platz für zwei Babys bietet und der extra so konstruiert wurde, dass er durch jede normale Türöffnung passt. Besondere Aufmerksamkeit ist auf verschiedene Details gelegt worden, darunter Konstruktionsvarianten, die auch zum Transport der Einkäufe dienen oder die über ein Regenverdeck verfügen. Gelegentlich wird der Einwand erhoben, dass die größeren und schwereren Modelle den ursprünglichen Vorteil des Klappmechanismus negieren, da sie umständlicher zu handhaben sind. Maclaren selbst starb 1978, aber seine Arbeit wird fortgesetzt. 1992 wurde die Firma »Maclaren« zum offiziellen Lieferanten aller drei Disney-Parks bestellt. Irgendwann wurden preisgünstige Importe anderer Firmen für das Unternehmen zum Problem; deshalb wurden speziell für diesen Markt Modelle mit den Namen »Imp« (Racker), »Scamp« (Schlingel), »Minx« (Biest) und »Pixie« (Kobold) produziert. Jüngste Patente umfassen die Verbesserung der Griffe, indem dafür zwei verschiedene Materialien verwendet werden, und eine Vorrichtung, mit deren Hilfe die Sitzstellung für ein bestimmtes Kind »gespeichert« werden kann.

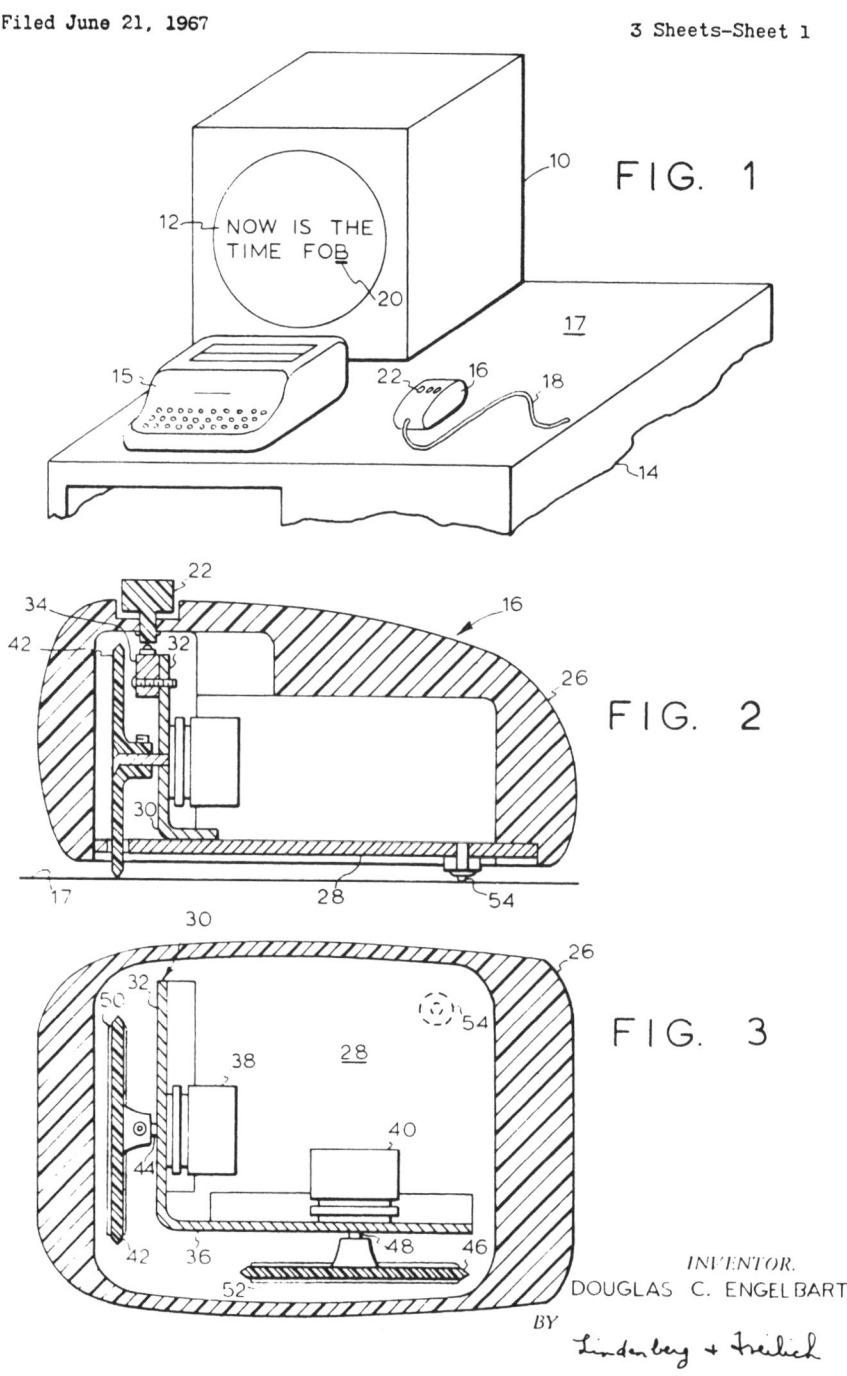

FIG. 1

FIG. 2

FIG. 3

INVENTOR.
DOUGLAS C. ENGELBART

BY

ATTORNEYS

238

Die Computermaus

Douglas Engelbart, Palo Alto, für das »Stanford Research Institute«, Menlo Park, beide Kalifornien
Angemeldet am 21. Juni 1967 und als US 3541541 veröffentlicht

Douglas Engelbart stammt aus Oregon. Er wurde Elektroingenieur und war im Zweiten Weltkrieg als Rundfunktechniker tätig. Er arbeitete für das Vorgängerunternehmen der NASA, hatte in den frühen 1950er Jahren aber plötzlich das Gefühl, er müsse als Ingenieur etwas tun, das zur Lösung der Probleme auf dieser Welt beitrug. Er interessierte sich für die frühen Publikationen zum Thema Computer und stellte sich vor, wie es wäre, auf dem Bildschirm durch Informationen zu »fliegen«. Es gab keine Fakultät für Computerwissenschaften, also promovierte er in Berkeley zum Doktor der Philosophie und begann dort zu lehren. Immer noch begeistert er sich für den Einsatz von Computern, bis ihm ein anderer Professor den Wink gab, dass er wahrscheinlich keine Förderung bekäme, wenn er weiterhin auf deren zukünftiger Bedeutung bestehe.

Engelbart wechselte daraufhin zur Konkurrenz nach Stanford. Von 1959 an verfügte er über ein eigenes Labor, das später »Augmentation Research Center« hieß. Dort arbeiteten er und andere Forscher an der Entwicklung eines Rahmensystems zur Ausstattung von Computern mit Fähigkeiten und »Wissen«. Ihm war klar, dass die Anforderungen in diesem Bereich ständig zunahmen und dass man entsprechende Hilfsmittel brauchte, um damit fertig zu werden. Er wirkte an vielen Ideen mit, die heute Gemeingut sind, etwa an der Konzeption von »Fenstern« auf Bildschirmen, Telefonkonferenzen, Hypermedia, Groupware, E-Mail und Internet. Die meisten dieser Ideen verband er 1968 anlässlich einer 90-minütigen Demonstration eines Networks. Software war damals noch nicht patentierbar, dennoch gibt es über 40 Patente auf seinen Namen.

Die Erfindung der Maus war nur ein kleiner Teil der Forschung in dem Labor. Engelbart suchte nach einer leichten Methode zur Steuerung dessen, was auf dem Bildschirm geschah. Mit einer Tastatur konnte man vieles nicht tun, oder zumindest nicht leicht tun, was man vielleicht gern getan hätte, etwa zeichnen. Er listete alle dafür gerade verfügbaren oder vorgeschlagenen Geräte auf, wie etwa Lightpens oder Joysticks. Die jeweils besten Eigenschaften wurden notiert und heraus kam »die Maus« als dasjenige Werkzeug, das all diese Eigenschaften in sich vereinigte. Es erhielt sofort diesen Spitznamen, weil es so aussah.

Die erste Maus war etwas anders als die heute üblichen Modelle, weil das Kabel noch auf den Anwender zulief statt an der am weitesten entfernten Stelle angebracht zu sein, aber das wurde schnell geändert, als man merkte, wie unpraktisch es war. Ein weiterer Unterschied bestand darin, dass es statt einer Kugel auf der Unterseite zwei Scheiben gab, eine parallel zur Längsrichtung der Maus, die andere im rechten Winkel dazu. Diese steuerten den »X-Y-Positions-Anzeiger«, da die Bewegung der Maus die Bewegung nach oben und unten auf dem Bildschirm steuert. Die meisten modernen Mäuse haben die gleichen Scheiben, nur versteckt im Gerät. Das Rechts-Links-Klicken kam später hinzu.

Manchmal wird erzählt, dass Steve Jobs von »Apple« die Maus erfunden habe, tatsächlich aber war seine »Lisa«, später der »Macintosh«, lediglich das erste Gerät, an dem sie kommerziell zum Einsatz kam. Man sagt, er habe $ 40000 für die Rechte bezahlt. Engelbart leitet heute das gemeinnützige »Bootstrap Institute« in Fremont, Kalifornien, das den »kollektiven IQ« fördert; dieser zeigt an, wie schnell eine Firma auf eine neue Situation reagiert.

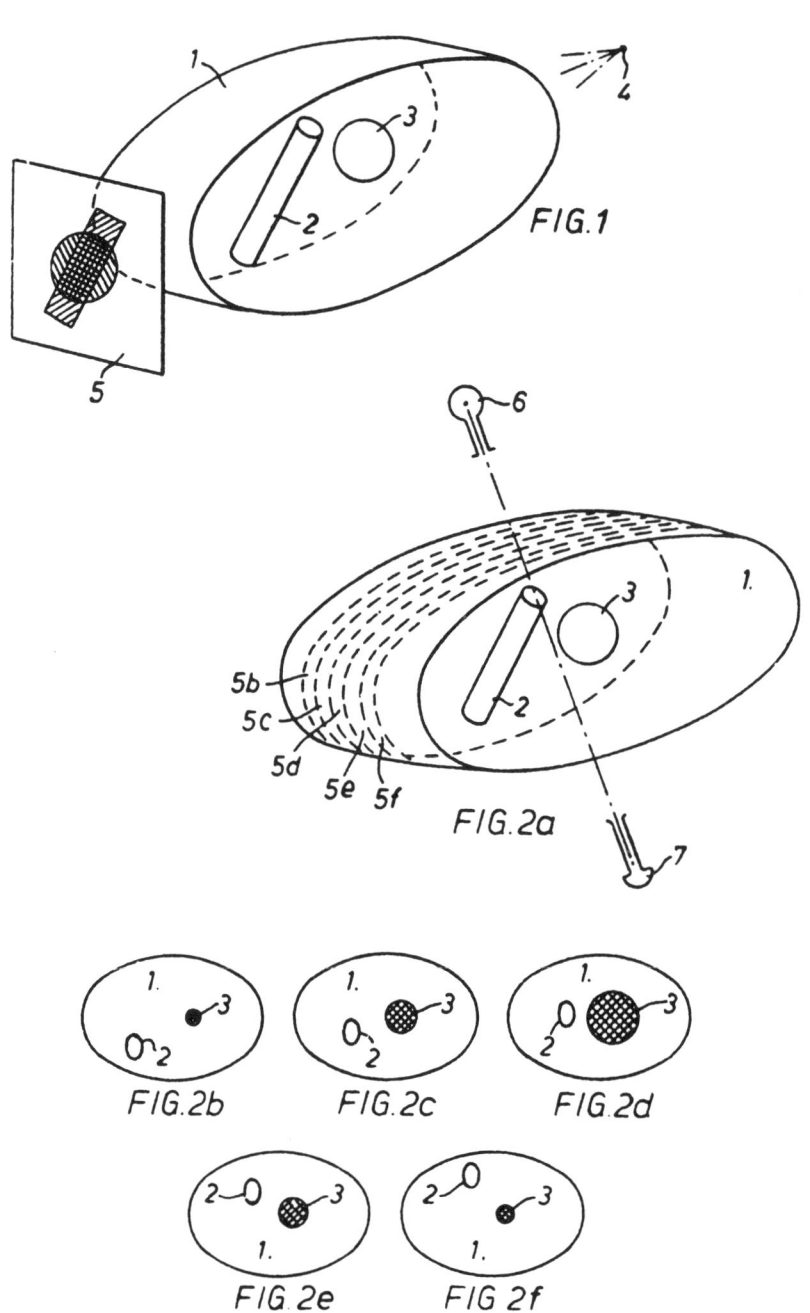

FIG.1

FIG.2a

FIG.2b   FIG.2c   FIG.2d

FIG.2e   FIG 2f

Die Computertomografie

Godfrey Hounsfield für »EMI Ltd.«, Hayes, London, England
Angemeldet am 23. August 1968 und als GB 1283915 und US 3778614 veröffentlicht

Godfrey Hounsfield wurde 1919 in Nottinghamshire geboren und wuchs auf einem Bauernhof auf, wo er sich schon früh mit eigenen wissenschaftlichen Experimenten beschäftigte. Während des Zweiten Weltkriegs arbeitete er für die Radar-Überwachung und besuchte danach die Universität. Ab 1951 arbeitete er für »EMI Ltd.«, ein Elektronikunternehmen, das sich auf das neue Gebiet der Computer spezialisierte. Nachdem sich ein Projekt als nicht realisierbar erwiesen hatte, erhielt Hounsfield die Gelegenheit, sich einmal gründlich Gedanken darüber zu machen, in welchem Bereich er als nächstes forschen wolle. Eine der von ihm vorgeschlagenen Ideen bestand darin, Computer Muster erkennen zu lassen, sodass sie Briefe oder Nummern »lesen« könnten. Auf einem Spaziergang auf dem Land dachte er daran, die Ideen der Muster-Erkennung und des Radar-Prinzips zusammenzubringen. Ein Röntgengerät würde in dünnen Lagen Bilder des Patienten machen und ein Computer würde die Daten so verarbeiten, dass daraus ein dreidimensionales Bild entstünde. Konventionelle Röntgengeräte waren durchaus nützlich, gaben aber keinerlei Aufschluss darüber, in welcher Tiefe sich eine Erkrankung im Körper befand.

1967 war ein solches Gerät noch nicht praktikabel, weil die Computer noch nicht weit genug entwickelt waren. Die ersten Geräte brauchten zweieinhalb Stunden, um ein Objekt abzutasten, gefolgt von weiteren zwei Stunden, um es zu einem Bild zu verarbeiten. Nach ausgiebiger Forschungsarbeit an Prototypen, die mit so manch delikater Erfahrung verbunden war (einmal musste Hounsfield selbst das Gehirn eines Ochsen mit öffentlichen Verkehrsmitteln quer durch London transportieren), wurde 1971 ein Gerät gebaut, das das Gehirn ablichten konnte. Es wurde im folgenden Jahr auf den Markt gebracht. Es funktionierte mit einem Röntgenstrahl, der um 180 Grad um den Kopf herumgeführt wurde und dabei Bilder aufnahm, die dann zu einem Gesamtbild zusammengefügt wurden. Diese Methode war wesentlich sicherer als die bis dahin übliche Vorgehensweise, bei der chemische Substanzen in das Gehirn gegeben und dann aufgespürt wurden. Seit 1975 kann mit verbesserten Modellen auch der ganze Körper abgelichtet werden, wobei der Patient auf einem beweglichen Tisch in das Gerät geschoben wird. Fig. 1 zeigt das konventionelle Röntgen eines Körpers »1«, eines Knochens »2« und eines Tumors »3«. Fig. 2a zeigt denselben Körper, Knochen und Tumor, wobei sich die Röntgenstrahlröhre bei »6« befindet und der Detektor bei »7«. Diese Abtast-Technik heißt Tomografie; die Computertomografie oder »CT« wurde als der größte Diagnose-Fortschritt seit der Erfindung der Röntgenstrahlen selbst begrüßt.

Ganzkörper-CT-Geräte waren teuer (£1 Million pro Stück), doch im Vergleich zum Kostenaufwand für andere Methoden oder im Vergleich zu den Folgekosten bei Nicht-Diagnose immer noch preiswert und effektiv. Über Jahre hinweg wurde in weit verbreiteten Aufrufen Geld für städtische Krankenhäuser in Großbritannien zum Kauf von CT-Geräten gesammelt. Hounsfield erhielt 1979 den Nobelpreis für Medizin zusammen mit dem Amerikaner Allan Cormack, der seit ungefähr 1957 an theoretischen Modellen zur selben Idee gearbeitet hatte. Die Firma EMI, die mit Geldern aus dem Musikgeschäft die Entwicklung der Computertomografie finanziert hatte, war mit dem Absatz der Geräte nicht zufrieden und verkaufte 1980 ihre Anteile an »General Electric«.

1

ACRYLATE COPOLYMER MICROSPHERES

BACKGROUND OF THE INVENTION

This invention relates to inherently tacky, elastomeric, solvent-dispersible, solvent-insoluble, acrylate copolymer and a process of preparing the copolymer.

Aerosol spray adhesives have recently found commercial importance in the graphic arts for adhering paper to various substrates, as well as numerous other uses. Such adhesives have many desirable properties. For instance, they permit paper to be removed from a substrate to which it is adhered, without tearing; however, they do not permit rebonding. These adhesives generally comprise solvent dispersions of cross-linked rubbers or acrylates. Such polymers, while commercially utilizable, are not completely satisfactory because the cross-linking reaction is difficult to control and often provides soluble or partially soluble polymers. Soluble polymers are undesirable for spray adhesives having a non-volatile content above 10 percent because they do not atomize well and therefore fail to spray or form a "cobweb" spray pattern. Also, such polymers form agglomerates of random size, the large particles often plugging the spray nozzle orifice. Further, the polymer particles, when dry, agglomerate and are dispersible only with difficulty.

Despite the desirability of inherently tacky, elastomeric polymers which are solvent-dispersible, solvent-insoluble, and of uniformly small size, such a product has never heretofore existed.

SUMMARY

The invention provides inherently tacky, elastomeric, polymers which are uniformly solvent-insoluble, solvent-dispersible, of small size, and ideally suited for use in aerosol spray adhesives. The polymers easily disperse in various solvents to provide non-plugging suspensions which spray without cobwebbing. The polymers permit bonding of paper and other materials to various substrates, permit easy removal of bonded paper from the substrate without tearing, and also permit subsequent rebonding of the paper without application of additional adhesive.

The invention comprises infusible, solvent-dispersible, solvent-insoluble, inherently tacky, elastomeric, acrylate copolymer microspheres consisting essentially of about 90 to about 99.5 percent by weight of at least one alkyl acrylate ester and about 10 to about 0.5 percent by weight of at least one monomer selected from the group consisting of substantially oil-insoluble, water-soluble, ionic monomers and maleic anhydride. Preferably, the microspheres comprise about 95 to about 99 percent by weight acrylate monomer and about 5 to about 1 percent by weight ionic monomer, maleic anhydride, or a mixture thereof. The microspheres are prepared by aqueous suspension polymerization utilizing emulsifier in an amount greater than the critical micelle concentration in the absence of externally added protective colloids or the like.

Solvent suspensions of these microspheres may be sprayed by conventional techniques without cobwebbing or may be incorporated in aerosol containers with suitable propellants such as iso-butane, isobutylene, or the Freons. The tacky microspheres provide a pressure-sensitive adhesive which has a low degree of

2

adhesion permitting separation, repositioning and rebonding of adhered objects. Additionally, these polymers are readily removable from surfaces to which they have been applied, much as rubber cements are removable by mere rubbing. Further, the tacky spheres resist permanent deformation, regaining their spherical shape upon release of pressure. They also exhibit a very low film or tensile strength, less than about 10 psi.

The alkyl acrylate ester monomer portion of the copolymer microspheres may comprise one ester monomer or a mixture of two or more ester monomers. Similarly, the water-soluble, substantially oil-insoluble monomer portion of the copolymer microspheres may comprise maleic anhydride alone, an ionic monomer alone, a mixture of two or more ionic monomers, or a mixture of maleic anhydride with one or more ionic monomers.

The alkyl acrylate ester portion of these microspheres consist of those alkyl acrylate monomers which are oleophilic, water-emulsifiable, of restricted water-solubility, and which, as homopolymers, generally have glass transition temperatures below about $-20°C$. Alkyl acrylate ester monomers which are suitable for the microspheres of the invention include iso-octyl acrylate, 4-methyl-2-pentyl acrylate, 2-methylbutyl acrylate, sec-butyl acrylate, and the like. Acrylate monomers with glass transition temperatures higher than $-20°C$. (i.e., tert-butyl acrylate, iso-bornyl acrylate or the like) may be used in conjunction with one of the above described acrylate ester monomers.

The water-soluble ionic monomer portion of these microspheres is comprised of those monomers which are substantially insoluble in oil. By substantially oil-insoluble and water-soluble it is meant that the monomer has a solubility of less than 0.5% by weight and, a distribution ratio at a given temperature (preferably $50°$–$65C.$), of solubility in the oil phase monomer to solubility in the aqueous phase of less than about 0.005, i.e.,

$$D = \frac{\text{Total concentration in organic layer}}{\text{Total concentration in aqueous layer}}$$

Table I illustrates typical distribution ratios (D) for several water-soluble, substantially oil-insoluble ionic monomers.

TABLE I

Oleophilic Monomer	Temp. °C.	Hydrophilic Monomer	D
iso-octyl acrylate	50	1,1-dimethyl-1(2-hydroxypropyl)amine methacrylimide	0.005
do	50	1,1,1-trimethylamine methacrylimide	0.0015
do	65	do	0.003
do	50	N,N-dimethyl-N-(β-methacryloxyethyl) ammonium propionate betaine	<0.002
do	65	do	0.003
do	65	4,4,9-trimethyl-4-azonia-7-oxo-8-oxa-dec-9-ene-1sulfonate	<0.002
do	65	1,1-dimethyl-1(2,3-dihydroxypropyl)amine methacrylimide	0.0015
do	65	sodium acrylate	<0.001
do	65	sodium methacrylate	<0.001
do	65	ammonium acrylate	<0.001
do	65	maleic anhydride	0.02

Die Post-It®-Notes

Spencer Ferguson Silver, St Paul, Minnesota, für »3M«
Angemeldet am 9. März 1970 und als US 3691140 veröffentlicht

Art Fry war Chemotechniker bei »3M«, einer Klebstoff-Fabrik in Minnesota. Er sang im Chor der örtlichen Presbyterianer-Kirche. Zur Kennzeichnung der ausgewählten Kirchenlieder benutzte er Papierstreifen, merkte aber, dass er oft die entsprechenden Stellen nicht wiederfand, weil die Streifen leicht herausfielen. »Ich brauchte ein Lesezeichen, das kleben blieb und das ich trotzdem leicht wieder herausnehmen konnte, ohne dabei mein Gesangbuch zu beschädigen.«

Zu jener Zeit erforschte einer von Frys Kollegen, Spencer Silver, eine bestimmte Art von Klebstoffen. Dabei unterlief ihm ein Fehler und das Ergebnis war ein schwacher Klebstoff, der aus einer Vielzahl winziger Partikel bestand, die einerseits stark genug waren, um Papier zusammenzuhalten, andererseits zu schwach, um die Papierfasern zu beschädigen. Das Patent beschreibt den Klebstoff als »heftend« und – etwas wissenschaftlicher – als Acrylan-Copolymerisat-Mikrosphären. Solange er nicht verschmutzte, war er wiederverwendbar. Silver fragte, ob jemand eine Idee hätte, was man mit diesem schwachen Klebstoff anfangen könne. Irgend jemand zeigte ihn Fry, der etwas davon auf den Rand eines Blattes Papier auftrug. Damit hatte er endlich sein Lesezeichen.

Eines Tages schrieb Fry, ohne weiter darüber nachzudenken, eine Notiz auf eines seiner Lesezeichen, das an einem Bericht klebte, den er einem Kollegen schickte. Der Bericht kam zurück mit Anmerkungen, die auf das Lesezeichen geschrieben waren. Fry begann in der Firma für das Produkt zu werben. Das war keine Zeitverschwendung, weil 3M eine Unternehmenspolitik verfolgt, der zufolge die wissenschaftlichen Mitarbeiter bis zu 15 % ihrer Arbeitszeit für Projekte aufwenden können, von denen sie überzeugt sind – denn dies führt zu mehr Zufriedenheit bei der Arbeit.

Man kam überein, das Produkt versuchsweise in vier amerikanischen Städten zu bewerben, was 1977 dann auch geschah. Die neuen Päckchen wurden verkauft, da die Idee der Ausgabe von Probepackungen damals noch nicht existierte. Der Verkauf lief nicht gut und ein letzter Versuch war die so genannte »Boise blitz«-Aktion in der Stadt gleichen Namens in Idaho. Büroangestellten wurde gezeigt, wie der »Boise blitz« funktionierte, und man überließ ihnen Probepackungen. Als die Vertreter nach einer Woche zurückkamen, sagten fast 90 % von ihnen, dass sie weitere Päckchen davon kaufen wollten. Der Siegeszug der Post-It®-Notes hatte begonnen. Das Produkt ist inzwischen in 400 Einzelprodukte unterteilt. Es gibt 29 verschiedene Farben, 57 Formen und 27 Größen. Gelb ist so beliebt, weil es sich so gut von (weißem) Papier abhebt. Auf einigen sind Mitteilungen vorgedruckt.

Da es bei 3M einige Zeit dauerte, ehe man merkte, dass man mit diesem Produkt das große Los gezogen hatte, wurde auf die Klebstoff-Formel innerhalb der nach internationalem Recht vorgeschriebenen Frist von 12 Monaten kein Patent außerhalb der USA beantragt. Obwohl andere es daher frei produzieren konnten, wurde 1976 das Warenzeichen in den USA und 1979 in Großbritannien eingetragen. Diese ursprüngliche amerikanische Eintragung (es gab noch andere) führte aus, dass sich die Anwendung des Produkts auf ein Papier bezieht, das beidseitig mit Klebstoff versehen ist und an vertikalen Oberflächen anhaftet. Interessant ist, dass 3M auch noch ein anderes Produkt ohne Warenzeichen vertreibt, das mit den Post-It®-Notes konkurriert.

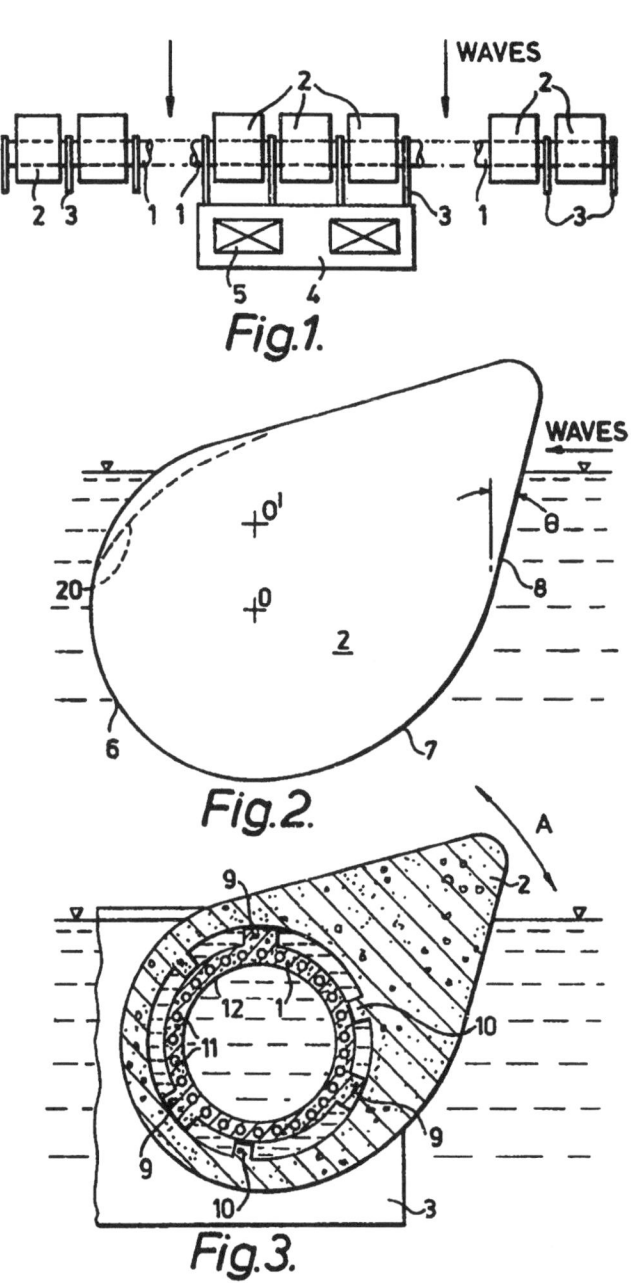

Fig.1.

Fig.2.

Fig.3.

DIE WELLENENERGIE

Stephen Salter, Edinburgh, Schottland

Angemeldet am 15. November 1973 und als GB 1482085 und US 3928967 veröffentlicht

Es gibt zahlreiche Patente, die das Thema der Energiegewinnung aus der Bewegung von Wellen betreffen. Die hier gezeigte Erfindung, die seinerzeit unter Energie-Fachleuten weithin bekannt war, liefert ein Beispiel für eine potentiell sensationelle Quelle erneuerbarer Energien. Die Erdrotation und der Wind verleihen den Wellen eine enorme Kraft. Die meisten Versuche, den Wellen einen Teil dieser Energie wieder zu entziehen, betreffen die Auf- und Abwärtsbewegung, oft mit Hilfe von Klappen. Andere nutzen die Bewegung der Wellen zur Kompression von Gas, so in Yoshio Masudas Patent GB 1014196.

Professor Salter war Leiter der so genannten »Wave Energy Group«, die 1974 an der Universität von Edinburgh gegründet wurde, kurz nach der Energie-Krise von 1973. Er hielt die dort unternommenen Versuche zur Energiegewinnung für äußerst ineffizient, weil sie das spezifische Verhalten von Wellen nicht angemessen berücksichtigten. Er schlug eine Folge von »Wellen-erfassenden Bauteilen« vor, die so geformt waren, dass sie der Welle Energie entzogen, und die an einem zweiten Bauteil aufgehängt werden sollten, das im Prinzip stationär war. Fig. 1 zeigt eine Reihung von »Enten« (wie Salter die beweglichen Bauteile nannte). In Fig. 2 sieht man eine solche »Ente« von außen und wie sie mit der Spitze den Wellen zugewandt ist. Salter erklärt, dass jede »Ente« klein genug sein muss, um auch einzelne Wellen zu erfassen, dass hingegen die Reihe der »Enten« lang genug sein sollte, damit unterschiedliche Wellenlängen keine Rolle spielen. Die Anordnung wird von einer schwimmenden Plattform getragen. Fig. 3 zeigt das Innere einer »Ente« und eine der äußeren Aufhängungen »3«, zwischen denen sie sich bewegt. Die Grundidee ist, dass das Schwingen der »Ente« mit Hilfe einer kreisförmigen Wasserpumpe »1« in mechanische

Energie umgewandelt wird. Dies geschieht an den so genannten Rippen »9« und »10«, die durch den Einsatz von Rückschlagventilen Druck auf das Wasser zwischen sich ausüben. Die Energie könnte mit Hilfe einer Turbine auf der Plattform in Strom verwandelt oder zu einer Station an Land übertragen werden. Salter wies darauf hin, dass das offene Meer für seine Anlage am besten geeignet sei, da Wellen vor Land an Energie verlieren.

Das Interesse an diesem Konzept war sehr groß. Ein Änderungsvorschlag war Salters Patent US 4134023 (eingereicht für das Energieministerium), bei dem zur Steuerung der »Ente« Elektronik eingesetzt wurde, um den Wellen ein Höchstmaß an Energie zu entziehen. 1976 erklärte das britische Energieministerium, man sei überzeugt, dass die »Wellenenergie« die vielversprechendste aller erneuerbaren Energien sei. 1982 meldete ein Fachberater, dass die »Ente«, nach entsprechender Weiterentwicklung der Technologie, in der Lage sein würde, Elektrizität zu einem Preis zu erzeugen, der dem von Atomkraftwerken vergleichbar wäre. Nach langem Hin und Her wurde die »Wave Energy Group« 1987 aufgelöst, wobei Vorwürfe laut wurden, dass die »Salter-Ente« in Bezug auf die Kostenanalyse von Verfechtern der Atomenergie nicht gerecht beurteilt worden sei. Professor Salter erklärte in einem Memorandum an den Ausschuss für erneuerbare Energien des englischen Oberhauses: »Wir dürfen nicht weitere 15 Jahre verschwenden und die hohe Motivation einer neuen Generation von jungen Ingenieuren vergeuden.« Solange die Kosten der Energieerzeugung nicht abermals stark ansteigen, wird in die Erforschung erneuerbarer Energien wie der Wellenenergie wahrscheinlich auch künftig weitaus weniger investiert als in andere Energiearten.

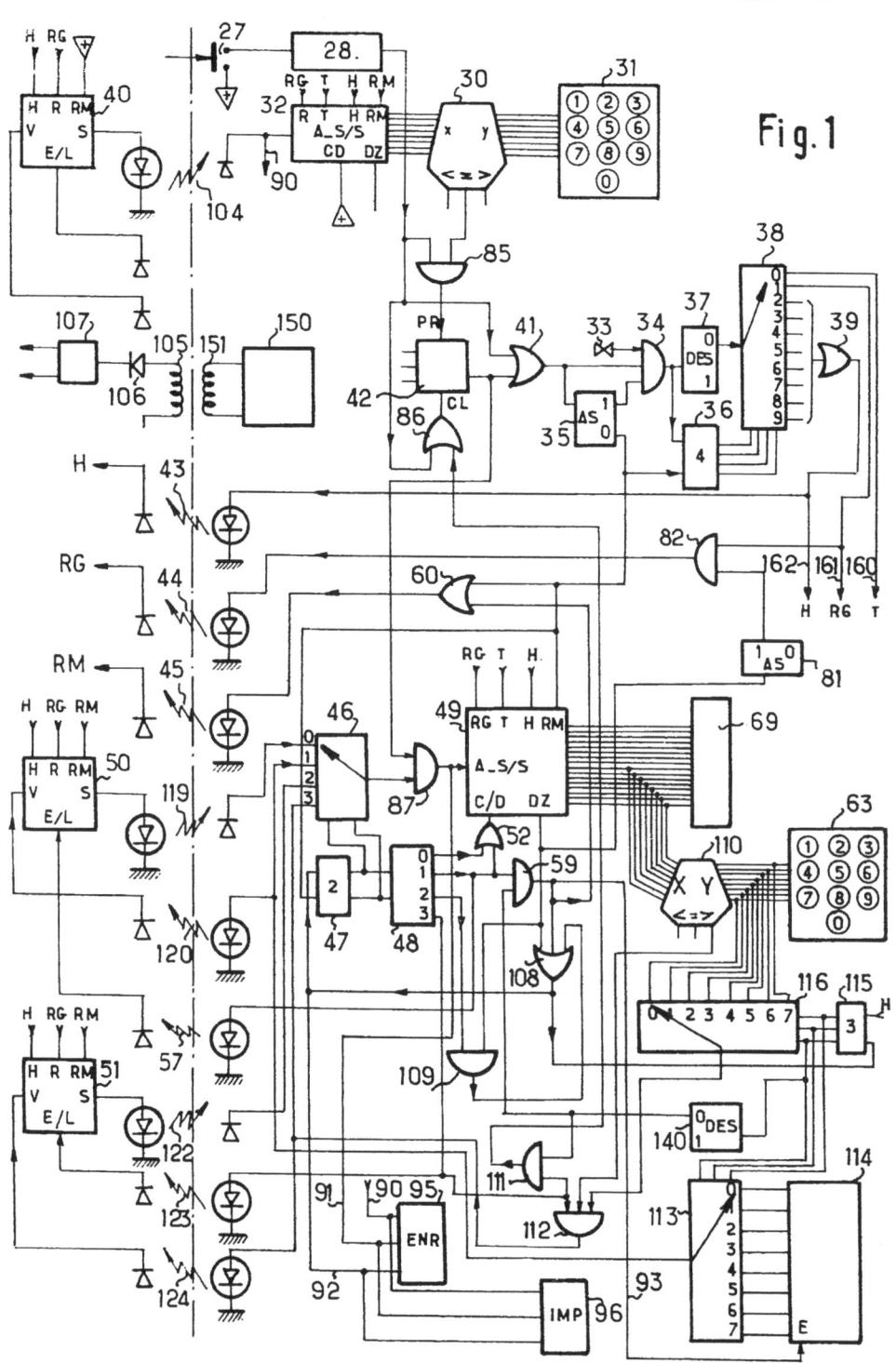

Fig.1

DIE CHIPKARTE

Roland Moreno, Paris, Frankreich, für die »Société Internationale«
Angemeldet am 25. März 1974 und als FR 2266222, GB 1504196 und US 3971916 veröffentlicht

Chipkarten verkörpern ein Konzept, über das viel gesprochen wird und das zurzeit dennoch selten angewendet wird. Ihre Benutzung geht auf die Angst vor Scheckkartenbetrug in Frankreich zurück. Nachgemachte Magnetstreifen wurden zur Herstellung gefälschter Scheckkarten benutzt. Um Fälschungen zu verhindern, befinden sich auf solchen Karten Geheimcodes, doch die Franzosen nutzen zur Identifizierung noch veraltete 32-Bit-Codes statt der viel sichereren 768-Bit-Codes. Statt die 768-Bit-Codes einfach zu übernehmen, setzten sich die französische Regierung, zehn Banken und das Unternehmen »Bull CP8« zusammen und suchten gemeinsam nach einer neuen und fortschrittlicheren Lösung. Das Ergebnis war die »carte memoire«, die Chipkarte, die in Frankreich Gegenstand zahlreicher Gerichtsprozesse war.

Roland Moreno war eigentlich Wissenschaftsjournalist. Seine Erfindung umfasst ein tragbares Gerät zur Datenspeicherung (Karte, Ring oder Stift) und eine Vorrichtung zum Austausch der Daten, alles in einem sicheren Umfeld. Er bezieht sich damit auf das IBM-Patent US 3702464, eine Chipkarte, die jedoch nicht zur Vermeidung unerlaubten Einlesens, unbefugten Ergänzens oder des Löschens von Daten gedacht war und auch kompakte Datenspeicherung nicht gewährleistete. Der Schaltplan zeigt links der Strichpunkt-Linie die Speichereinheit und rechts die Schaltungen, die für das entsprechende Lesegerät etwa in einem Laden benötigt werden. Das Patent beschreibt auf 13 Text- und 9 Abbildungsseiten, wie die Karte als eine Art Kontokarte funktioniert. In einem Laden könnte das Guthaben neu aufgestockt werden und bei jedem Kauf würde die Karte eingelesen und ihr Speicher geändert, um dem nächsten Verkäufer anzuzeigen, wie viel Guthaben noch zur Verfügung steht. Moreno gründete 1974 seine eigene Firma »Innovatron«, die immer noch viel mit dieser Technologie zu tun hat. Moreno wettete eine Million Francs, dass kein Hacker seine Chipkarte »knacken« könne. Spätere Verbesserungen wurden als US 4007355, 4092524 und 4102493 veröffentlicht.

Die Chipkarte wurde zuerst 1981 von »Bull CP8« und »Motorola« in Frankreich vermarktet. Bis 1993 waren alle französischen Scheckkarten Chipkarten. Chipkarten haben sich nur langsam durchgesetzt, besonders in den USA. Sie werden gern zum Öffnen von Hotelzimmertüren benutzt, weil die »Kombination« ohne weiteres geändert werden kann. Es ist heute üblich, jede Chipkarte nur für jeweils eine Anwendung zu nutzen; es besteht aber kein Grund, warum nicht mit einer Chipkarte gleich mehrere Anwendungen möglich sein sollten, vorausgesetzt, dass zwischen den kooperierenden Parteien und der Standardisierung entsprechende Absprachen existieren. Es ist lästig, eine Menge Karten mit sich herumzutragen. In Zukunft könnten Benutzer ihre Karten individuell einrichten, indem sie alles Gewünschte darauf speichern ließen. Dazu könnte der Führerschein gehören, die Finanzen, medizinische Informationen oder Angaben zur Mitgliedschaft in bestimmten Verbänden. Ein Computer-Terminal oder ein tragbares Gerät würde die gewünschten Informationen jeweils einlesen. Man könnte auch Telefone so einrichten, dass sie die Chipkarte einlesen und nach einem Anruf bei der Bank wieder aufladen. Für den Staat mag die vielversprechendste Anwendung darin bestehen, die Karte zur Personenidentifizierung oder zur Auszahlung etwa von Sozialhilfegeldern zu nutzen. Datenschutzorganisationen widersetzen sich jedoch einer Verpflichtung zur Speicherung personenbezogener Daten.

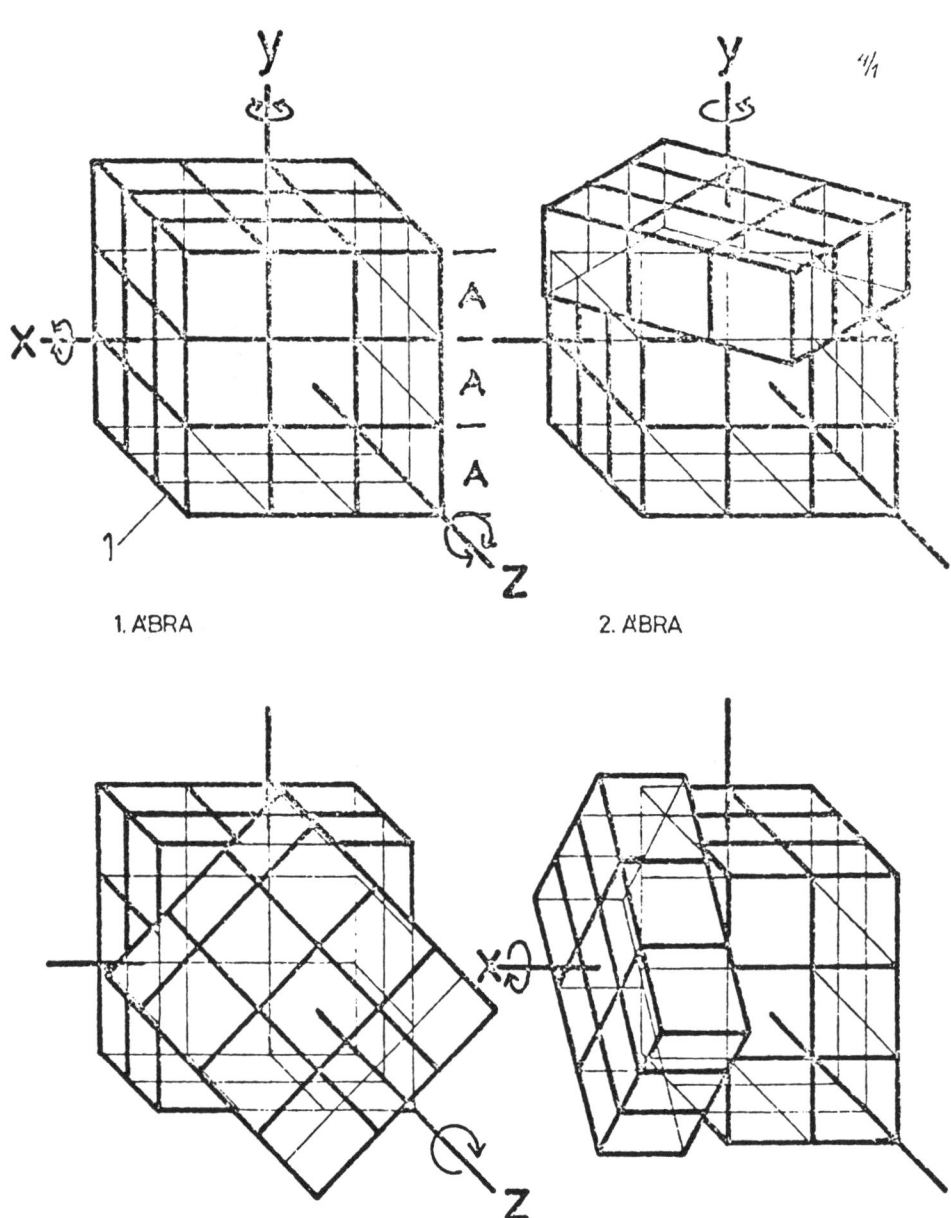

1. ÁBRA

2. ÁBRA

3. ÁBRA

4. ÁBRA

DER RUBIK-WÜRFEL

Erno Rubik, Budapest, Ungarn
Angemeldet am 30. Januar 1975 und als HU 170062 veröffentlicht

Erno Rubik war Professor für Innenarchitektur an einer Kunstakademie in Budapest. In seinem Zimmer im Haus seiner Mutter spielte er gern mit geometrisch geformter Pappe oder hölzernen Formen. Im Frühjahr 1974 nahm er ein paar Holzklötze, fügte sie mit Spiralfedern zusammen – und fing an zu drehen. Als die Federn irgendwann brachen, war er längst fasziniert von dem wechselnden Verhältnis der Würfel untereinander. Dann befestigte er verschiedenfarbiges Klebepapier an jeder der sechs Seiten und drehte wieder. Ihm gefiel der Wechsel der Farben – dann merkte, dass er nicht wieder zur Ausgangsstellung zurückgelangen konnte.

Er benötigte einen Monat intensiver Arbeit, um das mathematische Problem zu definieren und es zu lösen. (Ein Hinweis: Er richtete zuerst die Ecken nach den Farben aus.) Stolz zeigte er dann den Würfel seiner Mutter, die sich freute, weil sie nun nicht mehr so viel arbeiten müsste. Das fertige Produkt besteht aus den Würfelstücken, die durch einen universellen Verbindungsmechanismus miteinander verkuppelt sind. Es gibt nur eine richtige Lösung und drei Trillionen falsche. Würde jeder Mensch auf der Welt in jeder Sekunde einmal daran weiterdrehen, würden drei Jahrhunderte vergehen, bis es durch Zufall zur richtigen Lösung käme.

Rubik stellte seine Idee einer kleinen Spielwaren-Genossenschaft in Budapest vor. Die Produktion begann mit wenigen Stückzahlen in Ungarn. Dann führte im November 1978 ein verblüffter Kellner in einem Café den Würfel Tibor Laczi vor, einem ungarischen Emigranten. Da Laczi mathematische Aufgaben mochte, kaufte er den Würfel für einen Dollar. Er erkundigte sich bei »Konsumex«, der staatlichen Handelsfirma, ob er ihn im Westen verkaufen könne. Sie antwortete, dass es dafür auf Handelsmessen kein Interesse gegeben habe. Es stellte sich allerdings heraus, dass die Anbieter den Würfel lediglich im Regal stehen gelassen und ihn nicht vorgeführt hatten. Laczi besuchte die Nürnberger Spielwarenmesse und ging dort von Stand zu Stand, während er fortlaufend an dem Würfel herumdrehte und ihn stets wieder in die Ausgangsstellung zurückbrachte. Tom Kremer, ein britischer Spielzeugfachmann, war fasziniert und half ihm bei der Vermittlung eines Auftrags über eine Million Würfel durch die »Ideal Toy Company«.

Im Ausland war innerhalb der geforderten Zwölfmonatsfrist nach dem ungarischen Patentantrag kein Patent angemeldet worden, doch existierte eine Art Schutz durch die Bezeichnung des Spielzeugs als »Rubik's Cube®«, die als Warenzeichen in den USA und Großbritannien eingetragen wurde. Trotzdem geriet »Ideal Toy« wegen Patentverletzungen in Schwierigkeiten, denn Larry Nichols, ein Chemiker aus Massachusetts, hatte 1972 als US 3655201 einen ähnlichen Würfel patentieren lassen (der jedoch von Magneten zusammengehalten wurde). Es war ihm allerdings nicht gelungen, Spielzeughersteller dafür zu interessieren, auch »Ideal Toy« nicht. Nichols gewann 1984 einen Prozess wegen Patentdiebstahls. Über 100 Millionen Exemplare wurden verkauft und mindestens die Hälfte davon war nachgemacht. Die Original-Firma versuchte sie alle selbst zu produzieren, doch als die Behörden endlich die Erlaubnis gaben, das Werksgelände zu erweitern, war der Rummel schon wieder vorüber und die Firma ging bankrott. Um das Warenzeichen zu umgehen, wird der eigentliche »Rubik's Cube®« gelegentlich auch als »Magic Cube« (Zauberwürfel) verkauft.

1601447 COMPLETE SPECIFICATION

2 SHEETS This drawing is a reproduction of
the Original on a reduced scale
Sheet 2

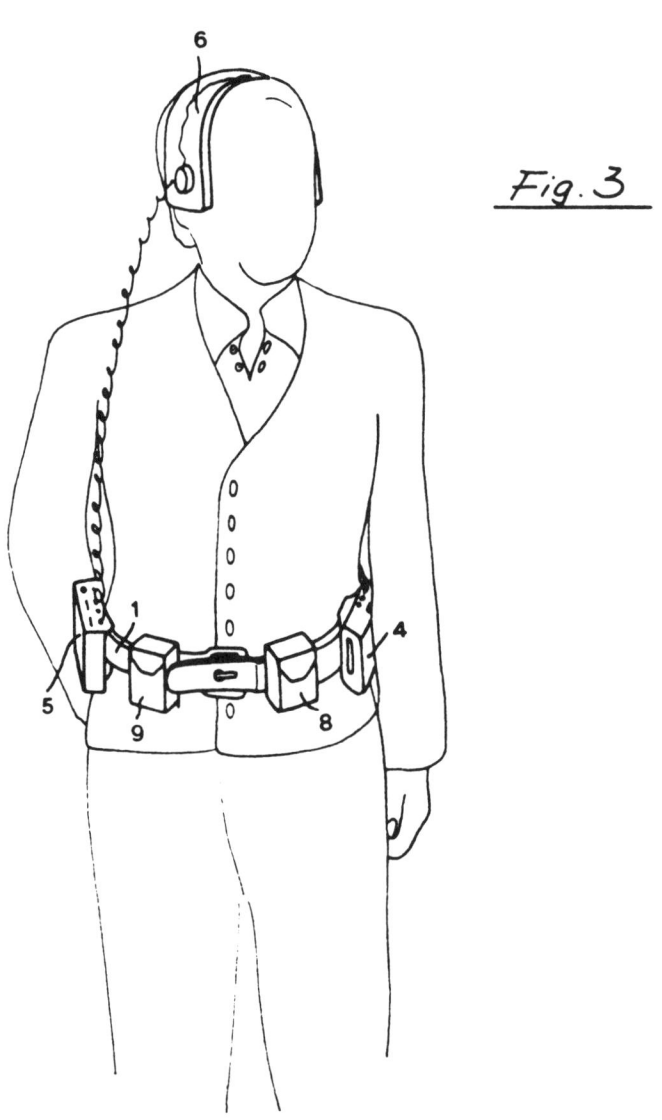

Fig. 3

Der Walkman®

Andreas Pavel, Rom, Italien
Angemeldet am 24. März 1977 und als GB 1601447 und US 4412106 veröffentlicht

Nein, das hier ist nicht der bekannte Walkman®. Es ist aber ein Vorläufer davon und der Antragsteller hat versucht, seine Rechte gegenüber denen von Sony durchzusetzen. Der berühmte Walkman® hat nach Akio Morita, dem Hauptgeschäftsführer von Sony, seinen Ursprung in folgender Geschichte: Er saß in seinem Büro, als einer seiner wichtigsten Berater mit einem tragbaren Kassettenrekorder und einem Kopfhörer eintrat. Dieser beschwerte sich, dass die Geräte zu schwer seien, um das zu leisten, was er eigentlich von ihnen verlangte: Musik zu hören und dabei herumzugehen, ohne andere zu stören.

Morita erkannte, dass viele junge Leute so in ihre Musik vernarrt waren, dass sie nicht ohne sie sein wollten. Er wies einen Ingenieur an, aus einem bestehenden Kassettenrekorder das Aufnahmeteil und die Lautsprecher zu entfernen und dafür einen Stereo-Verstärker einzubauen. Außerdem sollten leichtgewichtige Kopfhörer hinzugefügt werden. Der Vorteil bei der Anwendung eines schon bestehenden Modells lag darin, dass die Technik weitestgehend bekannt war und Ersatzteile sofort erhältlich wären. Es gab Skeptiker in der Firma, die meinten, dass die Kunden den Kauf eines Abspielgeräts, mit dem man nicht aufnehmen konnte, ablehnen würden. Morita wies darauf hin, dass auch Kassettenspieler im Auto nicht aufnehmen können. Er war überzeugt, dass man das neue Gerät in großen Mengen verkaufen konnte, sodass der Preis schnell fallen würde.

Einer der Vorteile eines Walkman® liegt darin, dass eine winzige Menge an Batteriestrom zur Tonerzeugung ausreicht, da der Klang nicht einen ganzen Raum ausfüllen muss, sondern direkt auf die Ohren übertragen wird. Als Morita das erste Versuchsmodell ausprobierte, sah er im Gesicht seiner Frau, wie verärgert sie war, und er dachte, man soll-te das Gerät unbedingt dahingehend modifizieren, dass zwei Leute gleichzeitig Musik hören können. Später forderte er sogar ein Mikrofon, das man an einem Knopf an- und ausschaltete, um sich miteinander unterhalten zu können, während die Musik lief. Die Vertriebsleute von Sony waren überzeugt, dass sich das Produkt nicht verkaufen würde. Für den Produktnamen »Walkman®« entschied man sich, als Morita gerade außer Haus war, und am Anfang gefiel ihm der ungrammatische Beigeschmack nicht; er hätte das Gerät viel lieber »Stow Away« oder »Sound About« genannt.

Das Produkt kam im April 1979 auf den Markt und die Verkäufe zogen unmittelbar an. Sony erkannte schnell, dass die Kunden das Produkt als etwas sehr Persönliches betrachteten. Daher wurden die meisten Geräte dann doch nur zum Hören für eine Person hergestellt. Die Preise, die am Anfang noch bei über 200 € lagen, fielen mit steigendem Umsatz. Über 100 Millionen Stück wurden verkauft. Konkurrenzunternehmen drängten auf den Markt, weil Sony das Produkt in der Annahme, es wäre nicht patentierbar, auch nicht patentiert hatte. Andreas Pavel, der Inhaber des hier gezeigten Patents, begann ab 1990 in Großbritannien und anderswo rechtliche Schritte einzuleiten. Die Prozessgeschichte ist kompliziert, doch am Ende verlor er sein britisches Patent, weil seine Erfindung entsprechende Vorgänger hatte.

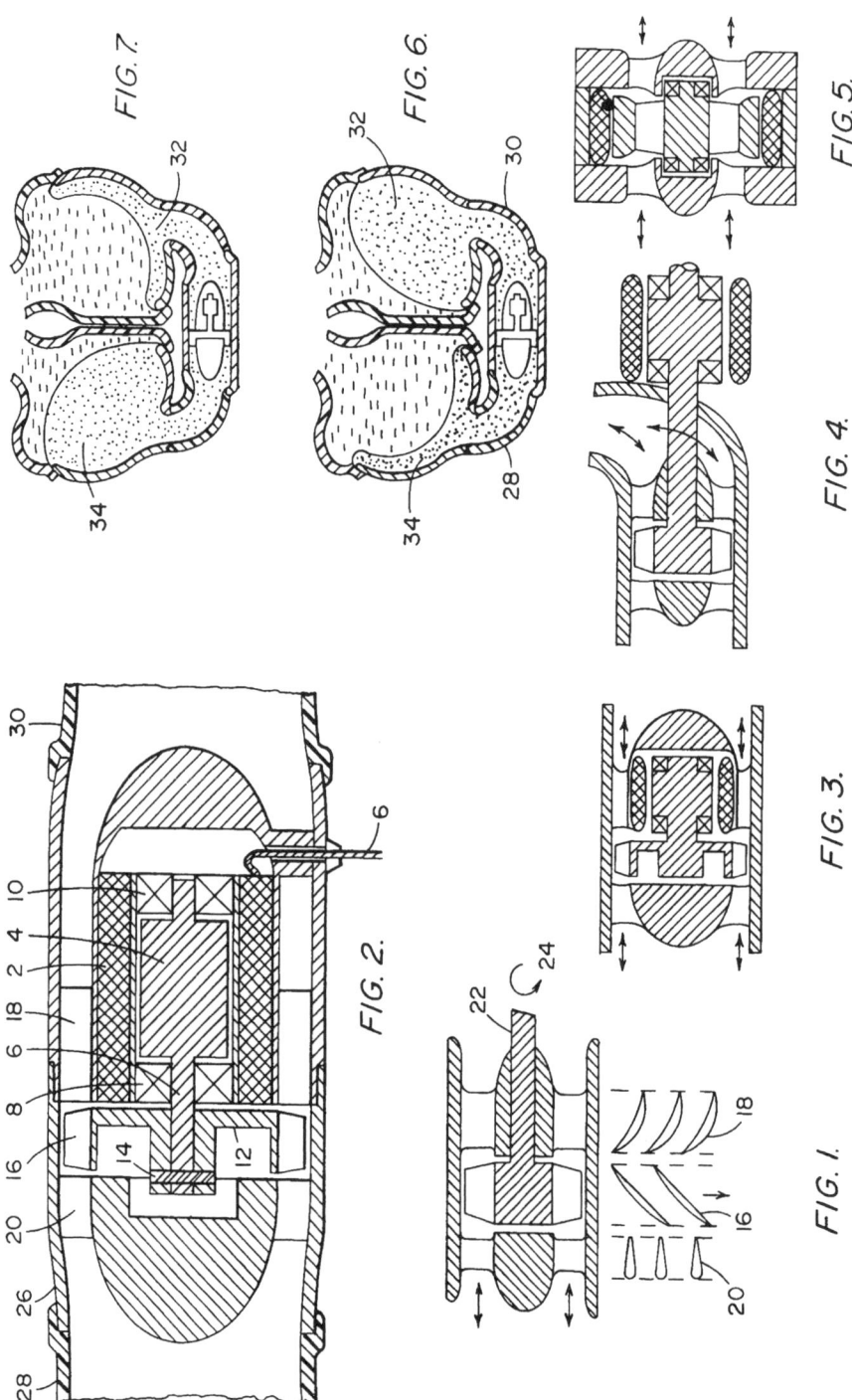

FIG. 7.

FIG. 6.

FIG. 5.

FIG. 4.

FIG. 3.

FIG. 2.

FIG. 1.

DAS KUNSTHERZ

Robert Jarvik für die »University of Utah«, beide Salt Lake City, Utah
Angemeldet am 9. Dezember 1977 und als US 4173796 veröffentlicht

Robert Jarvik ist ein Pionier auf dem Gebiet der neuen Technologie der Kunstherzen. Die erste Transplantation eines menschlichen Herzens wurde 1967 durchgeführt, aber es hat auch zu dieser Zeit schon Versuche gegeben, ein Kunstherz zu entwickeln, das das menschliche Herz ersetzen oder unterstützen würde.

Zu Beginn seines Patents beschreibt Jarvik in einem ausführlichen Überblick, was sich auf diesem Gebiet bereits getan hatte. Über hundert amerikanische Patente zu Kunstherzen waren bereits vergeben worden, außerdem gab es Versuche zur Schaffung einer mechanischen Herzscheidewand wie in dem Patent US 3896501; dabei ersannen viele ganz unterschiedliche Energiequellen, die Jarvik zitiert. Er erwähnt auch die vielen Faktoren, die bei der Entwicklung eines Kunstherzes zu beachten sind, einschließlich der Verhinderung von Abstoßungsreaktionen des Körpers, der Vermeidung von zu starker Hitzeentwicklung und der Unterdrückung eines zu starken Geräuschpegels. Seine Arbeit, die, wie er schreibt, an Kälbern getestet wurde, war gedacht zur Unterstützung kranker Herzen, vielleicht als Vorbereitung für ein Transplantat statt eines vollständigen Austausches des Herzens. Ein Kunstherz besteht zugleich aus der Pumpe selbst und aus einem Gerät zur Energieerzeugung, doch setzte Jarvik in diesem Patent eine externe Energieversorgung voraus.

Jarvik beschreibt die Vorteile des von ihm beantragten Herzes ungewöhnlich detailliert. Die Zeichnungen auf der gegenüberliegenden Seite zeigen in Fig. 1 eine Axialpumpe mit einem bürstenlosen Gleichstrommotor. Ein schematisches Diagramm (Fig. 2) zeigt, wie diese Pumpe in sein System integriert ist. Eine Axialpumpe wird normalerweise nur in vergrößerten Modellen benutzt und für sein kleines Gerät wäre sorgfältige Ingenieursarbeit nötig. Dennoch zieht er sie den häufiger benutzten und einfacheren Kreiselpumpen vor, weil mit der Axialpumpe die Fließrichtung veränderbar ist, wie in Fig. 1 dargestellt. Punkt »22« zeigt das »Gebläse« und »24« die Rotation. Durch Umkehrung der Rotation kehrt sich auch die Fließrichtung um. Das Patent ist sehr ausführlich und kann daher hier nicht in allen Details erläutert werden. Das Herz arbeitet durch den Wechsel von Anspannung und Entspannung der Muskeln. Fig. 6 und Fig. 7 zeigen das Herz mit dem implantierten Gerät (jeweils unten), das sich in einem Beutel mit einer »hydraulischen Flüssigkeit«, vorzugsweise Wasser, befindet, hier als »34« markiert. Die Pumpe imitiert mit elektronischer Unterstützung das Herz. Die beiden Abbildungen zeigen, wie sich der Beutel ausdehnt und zusammenzieht, um so das Blut hinein- und hinauszudrücken.

Das Modell »Jarvik-7« war das erste, das 1982 eingesetzt wurde, um ein Herz zu ersetzen. Der Patient starb drei Monate nach der Operation. Auch die nächsten Patienten überlebten nicht lange und das Experiment wurde abgebrochen. Bei vielen Patienten ist es zu Schlaganfällen gekommen. Jarvik forscht immer noch auf diesem Gebiet und hat erst kürzlich sein »Jarvik-2000«-Modell vorgestellt. Es ist daumengroß und über ein sehr dünnes Stromkabel mit einem münzgroßen Sender verbunden, der hinter dem Ohr in den Schädel geschraubt wird. Ein Batteriegürtel wird um die Hüfte getragen. Die Implantation eines solchen Geräts kostet £ 50000, was sich teuer anhören mag, doch im Vergleich zu den Pflegekosten für einen herzkranken Patienten nicht viel Geld ist.

1/3

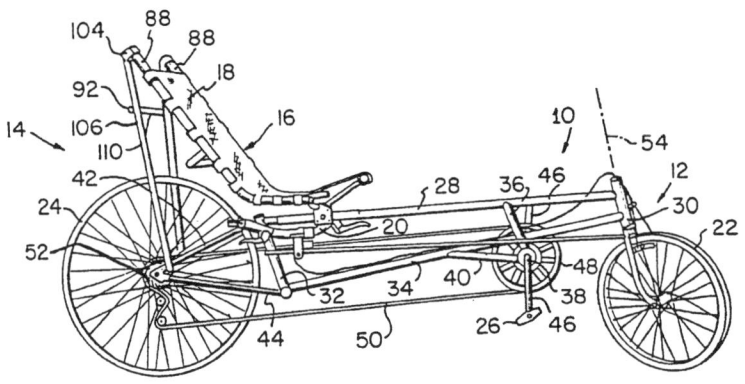

FIG. 1

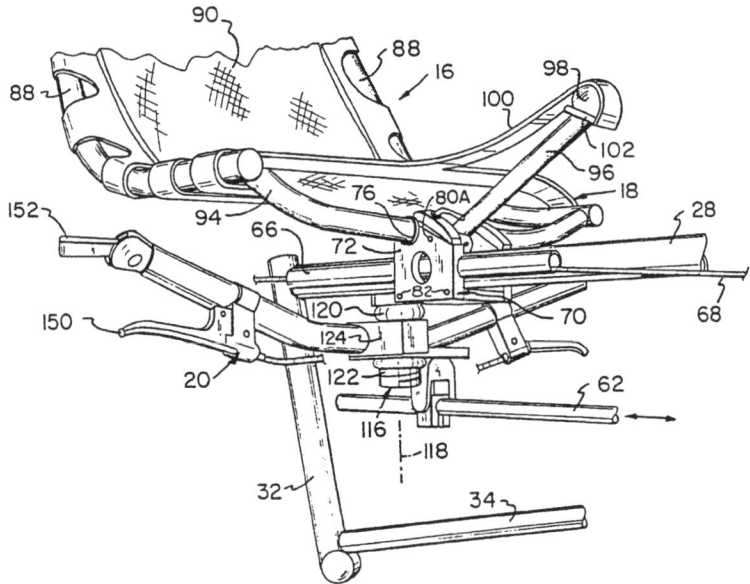

FIG. 2

Das Liegerad

Richard Forrestal, Wilmington, und David Gordon Wilson, Cambridge, für »Fomac Inc.«, Wilmington, alle in Massachusetts. Angemeldet am 26. Dezember 1979 und als WO 81/01821 und US 4283070 veröffentlicht.

Man hat viel geforscht, um das Fahrrad zu verbessern, diese effizienteste aller bekannten Methoden zur Umwandlung menschlicher Energie in Leistung. Die meisten Patente betreffen kleinere Veränderungen und dienen oft nur einem besonderen Fahrradtyp, etwa Stoßdämpfer für Mountainbikes (US 5429344) oder Lenkstangen für Rennräder (US 5145094). Seltener sind die Versuche, das Design des Fahrrads grundlegend zu verändern. Einer davon war das so genannte »Moulton bicycle« (GB 907467), dessen Merkmale nicht nur kleinere Räder waren (die den Widerstand reduzierten), sondern auch eine grundlegende Neugestaltung der Funktionsweise des Rahmens. Harry Bickertons Klapprad (GB 1460565) ist eine elegante Lösung für ein Fahrrad, das leicht zusammengeklappt und an den Lenkergriffen herumgetragen werden kann. Außerdem gibt es die Patente WO 97/29008 für ein »Segel- und Pedalbetriebenes Fahrzeug« und US 5342074 für eine Art Tandem, auf dem die Fahrer Seite an Seite auf zwei miteinander verstrebten Rahmen sitzen.

Ein anderer Neuansatz, der wohl auf das Patent US 690733 von Harold Jarvis aus dem Jahr 1901 zurückgeht, ist der Versuch, das ganze Konzept neu zu gestalten, indem der Radfahrer eine liegende Position statt einer aufrecht sitzenden einnimmt. Solche Modelle sieht man nun immer öfter auf den Straßen. Das hier gezeigte Patent ist ein gutes Beispiel für diese Neukonzeption, auch wenn es zahlreiche Varianten gibt. Der Patentantrag im engeren Sinne bezieht sich auf die Verstellbarkeit des Sitzes, der in unterschiedliche Entfernung zu den Pedalen gerückt werden kann, je nach Größe des Fahrers. In der Patentschrift werden jedoch zahlreiche Gründe angeführt, warum das Design grundsätzlich besser ist als das des gewöhnlichen Fahrrads. Die wichtigsten sind der Fahrkomfort (vor allem auf langen Strecken, weil sich der Fahrer anlehnen kann) und die Sicherheit. Der tiefere Schwerpunkt und die Position des Fahrers haben den Vorteil, dass man bei einem Auffahrunfall oder einem drohenden Zusammenstoß leichter bremsen kann, dass sich die Sturzgefahr verringert und der Fahrer sich leichter mit beiden Füßen abstützen kann und dass die Füße bei einem Unfall den Stoß besser auffangen als etwa der Kopf oder der Körper. Außerdem lassen sich enge Kurven leichter fahren, weil die Pedale höher liegen und nicht so schnell den Boden berühren. Kurios ist lediglich die Bemerkung zur »Leichtigkeit, mit der sich die Fahrer mit Autofahrern verständigen können«. Anspruch auf höhere Geschwindigkeiten wird dagegen nicht erhoben.

Der größte Nachteil liegt wohl im seltsamen Anblick und dem häufig beanstandeten Risiko, mit dem Kopf näher am Boden zu fahren. Es gibt drei Hauptarten von Liegerädern: solche mit weitem Radstand (wie das hier gezeigte), solche mit kurzem und solche, bei denen die Pedale vor dem Vorderrad angebracht sind (statt wie üblich dahinter). Eines von diesen (US 4659098) gehört zu den selteneren Halb-Liegerädern, bei denen das Vorderrad wesentlich kleiner ist als das Hinterrad und die Beine des Fahrers in einem Winkel von 45° zu den Pedalen stehen.

本発明の原理は、風のエネルギーを単に機械的エネルギーに変換する農場型風車装置にも応用することができる。

以上詳述したように、本発明によれば、タワーに昇降機構を付設し、この昇降機構における受台によってタワー上のナセルを昇降させ得るように構成したので、強風時におけるローターブレードや回転系の保護及びナセルの保守、点検等を確実且つ安全に行うことができ、しかもナセルを鉛直に固定して受台を昇降させるようにしたので、長大なローターブレードを取付けたままでナセルを容易に昇降させることができる。

4. 図面の簡単な説明

第1図は本発明に係る風力原動機の平常運転状態の斜視図、第2図はナセルを降下させた状態の斜視図である。

　　1 ••• タワー、　2 ••• ナセル、　3 , 15 ••• 座、

　　5 ••• ローターブレード、　　8 ••• 水平軸、

　　9 ••• 基台、　　　　　12 ••• 受台。

指定代理人

　　工業技術院機械技術研究所長

　　　　　本　田　冨　士　雄

第 1 図

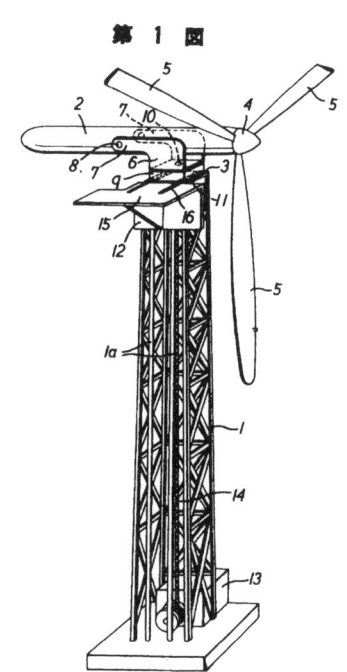

Die Windkraftanlage

Minoru Abe, Kashiwa, für die »Agency of Industrial Science and Technology, Tokio, beide in Japan.
Angemeldet am 7. April 1980 und als JP 56-143369A und US 4311434 veröffentlicht

Wind wird schon seit Jahrtausenden zur Energie-Erzeugung genutzt. Erst im letzten Jahrhundert jedoch hat man begonnen, umfangreiche Forschungen zu möglichen Veränderungen der klassischen Windmühlenidee anzustellen. Moderne Windanlagen lassen sich in zwei Hauptkategorien unterteilen: fest installierte Dreiblatt-Anlagen, die so in Windrichtung aufgestellt sind, dass sie die jeweils vorherrschenden Winde nutzen, und Zweiblatt-Anlagen, bei denen der Wind von hinten kommt und die in der Regel drehbar sind, um Winde aus verschiedenen Richtungen zu nutzen. In beiden Fällen stehen die Anlagen typischerweise an Küsten oder auf Bergen in windigen Gegenden. Die Rotorbewegung dreht eine Welle, die einen Generator antreibt. Ein Regler verhindert bei starkem Wind eine zu schnelle Rotorbewegung, die sonst zu Schäden führen würde. In gewissem Sinn ist eine Windanlage das Gegenteil eines Haartrockners: Ein Föhn verwendet Strom, um Wind zu erzeugen, statt umgekehrt Wind zu verwenden, um Strom zu erzeugen. Die größeren Windkraftanlagen können bis zu 750 kW Strom generieren, was für die Versorgung von 300 Haushalten ausreicht – vorausgesetzt, der Wind weht ununterbrochen. Es gibt auch andere Modelle wie etwa das Patent DE 19719114, bei dem zwei vertikale Windkraftanlagen in Form eines riesigen H miteinander verbunden sind.

Eine andere weit verbreitete Idee ist die Verwendung von senkrechten Röhren mit Tragflächen, an denen ein verminderter Luftdruck Energie erzeugt (im Grunde das Prinzip, das auch Flugzeuge in der Luft hält). Solche Röhren hat man als Hauptantrieb für Schiffe vorgeschlagen, weil damit jede Windrichtung ausgenutzt werden kann. Ein Beispiel dafür ist das Patent US 5709419. Weniger typisch sind Patente wie DE 19708624, das vorschlägt, zur Ausnutzung des so genannten Nachstroms Windkraftanlagen auf Autos und Zügen zu installieren (Achtung bei Brücken), sowie das spektakuläre Patent US 5669758, bei dem ein riesiges Tuch den Wind in die Anlage schleusen soll.

Oft werden Windkraftanlagen nebeneinander gruppiert und heißen dann Windfarmen. Das Patent CH 668623 ist eine interessante Anordnung einer Vielzahl von Windrädern an sechs Armen eines Hauptgerüsts. Dabei muss natürlich sichergestellt sein, dass jedes Windrad tatsächlich in den Wind gerichtet ist und dass der Wind, der dort auftreffen soll, nicht durch andere Windräder blockiert ist. Die Anlagen in Dänemark und Kalifornien, den Regionen mit den meisten Windrädern, sind jedoch normalerweise in Reihen aufgestellt.

Das hier abgebildete Beispiel ist ungewöhnlich, weil die tragende Konstruktion nicht in einer glatten Ummantelung eingeschlossen ist. Abe argumentiert, dass auch mit eingebauten Bremsreglern bei starken Stürmen ein Schadensrisiko besteht und dass bei Bauwerken, die 50 m oder höher sein können, Probleme bei der Wartung und Reparatur auftreten. Das stromlinienförmige Gehäuse »2« ist drehbar um »8« und kann samt Rotorblättern auf der Platte »12« bis in Bodennähe abgesenkt werden (entlang der Führungsschienen »1a« über ein Seil an Winde »13«, die von einem Elektromotor angetrieben wird). Das Gehäuse steht dann senkrecht mit den Rotorblättern darüber, die in dieser Position leicht gewartet und vor Sturmschäden geschützt werden können. Abgesehen davon, dass Windkraftanlagen bei Windstille nicht funktionieren, sind sie von Umweltschützern wegen der Lärmbelästigung, der Verletzungsgefahr durch abbrechende Rotorblätter und weil sie das Landschaftsbild etwa auf Bergketten stören kritisiert worden.

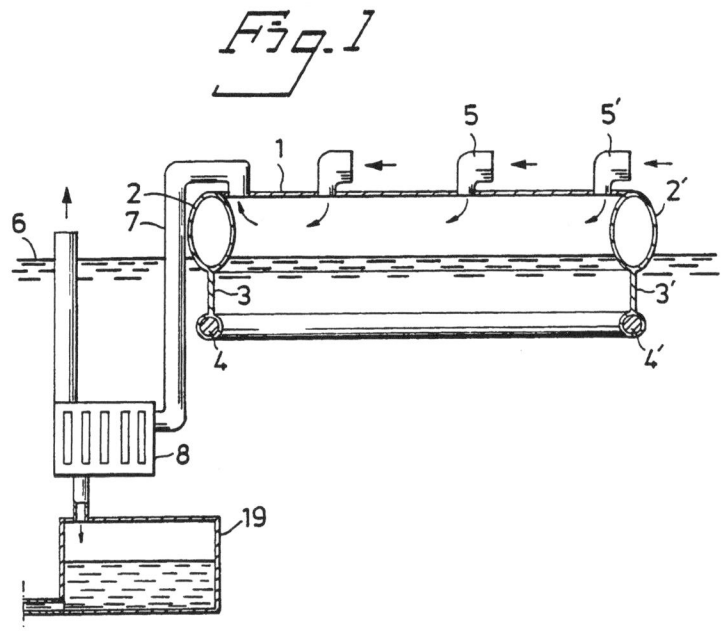

Fig.1

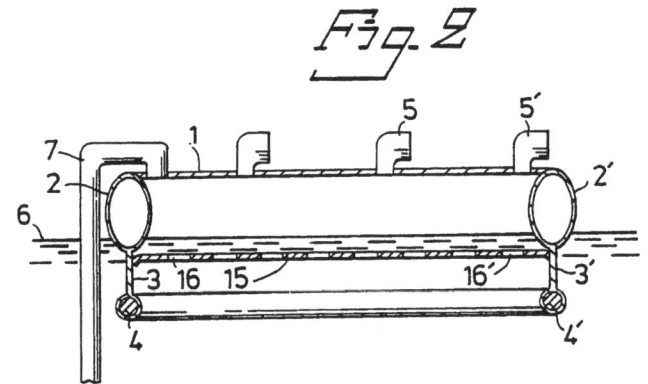

Fig.2

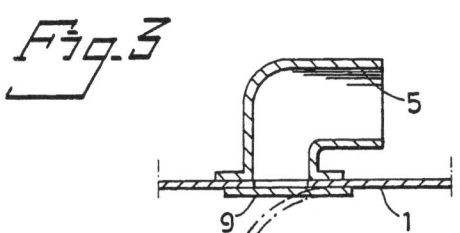

Fig.3

Die Wasserentsalzung

Sven Gibelius, Bromma, Schweden

Angemeldet am 15. März 1984 und als WO 85/04159 veröffentlicht

In vielen Teilen der Welt gibt es einen immer größeren Mangel an Wasser für die Landwirtschaft, die Industrie und auch für den Eigenbedarf. In einigen dieser Gegenden gibt es eigentlich Wasser im Überfluss, nur ist es meist Meerwasser oder zumindest Brackwasser. Die konventionellen Verfahren zur Entsalzung dieses Wassers benötigen viel Energie. Es gibt zwei verschiedene Methoden. Die eine arbeitet mit Vielkörper-Verdampfern, bei denen das Meerwasser in langen vertikalen Röhren verdampft wird. Der Dampf wird zum Abkühlen und Kondensieren abgeleitet und die übrige Hitze zur nächsten Röhre weitergeleitet, wo dasselbe mit weniger Hitze und Druck passiert (bei vermindertem Druck kocht das Wasser bereits bei tieferen Temperaturen). Das geht von Röhre zu Röhre so weiter. Da dem System nur zu Beginn Hitze zugeführt wird, ergeben sich Einsparungen bei den Energiekosten. Die andere Methode arbeitet mit Schnellverdampfern und eignet sich besser für größere Anlagen. Erhitztes Meerwasser wird in einen Tank gesprüht, der unter vermindertem Druck gehalten wird, sodass es ebenfalls zur Verdampfung mit relativ wenig Hitze kommt. Ein ernsthaftes Problem ist das Entstehen von Ablagerungen, besonders bei hohen Temperaturen.

Kleinere Anlagen werden in heißen Klimazonen meist mit Solarenergie betrieben. Kennzeichnend dafür ist, dass Wasser in dunklen Plastikplanen verdampft, an einer oberen Plane kondensiert, hinunterfließt und sich in Kesseln sammelt. Bei anderen Methoden – normalerweise für Brackwasser mit geringerem Salzgehalt – werden Membranen benutzt, durch die nur Süßwasser dringt, wofür wie bei dem Patent EP 82705 die umgekehrte Osmose oder wie bei dem Patent US 4776171 die Elektro-Dialyse angewendet wird. Weniger üblich ist wie bei dem Patent US 5160634 der Einsatz von Lasern, um die Ionen zum Schwingen zu bringen. Es gibt viele Patente für schwimmende Solaranlagen wie etwa US 4959127 zur Wassergewinnung auf dem Meer, vielleicht für Notsituationen. Oft wird dabei der Temperaturunterschied zwischen dem Wasser in der Anlage und dem umgebenden Meerwasser oder der Luft ausgenutzt. Solaranlagen sind von geringem Nutzen bei bewölktem Himmel oder in der Nacht, weshalb dann Methoden zur Verstärkung der Hitzeentwicklung gefragt sind. Es gab auch andere Projekte wie etwa die Wassergewinnung aus dem Morgennebel mit Hilfe von Netzen, wie dies in Namibia versucht worden ist.

Das hier gezeigte Beispiel ist nur eine von vielen Ideen. Der aufgeblähte Tank »1« wird durch das Gewicht »4« (mit einer Plane »3« dazwischen) an seinem Platz gehalten. Die Hitze auf der Oberseite lässt das Wasser verdampfen, das durch »7« in den Tank »8« läuft, wo es, da umgeben von kühlerem Meerwasser, kondensiert und in Tank »19« fließt. Gibelius schlägt auf der Oberseite die Installation von Linsen vor, um die Hitze noch wirkungsvoller auf den Tank zu richten. Die Lufteinlässe »5« sind dafür bestimmt, Luft durch und über das Wasser zu leiten und so mit Hilfe von Ventilen die Verdampfung zu steigern.

(12) **UK Patent Application** (19) **GB** (11) **2 166 445 A**

(43) Application published **8 May 1986**

(21) Application No **8525252**

(22) Date of filing **14 Oct 1985**

(30) Priority data

(31) **8428491**	(32) **12 Nov 1984**	(33) **GB**
8505744	**6 Mar 1985**	
8518755	**24 Jul 1985**	
8522135	**6 Sep 1985**	

(71) Applicant
**Lister Institute of Preventive Medicine (United Kingdom),
Royal National Orthopaedic Hospital, Brockley Hill,
Stanmore, Middlesex HA7 4LP**

(72) Inventor
Alec John Jeffreys

(74) Agent and/or Address for Service
R. G. C. Jenkins & Co., 12-15 Fetter Lane, London EC4A 1PL

(51) INT CL⁴
C12N 15/00 // C12Q 1/68

(52) Domestic classification
C3H B2
U1S 1334 1337 C3H

(56) Documents cited
None

(58) Field of search
C3H
**Selected US specifications from IPC sub-classes C12N
C12Q**

(54) **Polynucleotide probes**

(57) The invention provides for improved identification of individuals, species etc. by making use of the existence of DNA regions of hypervariability, otherwise called minisatellite regions in which the DNA contains tandem repeat of quasi-block copolymer sequences. The number of repeats or copolymer units varies considerably from one individual to another. Many such regions can be probed simultaneously in such a way as to display this variability using a DNA or other polynucleotide probe of which the essential constitutent is a short core sequence, 6 to 16 nucleotides long, tandemly repeated at least 3 and preferably at least 10 times. The probing reveals differences in genomic DNA at multiple highly-polymorphic minisatellite regions to produce an individual-specific DNA "fingerprint" of general use for genetic identification purposes, paternity and maternity testing, forensic medicine and the diagnosis of genetic diseases and cancer.

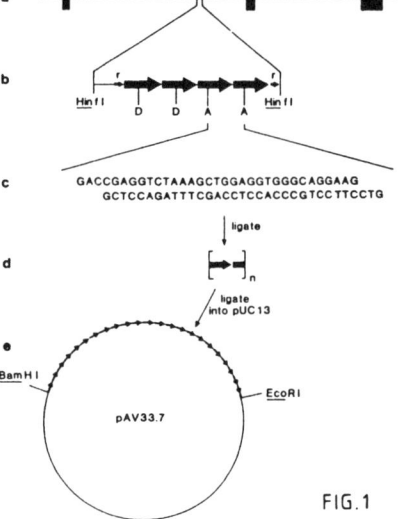

FIG.1

The drawings originally filed were informal and the print here reproduced is taken from a later filed formal copy.

DER GENETISCHE FINGERABDRUCK

Alec John Jeffreys, Leicester, England, für das »Lister Institute of Preventive Medicine«, London, England
Angemeldet am 12. November 1984 und als GB 2166445, EP 186271 und US 5413908 veröffentlicht

Die Identifizierung von Straftätern durch Beweismittel wie Blut-, Samen- oder Hautspuren, die man am Tatort gefunden hat, war seit langem das ehrgeizige Ziel polizeilicher Laboratorien. Die Tatsache, dass die in den Körperzellen enthaltene DNS dies ermöglicht, wurde zufällig von Alec Jeffreys entdeckt.

Man hatte festgestellt, dass die DNS bestimmte Sequenzen oder Stränge aufweist, die zur Funktion eines Gens zwar nichts beitragen, sich aber dennoch in ihm wiederholen. Man nennt diese Stränge »Minisatelliten«. Jeder Organismus, außer der von Zwillingen, hat seine unverwechselbaren Strukturen. Die Technik des genetischen Fingerabdrucks ist komplex. Zuerst wird die DNS durch Enzyme in bestimmte Sektionen unterteilt. Die Fragmente werden auf ein Gel platziert, das dann elektrischem Strom ausgesetzt wird. Diese doppelsträngigen Fragmente werden in einzelne Stränge geteilt und auf ein Stück Nylon übertragen. Sie werden einer synthetischen DNS ausgesetzt, welche die Minisatelliten an sich bindet. Dann werden sie geröntgt und der Film wird belichtet. Dunkle Streifen oder Codes zeigen schließlich die Minisatelliten, fast wie Strichcodes auf Lebensmittelverpackungen. Es ist die Anordnung, das Muster dieser dunklen Stellen, die unverwechselbar ist.

Die Wahrscheinlichkeit, dass zwei Individuen exakt miteinander übereinstimmen, beträgt eins zu eine Million. Gleichzeitig weisen verwandte Individuen zahlreiche Ähnlichkeiten auf. Die Technik wird eingesetzt, um Straftätern auf die Spur zu kommen oder familiäre Beziehungen zu überprüfen. Sie dient auch medizinischen Zwecken. Zur Strafverfolgung wurde das Mittel des genetischen Fingerabdrucks zum ersten Mal am 5. Januar 1987 von der Polizei in Leicester-

shire eingesetzt. Zwei Schulmädchen waren in zwei Dörfern vergewaltigt und erwürgt worden. Da man es für sehr wahrscheinlich hielt, dass der Mörder ein Ortsansässiger war, erbat man Blut- und Speichelproben von über 5000 Männern. Nur zwei Männer weigerten sich. Einer der beiden, Colin Pitchfork, der nunmehr massiv bedrängt wurde, dem Test doch noch zuzustimmen, bestach einen Arbeitskollegen, den Test in seinem Namen zu machen. Als dieser Kollege den Betrug später zugab, wurde Pitchfork einem DNS-Test unterzogen, vor Gericht gestellt und zu zweifach lebenslanger Haft verurteilt.

Seitdem werden zur Überführung oder Identifizierung von Kriminellen DNS-Beweisproben benutzt, die bis ins Jahr 1970 zurückreichen und seitdem aufbewahrt werden. Großbritannien führt seit Mitte der 1990er Jahre eine Datenbank von DNS-Beweismitteln von allen verurteilten Kriminellen, die mittlerweile auf über 500000 Einträge angewachsen ist. Jeder Angeklagte, der vor Gericht gestellt werden soll, wird routinemäßig einem Check auf Übereinstimmung mit der Datenbank unterzogen. Im Fall der Verurteilung wird sein Profil der Datenbank hinzugefügt. Bei einem Freispruch wird es vernichtet. Für Fälle von Mord und Vergewaltigung sind Straftäter rückwirkend bis ins Jahr 1970 überführt worden, sofern die Beweismittel aufbewahrt wurden. Das britische Patent wurde 1986 exklusiv in Lizenz an »ICI« (später das abgespaltene Unternehmen »Zeneca«) vergeben.

FIG. 1

24
10
14
98
94
124
102
100
116
SPLAT
26'
26''
16
144
26'''
18
DATA
CPU
VIDEO CONTROL
22
20
PROGRAM
72
74
76
60
70
INPUT INTERFACE
46
12
28
30
32
48
34
36
38
60
50
58
40
2
42
2
44
52
54
56
62

FIG. 2

58
54
42
66
56
58
62
64
64

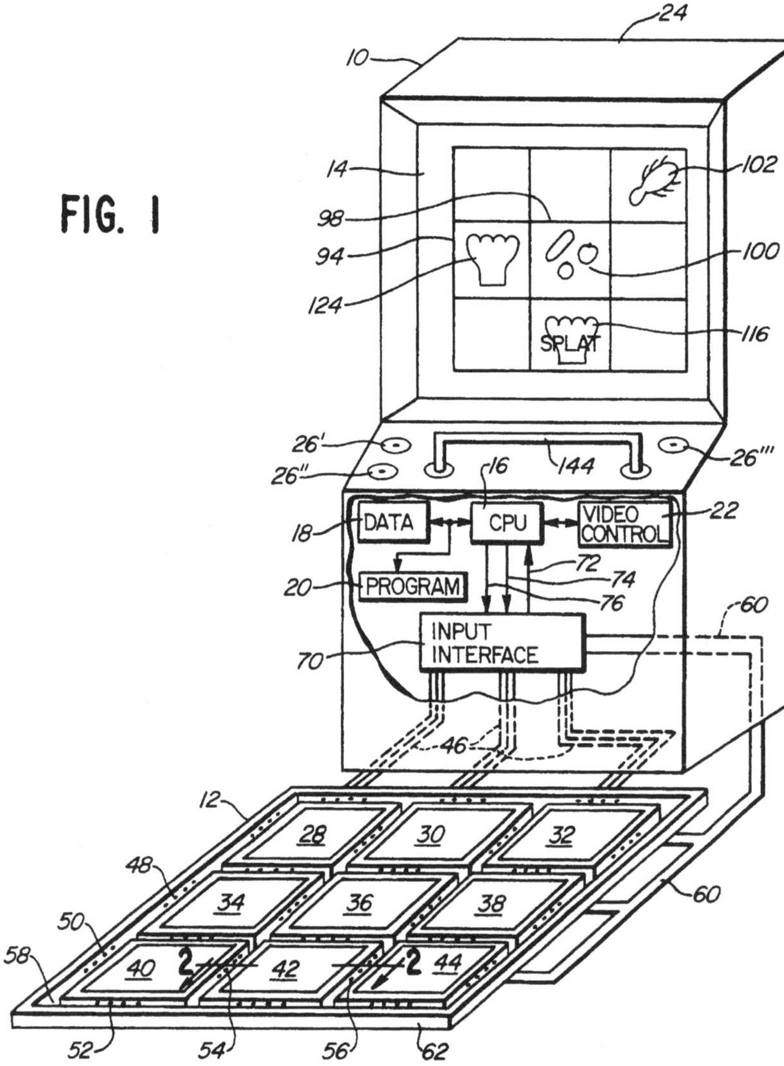

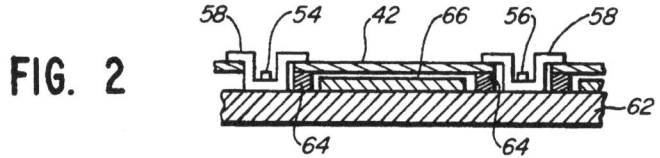

DAS VIDEOSPIEL

*Roger Hector, Saratoga, Nolan Bushnell, Woodside, Howard Delman, San Jose, Edward Rotberg, Los Altos, und
Jon Kinsting, San Jose, alle in Kalifornien, für die »Bally Manufacturing Company«, Chicago, Illinois
Angemeldet am 31. Oktober 1985 und als US 4720789 veröffentlicht*

Das Videospiel hat sich ein Physiker ausgedacht, der 1958 den jährlichen Tag der offenen Tür am »Brookhaven National Laboratory« in Upton, Long Island, vorbereitete. Willy Higinbotham wollte das Ereignis – das zeigen sollte, dass die Mitarbeiter dieser Nuklearforschungseinrichtung nachts nicht etwa leuchteten – unterhaltsamer machen als mit nur unbeweglichen Ausstellungsstücken. Er dachte an die Herstellung eines einfachen Spiels aus einem Oszilloskopen, einem Messinstrument, das viele wellenförmige Linien produziert. Er verband diesen mit einem Schwarzweißfernseher und ließ auf dem Bildschirm einen springenden Ball erscheinen. Während Higinbotham nach weiteren Elementen suchte, die er benutzen konnte, konstruierte er innerhalb von zwei Wochen ein einfaches Spiel. Jeder Spieler hatte einen »Schläger«, mit dem er einen Ball über ein »Netz« hin und herspringen lassen konnte. Es gelang Higinbotham sogar, Bälle, die das Netz berührten, zurückspringen zu lassen. Am Ende standen dann Hunderte von Leuten Schlange, um das Spiel auszuprobieren. Im nächsten Jahr richtete Higinbotham das Spiel für einen größeren Bildschirm ein und stellte zur Wahl, es entweder auf dem Mond (bei niedriger Schwerkraft) oder auf dem Jupiter (bei hoher Schwerkraft) zu spielen. Wieder war es ein großer Erfolg.

Jahre später fragten ihn seine Kinder, warum er und die Familie keine Millionäre geworden seien. Higinbotham hatte das Spiel nicht patentiert, weil er für die Regierung arbeitete und annahm, dass er ohnehin keine Tantiemen bekäme. Die Erfindung des Videospiels wird oft Nolan Bushnell zugeschrieben, wahrscheinlich für sein 1972 angemeldetes Patent US 3793483. Er erfand »Pong« (das Higinbothams Konzept ähnelte, aber zusätzliche Schläger hatte) und gründete »Atari«, die erste Firma zur Verwertung der Technologie. Eines von Bushnells interessanteren Patenten (jedenfalls für Laien) ist das hier abgebildete. Im Patent heißt es, dass es »den Vorteil gesunder Bewegungen« biete. Die druckempfindlichen Blöcke stimmen mit den Quadraten auf dem Bildschirm überein. Die Elektronik registriert den Druck der Füße. Im hier gezeigten Bildschirm-Beispiel kann ein Käfer »102«, der versucht an die Nahrung »100« zu gelangen, durch den Fuß »124« abfangen werden, der bereits den Käfer »116« erledigt hat.

Die Spielzeugindustrie ist auf diesem Gebiet äußerst rege gewesen, wobei japanische Firmen führend sind. Rasante Entwicklungen haben zu Spielen wie »Space Invaders« aus dem Jahr 1978 geführt, oder zu »Pac Man« aus dem Jahr 1983, die inzwischen als sehr altmodisch gelten. Moderne Spiele arbeiten mit Farbe, sind sehr schnell und werden immer realistischer – zu realistisch, wie einige meinen. Die Geschwindigkeit, mit der man die jeweilige Steuerung betätigen muss, ist möglicherweise ein gutes Training für unser heutiges Leben. Außer den Füßen werden Knöpfe, Computertastaturen und vor allem Joysticks zur Steuerung der Videospiele benutzt, wofür das Patent US 5802462 ein gutes Beispiel ist. Während Videospiele ursprünglich auf speziellen Geräten in Spielhallen gespielt wurden, manchmal von mehreren Spielern, die in einem Wettkampf gegeneinander antraten, werden sie heute immer mehr auf PCs gespielt, da man auf diesen immer besser schnelle und bunte Spiele laufen lassen kann. Die führenden Unternehmen sind Sega, Sony und Nintendo, wobei letzteres aus einer 1889 gegründeten Spielkartenfabrik hervorgegangen ist.

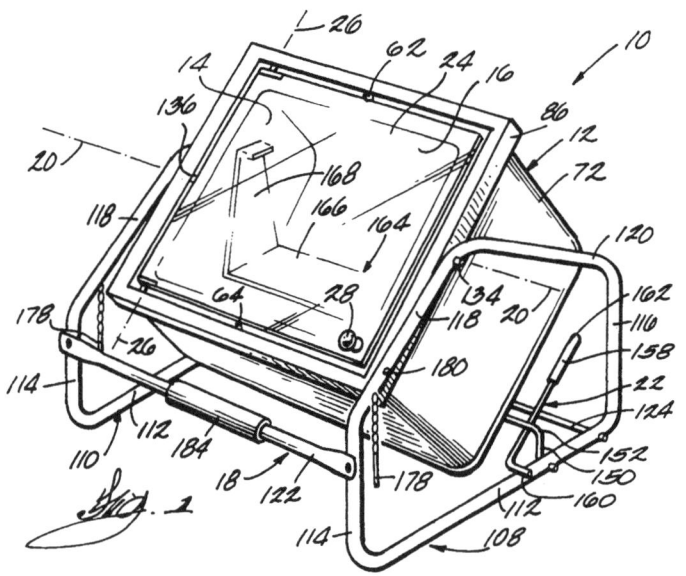

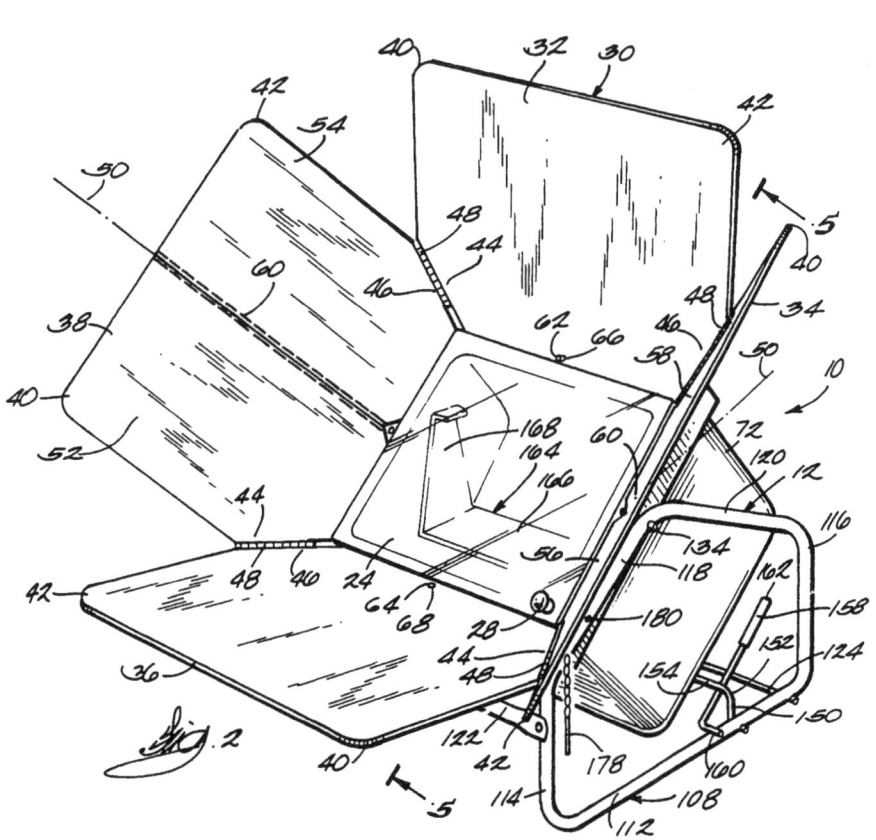

Die Solarenergie

Thomas und Cynthia Burns, Fox Point, für »Burns-Milwaukee Inc.«, Milwaukee, alle in Wisconsin. Angemeldet am 11. September 1987 und als US 4848320 veröffentlicht.

Es ist seit langem ein Traum, das Sonnenlicht zur Energie-Erzeugung zu nutzen. Die Tatsache, dass Länder in heißen Regionen oft arm sind, ist dabei ein zusätzlicher Ansporn. Leider hatte die Solarenergie immer schon große Schwierigkeiten ihren Zweck zu erfüllen, weil zum einen das Sonnenlicht auf der Erdoberfläche nur geringe Intensität hat und zum anderen die Kosten zu seiner Nutzanwendung hoch sind. So ist es zum Beispiel teuer ein Gerät zu entwickeln, das tagsüber dem Lauf der Sonne folgt. Und noch ein viel größeres Problem ist natürlich, dass nachts keine Energie erzeugt werden kann. Solarzellen verwandeln das Sonnenlicht in Strom. Zuerst meinte man, dass die einzelnen Zellen äußerst präzise gebaut und dann sehr genau nebeneinander angeordnet werden müssten, bis versehentlich ein Satz Solarzellen durcheinander geriet und daraufhin wesentlich mehr Strom produzierte. Die Sonnenstrahlen wurden also erst innerhalb des Systems hin und hergeworfen, ehe sie nach außen reflektiert wurden. Das Patent US 5833176 bezieht sich auf ihre Anwendung im Weltraum, wo es keine Nacht und daher zumindest diesbezüglich auch keine Probleme gibt. Eine allgemeinere Anwendung ist die Beleuchtung von Bushaltestellen und anderen Orten, an denen es keine Stromversorgung gibt.

Zu einem Sonnenkollektor gehört geschwärztes Metall, unter dem zur Wärmespeicherung Wasser oder eine andere Flüssigkeit entlangströmt. Die Hälfte der israelischen Haushalte verfügt zur Warmwasserproduktion inzwischen über solche Vorrichtungen. Das Patent US 5586548 bezieht sich auf einen Kollektor, der in einem Schwimmbecken treibt. Eine Variante dessen sind die so genannten Trombe-Wände im Patent FR 2578312, bei dem riesige Wasserbehälter eine Hauswand (oder Teile davon) bilden und am Tag Wärme speichern. Bei Einbruch der Dunkelheit wird die Außenseite abgeschirmt, um so den Wärmeverlust des Wassers ins Haus zu leiten. Dieselbe Idee ist auch auf Hausdächern angewendet worden. Trombe-Wände sind gut für Orte, wo es tagsüber heiß und nachts kalt ist, doch sind sie nicht gerade schön. Neben solchen »aktiven« Methoden zur Gewinnung von Sonnenenergie gibt es passive Anlagen, die lediglich aus großen, nach Süden ausgerichteten Fenstern bestehen, hinter denen etwa Kachelböden in Wintergärten die Sonnenenergie speichern. Solche Materialien sind »massiv«, das heißt, dass sie Wärme nur langsam aufnehmen und wieder abgeben, anders als Holz, wo das Gegenteil der Fall ist. Sowohl in aktiven als auch in passiven Systemen können Ventilatoren eingesetzt werden, um überschüssige Hitze auf steingefüllte Fundamente zu blasen, von denen die Wärme in der Nacht wieder aufsteigen kann.

Auf der gegenüberliegenden Seite ist die Erfindung eines Solarherdes abgebildet. Die Seitenklappen reflektieren die Wärme in die Heizkammer, vor der eine Rauchglasscheibe angebracht ist. Kritisiert wird, dass diese Art zu kochen doppelt so lange dauert wie mit einem konventionellen Herd, dass es nicht bewölkt sein darf und dass man damit leider nicht nachts kochen kann. Sie ist hervorragend für Wüstengebiete geeignet, wo es keinen Strom gibt und Feuerholz knapp ist. Reflektierende Systeme zur Steigerung der Sonneneinstrahlung können einfach sein wie in diesem Fall oder größer wie in dem Patent US 5460163, das einen Spiegel mit einem Rohr zur Dampferzeugung am Boden einsetzt – oder auch riesig wie am Mont Louis in Frankreich, wo eine Vielzahl an muldenförmigen Spiegeln zur Sonne ausgerichtet wird, die die Hitze zu einem zentralen Ofen leitet.

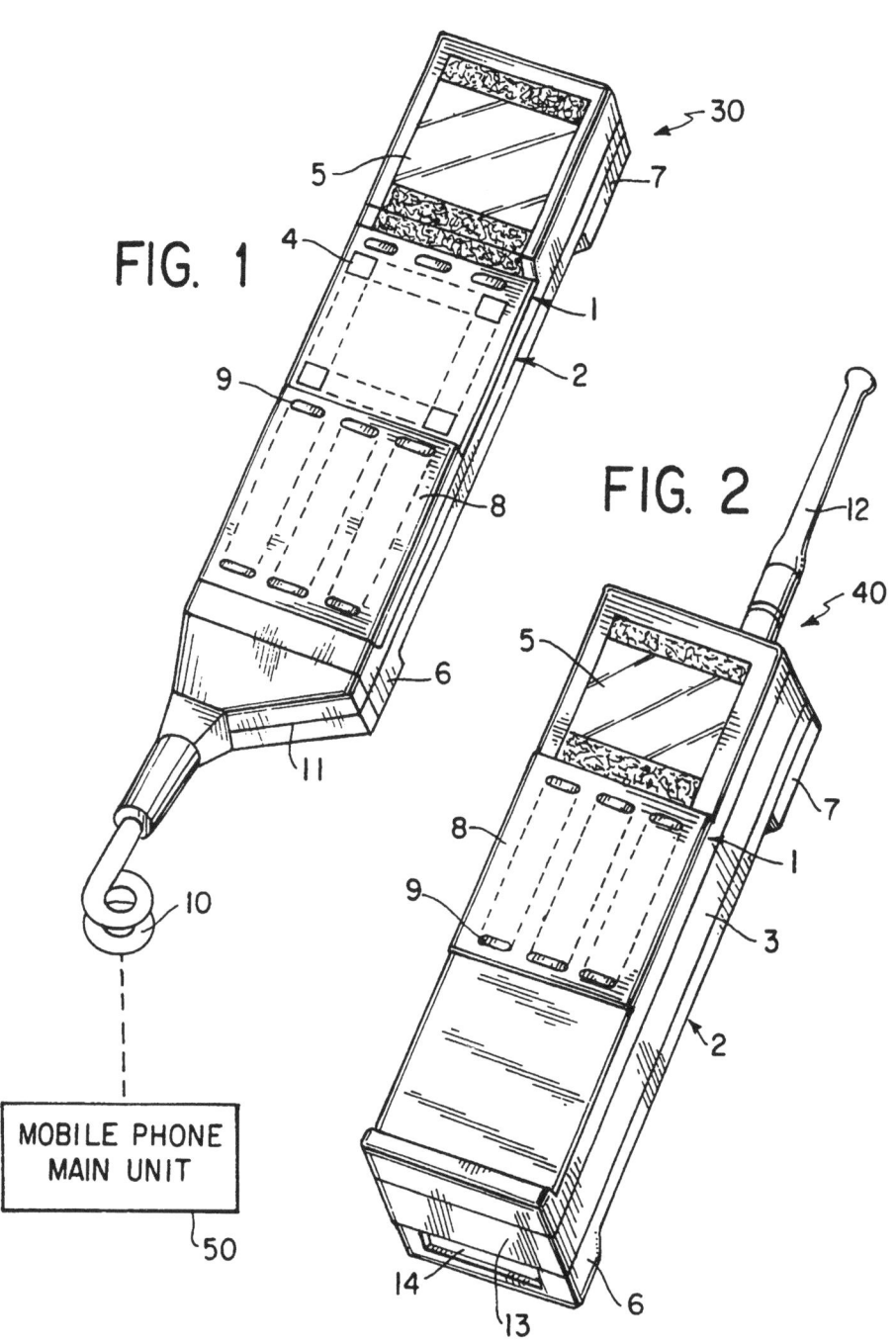

FIG. 1

FIG. 2

MOBILE PHONE
MAIN UNIT

DAS MOBILTELEFON

Jouko Tattari für »Nokia Mobile Phones Ltd.«, beide in Salo, Finnland
Angemeldet am 25. Mai 1989 und als US 5265158 veröffentlicht

Die Beliebtheit von Mobiltelefonen ist in letzter Zeit explosionsartig angestiegen. »Handys« sind praktisch zum Modeaccessoire geworden. Ursprünglich musste man damit zunächst über Funk eine Vermittlung anrufen, die einen dann mit der gewünschten Nummer verband. Heute können auf der Basis von Netzwerken aus »Funkzellen« Telefonate in oder aus den meisten bevölkerten Teilen der industrialisierten Welt geführt werden. Solche Funkzellen sind normalerweise pentagonal; nach dem Patent WO 98/53618 sollen es sechsseitige sein. Ein führendes Unternehmen im Bereich dieser Technologie ist »Nokia«, eine finnische Firma, die 1865 in der Papierindustrie begann. Das Unternehmen stieg 1965 in die Telekommunikations-Industrie ein. Finnland hat heute eine größere Mobilfunk-Dichte als jedes andere Land der Welt. Die Abbildung auf der linken Seite zeigt ein frühes Beispiel für eine »alleinstehende tragbare Telefoneinheit«. In dem Patent musste noch 1989 erst einmal erklärt werden, was Mobiltelefone überhaupt sind, wobei in Fig. 1 ein Telefon dargestellt ist, das immer noch einer Verbindung zu einem Netzanschluss und einer Telekommunikationseinrichtung bedurfte. Fig. 2 zeigt eine abgeänderte Version mit Antenne und Batterien.

Die erste Generation von Mobiltelefonen kam 1979 in Japan auf den Markt. Es gab noch keinen einheitlichen Standard und im Vergleich zu heute war die Technologie primitiv (und teuer). 1982 und 1983 wurden diese Telefone in Europa und Nordamerika eingeführt. In den frühen 1990er Jahren kam eine zweite Generation auf den Markt, die mit digitalen anstatt mit analogen Geräten arbeitete und einen gemeinsamen Standard für Europa einführte. Analoge Geräte übertragen noch Stimmen, während digitale Geräte wie ein Computer funktionieren. Sie erleichtern das Senden von Daten und sind wesentlich abhörsicherer. Vor kurzem wurde eine dritte Generation eingeführt, die mittels »WAP« (»Wireless Application Protocol«) und »WML« (»Wireless Markup Language«) die Kommunikation über das Internet ermöglicht. »Geoworks« beansprucht mit dem Patent US 5327529 das Monopol auf eine Technologie, die zwei sehr zeitgemäße Leidenschaften miteinander verbindet: Handy und Internet. Tim Berners-Lee, Erfinder der im Internet verwendeten HTML-Sprache, patentierte diese übrigens absichtlich nicht, um so ihre Verbreitung zu fördern (sonst wäre seine Erfindung in diesem Buch aufgeführt).

In Großbritannien herrscht auf dem Mobilfunk-Markt ein großes Durcheinander mit buchstäblich Millionen möglicher Tarife von unterschiedlichen Anbietern. Die rasche Verbreitung von Karten-Handys statt eines Tarifsystems hat die Lage etwas überschaubarer gemacht. Handys werden in Großbritannien mit Absicht relativ billig verkauft (für weniger als £100), obwohl die Echtkosten zwischen £200 und £500 liegen. Das Geld kommt dadurch wieder herein, dass man für die Gespräche weitaus höhere Gebühren als nötig verlangt. Karten-Handys sollen bei Kriminellen beliebt sein, weil keine Identifikation erfolgen muss und die Gespräche schwer aufzuzeichnen oder zu verfolgen sind. Ein frühes abhörsicheres Telefon ist als GB 2021355 patentiert, wobei nach den Patenten WO 98/49855 und US 5722067 vom Nutzer eine Angabe zur Person verlangt wird, um Diebe vom Gebrauch der Handys abzuhalten – eine traurige Entwicklung. Inzwischen werden Freisprecheinrichtungen beliebt, wie etwa mit dem Patent US 5841856, und der Anblick von Leuten, die umhergehen und mit sich selbst ins Gespräch vertieft sind, wird immer mehr zur Gewohnheit.

1/4

FIG.I

268

Die Fullerene

Donald Huffman, Tucson, Arizona, und Wolfgang Krätschmer, Gaiberg, Deutschland, für »Research Corporation Technologies«, Tucson. Angemeldet am 30. August 1990 und als WO 92/04279 veröffentlicht

Fullerene sind das Ergebnis eines Experiments mit Kohlenstoffmolekülen im Jahr 1985. Die Patentbeschreibung bezieht sich auf die erste Methode zur Herstellung dieser Substanz (die durch die weitere Forschung schnell abgelöst wurde) und nicht auf deren Entdeckung.

Kohlenstoffatome verbinden sich leicht mit anderen Atomen und können lange, Polymere genannte Molekülketten bilden, die in vielen Produkten wie etwa Plastikflaschen vorkommen. An der »Rice University« in Houston, Texas, führten Harold Kroto von der »Southampton University« in England sowie Richard Smalley und Robert Curl von der »Rice University« selbst ein Experiment durch. Sie wollten die Bedingungen an der Oberfläche eines Sterns simulieren, um herauszufinden, wie sich große Moleküle im Weltraum bilden könnten. In einer Helium-Atmosphäre schossen sie starkes Laserlicht auf eine Kohlenstoffoberfläche (zuerst hatten sie es mit Wasserstoff und Stickstoff, dann nur mit Stickstoff versucht). Gasförmiger Kohlenstoff verband sich dabei mit dem Helium und bildete Cluster, also Molekülagglomerate. Nachdem sie das Gas fast bis zum absoluten Nullpunkt heruntergekühlt hatten, erwiesen sich in der Spektralanalyse C60-Moleküle als die häufigsten Cluster.

C60 bedeutet, dass sich 60 Kohlenstoffatome in einem einzelnen Molekül befinden. Die Wissenschaftler hatten etwas derartiges nie gesehen. Die Atome bildeten eine strukturierte, sphärische Form, die sie an Buckminster Fullers geodätische Kuppel erinnerte, die sie 1967 in Form des Amerikanischen Pavillons auf der Weltausstellung von Montreal gesehen hatten. Sie waren nicht in der Lage, diese Form auf dem Computer nachzubilden, sodass sie stattdessen zu Schere, Papier und Klebeband greifen mussten. Sie entschlossen sich, die neue Struktur »Buckminster-Fulle-ren« zu nennen, was aus Bequemlichkeit schließlich zu dem heute üblichen Begriff »Fulleren« abgekürzt wurde. Als Alternative wurde kurz auch »Soccerene« in Betracht gezogen (nach dem englischen »Soccer« für Fußball). Im Englischen werden die Fullerene oft einfach »buckyballs« genannt. Die neu entdeckte Struktur war sicherlich interessant – aber konnte man daraus auch irgendeinen praktischen Nutzen ziehen?

Eine seltsame Eigenschaft von Fullerenen ist, dass in den Kohlenstoffatomen einige Elektronen »delokalisiert« sind, d. h. eigentlich nicht Teil der Struktur zu sein scheinen. Das bedeutet, dass damit leicht andere Atome verbunden werden können, um auf diese Weise z. B. Supraleiter oder Isolatoren zu schaffen. 1991 nahm das Thema fast überhand, da Unmengen an Artikeln über Fullerene erschienen. 1996 wurde den drei Forschern gemeinsam der Nobelpreis für Physik verliehen.

Obwohl dieser Forschungsbereich noch ganz neu ist, besteht eine vielversprechende Idee darin, die bestehende Struktur zu verändern und daraus so genannte »buckytubes« zu formen. Dies sind dünne hohle Fasern, die eine 200-mal höhere Zugfestigkeit haben als Stahl. Man kann daraus winzige Pinzetten herstellen, mit denen sich Molekülgruppen greifen lassen, oder Behälter, die kleinste Mengen an Medikamenten abgeben, oder Abschirmungen gegen Radioaktivität. Wahlweise könnten sie auch zu Molekülgerüsten werden, die bestimmte Moleküle festhalten, während sie andere von kleinerer Größe hindurchlassen. Durch die Verbindung mit anderen Atomen können Fullerene mit besonderen Eigenschaften versehen werden, die sich etwa zum Messen von elektrischem Widerstand nutzen lassen.

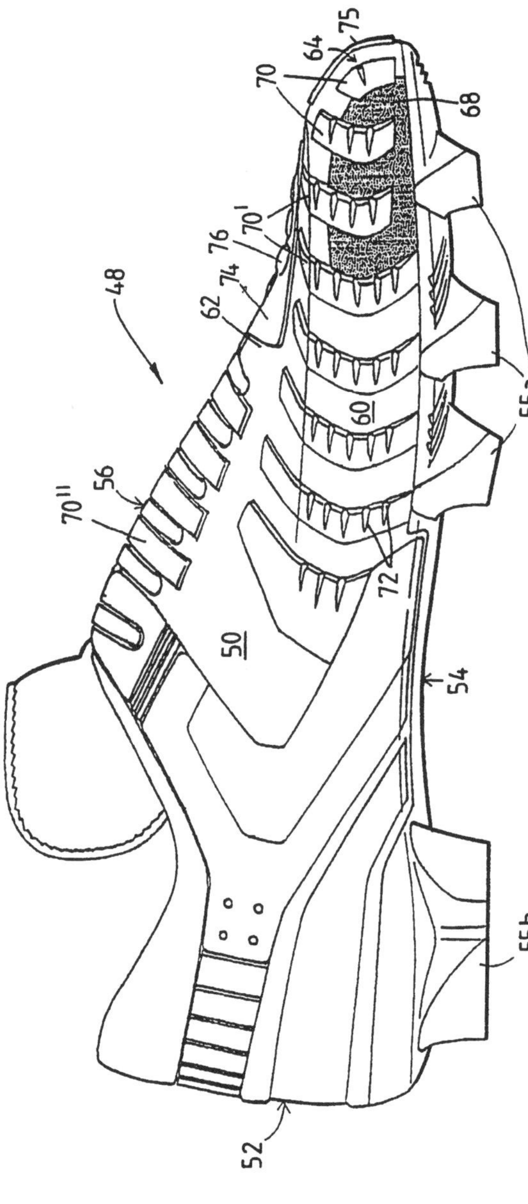

FIG.7(b)

DER ADIDAS-PREDATOR™-FUSSBALLSCHUH

Craig Johnston, Sydney, Australien, für »Zermatt Holdings«, London, England
Angemeldet am 19. Juni 1991 und als WO 92/22224, EP 544841B und US 5437112 veröffentlicht

Diese Erfindung ist ein Beispiel für die kritische Verbraucherhaltung junger Leute. Craig Johnston wurde 1960 in Johannesburg, Südafrika, geboren. Seine Familie zog nach Australien und er ging dann nach England und spielte für Middlesbrough und Liverpool Fußball. Mit 27 hörte er mit dem Fußballspielen auf und ging zurück nach Australien, um sich um seine Schwester zu kümmern, die bei einem Unfall eine Gasvergiftung erlitten hatte.

Johnston soll der Gedanke für diesen Schuh gekommen sein, als er einen Gummistöpsel auf den Boden fallen sah. Die Patentschrift, woraus der hier abgebildete Schuh stammt, ist ungewöhnlich gut geschrieben. Johnston wusste, wie schwierig es oftmals ist, den Ball richtig zu kontrollieren, besonders bei Nässe, wenn der Spieler leicht ausrutschen kann. Fußballschuhe haben, genau wie Tennisschläger, einen so genannten »sweet spot« für den besten Spielkontakt. Die Patentbeschreibung führt aus, dass es bei gewöhnlichen Fußballschuhen schwierig ist, herauszufinden, wo dieser optimale »Schusspunkt« liegt. Die Grundidee ist, zur besseren Kontrolle die Fläche, mit der der Ball in Berührung kommt, zu vergrößern. Fußbälle werden meist mit dem oberen Teil des Schuhs angenommen, der normalerweise gewölbt ist und so die Fläche zur Ballannahme verringert.

Bei diesem Schuh verformen sich unter dem Druck des Balls die in der Zeichnung als »70« bezeichneten Rippen, um so die betroffene Oberfläche zu vergrößern und damit die Flugrichtung des Balls zu kontrollieren und seine Geschwindigkeit zu erhöhen. Um die Reibung zu vergrößern, sind die Rippen aus elastometrischem Material hergestellt. Außerdem legt sich der Schuh dadurch um den angenommenen Ball herum, stabilisiert ihn weiter und macht ihn noch einfacher kontrollierbar. Der Ball wird beim Passen und Schießen normalerweise mit der Innenseite des Fußes getroffen. Die Abbildung zeigt, dass der Schuh zusätzlich mit Seitenrippen versehen ist, die gefurcht sind (»72«), um ein schnelles Verformen zu unterstützen, was ebenfalls den Ballkontakt verbessert. Im Patentantrag wird erklärt, dass die Stollen »55« auf der Unterseite des Schuhs bereits durch das frühere Patent WO 91/11929 geschützt sind.

Das Patent WO 92/22224 enthält einen Recherchebericht, der vorausgegangene Anträge zum selben Themenbereich auflistet. Die sechs angeführten Anträge reichen zurück bis ins Jahr 1960 und schließen auch zwei äußerst kurze britische Anträge ein, die nie als Patent zugelassen wurden, doch bereits die Idee beschreiben, den Ballkontakt zu verbessern. Viele moderne Patentanträge führen Rechercheberichte auf, die nützliche Quellen für ähnliche Erfindungen sind. Rechercheberichte beschränken oft den Geltungsbereich eines erteilten Patents. So auch in diesem Fall, bei dem die Zahl der Ansprüche (und damit der beantragten Monopole) von 27 bei WO 92/22224 auf 14 bei EP 544841 beschränkt wurde. Als Produkt wurde der Schuh unter dem Namen »Adidas Predator™ boot« auf den Markt gebracht. Johnston selbst wechselte später allerdings zu einem Konkurrenzunternehmen; er wurde Produkt- und Marketingleiter bei »Reebok«.

TRIFLUOROSTYRENE AND SUBSTITUTED TRIFLUOROSTYRENE COPOLYMERIC COMPOSITIONS AND ION-EXCHANGE MEMBRANES FORMED THEREFROM

Field Of The Invention

The present invention relates to trifluorostyrene based polymeric compositions. More particularly, the present invention relates to

5   polymeric compositions derived from copolymers of α,β,β-trifluorostyrene with a variety of substituted α,β,β-trifluorostyrenes. These compositions are particularly suitable for use as solid polymer electrolytes in electrochemical

10 applications, such as, for example, electrochemical fuel cells.

Background Of The Invention

A variety of membranes have been developed over the years for application as solid polymer

15 electrolytes for fuel cells and other electrochemical applications. These polymers have typically been perfluorinated aliphatic compositions, such as those described in U.S. Patent Nos. 3,282,875 and 4,330,654. These

20 compositions are very expensive membranes, and in the case of the '875 patent tend to exhibit poor fuel cell performance characteristic at high current densities. Alternatively, a series of low-cost polyaromatic-based systems have been in-

25 vestigated, such as those described in U.S. Patent Nos. 3,528,858 and 3,226,361. These materials suffer from poor chemical resistance and mechanical properties which tend to limit their use in fuel

DIE BRENNSTOFFZELLE

Jingzhu Wie, Burnaby, Vancouver, und Alfred Steck, West Vancouver, für »Ballard Power Systems«, Burnaby

Angemeldet am 21. September 1993 und als WO 95/08581 und US 5422411 veröffentlicht

Diese Erfindung reicht eigentlich bis ins Jahr 1949 und auf das Patent GB 667298 von Francis Bacon zurück, doch erst in den letzten Jahren haben sich die Kosten soweit verringert, dass die Brennstoffzelle eine ernstzunehmende potentielle Energiequelle darstellt. Statt Verbrennungsmotoren setzt man chemische Prozesse ein, um Fahrzeuge oder auch stationäre Motoren anzutreiben, die dann z. B. ein Haus mit Energie versorgen können. Die Effizienz von Verbrennungsmotoren liegt bei 15-18 %, die von Brennstoffzellen dagegen bei 40-60 %. Eine Verbindung von Wasserstoff und Sauerstoff führt zu Wasserdampf als einziger »Schadstoff«-Emission. Ein Brennstoffzellen-Motor ist außerdem leise. Beide Faktoren würden Fahrzeuge mit Brennstoffzellen zu einem Segen für dicht bevölkerte Wohngegenden machen. Falls die Idee sich durchsetzt, könnten batteriebetriebene Elektroautos nicht auf dem Markt konkurrieren.

Wegen des Kostenfaktors sind Brennstoffzellen bisher relativ selten eingesetzt worden. Die »NASA« verwendete sie in den 1960er Jahren in »Gemini«-Raumkapseln zur Erzeugung von Strom und Trinkwasser. Vor allem »Ballard Power Systems« ist um die Reduzierung der Herstellungskosten bemüht, sodass daraus eine verbreitete Technologie werden könnte. Die Firma besitzt eine Vielzahl von Patenten, die verschiedene Aspekte einer Ionenaustausch-Membran zum Einsatz in elektrochemischen Brennstoffzellen abdecken. Das hier angeführte Patent dient der Darstellung der Technologie: Auf der einen Seite einer Elektrode befindet sich Wasserstoff, auf der anderen Sauerstoff (aus der Luft). Katalysatoren auf beiden Seiten der Elektrode ionisieren sowohl den Wasserstoff als auch den Sauerstoff. Durch eine Membran gelangt der ionisierte Wasserstoff zum Sauerstoff auf der anderen Seite der Elektrode und reagiert zu Wasser (H_2O). Diese Reaktion setzt (als Nebenprodukt) Energie frei. Zahllose Brennstoffzellen sind nötig, um nennenswerte Energiemengen zu gewinnen.

Die »Ford Motor Company« und »Daimler Chrysler« haben Hunderte Millionen Dollar in die Zusammenarbeit mit »Ballard« investiert. Erfolgreiche Tests sind mit Bussen in Vancouver und Chicago durchgeführt worden und man hofft, bald die ersten Autos mit Brennstoffzellen herzustellen. Der Wasserstoff kann in einer Fabrik aus unterschiedlichen Treibstoffarten gewonnen und dann im Fahrzeug mitgeführt werden, oder er kann im Fahrzeug selbst mit Hilfe eines so genannten »Reformers« als Gas hergestellt werden. Ohne Reformer muss Wasserstoff entweder unter hohem Druck oder bei niedrigen Temperaturen aufbewahrt werden. Beide Methoden machen die Anwendung in Autos schwierig und erklären vielleicht die Versuche mit Bussen.

Obwohl Brennstoffzellen als solche keine Schadstoffe produzieren, verweist Kanadas »Pembina Institute« auf ein zentrales Problem. Denn von irgendwoher muss der Wasserstoff ja kommen und der Gewinnungsprozess selbst kann eine wesentliche Quelle für Treibhaus-Emissionen sein. Die wichtigsten Ressourcen für den eigentlichen Brennstoff sind reines Benzin und Methanol, deren Verbrennung zum Treibhauseffekt beitragen würde. Weniger beliebt, dafür aber weit weniger umweltbelastend, ist die Gewinnung von Wasserstoff aus Naturgas, das als Treibstoff in Autos jedoch umständlich zu transportieren ist. Noch besser wäre es, Wasserstoff aus fossilen Brennstoffen oder, durch den Einsatz erneuerbarer Energie, sogar aus Wasser zu gewinnen.

1/19

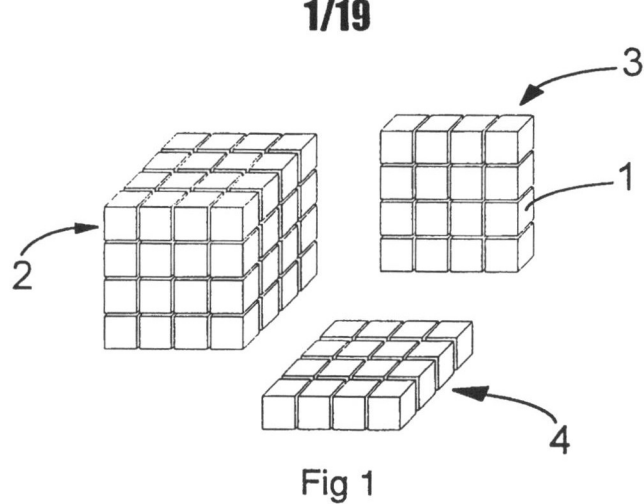

Fig 1

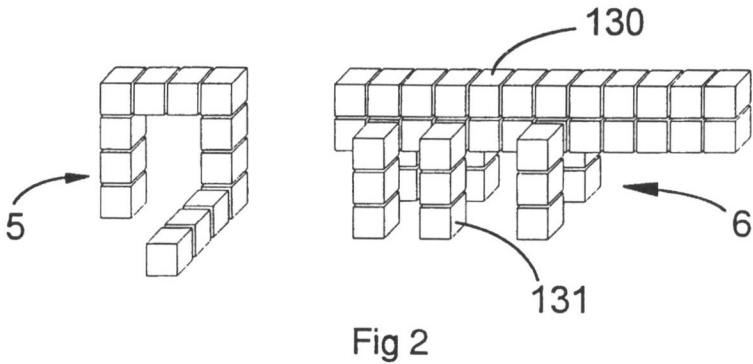

Fig 2

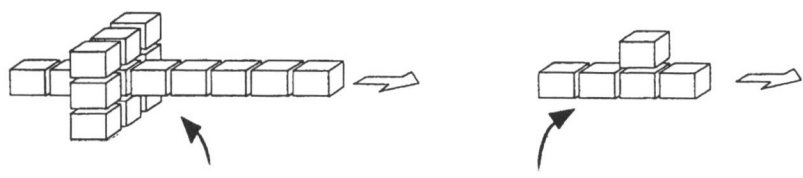

274

Programmierbare Materialien

Joseph Michael, London, England
Angemeldet am 4. März 1994 und als WO 95/23676 und GB 2287045B veröffentlicht

»Programmierbare Materialien« ist der Titel von Joseph Michaels Erfindung, die auch »shape-changing robot« und »fractal robot« genannt wird. Michael wurde 1962 geboren und ist Software-Entwickler. Durch eine Verbindung von Robotertechnik und Software können Strukturen dazu gebracht werden, ihre Form zu verändern, falls die Anwendung das verlangt. Normalerweise erfüllen Maschinen spezifische Funktionen in spezifischen Positionen, was aber die potentielle Nutzbarkeit einschränkt. Nach dieser neuen Technik könnte zum Beispiel ein Gerät zum Bombenentschärfen seine Form so verändern, dass es zunächst in der Lage ist, durch einen Tunnel zu kriechen und sich dann in einen Schutzmantel um die Bombe zu verwandeln, bevor es diese entschärft. Die Idee besteht darin, dass identische Würfel oder »Monomere« mit Hilfe von Durchlassöffnungen in der Mitte jeder Fläche entweder Software-Anweisungen weiterleiten oder Verknüpfungspunkte bilden. Die meisten dieser Würfel sind hohl. Jedes Monomer verfügt über einen Mikro-Controller, einen Motor, Relais und Sensoren. Fig. 1 zeigt mögliche Grundanordnungen der Würfel. In der rechten Abbildung von Fig. 2 ist eine Anordnung dargestellt, die sich fortbewegen kann. Die unteren Abbildungen zeigen Monomere, die sich gegenseitig auf (nicht abgebildeten) Bändern, so genannten »streamers«, entlangschieben. Bewegung wird durch das relative Gleiten der Monomere zueinander erzeugt.

Obwohl alle Monomere identische Merkmale aufweisen, kann man sie auch mit jeweils besonderen Eigenschaften für besondere Anwendungen ausstatten, etwa der Fähigkeit mit empfindlichen oder kleinen Objekten umzugehen oder Werkzeuge und anderes Ausrüstungsmaterial zu transportieren. Sie könnten für spezielle Aufgaben programmiert werden, etwa das Eindringen in einen Nuklearreaktor und die Ausführung verschiedener Arbeiten in radioaktivem Umfeld. Defekte oder beschädigte Monomere könnten von einem funktionierenden Monomer durch neue ersetzt werden, die aus einem speziellen Ersatzlager stammen. Man hat sogar angeregt, sehr kleine Modelle chirurgische Eingriffe im Menschen ausführen zu lassen. Im Grunde sind die Einsatzmöglichkeiten für Monomere und ihre Ausstattung mit spezifischen Eigenschaften schier endlos.

Es ist auch der Vorschlag gemacht worden, dass die Fabrik zur Herstellung der Würfel selbst aus solchen Würfeln besteht. Ganze Fabriken bzw. einzelne Montagebänder aus Monomeren könnten eine Vielzahl von Konsumwaren herstellen und den neuen Produktionsbedingungen wechselnder Produkte oder Modelle jeweils schnell und sehr einfach angepasst werden. Die Umweltfreundlichkeit solcher Maschinen wäre hoch, da kein Altmaterial anfiele – die Würfel könnten schlicht umprogrammiert werden. Michael schlägt ihren Einsatz auch in schwieriger Umgebung wie etwa dem Weltraum vor. Michael hat eine eigene Firma, »Robodyne Cybernetics«, gegründet und zahlreiche Abhandlungen zur weiteren Entwicklung seiner Erfindung verfasst. Was er jetzt braucht, sind die entsprechenden finanziellen Mittel. Im Forschungsbericht der hier gezeigten Patentschrift WO 95/23676 nimmt Michael auf das Patent EP 129853 Bezug, einen Antrag der Firma Hitachi für so genannte »cellular robots« (Zellroboter) aus dem Jahr 1983, dem der beantragte Patentschutz auch gewährt wurde. Es weist beträchtliche Ähnlichkeiten zur Arbeit von Michaels auf und verdient es wohl, als das erste seiner Art angesehen zu werden.

1

UNACTIVATED OOCYTES AS CYTOPLAST RECIPIENTS
FOR NUCLEAR TRANSFER

5   This invention relates to the generation of animals including but not being limited to genetically selected and/or modified animals, and to cells useful in their generation.

10 The reconstruction of mammalian embryos by the transfer of a donor nucleus to an enucleated oocyte or one cell zygote allows the production of genetically identical individuals. This has clear advantages for both research (i.e. as biological controls) and also in commercial applications (i.e. multiplication of genetically valuable
15 livestock, uniformity of meat products, animal management).

    Embryo reconstruction by nuclear transfer was first proposed (Spemann, *Embryonic Development and Induction*
20 210-211 Hofner Publishing Co., New York (1938)) in order to answer the question of nuclear equivalence or 'do nuclei change during development?'. By transferring nuclei from increasingly advanced embryonic stages these experiments were designed to determine at which point
25 nuclei became restricted in their developmental potential. Due to technical limitations and the unfortunate death of Spemann these studies were not completed until 1952, when it was demonstrated in the frog that certain nuclei could direct development to a
30 sexually mature adult (Briggs and King, *Proc. Natl. Acad. Sci. USA* **38** 455-461 (1952)). Their findings led to the current concept that equivalent totipotent nuclei from a single individual could, when transferred to an enucleated egg, give rise to "genetically identical"

DAS KLONEN VON TIEREN

Keith Campbell und Ian Wilmut für das »Roslin Institute«, Edinburgh, Schottland
Angemeldet am 31. August 1995 und als WO 97/07668-9 veröffentlicht

Hier geht es um das berühmte »Dolly-Schaf«, eine äußerst kontroverse Erfindung. Ethische Fragen haben normalerweise nichts mit der Bewertung von Erfindungen zu tun, aber in diesem Fall sind Befürchtungen ähnlich denen über genetisch veränderten Lebensmitteln laut geworden. Wilmut ist Genetiker und Campbell ein Zellzyklus-Biologe. Bei dem betreffenden Experiment werden Zellen von erwachsenen Schafen zunächst in vitro gezüchtet, dann wird der Zellkern in eine entkernte Zelle übertragen und in eine Ersatzmutter implantiert. Das Ergebnis ist ein Lamm, das mit seiner Mutter genetisch identisch ist, genau wie eineiige Zwillinge. Das Schaf Dolly wurde am 5. Juli 1996 geboren, das einzige überlebende Exemplar von 29 implantierten Zellen, die wiederum von 277 gezüchteten Eiern stammten. Der Patentantrag wurde vor der eigentlichen Geburt eingereicht und die offizielle Mitteilung über den Vorgang erfolgte erst im Februar 1997, kurz vor der Veröffentlichung eines entsprechenden Artikels in der Zeitschrift *Nature* und des Patents selbst.

Die englische Tageszeitung *The Observer* handelte voreilig und brachte die Geschichte an die Öffentlichkeit. Das Interesse war beträchtlich, wenn auch nicht immer schmeichelhaft (obwohl die Sängerin Dolly Parton anscheinend ihren Spaß daran hatte). Es gibt eine Reihe von Ansprüchen auf die Erfindung der Klontechnik, die alle gute Ideen sind. Geklonte Tierorgane, besonders von Schweinen, könnten auf Menschen transplantiert und die Qualität der Viehzucht könnte verbessert werden. Da geklonte Lebewesen genetisch identisch sind, wären sie auch gut für Experimente geeignet. Eltern, die Angst haben, einen genetischen Defekt auf ihre Kinder zu übertragen, könnten eine befruchtete Eizelle klonen und das Duplikat überprüfen lassen; erweist sich

der Klon als gesund, könnte die Mutterzelle implantiert werden. Zellduplikate könnten auch die In-vitro-Fertilisation erleichtern. Verfechter des Klonens behaupten auch, dass selbst ein geklonter Mensch nur wie ein verspäteter eineiiger Zwilling wäre und sich aufgrund von Milieu-Einflüssen unterschiedlich entwickeln würde.

Klon-Gegner bezeichnen die Idee als widernatürlich und mit ethischen Maßstäben unvereinbar. Man spiele Gott und müsse für die Nachkommen womöglich Tantiemen bezahlen. Angst macht die Frage, wohin die Technologie führt, wenn übelgesinnte Menschen anfangen, sich selbst zu klonen, oder geklonte Menschen als »Ersatzteillager« gehalten werden. Auch bestünde die Gefahr, dass am Ende eine neue Rasse von Lebewesen entsteht, die zwar ohne körperliche Mängel wäre und überlegene Qualitäten besäße, jedoch nicht mehr in der Lage wäre, sich mit anderen Menschen zu kreuzen.

Die »Geron Corporation«, ein amerikanisches Unternehmen, das erst 1990 gegründet wurde, fusionierte mit »Roslin Bio-Med« (Teil des »Roslin Institute«) zur »Geron Bio-Med«, die vom »Roslin Institute« geführt wird. Die Patentrechte gehören diesem neuen Unternehmen. Die erste kommerzielle Anwendung der Technologie erfolgte beim zweiten durch diese Technik geborenen Lamm, Polly, das ein menschliches Gen besaß, sodass seine Milch den menschlichen Faktor IX enthielt, ein Blutgerinnungsmittel, das bei Hämophilie B benötigt wird. Dolly selbst hat später ein ungeklontes Lamm, Bonnie, zur Welt gebracht. Schafe wurden zum Teil deswegen benutzt, weil sie als Säugetiere eine gewisse Ähnlichkeit mit Menschen haben, außerdem seien sie – wie spöttisch bemerkt wurde – in Schottland »sehr billig«.

Weiterführende Literatur

Englische Publikationen

Baker, Ronald: New and improved: inventors and inventions that have changed the modern world. London: British Library 1976.

Brown, Kenneth A.: Inventors at work. Interviews with 16 notable American inventors. Redmond, Wash.: Tempus Books 1988.

Brown, Travis: Historical first patents: the first United States patent for many everyday things. Metuchen, N.J.: Scarecrow Press 1994.

Coppersmith, Frederick und Joachim Joe Lynx: Patent applied for: a century of fantastic inventions. London: Co-Ordination Press & Publicity 1949.

Desmond, Kevin: The Harwin chronology of inventions, innovations, discoveries from pre-history to the present day. London: Constable 1987.

Dulken, Stephen van: British patents of invention, 1617-1977. A guide for researchers. London: The British Library 1999.

Flatow, Ira: They all laughed … from light bulbs to lasers: the fascinating stories behind the great inventions that have changed our lives. New York: Harper Perennial 1992.

Giscard d'Estaing, Valérie-Anne: The book of inventions and discoveries. London: Queen Ann Press/Macdonald 1990.

Jewkes, John, David Sawers und Richard Stillerman: The sources of invention. London: Macmillan 1969.

Newton, David: How to find information: patents on the internet. London: The British Library 2000.

Petroski, Henry: The evolution of useful things. New York: Knopf 1992.

Robertson, Patrick: The new Shell book of firsts. London: Headline 1994.

Tibballs, Geoff: The Guinness book of innovations: the 20th century from aerosol to zip. Enfield: Guinness 1994.

Deutsche Publikationen

Aubel, Henning: Was war wann das erste Mal? Erfindungen, Entdeckungen, Entwicklungen. München: ADAC-Verlag 2002.

Däbritz, Erich: Patente. Wie versteht man sie? Wie bekommt man sie? Wie geht man mit ihnen um? München: Beck 1994.

Fehlhammer, Wolf Peter (Hg.): Deutsches Museum. Geniale Erfindungen und Meisterwerke aus Naturwissenschaft und Technik. München: Prestel 2003.

Fruhstorfer, Martin (Hg.): Meilensteine der Menschheit. Einhundert Entdeckungen, Erfindungen und Wendepunkte der Geschichte. Leipzig: Brockhaus 1999.

Mähr, Christian: Vergessene Erfindungen. Warum fährt die Natronlok nicht mehr? Köln: DuMont 2002.

Paturi, Felix R.: Harenberg-Schlüsseldaten Entdeckungen und Erfindungen. Dortmund: Harenberg 1998.

Schickedanz, Willi: Die Formulierung von Patentansprüchen: deutsche, europäische und amerikanische Praxis. München: Beck 2000.

Schuh, Bernd: Erfindungen. Vom Faustkeil zum Internet. Hildesheim: Gerstenberg 2003.

Internetadressen

www.dpma.de: Internetseite des deutschen Patent- und Markenamts.

www.espacenet.com: Patentinformationsdienst des Deutschen Patent- und Markenamts.

www.european-patent-office.org: Internetseite des Europäischen Patentamts.

www.patent.gov.uk: Internetseite des britischen Patentamts.

www.uspto.gov: Internetseite des amerikanischen Patentamts.

www.bl.uk/patents: Patentinformationsseite der British Library.

PERSONENREGISTER

Alphabetisches Verzeichnis der Erfindungen